普通高等教育计算机类系列教材

Linux 系统应用基础教程

第3版

张小进　编著

机 械 工 业 出 版 社

本书以 CentOS 7.6 为蓝本，详细介绍了 Linux 操作系统的概念、安装和使用方法，分别以命令行方式和图形方式说明了如何实现 Linux 系统的用户账户管理、文件系统管理、磁盘和文件目录管理、软件包管理、进程管理、shell 编程、网络应用、常用服务器构建与配置和系统内核的裁剪与编译。

全书以操作系统的理论为指导，以具体应用为核心，理论与实践相结合，系统、全面地介绍了 Linux 操作系统的特点和用法，概念准确、结构清晰、取材合理、详略得当。为了方便学习，部分章节有较为详细实用的参考示例，每章都配有习题，在附录中列出了相应的实验。

本书既可以作为高等院校计算机科学与技术专业、网络工程专业等相关专业的本科、专科教材，也可以作为计算机应用和 Linux 网络管理人员的参考书。

图书在版编目（CIP）数据

Linux 系统应用基础教程/张小进编著 . —3 版 . —北京：机械工业出版社，2020.6（2021.8 重印）
普通高等教育计算机类系列教材
ISBN 978-7-111-65555-8

Ⅰ. ①L… Ⅱ. ①张… Ⅲ. ①Linux 操作系统—高等学校—教材
Ⅳ. ①TP316.85

中国版本图书馆 CIP 数据核字（2020）第 075410 号

机械工业出版社（北京市百万庄大街 22 号　邮政编码 100037）
策划编辑：刘丽敏　　　责任编辑：刘丽敏　张翠翠
责任校对：郑　婕　刘雅娜　封面设计：张　静
责任印制：李　昂
北京捷迅佳彩印刷有限公司印刷
2021 年 8 月第 3 版第 3 次印刷
184mm×260mm · 26.5 印张 · 725 千字
标准书号：ISBN 978-7-111-65555-8
定价：65.00 元

电话服务	网络服务
客服电话：010-88361066	机　工　官　网：www.cmpbook.com
010-88379833	机　工　官　博：weibo.com/cmp1952
010-68326294	金　　书　　网：www.golden-book.com
封底无防伪标均为盗版	机工教育服务网：www.cmpedu.com

第3版前言

本书的第2版由机械工业出版社出版并多次印刷，部分使用本书的老师与学生反映本书整体结构合理，结合操作系统理论，以应用为中心，较全面、系统地介绍了Linux系统的基本概念、特点和用法，概念准确。但随着新技术的发展，红帽子Linux 9.0已不再更新，新版本的CentOS已经广泛使用，本书第2版中的部分内容较为陈旧或较少使用，而一些新的、常用的内容需要补充，所以决定修订。

第3版在章节编排上延续了第1、2版的结构主线和特点，但以CentOS 7.6为蓝本，删除了部分新CentOS版本不支持的内容，增加了“常用服务器的构建与配置”一章，修改了一些命令及相关的示例。本书面向高等院校计算机科学与技术专业、网络工程专业等相关专业的本科、专科学生，要求读者修过计算机组成原理、高级语言程序设计、操作系统、数据通信与计算机网络等课程。本书所对应的课程可作为嵌入式Linux系统开发等课程的先修课程。本书内容的组织面向实际应用，以Linux系统管理为主线，通过系统、全面的学习，读者能熟练掌握Linux操作系统的应用。

全书共11章，涉及修改的内容如下：

第1章：对CentOS 7的特点及安装做了详细介绍；针对虚拟机日益广泛的使用，说明了共享文件夹的安装及设置方法；更新了Linux操作系统资源等内容。

第2章：更新为CentOS 7的启动与关闭，介绍拯救模式的进入与使用；更新了系统运行级的概念及GRUB下的多配置引导系统等示例；增加了systemctl命令的说明、用法及参考示例；增加了systemd进程的说明。

第3章：更新了用户登录的内容和远程登录的几个命令；更新了用户账户管理的命令用法及参考示例；修改了图形方式下账户管理的内容；增加了last命令使用等部分内容。

第4章：修订了文件系统管理的部分参考示例；增加了Sticky属性的介绍；修订了Linux目录的介绍；增加了xfs_repair等命令的说明及用法；增加了软件仓库的介绍及加源方法；修订了网络文件系统的部分内容。

第5章：更新了部分命令的用法及参考示例；更新了图形方式的界面；修订了文件备份与恢复等部分内容；增加了ar命令说明及用法的介绍；修订了部分参考示例；删除了mc等较少使用的命令。

第6章：增加了包管理器yum等命令的说明、用法和参考示例；更新了图形界面。

第7章：修订了部分参考示例、图形界面。

第8章：修订了部分参考示例、图形界面。

第9章：修订了部分参考示例、图形界面；增加了telnet、rlogin、tftp等服务的配置及参考示例；将ftp服务器构建等内容移到第10章。

第10章：增加了Web服务器、DNS、Samba服务器的构建、配置说明及参考示例。

第11章：修订了内核选项等部分内容、参考示例及图形界面。

第 3 版还修改了各章节的习题和综合性实验。

在使用本书时，教师可以根据各个专业不同的方向和课时的实际情况选讲本书的部分章节。例如：对于非嵌入式系统应用的专业，可以不讲授第 10 章的内容；对于软件设计专业，可以不讲第 4 章中的部分内容。另外，为了学习的完整性，本书列出了许多 Linux 的命令选项和参数，在授课过程中也可以根据实际需要选讲一些常用的命令选项和参数。

在第 3 版的撰写过程中聆听了闽江学院计算机与控制工程学院的陈靖、汪涛等老师，以及 2014 级至 2016 级计算机科学与技术、软件工程、通信工程等专业的学生对第 2 版提出的一些很好意见和建议，全书的参考示例由 2017 级李泽恩同学验证，谨此向他们致以衷心的感谢和深深的敬意！

限于编者的水平，书中难免存在错误与不妥之处，希望广大读者不吝赐教。编者的 E-mail：zxj303123@126.com。

编　者

第2版前言

本书由机械工业出版社出版并多次印刷，部分使用该书的教师与学生反映该书整体结构合理，结合操作系统理论，以应用为中心，较全面、系统地介绍了Linux操作系统的基本概念、特点和用法，概念准确。但随着新技术的发展，有些内容较为陈旧或较少使用，而一些新的、常用的内容需要补充，所以决定修订。

第2版在章节编排上延续第1版的结构主线和特点，但删除了部分较少使用的内容，增加了一些命令及相关的示例。本书面向高等院校计算机专业和相关专业的本科、专科学生，要求读者修过计算机组成原理、高级语言程序设计、操作系统、数据通信与计算机网络等课程。本书所对应的课程可作为嵌入式Linux系统开发等课程的前修课程。本书内容的组织面向实际应用，以Linux系统管理为主线，力求通过系统、全面的讲解，读者能熟练掌握Linux操作系统的应用。

本书共10章，涉及修改的内容有：

第1章：对磁盘分区方面做了更进一步的介绍，如磁盘分区表、引导区等概念；说明了大硬盘情况下的磁盘规划；在用户接口方面强调Linux命令接口应用的重要性。

第2章：由于LILO的安全性等问题现已较少涉及，所以删除了这部分内容；删除了创建引导软盘的内容，增加GRUB下的多配置引导系统等示例。

第3章：增加su、sudo命令的内容，并增设案例来说明su、sudo命令的作用。

第4章：修改并增加了fdisk、mkfs命令在U盘上创建文件系统的参考示例。

第5章：增加了sed、tr、cut、uniq等命令的用法及参考示例；删除了mc命令的具体用法，只是简要地对该命令进行了介绍。

第7章：修改了at命令中的部分内容；增加了crontab命令的用法及参考示例。

第8章：增加了awk语言的基本概念、正则表达式、awk程序的结构与运行、awk的模式、awk的动作和awk的应用实例等内容。

第9章：增加了端口和网络守护进程等概念、ftp服务的配置文件的用法及参考示例等内容。

第10章：增加了帧缓存系统的内核配置参考示例。

第2版还修改了相关修改章节的习题和综合性实验。

在使用本书时，教师可以根据各个专业不同的方向和课时的实际情况选讲部分章节。例如，对于非嵌入式系统应用的专业，可以不讲授第10章的内容；对于软件设计专业，可以不讲授第4章中的部分内容。另外，为了体现内容的完整性，本书列出了许多Linux的命令选项和参数，在授课过程中也可以根据实际需要选讲一些常用的命令选项和参数。

在第2版的撰写过程中采纳了闽江学院计算机科学与技术系的陈靖、阮志强老师，以及2008级、2009级、2010级计算机应用与通信工程专业学生对第1版提出的一些意见和建议，谨此向他们致以衷心的感谢和深深的敬意！

限于编者的水平，书中难免存在错误与不妥之处，衷心希望广大读者不吝赐教。编者的E-mail：zxj303123@126.com。

编　者

第 1 版前言

随着 Linux 操作系统在网络服务器、嵌入式系统等领域应用的迅猛发展，高等院校的计算机科学与技术专业及其他相关专业都先后开设了 Linux 系统应用的课程。该课程从系统应用的角度来说明 Linux 操作系统，它既是操作系统原理的后续课程，也是嵌入式系统应用与开发、Linux 系统编程等课程的前修课程。课程设置的目的是使学生加深对操作系统原理的理解，掌握实际操作系统的用法，为后续的课程学习打下良好的基础。

要熟练掌握 Linux 操作系统的用法就必须动手实践，本书在编排上尽量按照人们的认知规律，即“实践—理论—再实践”的方法，先从 Linux 系统的安装入手，建立起可操作、可实践的平台，再循序渐进地介绍 Linux 操作系统的各种管理功能、系统应用和 shell 编程。在介绍 Red Hat Linux 9.0 版本的基础上，考虑到版本升级的问题也说明了 Fedora 版本的一些新用法。

本书面向高等院校计算机专业和相关专业的本科、专科学生，要求读者修过计算机组成原理、高级语言程序设计、操作系统、数据通信与计算机网络等课程。本书内容的组织面向实际应用，以 Linux 系统管理为主线，力求通过系统、全面的学习，读者能熟练掌握 Linux 操作系统的应用。

全书共 10 章，涉及的内容有：

第 1 章介绍 Linux 的诞生、版本的发展与 Linux 系统的特点；几种常用的安装方法及安装中应注意的问题；用户如何通过各种用户接口使用 Linux 系统；比较了 Linux 与其他操作系统的区别。

第 2 章介绍如何在系统安装后创建和使用系统引导盘；多配置系统的引导原理和实现方法；系统运行级的概念、查看和切换，不同运行级启动的服务；系统启动的原理和执行过程；Linux 系统关闭的正确方法。

第 3 章介绍用户的本地登录和远程登录方法；命令行方式的用户账号和组群账号的管理，即用户和组群信息的增、删、改操作；图形方式的用户账号和组群账号的管理；如何利用 linuxconf 应用软件进行用户权限管理；怎样查看系统中已登录的用户；改变用户身份的方法。

第 4 章介绍 Linux 文件系统的概念；目录结构和布局以及各个目录的用途；文件系统的建立、检查、安装和卸载的方法；网络文件系统的概念和组成以及 NFS 的配置示例。

第 5 章介绍 Linux 系统中文件命名的规则和路径的概念；常用的磁盘、文件与目录管理命令；命令行方式与图形方式下文件的查找、权限修改、内容查看、压缩与解压缩、备份与恢复、简单信息处理；系统应用软件 mc 的用法。

第 6 章介绍软件包管理的概念和特色；在命令行方式和图形方式下软件包的安装、查询、校验、升级、删除和软件包数据库的维护；如何利用 linuxconf 应用软件进行软件包的管理。

第7章介绍进程、多任务和进程类型的概念；命令行方式和图形方式下启动、查看和调度进程的方法。

第8章介绍vi编辑器的基本用法；shell的概念和功能；shell程序的基本结构、shell命令的构成、shell使用的变量、shell程序的编辑与运行、shell程序的流程控制语句和函数的应用等。

第9章介绍网络应用的基本知识；常用的网络配置文件和配置方法；常用的网络操作命令；FTP的基本原理、FTP服务的启动和FTP的用法。

第10章介绍Linux系统内核的工作机制；系统内核裁剪应遵循的步骤；内核配置的内容和方法；新内核的编译与启用等。

在使用本书时，教师可以根据各个专业不同的方向和课时的实际情况选讲本书的部分章节。例如，对于非嵌入式系统应用的专业，可以不讲授第10章的内容；对于软件设计专业，可以不讲授第4章中的部分内容。另外，为了体现内容的完整性，本书列出了许多Linux的命令选项和参数，在授课过程中也可以根据实际需要选讲一些常用的命令选项和参数。

在本书的编写过程中得到闽江学院计算机科学与技术系杨建成老师的大力帮助，谨此向他致以衷心的感谢和深深的敬意！

限于编者的水平，书中难免存在错误与不妥之处，衷心希望广大读者不吝赐教。编者的E-mail：zxj303123@126.com。

编　者

目　　录

第1章 认识Linux

现在，Linux已经在全球普及开来，虽然在个人桌面版方面还略逊色于Microsoft Windows系统，但是在服务器领域却以其良好的安全性和稳定性得到越来越多用户的认可，并被广泛使用。随着后PC时代的到来，计算机在各行各业乃至人们的日常生活中已经无处不在。尤其是在嵌入式系统应用、开发方面，Linux更是具有其他操作系统无可比拟的优势。

1.1 Linux概述

1.1.1 Linux的诞生

Linux是操作系统，确切地说是GNU/Linux操作系统。它的诞生、发展与UNIX、MINIX操作系统、GNU计划、POSIX标准以及Internet的广泛应用有着极大的关系。

UNIX操作系统是由美国贝尔实验室的Ken L. Thompson和Dennis M. Ritchie在1969—1971年设计并在小型机PDP7上实现的分时操作系统，开始使用的是BCPL（基本组合编程语言），后经Dennis Ritchie于1973年用移植性很强的C语言进行了改写。其早期的版本源代码是可以免费获得并被人们加以广泛研究的。有人甚至专门写书来逐行地解释UNIX的源代码（如澳大利亚新南威尔士大学的Lions），并且许多大学的操作系统课程就采用此类书为教材。但是从UNIX的版本7开始，AT&T公司为了保护商业利益禁止在课程中研究其源代码，致使操作系统的课程只能讲理论。由于操作系统的理论繁杂、算法众多，所以学生在学习之后并不能完整地了解实际的操作系统是如何运作的。

《操作系统：设计与实现》一书的作者之一Andrew S. Tanenbaum博士在20世纪80年代中期，为了改变这种局面决定编写一个在用户看来与UNIX完全兼容但有全新内核的操作系统MINIX。早期的MINIX是基于8088 CPU、256KB内存的IBM PC和UNIX版本7编写的，随着时间的推移，由于POSIX的出现和计算机技术的不断发展，MINIX添加了许多新的特征，它不再基于UNIX版本7，而是基于国际上的POSIX标准（POSIX 1003.1和ISO 9945-1）。POSIX是由IEEE和ISO/IEC开发的标准。该标准基于现有的UNIX实践和经验描述了操作系统的调用服务接口，用于保证编制的应用程序可以在源代码一级上在多种操作系统上移植运行。MINIX主要面向教师教学研究和学生学习操作系统原理。目前主要有两个版本，即2.0版和3.0版，现在都是免费的，可以从许多FTP站点下载。由于Andrew S. Tanenbaum博士坚持保持MINIX操作系统的小型化，以便学生在一个学期的课程内就能学完并理解，所以没有接纳其他人对MINIX扩展的要求。MINIX一直恪守着“Small is Beautiful”的原则，最终一个芬兰学生Linus Torvalds决定编写一个类似MINIX的操作系统。这个类似MINIX操作系统的特征繁多，面向实用而非教学，这就是人们所说的Linux。

GNU是一个组织，是一种操作系统，也是一类规范。GNU是“GNU's Not UNIX”的递归缩写，它的发音为“guh-NEW”，旨在发展一个类UNIX，但不是UNIX，且其为自由软件的完整操作系统。GNU计划是Richard M. Stallman于1975年在麻省理工学院（MIT）所成立的自由软件基金会（the Free Software Foundation – FSF）中所执行的一项计划。Richard M. Stallman所领导的

GNU 计划就是要打破商业软件使用付费的枷锁。GNU 计划下的任何软件，不只提供软件使用权，也提供软件源代码。只要使用者能找到、任何人都可以使用该软件，甚至可以修改它的源代码。GNU 对使用者唯一的要求就是，当使用者对 GNU 计划下的软件做了修改时，仍必须维持 GNU 的精神，即修改后的软件也应该无条件地奉献。到 20 世纪 90 年代初，GNU 项目已经开发出许多高质量的免费软件，其中包括著名的 GNU Emacs 编辑系统、Bash Shell 程序、GCC 系列编译程序、GDB 调试程序等，但还没有开发出免费的 GNU 操作系统。MINIX 也开始有了版权，需要购买才能得到源代码，而 GNU 的操作系统 HURD 一直在开发之中，但并不能在几年内完成。

从 1991 年 4 月份起，Linus Torvalds 开始酝酿并着手编制自己的操作系统。这时他是赫尔辛基大学计算机科学系的二年级学生，正在学习操作系统的课程，所用的教材正是 Andrew S. Tanenbaum 教授编著的《操作系统：设计与实现》。刚开始，他的目的很简单，只是为了学习 Intel 386 体系结构保护模式运行方式下的编程技术。他在自己的 PC 上以 MINIX 操作系统为平台，开发了属于他自己的第一个程序。他后来回忆说："这个程序包括两个进程，都是向屏幕上写字母，然后用一个定时器来切换这两个进程。一个进程写 A，另一个进程写 B，所以我就在屏幕上看到了 AAAA、BBBB 这样循环重复的输出结果。" 通过学习，他逐渐不满足 MINIX 系统的现有性能，而 MINIX 又坚持不扩展的原则，所以他开始酝酿开发一个新的免费操作系统。根据 Linus Torvalds 在 comp. os. minix 新闻组上发布的消息，我们可以知道他从学习 MINIX 系统到开发自己的 Linux 的整个过程。到了 1991 年的 10 月 5 日，Linus Torvalds 在 comp. os. minix 新闻组上发布消息，正式向外宣布 Linux 内核系统的诞生（Free minix-like kernel sources for 386-AT）。这段消息可以称为 Linux 的诞生宣言，并且一直广为流传，以至于后来 Linux 的新版本发布时都选择了这个日子。我们知道，一个完整、实用的操作系统除了操作系统内核外还应该包括一系列的系统应用软件；而 GNU 软件的出现为 Linux 操作系统的开发创造了一个合适的环境，是 Linux 能够诞生的基础之一。因此、Linus Torvalds 所开发的是符合 GNU 精神的操作系统内核，而人们目前所使用的 Linux 操作系统严格来说应该称为"GNU/Linux" 操作系统，但仍习惯于称之为 Linux。

随着 Intenet 技术的发展，越来越多的人通过网络认识了 Linux，越来越多的人使用并改进着 Linux。如果没有遍布全世界的无数 Linux 爱好者的无私奉献，那么 Linux 也不可能发展到今天这样的水平。

1.1.2　Linux 的内核与版本

1991 年 9 月 17 日，Linus Torvalds 通过网络上传了 Linux 内核 0.01 版。该内核大约有一万多行代码，它没有网络功能，只能在 386 系列 Intel 处理器的 PC 上运行，对硬件设备的支持也很少；虚拟内存的实现也相当简单，并且不支持内存映射文件；对文件系统的支持也仅仅局限于 MINIX 文件系统。

1991 年 10 月 5 日，Linus Torvalds 在 comp. os. minix 新闻讨论组里公布了 Linux 内核 0.02 版。该版内核已经可以运行不少程序，用户还可以在这个内核中编写小程序。

1991 年 11 月，他又发布了 Linux 内核 0.03 版。

随后，Theodore Y. Ts'o（Ted Ts'o）发布了 Linux 内核 0.10 版。Ted Ts'o 从 Linux 刚开始发布起就一直为 Linux 做着贡献，是最早向 Linux 内核添加程序的人之一。他对 Linux 的最大贡献是提出并实现了 ext2（Second Extended File System）文件系统。ext2 文件系统已成为 Linux 文件系统标准。2001 年，他又推出 ext3（Third Extended File System）文件系统。ext3 大大提高了文件系统的稳定性和访问效率。

1992 年 1 月 15 日，发布了 0.12 版本的内核，主要加入对数学协处理器的软件模拟程序。此时追随 Linus Torvalds 的开发人员越来越多，大家不再把它和 MINIX 相比，而开始和 UNIX 相比。Linux 操作系统的用户数量由几个人涨到了近千人。

随后的两个月，Orest Zborowski（一名黑客——Linus Torvalds 在《乐者为王》文章中提及）把 X-Window 装载到 Linux 上。Linus Torvalds 也开始进行终端仿真，开始能支持图形用户界面的开发，用户可以在多视窗条件下工作了。

1992 年 3 月 8 日，Linux 内核 0.13 版本完成。由于 X-Window 强有力的支持，Linus Torvalds 认为离那个较为完备、可靠且能够支持网络的操作系统只有几步之遥了。因此，Linus Torvalds 决定将 0.13 版本直接改为 0.95 版本。

到 1993 年 12 月，全球 Linux 用户达到了 10 万人左右。

正如 Linus Torvalds 在《乐者为王》文章中所说："没有网络化的功能，Linux 只能对那些从不上网或只是在家拨号上网的人还有点用。" 1994 年 3 月 14 日发布了 1.0 版本的内核，这是一个具有里程碑意义的版本。1.0 版内核按照完全自由免费的协议发布，源代码完全公开，之后很快正式采用了 GPL（通用公共许可）协议。该版本支持 UNIX 的标准 TCP/IP、支持网络编程 BSD 的 Socket 接口，从而让 Linux 有能力跳出本地网络，实现连接异地计算机的梦想。

1.0 版本的内核对文件系统也做了较大的改进，不再局限于 MINIX 文件系统。它有了一个全新的、功能更为强大的 ext2 文件系统。该版本对计算机外部设备的支持也已经达到系列化的程度，如对软驱、光驱、键盘、鼠标、声卡和网卡等设备的支持。

Linux 内核版本采用双轨制，所以有两种内核版本：稳定版和开发版。稳定版的内核具有工业级的强度，可以广泛地应用和部署。新版的稳定版内核相对于旧版的内核只是修正了一些 Bug 或加入一些新的驱动程序。而开发版内核由于要测试系统性能的各种解决方案，所以其性能是不稳定的。这两种版本是相互关联、相互循环的，开发版经过众多使用者的不断测试、开发者再修改，最后上升为稳定版。

Linux 内核的命名格式：

num1. num2. num3

或

num1. num2. num3 – num4

其中，1 是主版本号，2 是次版本号，3 是修订版本号，4 是补丁号。如果次版本号是偶数，那么该内核就是稳定版的；若是奇数，则是开发版的。版本号的前面两个数字的组合可以描述内核系列。如稳定版的 2.6.x，它是 2.6 版内核系列。

自从发布了第一个正式版本 Linux 1.0 以来，每隔一段时间就有新的版本或其修订版发布。发展到现在，Linux 内核稳定版的版本有 1.0.x、1.2.x、2.0.x、2.2.x、2.4.x、2.6.x、3.10.x 等，最新版的内核可以在 kernel.org 上找到。

Linux 从 2.0 内核版本（1996 年 6 月）开始支持多体系结构，包括一个完全的 64 位 Alpha 端口和多处理器体系结构，内存管理代码得到实质性改进，TCP/IP 的性能大大提高，并增加了许多新的网络协议。1997 年夏，在制作电影《泰坦尼克号》所用的 160 台 Alpha 图形工作站中，有 105 台运行的是 Linux 操作系统。

2.2 内核版本（1999 年 1 月）新增了部分功能，并对防火墙、路由算法、通信量管理等做了改进，大大提高了网络性能。

2001 年 1 月，发布了 Linux 内核 2.4 版。2.4 版本的主要维护人 Andrew Morton 在谈到 2.4 内核时说："首先需要完善的是 VM。我相信 Andrea 的补丁能对此有所改善。但是这个补丁太大，需要将之划分，然后加入内核。" 两年来，他一直在发现和解决用户需要解决的问题。

2003 年 12 月，推出了 Linux 内核 2.6 版。其性能与 2.4 版本相比有重大的改进，主要有使用新的 0（1）进程调度算法、采用抢占式内核、改进虚拟内存、改进内存管理等。Linux 一直在贯彻其服务用户的宗旨，不断改进内核性能，使其更加满足用户的需求。

2013 年 5 月，推出了 Linux 内核 3.10 版，有近 12000 项改动。其性能与 2.6 版本相比有更多优势：完整地支持 DynTicks（动态定时器），并成为内核级别的核心特性；ARM 架构支持改进，包括更好地支持 64 位架构；分阶段驱动（Staging Drivers）改进与新举措；BCache 固态硬盘/机械硬盘缓存框架已经可用，使用两种硬盘的系统将会大大提速；eCryptfs AES－NI 性能改进，支持 AES 指令集的 AMD/Intel x86 处理器将会大大提速；F2FS 闪存文件系统进行了重大改进等。

1.1.3 Linux 的发行版本

在 Linux 内核的发展过程中，各种 Linux 发行版本发挥了重要的作用。正是它们加快推动了 Linux 的应用。从而让更多的人开始关注和使用 Linux。一些组织或厂商，将 Linux 系统的内核与系统应用程序、说明文档包装起来，并提供若干系统安装界面，以及系统配置、设定与管理工具，这就构成了一种发行版本。Linux 的发行版本其实就是 Linux 核心再加上一系列的系统应用程序组成的一个大软件包。相对于 Linux 操作系统内核版本，发行版本的版本号随着发布者的不同而不同，与 Linux 系统内核的版本号相比是相对独立的。例如，Red Hat Linux 9.0 的发行版本号是9.0，而内核版本号是2.4.20。因此把 Red Hat、Slackware 等直接说成 Linux 是不确切的，它们是 Linux 的发行版本，更确切地说，应该称为“以 Linux 为核心的操作系统软件包”。根据 GPL 准则，这些发行版本虽然都源自一个内核，并且都有自己各自的作用，但却没有自己的版权。Linux 的各个发行版本都使用 Linus Torvalds 主导开发并发布的同一个 Linux 内核，因此在内核层不存在什么兼容性问题。每个版本之所以给人不一样的感觉，只是发行版本最外层给人的感觉不同，而绝不是 Linux 本身。

20 世纪 90 年代初期，Linux 开始出现的时候，仅仅是以源代码形式出现的，用户需要在其他操作系统下进行编译才能使用。后来出现了安装方便的发行版本，在 x86 结构上的 Linux 系统发行版本有许多种，国外的如 Red Hat、Slackware、Debian、Turbo Linux 等，国内的如红旗、Xteam、Bluepoint Linux 等，它们都是以 Linux 内核为核心加上若干系统应用程序构成的操作系统。

红旗（Red Flag）Linux 是北京中科红旗软件技术有限公司的产品。2013 年 4 月，红旗inWise 操作系统 v8.0 正式发布。其产品有 Linux 高端服务器操作系统、集群解决方案、桌面版操作系统、嵌入式系统等。但遗憾的是，2014 年 2 月，中科红旗宣布公司正式解散。

XteamLinux 是 Xteam（中国）软件技术有限公司的产品，发行版本号是 4.0，内核版本号为 2.4.6。到目前为止没有更新的版本。现在产品有 XteamLinux 中文操作系统、基于 XteamLinux 的应用软件、基于 XteamServer 的系统解决方案。

Bluepoint Linux 是蓝点软件技术（深圳）有限公司的产品，发行版本号是 2.0，内核版本号为 2.2.16。到目前为止没有更新的版本，据称已终结 Linux 桌面版。其产品有防病毒及邮件过滤系统、防火墙及嵌入式系统等。

目前，国内的一些团队或者企业都会以特定内核版本为核心，并修改及加入一些具有特色功能的软件和服务作为自己的品牌，主要有：

◆ 深度 Linux（Deepin）；

◆ 优麒麟（UbuntuKylin）（由中国 CCN 联合实验室支持和主导的开源项目）；

◆ 中标麒麟（NeoKylin）（银河麒麟与中标普华已在 2010 年 12 月 16 日宣布合并品牌）；

◆ 威科乐恩 Linux（WiOS）；
◆ 起点操作系统（StartOS，原雨林木风 OS）；
◆ 凝思磐石安全操作系统；
◆ 共创 Linux；
◆ 思普操作系统；
◆ 中科方德桌面操作系统；
◆ 中兴新支点操作系统；
◆ 普华 Linux（I－soft OS）；
◆ RT－Thread RTOS。

Slackware 是最早的 Linux 正式版本之一，它遵循 BSD 的风格，尤其是在系统启动脚本方面。初学者配置该系统会有一些困难，但是有经验的用户会喜欢这种方式的透明性和灵活性。在其官网上可以看到目前最新的稳定发布的发行版本是 14.2，其中，内核版本更新到 4.4.14。

Debian 占有的市场份额仅次于 Red Hat，位居第二。它之所以不为国内用户所熟知，是因为 Debian 不是一个商业实体，而是一个由自愿者组成的非商业组织，它由许多志愿者维护，是真正的非商业化 Linux。Debian 最新的稳定版（stable release）版本是 10.0，最近一次更新于 2019 年 7 月 6 日。

Ubuntu 是一个以桌面应用为主的 Linux 操作系统，其名称来自非洲南部的祖鲁语或豪萨语的“ubuntu”一词。Ubuntu 基于 Debian 发行版和 GNOME 桌面环境，与 Debian 的不同在于它每 6 个月会发布一个新版本。Ubuntu 的目标在于为一般用户提供一个最新的同时又相当稳定的主要由自由软件构建而成的操作系统。Ubuntu 具有庞大的社区力量，用户可以方便地从社区获得帮助。2013 年 1 月 3 日，Ubuntu 正式发布面向智能手机的移动操作系统。目前，该软件在用户中的占有率很高。19.04 是最新的发行版本号。

Turbo Linux 公司是以推出高性能服务器而著称的 Linux 厂商，在美国有很大的影响。其产品在亚洲占据的市场份额最大，在中国（中文品牌为“拓林思”）、日本和韩国都取得了巨大的成功。现在，其官网上的发行版本是 Turbo Linux 12.5，它基于 Linux 3.1.10 内核。

Red Hat Linux 是 Linux 最早的商业版本之一。它在美国和其他英语国家市场上获得了较大的成功。最高发行版本是 Red Hat Linux 9.0，它是基于 Linux 2.4.20 内核的。

Red Hat Linux 9.0 是最后一个 Red Hat Linux 稳定版，以后 Red Hat 公司就不再开发和发布桌面版 Linux，而是将桌面版 Linux 项目和开源社区合作，改名为 Fedora Project，新发行的桌面版 Linux 也改名为 Fedora。Red Hat 公司专门做企业版的 Red Hat Enterprise Linux。最新的桌面版是 Fedora Core 30；最新的企业版是 Red Hat Enterprise Linux 7。Red Hat Enterprise Linux 分为 3 个版本：AS、ES、WS。

Linux AS（Advanced Server）是专为企业关键业务提供服务的 Linux 解决方案，它内置 HA/Cluster 功能，适合运行数据库、中间件、ERP/CRM 和集群/负载均衡系统等关键业务，支持各种平台的服务器，提供了最全面的支持服务。Linux AS 能够支持 16 个处理器、64GB 存储器的大型伺服器架构。

Linux ES（Entry Server）针对广泛的网络应用，为 Web 服务器、邮件服务器、VPN 服务器、FTP 服务器和 DNS 等提供服务，适合从网络边缘到中型部门的应用环境。ES 版本只限于支持 Intel x86 的两个处理器和 8GB 的存储器。

Linux WS（Workstation）是 Red Hat 企业级 Linux AS 版本和 ES 版本的桌面/客户端伙伴。它提供了一个理想的开发平台，支持众多的开发工具，能让用户高效、快捷地开发自己的应用程序。

CentOS（Community Enterprise Operating System）是 Linux 发行版之一，它是由 Red Hat Enterprise Linux 依照开放源代码规定编译而成。由于出自同样的源代码，因此有些要求高度稳定性的服务器以 CentOS 替代商业版的 Red Hat Enterprise Linux 使用。两者的不同在于，CentOS 并不包含封闭源代码软件。

1.1.4　Linux 的特点

Linux 操作系统之所以能在今天受到越来越多用户的青睐，是因为它符合现代操作系统的要求和发展方向，即尽可能地方便用户使用、合理地组织工作流程、最大限度地提高计算机系统的资源利用率。Linux 具有以下一些特点。

1. 多用户

Linux 可以在服务器端运行，允许多个用户从相同或不同的终端上同时使用同一台计算机，系统资源可以由多个用户拥有并共享使用，各个用户间互不影响。

2. 多任务

多任务指允许多个程序同时执行。它以多道程序设计技术为基础，将多个程序装入主存（这时称为任务或进程）并“同时”执行。对于单 CPU 计算机系统，Linux 的任务调度管理进程会根据某种算法选择一个进程来占有 CPU，并分配给它一个时间片段。一旦该时间片段用完，不管这个进程是否完成都要撤离 CPU，并选择另一个进程占有 CPU。由于 CPU 的处理速度很快，所以用户感觉不到这种切换，好像多个程序在“同时”执行。

3. 移植性

Linux 操作系统有良好的可移植性，能够在多种硬件平台上运行，不仅可以运行在 Intel x86 系列的计算机上，还可以运行在其他如 APLLE、AMD、ARM、MIPS 等系列计算机上。Linux 符合 POSIX 标准，IEEE 开发 POSIX 标准是为了提高 UNIX 环境下应用程序的可移植性，但并不局限于 UNIX，许多其他的操作系统都支持 POSIX 标准。这为 Linux 使用一些 UNIX 软件奠定了基础。

4. 开放性

几乎所有的源代码都是开放的，包括核心程序、设备驱动程序等。任何人都可以通过 Internet 免费下载、使用、修改和发布它。

5. 稳定性

稳定性指计算机操作系统特别是网络操作系统是否容易因出错而“死机”。有人在使用中做过统计：3 年中 Linux 每天开机 24h，死机次数不超过 5 次，系统承担的工作是 Web sever、网络传输程序以及软件开发环境等。

6. 安全性

Linux 的安全性可以从 3 个方面来看：第一，Linux 操作系统采取了许多安全技术措施，如读、写和执行的权限控制，带保护的文件、I/O 子系统，审计跟踪，核心授权等；第二，由于是开放源代码，所以大大减小了操作系统存在未知“后门”的可能性；第三，由于 Linux 是由松散的组织开发的，使用它不会受到某家公司的控制。

7. 设备的独立性

设备的独立性指用户脱离具体的物理设备而使用逻辑设备，用户不需要知道具体物理设备的特性，由操作系统来完成逻辑设备到物理设备的映射。Linux 的所有设备都是以文件的方式命名的，每一个设备是一个特殊类型的文件，用户访问设备就像访问文件一样方便。当增加新设备时，在系统内核中添加必要的驱动程序以确保操作系统内核以相同的方式来处理这些设备。

8. 强大的网络功能

Linux 具有内置的 TCP/IP 协议栈，提供 FTP、TELNET、WWW 等通信服务，用户可以像在 Windows 中一样上网聊天、收发电子邮件等。利用 Linux 作为网络服务器操作系统可以构建 Web 服务器、Mail 服务器、FTP 服务器、数据库服务器、Samba 服务器和代理服务器等。

本节最后简要说明有关 Linux 的读音问题。由于现在对 Linux 一词的读法存在多种版本，如读为“来那克斯”“林你克斯”“利纽克斯”等，所以 Linus Torvalds 本人录制了一段他对 Linux 发音的看法放在互联网上。这段录音的内容是：“Hello, this is linus torvalds and i pronounce linux as linux。”他对 Linux 一词的发音是[\'liːnəks]。

1.2 Linux 安装

学习 Linux 操作系统的最好方法之一就是用户自己安装，建立一个属于自己的学习平台。通过安装，用户可以了解系统分区的情况、操作系统引导的几种方法、Linux 系统软件的组成，并可以学习 Linux 命令的操作和 Linux 下各种编程等知识。

Linux 操作系统的安装要比 Windows 操作系统的安装稍微复杂一些，这主要的原因有 3 个。其一，安装中要求对磁盘分区。虽然 Linux 系统安装时提供了自动分区，但是它会破坏计算机上其他已经安装的操作系统，除非在磁盘上只安装这种操作系统，否则不宜采用。用户往往选择手动分区，但是手动分区要求用户对分区的个数、大小有所了解。其二，安装中要挂载文件系统。这就要求用户对系统挂载点和 Linux 文件系统有所了解。其三，没有驱动器符号的概念。用户习惯了在某个驱动器符号下安装 MS-DOS、Windows 等操作系统，而 Linux 下不再有驱动器符号的概念。

由于在 Red Hat Linux 9.0 版本后不再更新，而现在的许多用户使用桌面版的 Fedora、企业版的 Red Hat Enterprise Linux 或 CentOS，这些系统同样支持嵌入式系统应用开发，如奥而斯、博创、华恒等公司的产品，所以本书所介绍的 Linux 应用以 CentOS 7.6（发行版本号为 7.6.1810，内核版本号为 3.10.0-957）为蓝本。

1.2.1 安装前的准备

目前高版本的 Linux 已能识别绝大多数的硬件，且基本无须用户指定设备参数，因此，硬件方面的准备工作基本无须用户操心。

Linux 可以有多种安装模式，以适应不同的环境与条件如 FTP 安装、NFS 安装、SMB 安装、硬盘安装、光盘安装和虚拟光驱安装（.ISO 文件形式）。除光盘安装和虚拟光驱安装外，都需要制作引导盘，有些方式还需要网络的支持和制作补充 U 盘。因此，最常用与最方便的安装方式是光盘安装和虚拟光驱安装。

如果 PC 上要安装多个操作系统，则建议先安装其他操作系统，最后安装 Linux。

1. 磁盘分区

磁盘分区就是把整个磁盘划分为若干个存储区域，每个区域称为一个分区，分区可以分为主分区和扩展分区，扩展分区又可以创建逻辑分区（Windows 系统下称为 C、D 等驱动器符号）。操作系统对磁盘上各个分区的管理所用的数据结构就是磁盘分区表（DPT），它记录了各个分区的基本信息，每个分区占用 16B，这 16B 中有活动状态标志、文件系统标识、分区起止柱面号、磁头号、扇区号、隐含扇区数目、分区总扇区数目等内容。由于分区表的大小总共是 64B，所以目前常用软件能分的最大分区数是 4 个（主分区 + 扩展分区）。

主引导记录（Master Boot Record，MBR），又称为主引导扇区（512B），是计算机系统启动后访问硬盘时必须要读取的首个扇区，它在硬盘上的物理地址为 0 柱面、0 磁头、1 扇区。MBR 是由分区软件（如 Qqmagic，Fdisk 等）所产生的，它不依赖任何操作系统。有时也将主引导扇区开头的 446B 内容特指为“主引导记录”（MBR），其后是 4 个 16B 的“磁盘分区表”（DPT），以及 2B 的结束标志（55AA）。上述这种分区方案也称为 MBR 分区方案。标准 MBR 结构如图 1-1 所示。

随着计算机技术的飞速发展，现在硬盘的容量越来越大，原有的 MBR 分区方案已经无法满足大容量（分出大于 2TB 的容量）硬盘分区的需要了，因此又有了 GPT 分区方案。全局唯一标识分区表（GUID Partition Table，GPT）是一个实体硬盘的分区结构。在 GPT 硬盘中，分区表的位置信息储存在 GPT 头中。但出于兼容性考虑，硬盘的第一个扇区仍然用作 MBR，之后才是 GPT 头。

地址			描述		长度/B
Hex	Oct	Dec			
0000	0000	0	代码区		440 (最大 446)
01B8	0670	440	选用磁盘标志		4
01BC	0674	444	一般为空值, 0x0000		2
01BE	0676	446	**标准 MBR 分区表规划** (4 个 16B 的主分区表入口)		**64**
01FE	0776	510	55h	MBR 有效标志: 0x55AA	2
01FF	0777	511	AAh		
MBR, 总大小: 446 + 64 + 2 =					**512**

图 1-1　标准 MBR 结构

与支持最大卷为 2TB（Terabytes）并且每个磁盘最大分区数为 4 的 MBR 磁盘分区方案相比，GPT 磁盘分区方案支持最大卷为 18EB（Exabytes）并且每个磁盘的分区数没有上限，只受到操作系统限制（例如，IA-64 版 Windows 限制最多有 128 个分区）。与 MBR 分区的磁盘不同，至关重要的平台操作数据位于分区，而不是位于非分区或隐藏扇区。另外，GPT 分区磁盘用备份分区表来提高分区数据结构的完整性。

在 CentOS 7 下可以用 parted 命令对大硬盘实现建立、删除分区，以及调整分区大小等功能，但是命令方式使用起来不够直观。

Linux 安装软件中带有磁盘自动分区和手动分区程序，但是对于 Linux 初学者来说，使用它们可能会有风险（破坏其他系统分区）。因此，强烈建议在要安装多操作系统的计算机上先在单任务操作系统下建立好其他操作系统所需要的分区并安装。

较为安全的方法是安装前用 Disk Genius（磁盘精灵）和 Pqmagic（魔术分区）等磁盘工具进行分区。Disk Genius 或 Pqmagic 使用方便，安全性高，目前既有英文版，也有中文版，但选择 Linux 分区时所支持的文件系统没有 xfs，例如将 Disk Genius 设置为 ext4 类型，这样安装时容易出现问题。

Linux 系统的安装至少需要两个分区，一个是根分区，另一个是交换分区，而且这两个分区必须是主分区。在多种操作系统共存的情况下（MBR 分区方案总共有 4 个主分区），这是最常用也是最简单的分区方法，有人把这种分区分割法称为“懒人分割法”。但是这种分区方法对用户的程序和数据是不安全的，因为一旦 Linux 系统的 root（/）根分区崩溃，如果重装系统，就可能造成用户程序与数据的丢失。由于以 CentOS 7 图形方式安装分区的软件使用起来非常简单且方便，所以用 Disk Genius 或 Pqmagic 软件划分出其他操作系统（如 Windows 7 等）的分区，剩下的磁盘为空闲即可，这也可以称为“新懒人分割法”，其分区界面如图 1-2 所示。

在整个硬盘只安装 Linux 操作系统的情况下，根分区及其他分区与交换分区划分时谁在前、谁在后，对安装是有影响的，原因如下。

第一，设置 Linux 的启动也需要向主引导记录写入信息。当交换分区在前时，它占用了主引导记录。

第二，根分区及其他分区包含 Linux 系统的所有文件，而有些软件的运行需要用到主引导记录。

所以在单个操作系统的情况下，用 Disk Genius、Pqmagic 或 Linux 自带的分区软件手动划分分区时，一定不要把交换分区放在最前面。如果是多种操作系统共存，由于其他系统先装，所以不存在该问题。

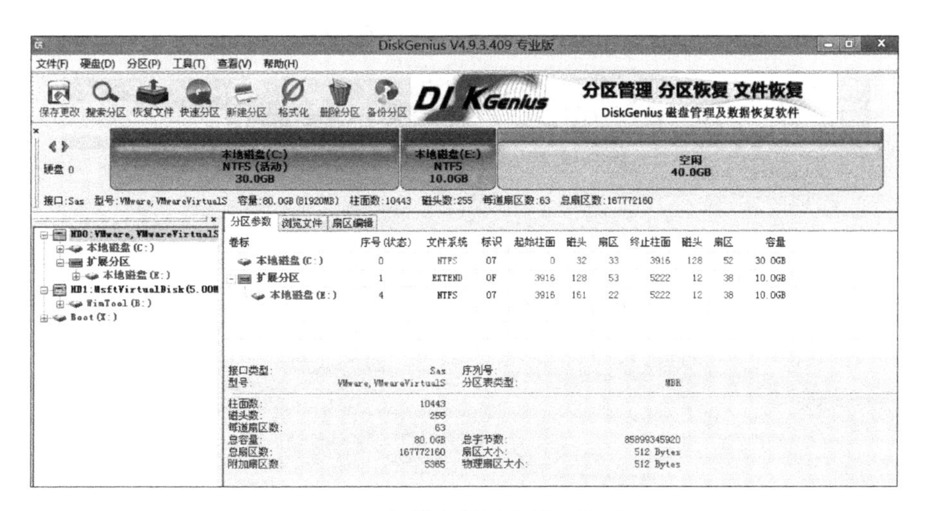

图 1-2 新懒人分割法分区界面

如果 Linux 在服务器上作为网络操作系统，则所有的非超级用户在被创建时都会默认在/home 目录下自动建立用户目录，并把该用户的程序和数据存放在该目录下。用户所安装的软件一般会默认安装在/usr 目录下。因此，为了用户程序与数据的安全，在磁盘上最好创建 home 和 usr 两个分区，这两个分区可以是逻辑分区，这样，当 Linux 操作系统崩溃时，不至于破坏用户的程序与数据。有人把这种分区分割法称为“帅气分割法”。

由于初学者对 Linux 的文件系统还不甚了解，建议在安装多操作系统时磁盘分区采用“新懒人分割法”，以后随着对 Linux 操作系统学习的深入，再根据计算机系统的实际用途进行配置。

2. 分区类型的选择

以 Windows 7 和 CentOS 7 共存为例，如果选择“新懒人分割法”，则磁盘只需按照 Windows 7 的需要划分为两个分区，即用 Disk Genius 或 Pqmagic 划分第一个分区（主分区）为 NTFS 类型以安装 Windows 7 所有文件，划分第二个分区（逻辑分区）也为 NTFS 类型以便存放用户的程序及数据，剩下的磁盘空间空闲（注意：要留有足够的空间安装 Linux 系统），让 CentOS 7 在安装时进行分区。进入安装图形界面后，选择“安装目标位置”选项，在“安装目标位置”界面中选中“我要配置分区”单选按钮，如图 1-3 所示。

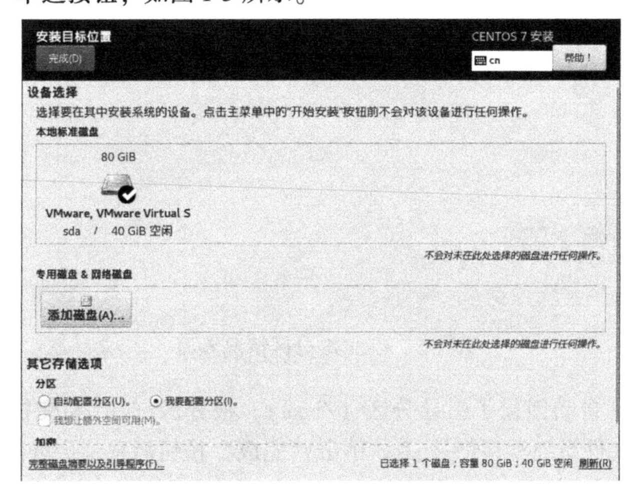

图 1-3 CentOS“安装目标位置”界面

单击左上角的“完成”按钮，出现图 1-4 所示的“手动分区”界面。

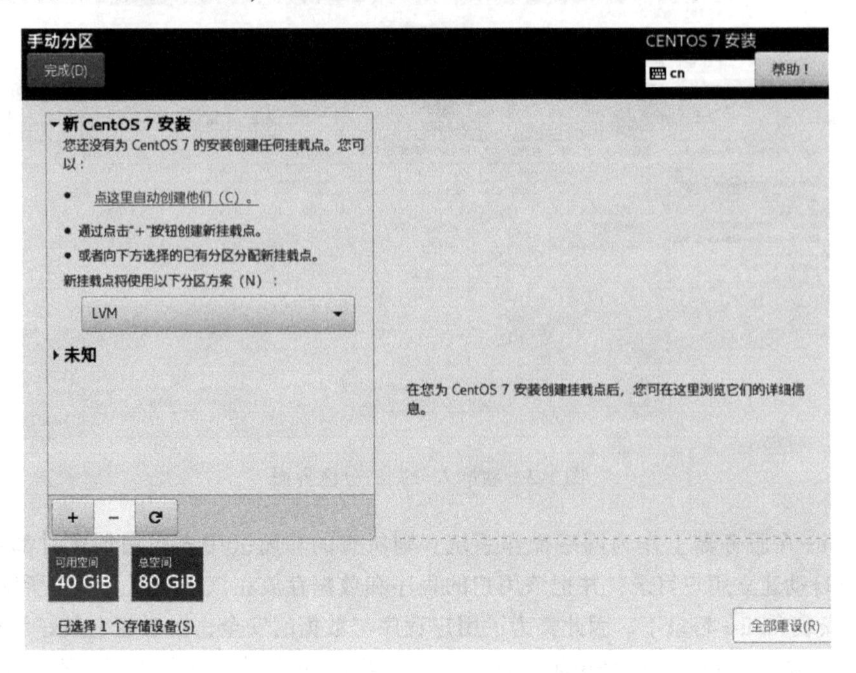

图 1-4 “手动分区”界面

单击“点这里自动创建他们”链接后，在打开的下拉列表中选择“标准分区”选项，最后单击左上角的“完成”按钮，出现图 1-5 所示的界面。

图 1-5　CentOS 分区情况界面

可以看到，CentOS 自动创建了引导分区（/boot）、根分区（/）和交换分区（swap），并且引导分区和根分区的文件系统类型都是 xfs。单击“完成”按钮后系统会询问用户是否接受更改，单击“接受更改”按钮即返回“安装信息摘要”界面。

3. Linux 分区的大小

在安装 CentOS 时，可以根据用户自身的需求选择要安装的软件包，根分区的大小可以根据安装级别（有最小安装、GNOME 桌面、KDE 工作区、服务器和开发及生成工作站等级别）来定。一般，CentOS 7 全部安装（嵌入式开发建议全部安装，以便内核裁减）需要 8GB 左右的空间，建议设置为大于 20GB。交换分区的大小可以根据内存的大小来定，一般可设置为内存（RAM）大小的 1 ~ 2 倍，太大了会浪费磁盘空间，太小会使安装及运行速度变慢。

如果磁盘划分了多个分区，交换分区仍然是 RAM 大小的两倍左右。由于无法确定有多少用户、有多少用户的程序与数据，所以对于 home 和 usr 分区的大小，一般是在磁盘空间容许的情况下采用多多益善的原则。某磁盘分区示例如图 1-6 所示。

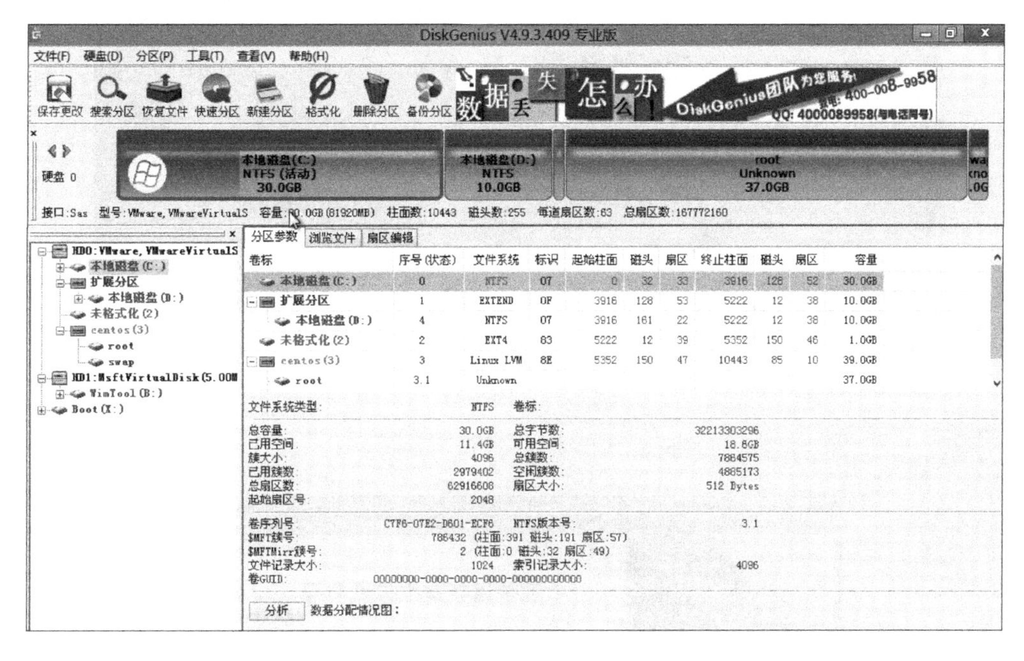

图 1-6 某磁盘分区示例

1.2.2 在虚拟机上安装 CentOS 7

目前随着计算机技术的飞速发展，硬件和软件的性能得到极大的提高，在虚拟机上运行的操作系统速度与物理机差别不大，所以使得虚拟机的使用更加普遍。如果在虚拟机上安装多系统，请参考 1.2.1 小节的内容进行分区；如果仅仅安装 CentOS 7 单种系统，则交给系统安排即可。

VMware Workstation（也称 VM 虚拟机）是广泛使用的一种虚拟机平台。本书以在 VM 虚拟机（版本号 11.1.1 build-2771112）上的安装 CentOS 7 为例说明，在物理机上的安装也是类似的。

1）从 CentOS 网站（https：//www. centos. org/download/）下载完整版的 DVD ISO 或精简版的 Minimal ISO 文件，如图 1-7 所示。

注意：精简版有部分命令不支持，建议下载完整版。

2）在 VM 上新建虚拟机，打开新建虚拟机向导欢迎界面，如图 1-8 所示。

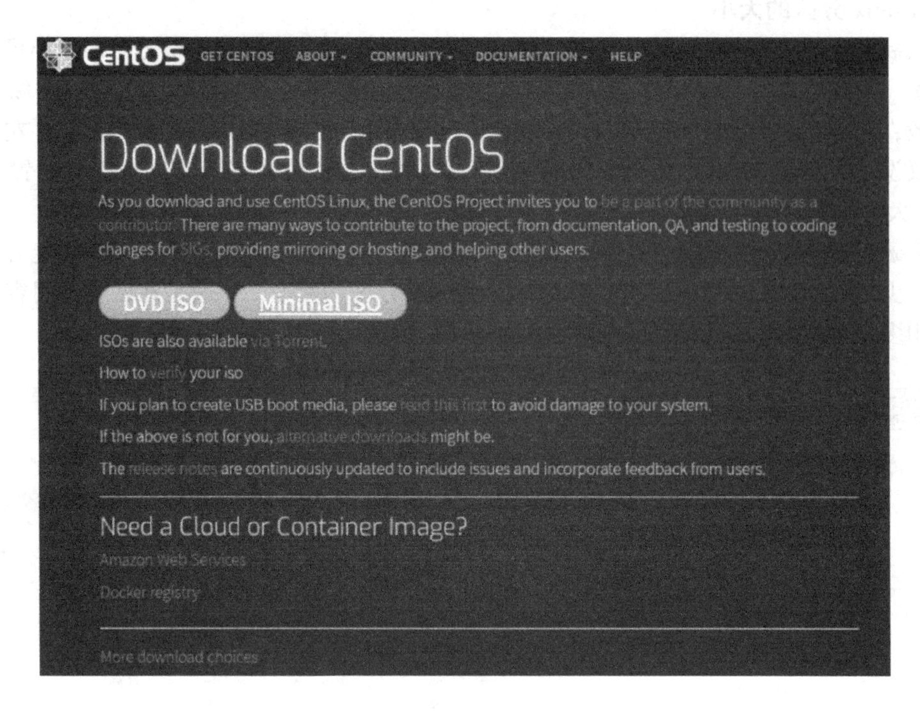

图 1-7　CentOS 网站下载界面

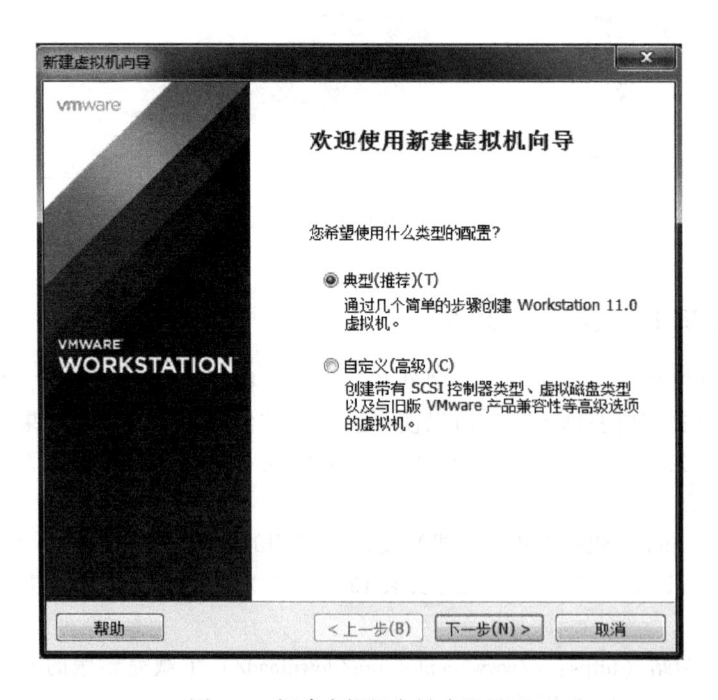

图 1-8　新建虚拟机向导欢迎界面

3）单击“下一步”按钮，在弹出的界面中选择安装程序光盘映像文件，如图 1-9 所示。

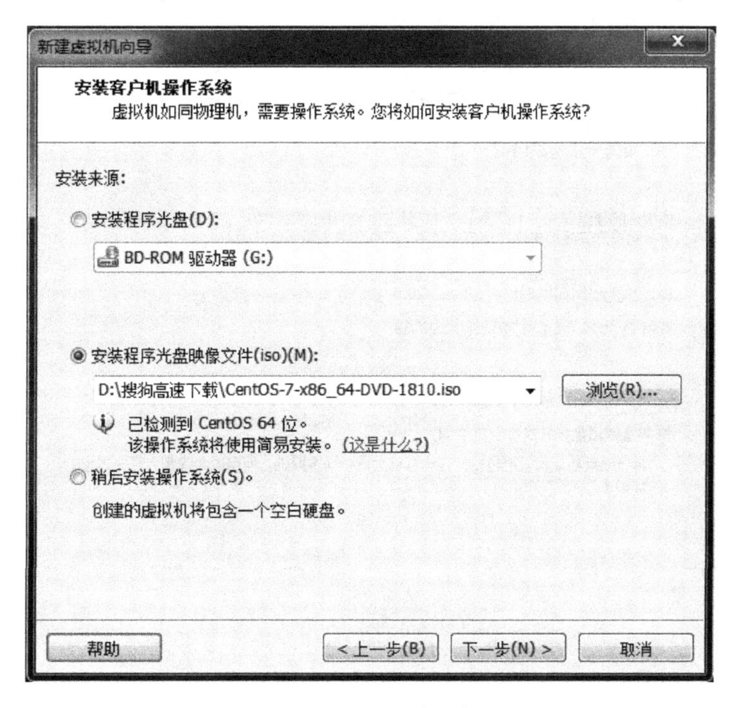

图 1-9 选择映像文件

4）单击“下一步”按钮，在弹出的界面中输入安装用户信息，如图 1-10 所示。这里尤其要注意，指定的密码既是普通用户密码，也是超级用户的密码。

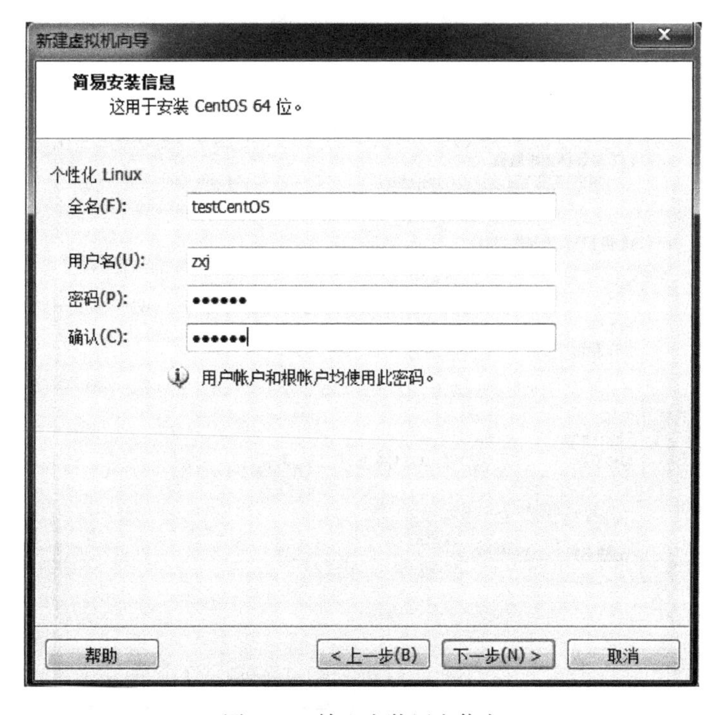

图 1-10 输入安装用户信息

5）单击“下一步”按钮，在弹出的界面中命名虚拟机。

6）单击“下一步”按钮，在弹出的界面中指定虚拟机磁盘大小，如图 1-11 所示。

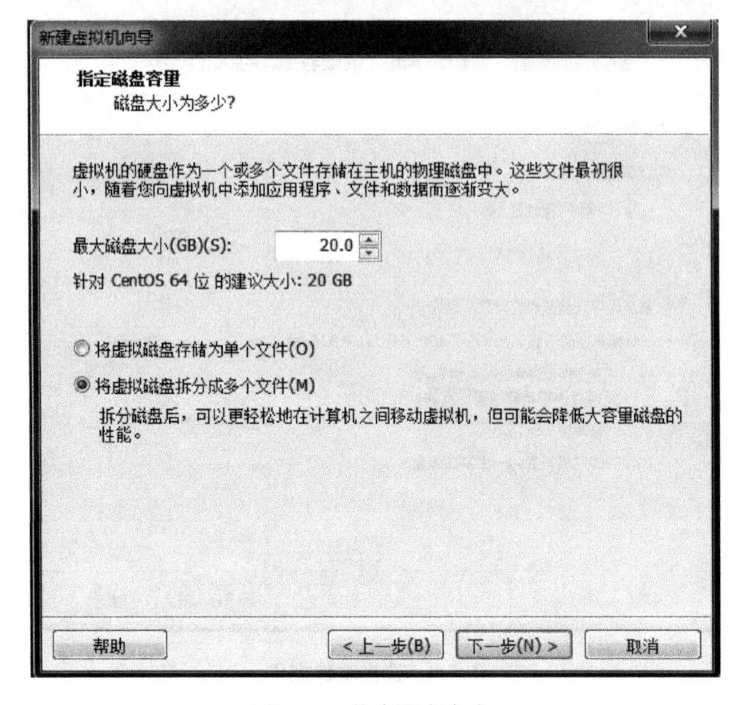

图 1-11　指定磁盘大小

7）单击“下一步”按钮，弹出“已准备好创建虚拟机”界面，如图 1-12 所示。单击“自定义硬件”按钮，将内存设置为 2GB，将 CPU 数量设置为两个，将处理器核设置为两个以上，具体数量根据物理机的情况而决定。

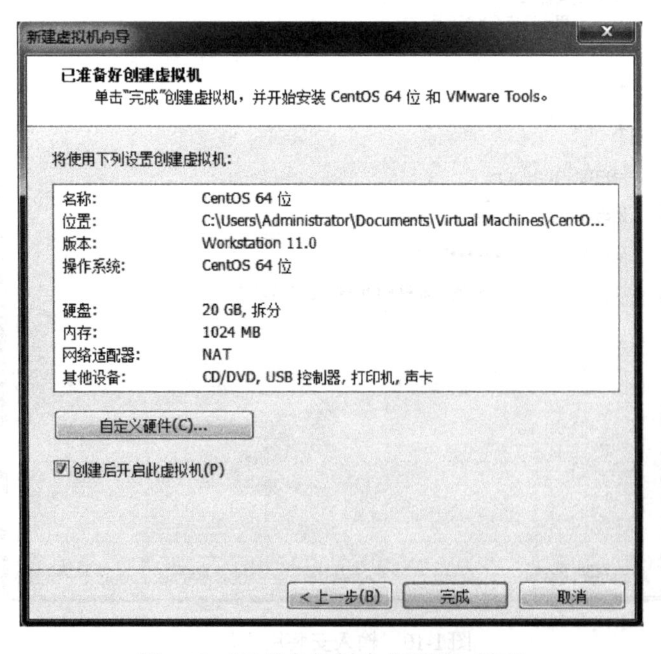

图 1-12 “已准备好创建虚拟机”界面

1.2.3 CentOS 7 安装过程

CentOS 7 的安装可以不需要人工干预，ISO 文件启动后出现安装解压界面，如图 1-13 所示。

```
[  OK  ] Listening on udev Kernel Socket.
[  OK  ] Listening on udev Control Socket.
         Mounting Huge Pages File System...
[  OK  ] Set up automount Arbitrary Executable File Formats File System Automount Point.
[ INFO ] dev-virtio\x2dports-com.redhat.spice.0.device is not active.
[DEPEND] Dependency failed for Activation socket for spice guest agent daemon.
         Starting Apply Kernel Variables...
         Mounting Debug File System...
         Starting Remount Root and Kernel File Systems...
[  OK  ] Reached target Slices.
[  OK  ] Created slice system-anaconda\x2dtmux.slice.
[  OK  ] Reached target Paths.
         Starting Read and set NIS domainname from /etc/sysconfig/network...
[  OK  ] Reached target Swap.
         Mounting Temporary Directory...
[  OK  ] Stopped target Switch Root.
[  OK  ] Stopped target Initrd Root File System.
[  OK  ] Stopped target Initrd File Systems.
[  OK  ] Mounted Huge Pages File System.
[  OK  ] Mounted POSIX Message Queue File System.
[  OK  ] Mounted Debug File System.
[  OK  ] Started Create list of required static device nodes for the current kernel.
[  OK  ] Started Remount Root and Kernel File Systems.
[  OK  ] Mounted Temporary Directory.
         Starting Rebuild Hardware Database...
         Starting Configure read-only root support...
         Starting Create Static Device Nodes in /dev...
[  OK  ] Started Read and set NIS domainname from /etc/sysconfig/network.
[  OK  ] Started Apply Kernel Variables.
[  OK  ] Started Journal Service.
         Starting Flush Journal to Persistent Storage...
[  OK  ] Started Create Static Device Nodes in /dev.
[  OK  ] Reached target Local File Systems (Pre).
         Starting udev Kernel Device Manager...
[  OK  ] Started Configure read-only root support.
         Starting Load/Save Random Seed...
[  OK  ] Started Load/Save Random Seed.
[  OK  ] Started Flush Journal to Persistent Storage.
[  OK  ] Started udev Kernel Device Manager.
[  OK  ] Started Rebuild Hardware Database.
         Starting udev Coldplug all Devices...
[  OK  ] Started udev Coldplug all Devices.
         Starting Device-Mapper Multipath Device Controller...
         Starting udev Wait for Complete Device Initialization...
[  OK  ] Started Device-Mapper Multipath Device Controller.
[  OK  ] Started udev Wait for Complete Device Initialization.
         Starting Activation of DM RAID sets...
_
```

图 1-13 安装解压界面

安装时进入图形界面，此时可以单击界面上的各个按钮进行设置，如日期和时间、语言、软件安装源等，也可以调整磁盘分区，界面如图 1-14 所示，但如果这时设置，则安装速度比较慢，建议安装后设置。安装过程界面如图 1-15 所示。

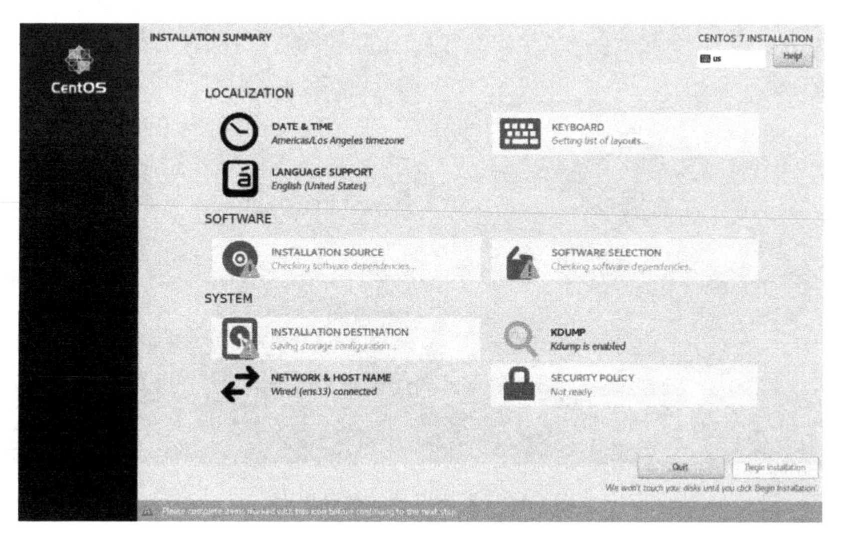

图 1-14 安装时图形界面

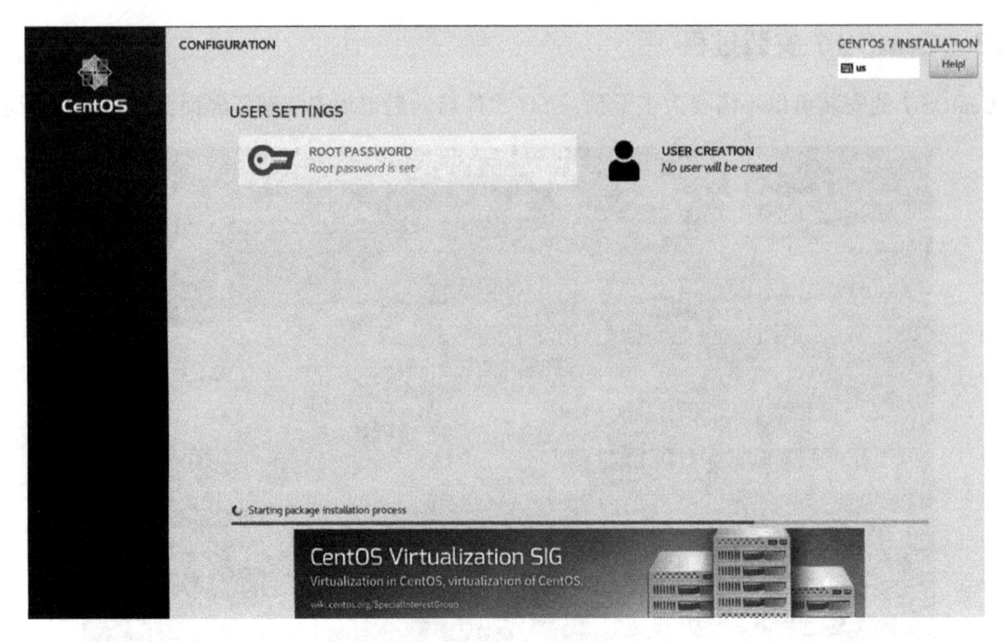

图 1-15　安装过程界面

安装结束后，系统启动的登录界面如图 1-16 所示。

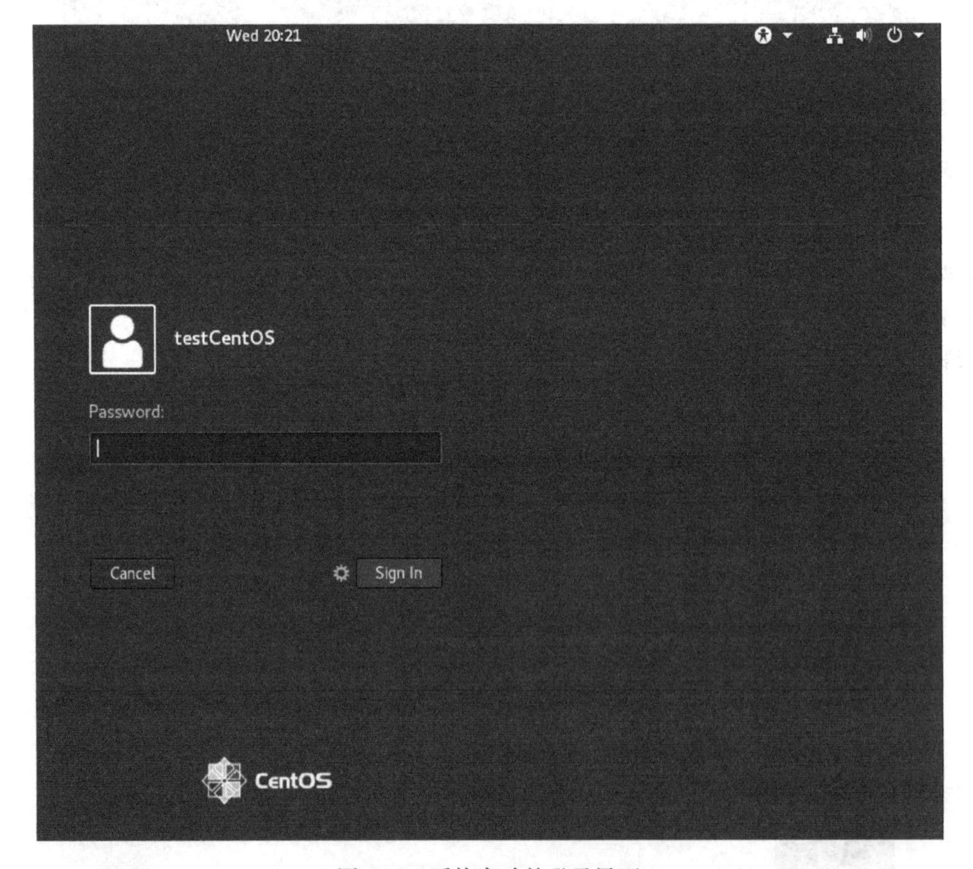

图 1-16　系统启动的登录界面

登录后进入系统桌面，如图 1-17 所示。

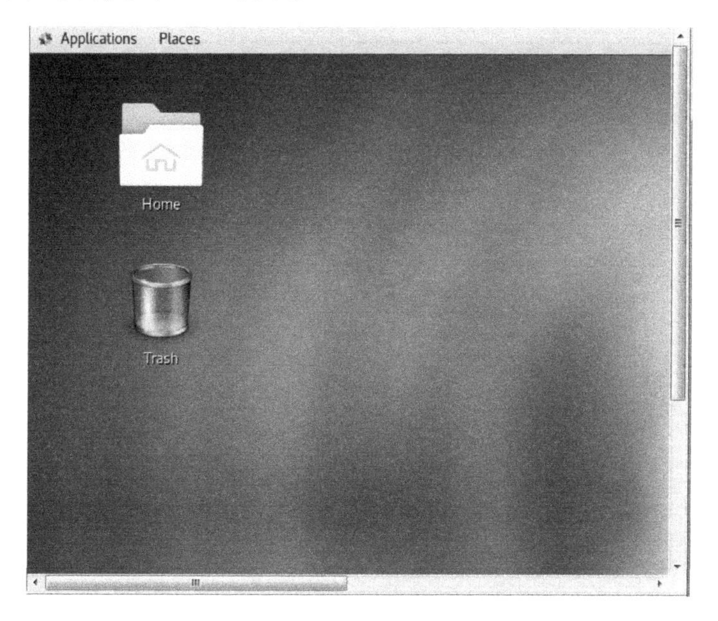

图 1-17　系统桌面

系统桌面非常简洁，左上角有一个“应用程序（Applications）”菜单、一个“位置（Places）”菜单，如图 1-18 所示。

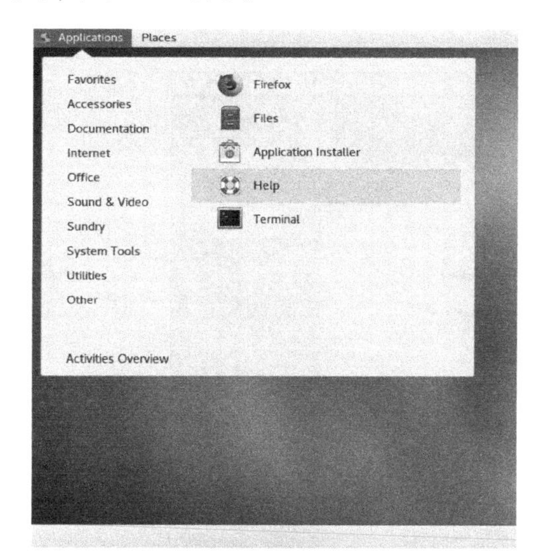

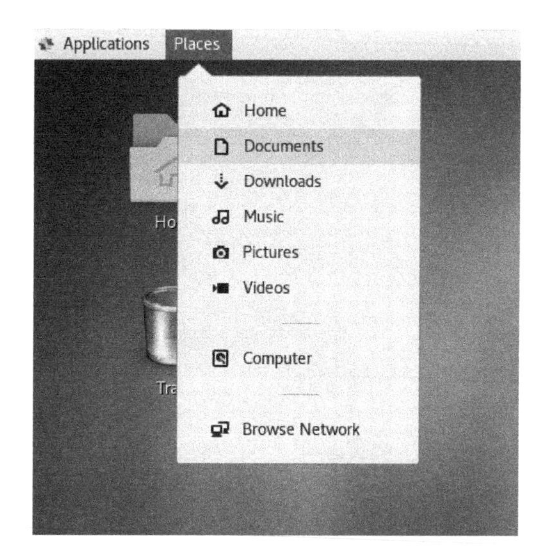

图 1-18　系统菜单

1.2.4　系统基本设置

在 CentOS 安装过程中可以设置时区、语言、桌面等，但也可以不做任何设置，待系统启动后再进行必要的设置以便于用户的使用。

1. 使用语言设置

选择“Applications”→“System Tools”→“Settings”命令进入设置界面，选择“Region &

Language”选项，此时的界面如图 1-19 所示。

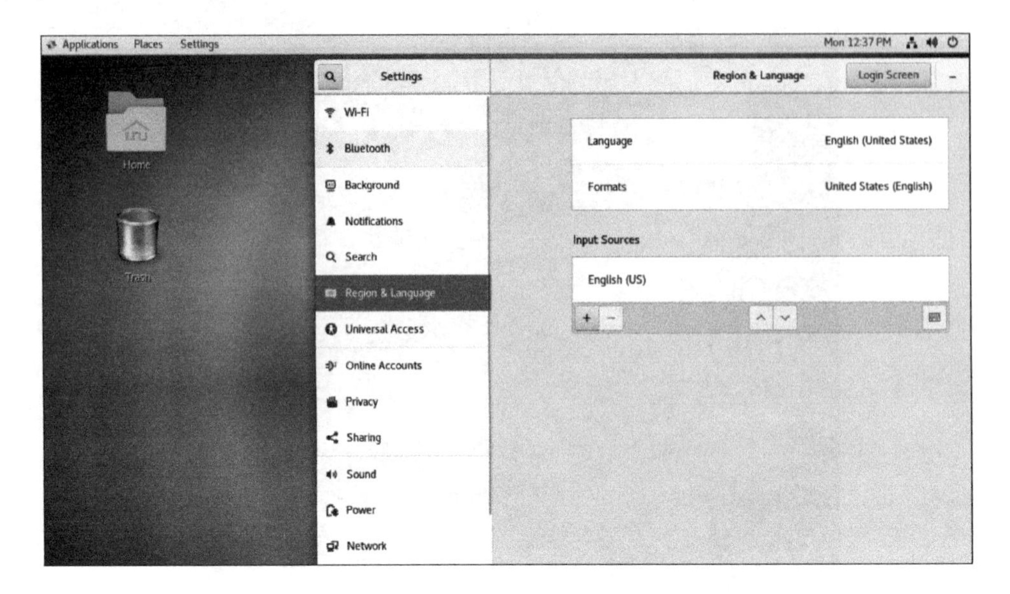

图 1-19　选择地区与语言界面

单击“Language”选项，选择“汉语（中国)”，再单击“Done”按钮，如图 1-20 所示。这时系统需要注销（单击“Restart”按钮）。

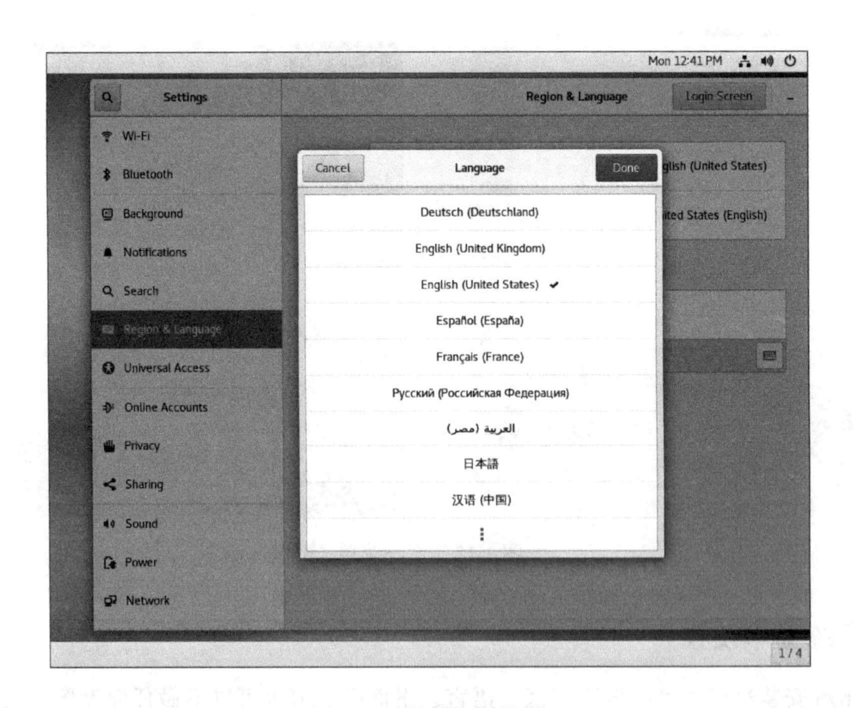

图 1-20　选择汉语界面

注销后进入中文系统界面，如图 1-21 所示。

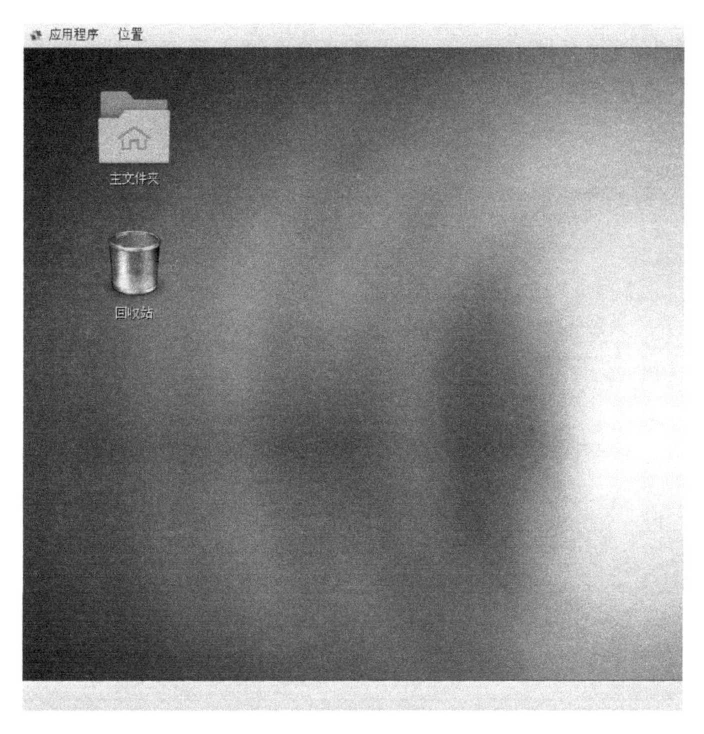

图 1-21 中文系统界面

2. 日期和时间设置

安装后系统默认的时区是美国纽约，可以将其修改为中国上海。选择“应用程序”→“系统工具”→“设置”命令进入设置界面，单击“详细信息”选项，选择“日期和时间”，如图 1-22所示。

图 1-22 设置日期和时间界面

注意：修改“日期和时间”需要超级用户权限，可以单击界面上的“解锁”按钮，输入超级用户密码（安装时设置的）；也可以打开“自动设置时区”和“自动设置日期和时间”开关，在联上互联网后自动同步。

3. 锁屏时间修改

选择“应用程序”→“系统工具”→“设置”命令进入设置界面，单击“隐私（Privacy）”选项，单击“锁屏”选项打开“锁屏”对话框，从中设置锁屏时间，锁屏后进入时需要输入密码，如图 1-23 所示。

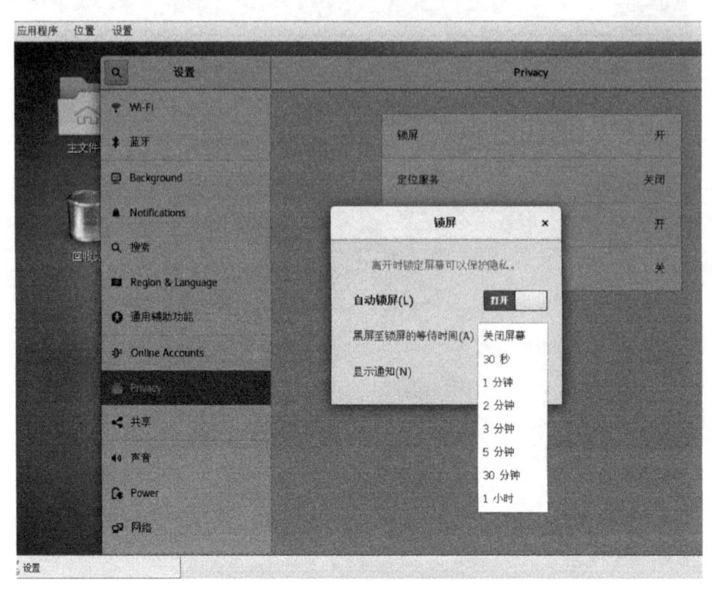

图 1-23 “锁屏”对话框

4. 虚拟机共享文件夹设置

使用虚拟机时经常需要与物理机之间传输文件，或共享某个文件，如果用 U 盘等方法比较麻烦，而虚拟机提供了共享文件夹，其设置方法如下。

1）在 VM 虚拟机上必须设置共享文件夹，一般为 Windows 系统某个盘区下的某个目录。

2）以超级用户身份登录系统，出现#超级用户提示符！用 yum 命令安装包依赖软件：

yum – y install kernel – devel

yum – y install net – tools perl gcc gcc – c ++

安装 kernel – devel 包和 net – tools 包，如图 1-24 和图 1-25 所示。

```
[root@localhost zxj]# yum -y install kernel-devel
已加载插件：fastestmirror, langpacks
Loading mirror speeds from cached hostfile
 * base: mirrors.aliyun.com
 * extras: mirror01.idc.hinet.net
 * updates: mirrors.163.com
正在解决依赖关系
--> 正在检查事务
---> 软件包 kernel-devel.x86_64.0.3.10.0-957.27.2.el7 将被 安装
--> 解决依赖关系完成

依赖关系解决

 Package          架构        版本                        源          大小

正在安装:
 kernel-devel     x86_64      3.10.0-957.27.2.el7         updates     17 M

事务概要

安装  1 软件包
```

图 1-24　安装 kernel – devel 包

```
[root@localhost zxj]# yum -y install net-tools perl gcc gcc-c++
已加载插件：fastestmirror, langpacks
Loading mirror speeds from cached hostfile
 * base: mirrors.aliyun.com
 * extras: mirror01.idc.hinet.net
 * updates: mirrors.163.com
软件包 net-tools-2.0-0.24.20131004git.el7.x86_64 已安装并且是最新版本
正在解决依赖关系
--> 正在检查事务
---> 软件包 gcc.x86_64.0.4.8.5-36.el7 将被 升级
---> 软件包 gcc.x86_64.0.4.8.5-36.el7_6.2 将被 更新
--> 正在处理依赖关系 libgomp = 4.8.5-36.el7_6.2，它被软件包 gcc-4.8.5-36.el7_6.2.x86_64
 需要
--> 正在处理依赖关系 cpp = 4.8.5-36.el7_6.2，它被软件包 gcc-4.8.5-36.el7_6.2.x86_64 需
要
--> 正在处理依赖关系 libgcc >= 4.8.5-36.el7_6.2，它被软件包 gcc-4.8.5-36.el7_6.2.x86_64
 需要
---> 软件包 gcc-c++.x86_64.0.4.8.5-36.el7_6.2 将被 安装
--> 正在处理依赖关系 libstdc++-devel = 4.8.5-36.el7_6.2，它被软件包 gcc-c++-4.8.5-36.el
7_6.2.x86_64 需要
--> 正在处理依赖关系 libstdc++ = 4.8.5-36.el7_6.2，它被软件包 gcc-c++-4.8.5-36.el7_6.2.
x86_64 需要
---> 软件包 perl.x86_64.4.5.16.3-293.el7 将被 升级
---> 软件包 perl.x86_64.4.5.16.3-294.el7_6 将被 更新
--> 正在处理依赖关系 perl-libs = 4:5.16.3-294.el7_6，它被软件包 4:perl-5.16.3-294.el7_6
```

图1-25 安装net-tools包

3）在VM中的虚拟机菜单下选择“安装VMware Tools”，安装成功后在/mnt目录下会有hgfs目录，进入VM Tools的父目录：

cd /run/media/root/VMware\ Tools

注意：由于目录名有空格，所以在VMware后要加\ 转义符。如果不以root登录，而是普通用户用su命令切换到超级用户的，则VM Tools的父目录是/run/media/用户名/VMware Tools。当然，也可以图形方式进入该目录。

复制虚拟机工具软件到临时目录：

cp VMwareTools-9.9.2-2496486.tar.gz /tmp

进入临时目录并解压缩：

cd /tmp

tar -zxvf VMwareTools-9.9.2-2496486.tar.gz

进入解压后的文件目录，并执行脚本文件：

cd vmware-tools-distrib

./vmware-install.pl

执行过程中按默认的提示操作（回车）即可。

4）安装虚拟机工具包软件：

yum -y install open-vm-tools-devel

5）执行vmhgfs-fuse命令：

vmhgfs-fuse .host://mnt/hgfs

该命令的功能是将共享目录挂在Linux系统的某个挂载点上。

如果hgfs目录非空，系统会有安全提示，如图1-26所示。

```
[root@localhost vmware-tools-distrib]# vmhgfs-fuse .host:/ /mnt/hgfs
fuse: mountpoint is not empty
fuse: if you are sure this is safe, use the 'nonempty' mount option
```

图1-26 安全提示

此时进入/mnt/hgfs/zxj，就能看到设置的共享文件夹了，如图 1-27 所示。

```
[root@localhost zxj]# ls -l /mnt/hgfs/zxj
总用量 1
-rwxrwxrwx. 1 root root 193 5月  23 2015 mypy1.py
[root@localhost zxj]# █
```

图 1-27　共享文件夹内容

系统重启后需要再次执行 vmhgfs - fuse . host://mnt/hgfs 命令，为了避免麻烦，每次执行该命令，可以让其在系统启动时自动执行，方法如下。

1）用 vi 或 vim 命令编辑/etc/rc. d/rc. local 文件，在最后一行下添加以下命令：

vmhgfs - fuse . host://mnt/hgfs

按 Esc 键后，输入 wq，退出 vi 编辑器。

2）执行 chmod +x /etc/rc. d/rc. local 命令，对该文件添加可执行权限，这样，下次系统启动时会自动配置共享文件夹。

至此，CentOS 7 系统的安装和基本设置已完成。

1.3　Linux 用户接口

操作系统是用户与计算机硬件之间的接口。为了方便用户使用，也为了计算机系统的安全，要求用户通过这类接口来控制和使用计算机，组织用户的作业流程。Linux 作为目前主流的操作系统之一，提供给用户使用的接口有 3 类：命令接口、图形接口和程序接口。

1.3.1　命令接口

用户通过终端键盘输入操作系统的命令、命令组合或 shell 脚本程序（名）来控制用户作业的运行，系统可以通过终端显示器告诉用户作业运行的结果。使用命令接口时，用户可以采用联机方式或脱机（批处理）方式，因此该接口又可分为联机用户接口和脱机用户接口。

进入 Linux 的控制台终端，登录计算机系统后即可看到光标命令提示符（通常超级用户为#字符，普通用户为 $ 字符。也可以根据自己的喜好修改为其他字符）。这表明 Linux 操作系统已经接管并控制了计算机，正在等待用户输入命令。

初学 Linux 系统的人可能会存在这样的疑问：Linux 操作系统有完整、强大的图形用户接口，为什么还要学习命令的使用。可从以下几个方面来认识学习 Linux 命令的重要性和必要性。

1）从系统管理的角度看，直接运行命令或命令组合的最大好处是高效与快捷。例如，普通用户请求系统管理员修改自己的用户权限，这时管理员可以在用户终端上直接运行 su 或 sudo 命令，将登录身份切换到管理员或超级用户以便进行修改操作。因此，这种形式深受系统管理员的偏爱。

2）从网络管理的角度看，网络管理员在控制台上使用命令或命令组合来配置网络可以使系统更加可靠与稳定。例如，网络路由器可以使用 nc 命令设置通信网关和通信端口，是直接使用 IP 地址还是通过域名服务器使用，还可设置来源路由指向器等。因此，这种形式是网络管理员的常用配置方式。

3）从 Linux 嵌入式系统开发来看，无论是作为操作系统的移植者、驱动程序开发者还是应用程序的开发者，都需要对开发环境进行配置，以便能正常地进行移植或开发。例如，开发基于 ARM 平台的应用程序需要进行交叉编译、链接，需要使用若干个命令对交叉编译环境进行配置；

要检查一个可执行文件运行在哪种平台下，可以使用 file 命令来查看。因此，这种方式是 Linux 嵌入式系统开发者必须掌握的。

1. 联机用户接口

联机用户接口由一系列的键盘操作命令或命令组合组成。Linux 的命令解释程序对用户从键盘输入的命令或命令组合进行解释并执行。命令或命令组合执行完成后，系统控制又返回终端键盘继续等待用户的输入。用户与计算机之间以联机交互的方式实现对用户作业的控制，直至作业完成。

Linux 的系统内核和系统应用程序为用户提供了各种功能的命令，其命令所能处理的事务范围非常广泛，一般可以把 Linux 的命令分为 14 类。

1）系统设置命令，如 alias、clock、date、depmod、passwd 等。

2）系统维护命令，如 login、top、su、uname、who 等。

3）用户管理命令，如 adduser、userdel、usermod、userconf 等。

4）文件管理命令，如 cp、find、less、mv、rm 等。

5）进程管理命令，如 at、fg、kill、ps、sleep 等。

6）磁盘管理命令，如 cd、du、ls、mkdir、tree 等。

7）磁盘维护命令，如 dd、fdisk、mkbootdisk、mformat 等。

8）备份压缩命令，如 compress、gunzip、tar、uncompress、unzip 等。

9）文档操作命令，如 csplit、grep、join、vi、wc 等。

10）打印管理命令，如 cat、lpc、lpq、tac 等。

11）网络管理命令，如 ifconfig、netconfig、ping、netstat 等。

12）网络操作命令，如 cu、ftp、mail、rcp、telnet 等。

13）程序开发命令，如 as、gcc、ld、link、make 等。

14）X-Window 管理命令，如 startx、XF86Setup 等。

由于命令分类的方法没有统一的规定，所以不同的书可能有不同的分类方法。例如，有的书划分为系统管理与维护、用户管理，把磁盘管理、磁盘维护与文件管理合并等。笔者认为用户管理命令属于系统管理命令，所以系统管理类的命令范围太大，本书分类时把系统管理类的命令分解到各种具体管理命令类中。

从 Linux 的命令分类可以了解 Linux 能处理哪些事务，因此用户可以根据自己的作业需要向计算机发出适当的命令，让计算机执行。

Linux 的命令基本格式：

命令名　命令选项或参数

命令名可能是单词（如 find）、单词缩写（如 cp）或单词缩写的组合（如 mkdir）。绝大多数命令名中的字母全为小写字母，如 cd、cp、ls、mount、ps 等；只有极少数命令中的字母包含大写字母，如 XF86Setup 等。命令选项或参数可能有一个，也可能有多个（参数列表），有的命令也可以没有命令参数。命令名与第一个命令选项或参数之间以及各个命令参数之间均用空格分隔，命令选项或参数通常以横杠字符“-”开始，如 ls -a -l，但一般简写为 ls -al 即可。

学习 Linux 操作系统最好的方法就是多使用、边用边学、学以致用，不但能使用图形方式，而且还要熟悉命令方式，这也是对系统管理员最基本的要求。由于 Linux 的命令与其他非类 UNIX 操作系统的命令差别比较大，而多数读者对 MS-DOS 或 Windows 的命令比较熟悉，所以这里对 Linux 与这些操作系统下的常用命令做一个简单的说明，见表 1-1。

表 1-1　Linux 与 MS-DOS/Windows 常用命令比较

Linux 命令	MS-DOS/Windows 命令	命令功能
cd	cd	改变当前目录
chattr	attrib	改变文件属性
clear	cls	清除屏幕
cp	copy	复制文件或目录
du	dir	显示目录或文件的大小
grep	find	在文件中搜索字符串
ifconfig	ipconfig	显示或设置网络设备
ls	dir	列出目录内容
man	help	在线帮助
mkdir	md	创建目录
more	more	分屏显示文本文件内容
mv	ren、move	移动或更名现有的文件或目录
ping	ping	检测网络可达性
rm	del	删除文件
rmdir	rd	删除（空）目录

Linux 的命令接口功能强大，命令繁多，本书将在后续章节中逐一介绍常用的基本命令，读者也可以通过在线帮助命令（如 man 命令）边用边学。

当用户在系统光标命令提示符下输入命令或命令组合并按 Enter 键执行后，在多数情况下，Linux 操作系统都将命令执行的结果显示在终端屏幕上，但是有些命令执行后没有任何反馈消息显示，这是因为 Linux 秉承了 UNIX 操作系统的特性，即没有任何消息就是好消息，这是与 MS-DOS、Windows 操作系统的差别。例如，执行下面的文件更名命令：

```
mv t1. txt /mnt/t2. txt
```

若文件更名成功，Linux 在终端显示器上将不显示任何信息，只有在更名失败的情况下，Linux 才显示出错的原因。这一点可能会使 Linux 的初学者在使用联机命令接口时感到不习惯。

有时解决比较复杂的问题用单一的命令无法实现，而为此编程又比较麻烦，这时可以采用快捷的 Linux 命令组合方式。

Linux 操作系统提供了若干个构件原语，利用它们可以进行命令的组合。输入/输出重定向命令就是用户可见的一个构件原语。一般情况下，计算机系统的默认标准输入设备是键盘，默认的标准输出设备是显示器。如果不用标准的输入/输出设备，就要用到重定向。Linux 的输入/输出重定向命令包括：输入重定向（用 < 表示），用于从文件或其他非标准输入设备读取信息；输出重定向（用 > 表示），把要输出的信息送到文件或其他非标准的输出设备，它是一种覆盖式的重定向；输出附加重定向（用 >> 表示），也是把要输出的信息送到文件或其他非标准的输出设备，但它是一种添加式的重定向，即只是在文件尾或上次输出之后添加新的信息。输入/输出重定向示例如下：

```
wc -l < /etc/passwd       将 passwd 文件作为 wc 命令的输入
ls > output               将 ls 命令的输出重定向保存到 output 文件
date >> output            将 date 命令的输出附加重定向到 output 文件
```

管道命令是 Linux 操作系统的另一个构件原语，它的作用是将前一个命令执行的输出作为后一个命令的输入，用字符“｜”表示。例如：

```
grep root /etc/passwd  |  wc -l
```

该命令组合将统计出 etc 目录下 passwd 文件中包含单词 root 的行数。其执行过程是，首先由 grep 命令执行并输出 passwd 文件中包含 root 单词的行，然后 Linux 操作系统把该输出作为 wc 命令的输入，由 wc 命令执行，统计出这个文件中包含 root 单词的行数。

Linux 操作系统中构件原语的使用既拓展了命令的功能和使用的灵活性，又极大地提高了系统的效率。把命令组合（可以通过构件原语或 shell 编程）使用，在实际的系统管理中可以快速、方便地解决许多复杂的实际问题。

2. 脱机用户接口

脱机用户接口由 shell 脚本程序和命令解释程序（shell）组成。Linux 的命令解释程序对用户从键盘输入的脚本程序名进行解释，并根据脚本程序中所编写的 shell 命令要求去执行，脚本程序执行完成后，系统控制又返回终端键盘继续等待用户的输入。在脚本程序执行期间，如果没有要求用户输入选项，一般情况下，用户除了可以用控制台中断（Ctrl + Break）外，无法干预计算机的执行，用户与计算机之间以脱机批处理的方式实现对用户作业的控制，直至作业完成。

shell 既是一个命令解释程序，又是一种程序设计语言。当它作为命令解释程序使用时，能处理用户在光标命令提示符后输入的命令，它具有控制流原语、参数传递、字符串替换等特征；当它作为程序设计语言时，可以接收命令返回码，可以修改命令的运行环境，还可以使用类似高级语言中的流程控制语句和函数，如 if …then…else、case、while、until、for 等。因此，通过 shell 编程也可以实现命令的组合使用。

有关 shell 编程的详细内容将在第 8 章中介绍，这里仅列举出个别示例来说明脱机用户接口的原理。例如，系统管理员可能需要成批地添加用户，如果使用 adduser 命令，则每添加一个用户都要执行一次该命令；如果使用 shell 脚本程序，则可以实现自动、快速地添加成批用户。示例程序如下：

```
stunum = 1
echo "Input class number:"
read classnum
while test $ stunum  - le 50
do
     echo "Creating user account. . . "
     useradd jb03c $ classnums $ stunum
     stunum = 'expr $ stunum  +  1'
done
```

在这个 shell 脚本程序中设置了两个变量。首先 stunum 变量为学号且用赋值号进行赋值，然后在屏幕上输出提示信息，要求用户输入班级号，classnum 变量为班级号且用 read 命令从键盘输入值。在 while 循环语句中，条件表达式的测试（test 语句）条件为学号数小于或等于 50 则循环继续，否则终止循环。在循环体内显示正在建立的用户信息，引用两个变量且用 useradd 命令（除用户名外）按默认参数添加用户，最后修改学号变量的值以便控制循环的结束。

1.3.2　图形接口

命令接口最大的优点就是命令执行快捷，对系统硬件要求低，系统资源损耗低，但是对用户的命令熟练程度要求高。Linux 操作系统的命令很多，命令的各种选项和参数也很多，一般用户（非计算机或相关专业）要掌握它确实不容易。目前的操作系统，尤其是微型机操作系统，可以说如果没有图形接口也就没有未来。

操作系统中使用了图形接口后，大大拉近了计算机与用户之间的距离。用户不会再面对着终端屏幕和闪烁的光标一头雾水了。五颜六色的桌面、精美的图标、适时出现的对话框、简单明了的菜单和方便的鼠标操作可把用户带入一个崭新的世界。

1. X-Window 系统

X-Window 系统是 Linux 操作系统图形接口的基础，X-Window 的体系结构包括客户/服务器模型和 X 协议两个部分。当前的 X-Window 系统的版本是 X11R7（第 11 版，第 7 次发布）。Linux 系统上使用的 XFree86 就是基于 X11R7 版本的。

1984 年，美国麻省理工学院（MIT）开始开发 X-Window 系统，并应用于 UNIX 操作系统中。X-Window 系统是一个图形显示、服务和管理的软件，它可以运行在多种计算机系统之上。它包含了光栅图形技术、用户界面技术、操作系统技术和计算机网络技术，可以为用户提供交互式图形界面、完善的管理功能和高效的程序开发环境。X-Window 系统是 UNIX 和所有类 UNIX（包括 Linux）操作系统的标准图形接口。

X-Window 系统支持实现不同风格的用户界面，如各种类型的窗口、菜单、按钮、列表框、图标、滚动条、输入框等，以满足不同用户的需要。它具有网络透明性，允许一台计算机上的应用软件通过网络在另外一台计算机上建立窗口，显示各种图形和文本信息；具有良好的可移植性，由于 X-Window 系统本身独立于显示设备和输入设备，这使得基于 X-Window 系统的应用软件也具有这样的特性。它提供了多种窗口管理器，如 mwm、twm 等。窗口管理器的功能是对窗口进行宏观管理，包括窗口的布局样式、标题类型、边框形式、大小变化等。

2. 窗口管理器

窗口管理器是 X-Window 系统中特殊的客户程序，它的功能是负责调整窗口属性（如窗口标题的颜色、窗口的前景色和背景色、窗口的位置和大小等）、调整窗口间的相对层次、将窗口缩成图标、刷新窗口内容、关闭窗口以及退出窗口系统等。

Linux 支持多种窗口管理器，如 kdm、sawfish、twm 等。使用窗口管理器时，X-Window 系统中的服务程序并不直接与 X-Window 系统中的客户程序通信，而是通过窗口管理器来中转。下面通过一个例子来了解窗口管理器的作用。

如果 Linux 系统是以图形界面启动的，则选择“应用程序”→“系统工具”→“终端”命令，打开界面并输入 init 3，出现认证界面并输入超级用户密码，将看到 Linux 的字符界面（如果没有进入字符界面，则按下 Ctrl + Alt + F1 组合键后，再按 Ctrl + C 组合键即可），重新登录即可。这时如果执行命令 startx，则返回图形用户界面。

3. 桌面系统

有了 X-Window 系统，实际上已经可以使用图形接口了，那么为什么还需要桌面系统呢？CentOS 7 使用 GNOME 3 窗口管理器（含 GNOME 和 GNOME Classic 两种）。

GNOME 3 完全重绘了用户界面，它的结构与布局设计能保持用户的思路，减少注意力的分散，帮助用户完成任务。当用户首次登录时，只看到一个空旷的桌面和顶部工具栏，GNOME Classic 桌面如图 1-28 所示。

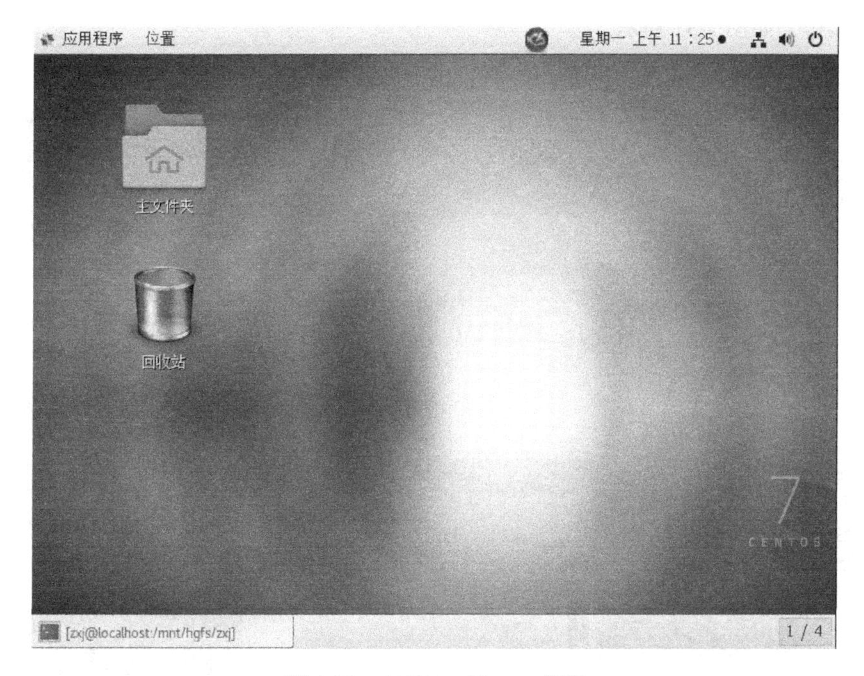

图 1-28 GNOME Classic 桌面

不同的窗口管理器有不同的风格。有了窗口管理器，对使用者来说还不够方便。桌面系统是一系列系统应用程序的集合，它不但可以启动某种窗口管理器，而且还有任务栏、“开始”菜单、桌面图标、编辑器、绘图程序和浏览器等。采用桌面系统的目的是提供统一、方便的操作方式来满足普通用户的需要。KDE 和 GNOME 是 Linux 里最常用的桌面系统操作环境。

在 GNOME Classic 桌面，顶部的工具栏可对用户提供对窗口和应用程序、日历以及系统属性（如声音、网络和电源）的访问。在顶部栏的工具栏中，用户可以更改音量或屏幕亮度、编辑 Wi-Fi 连接详细信息、检查电池状态、注销或切换用户以及关闭计算机等。

要访问窗口和应用程序，可选择“应用程序”→“活动概览”命令，也可以按快捷键（Super Key 键盘上有 Windows 标志的按键）在活动概述中查看窗口和应用程序。只需通过搜索框即可搜索应用程序、文件和文件夹，活动概览界面如图 1-29 所示。

在活动概览界面的左边，可以看到 dash 浮动面板，它存储最常用的程序和当前正在运行的程序。单击其中的图标可以打开这个程序，如果程序已经运行了会高亮显示，单击图标会显示最近使用的窗口。用户也可以拖动图标到浮动面板外，或者拖到右边的任一工作区。

在图标上右击会显示一个菜单，选择菜单命令会允许用户选择任一运行程序的窗口，或者打开一个新的窗口。用户还可以按住 Ctrl 键单击图标来打开一个新窗口。

4. GNOME 的基本使用方法

如果安装中选择了图形界面启动方式，则 Linux 操作系统启动后会自动进入默认的桌面系统，此时可以看到一个漂亮、简洁的桌面。对于普通用户，通过使用鼠标即可完成绝大部分的操作。

（1）鼠标操作

在 GUI 环境中，鼠标操作是使用最频繁的，有以下几种基本操作。

1）单击：左键单击，通常用于选中某个对象，如目录、文件、窗口或窗口菜单等，把鼠标指针移到对象上单击鼠标左键即可，如图 1-30 所示；右键在对象上单击，可以通过弹出式菜单进行一系列操作，如图 1-31 所示。

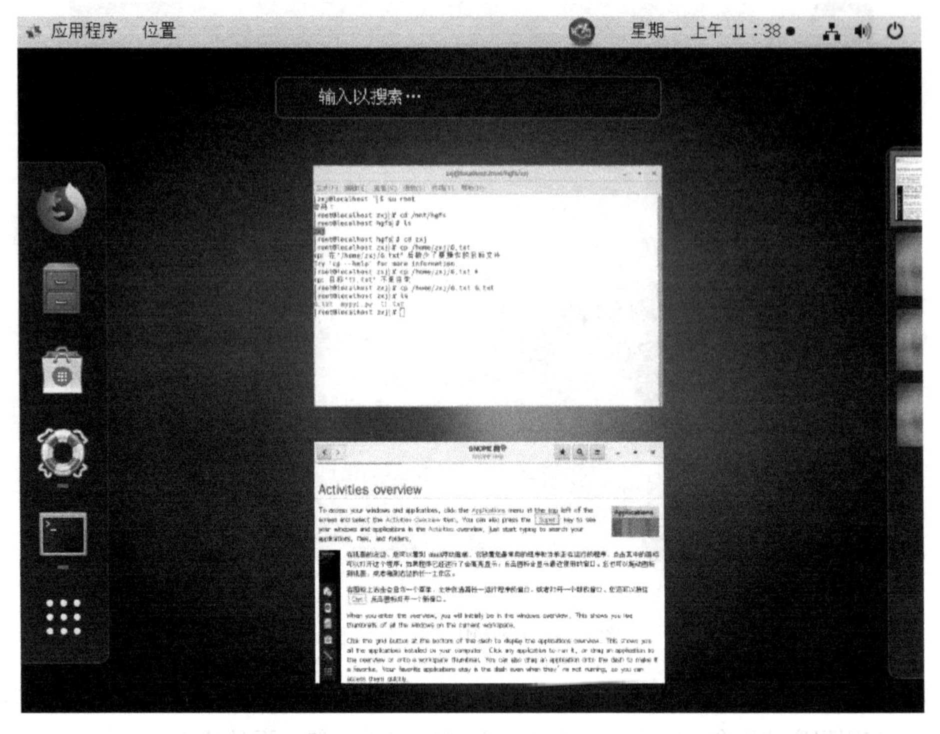

图 1-29　活动概览界面

图 1-30　鼠标左键单击

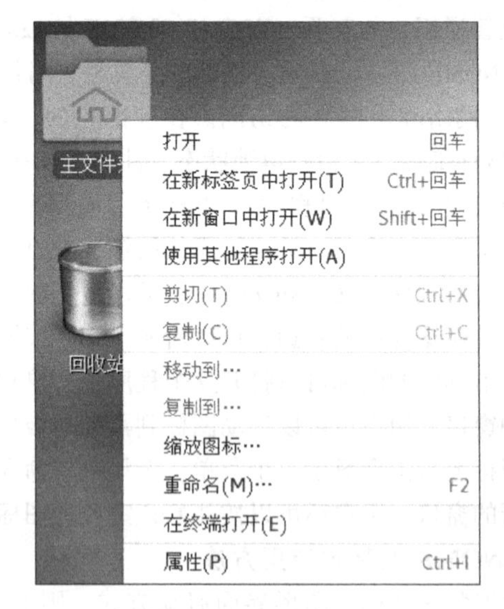

图 1-31　鼠标右键单击

2）双击：通常用于打开某个对象，如目录、文件、终端等。把鼠标指针移到对象上双击鼠标左键即可。

3）拖动：在对象上按住鼠标左键不要放开，从一个地方（窗口、菜单、桌面等）平移到另一地方（窗口、桌面、目录等），通常用于快捷地复制（同时按 Ctrl 键）、移动、创建链接方式（同时按 Ctrl + Shift 组合键）等。

4）滚动：由于目前的鼠标一般都带有滚轮，因此在浏览网页、文档等内容时可以滚动滚轮以方便浏览。

（2）窗口操作

1）创建新的窗口：用鼠标右键在桌面或窗口空白处单击，在弹出式菜单中移动鼠标指针到“打开终端”菜单项上单击左键即可；也可以通过窗口菜单来打开新窗口。

2）选择窗口菜单：窗口上有用于自身管理的菜单，称为窗口菜单。利用它可以方便地新建窗口，新建文件夹，改变窗口大小，移动窗口，关闭窗口、剪切、复制、粘贴窗口内的文件等。用鼠标左键单击菜单栏上的相应菜单项即可打开下拉菜单，从中可进行选择，如图 1-32所示。

查看(V) 搜索(S) 终端(T)
显示菜单栏(M)
全屏(F) F11
放大(I) Ctrl++
普通大小(N) Ctrl+0
缩小(O) Ctrl+-

图 1-32 窗口菜单操作

3）改变窗口大小：当鼠标指针移动到窗口的四条边上或左下角、右下角时，可以看到鼠标指针的形状已经改变，这时单击左键并拖动鼠标可使窗口达到想要的大小。如果要最大化、最小化或关闭窗口，则窗口的右上角有专用按钮。

这里只介绍几个基本操作作为入门，其他的操作如菜单操作、图标操作等是类似的，希望读者通过实际操作练习熟练地掌握用法。有关 GNOME 的详细使用请参考 CentOS 7 中的帮助文件。

GNOME Classic 桌面系统是 CentOS 默认的，如果用户不满意，可以在 Linux 系统登录界面上选择 GNOME 桌面系统，如图 1-33 所示。进入 GNOME 桌面系统后的桌面后如图 1-34 所示。若要使用其他桌面系统，如 KDE 等，可以在安装界面选择，也可以安装后下载软件包进行安装。虽然 KDE 桌面系统的部分软件与 GNOME 不同，界面也不一样，但是操作方法基本上是相同的，所以这里不对它进行介绍。

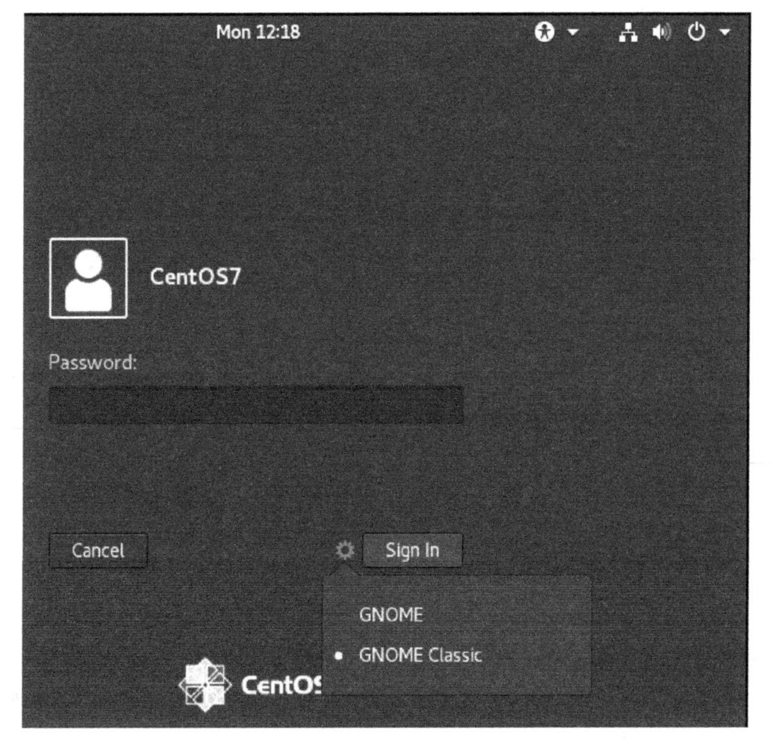

图 1-33 选择桌面系统界面

图 1-34　GNOME 桌面

1.3.3　程序接口

程序接口是操作系统为编程者提供的接口，一般以系统调用的形式存在。为了操作系统的安全，一般不允许用户直接使用计算机系统中的资源，如内存的分配、设备的启动等。如果用户确实需要涉及这类系统资源的分配、使用和回收操作，就必须通过操作系统的系统调用来实现。因此，系统调用是应用程序与操作系统内核之间沟通的桥梁。

系统调用就是一段程序代码，其用法与普通函数的调用很相似，但存在本质上的不同。它们之间的主要区别是：系统调用由操作系统内核提供，普通函数由函数库提供或用户自己编写；系统调用运行于系统态，普通函数运行于用户态；系统调用一般是原语，即执行期间不可中断，换句话说就是“要么不做，要么全做”，而普通函数在执行期间是可以被中断的。

CentOS 7 的 Linux 操作系统内核（版本号为 3.10.0-957）提供了上千种的系统调用，而且随着内核的不断升级，系统调用还会增加。用户可以在 Linux 内核源代码中找到所有系统调用的声明，还可以通过以下联机帮助命令来查看。

```
man 2 syscalls
```

对大多数 Linux 平台常用的系统调用资料，如图 1-35 所示；也可以对某个具体的系统通过调用来查看。例如，查看 read 系统调用时输入：

```
man 2 read
```

此时打开 Linux 编程者手册，显示 read 系统调用的信息。但要注意的是，如果省略参数 2，只是输入：

```
man read
```

则系统给出的是命令 read 的使用方法。

1. 系统调用的格式

Linux 系统调用大部分为 C 语言代码，只有小部分为汇编代码。系统调用的格式与普通函数调用的格式类似，一般格式为：

　　返回值 系统调用名(参数 1,参数 2,…,参数 n);

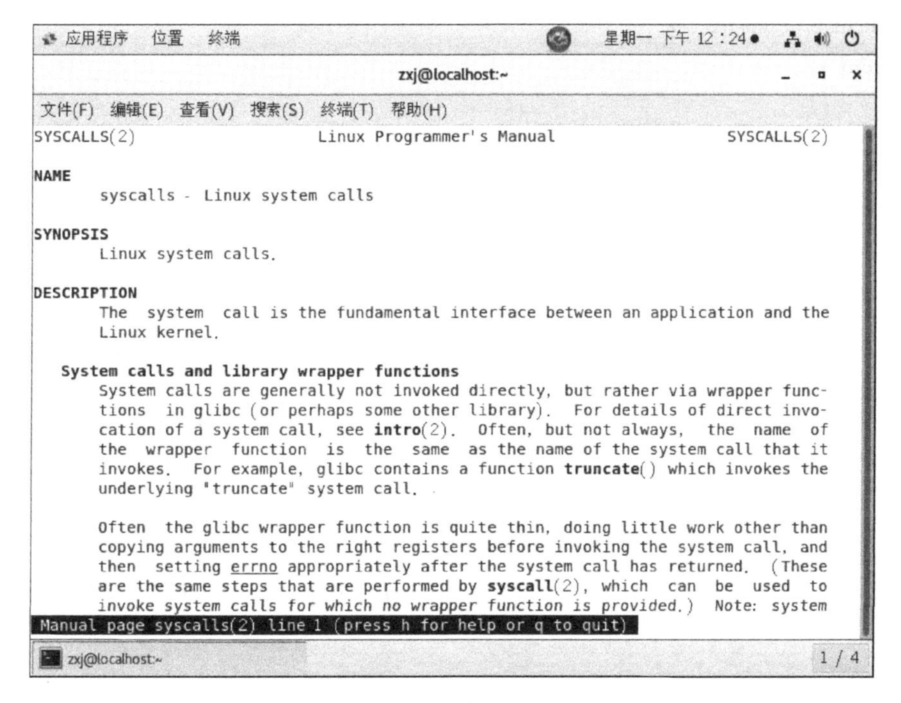

图 1-35 查看系统调用

除特别说明外，一般系统调用成功时的返回值为 0。如果系统调用的返回值为 -1，则表示调用发生了错误，可以调用函数 perror( ) 显示错误原因。

编程者在程序中使用系统调用时，一定要检查系统调用是否成功，并根据不同的错误号做出相应的处理。

2. 系统调用的分类

Linux 的系统调用从功能上大致可以分为 6 类。

1）设备管理：设备分配、回收、输入/输出、重定向、设备属性获取和设置等。

2）文件操作：建立、打开、读/写、关闭、删除、获取和设置等。

3）进程控制：创建进程、执行进程、终止或异常终止进程、获取和设置进程属性等。

4）存储管理：内存的分配与回收等。

5）系统管理：获取及设置系统日期和时间、获取及设置系统数据等。

6）网络通信：建立/断开通信连接、发送及接收消息、连接/断开远程设备等。

3. 系统调用的示例

编程者可以根据自己的需要，用相应的系统调用实现特定的功能。由于系统调用的具体应用超出了本书讨论的范围，所以这里仅举一个例子来说明 Linux 操作系统的程序接口。示例程序名为 myfork. c，在这个例子中使用 fork 系统调用创建子进程，子进程与父进程并发执行，子进程输出字符串“AA”，父进程输出字符串“BBB”。由于进程并发执行，所以各次执行结果的输出顺序有可能是不同的。

程序编译：#> gcc -o myfork myfork. c

程序执行：#>./myfork

```
#include <stdio.h>
#include <stdlib.h>
```

```
#include <unistd.h>
main()
{
    int i;
    pid_t pid;
    for(i=0;i<3;i++)
    {
        pid=fork();                    //创建子进程
        if(pid==0)                     //fork 系统调用向子进程返回 0
            printf("AA\n");
        else if(pid>0)                 //fork 系统调用向父进程返回子进程号(大于 0)
            printf("BBB\n");
        else
        {
            printf("Can't fork! \n");  //fork 系统调用返回 -1,表示调用出错
            exit(-1);
        }
    }
    exit(0);
}
```

1.4　Linux 与其他 PC 操作系统的比较

现在许多用户为了工作和学习的需要在计算机上安装了多种操作系统，如 MS-DOS、UNIX/Linux、Windows 2000/XP 等，这些操作系统在具体应用上各有各的优势。前面对 Linux 的诞生与发展、Linux 的安装方法、Linux 与用户的接口等从纵向的角度做了简要说明，现在从横向来对 Linux 与常用的 MS-DOS、UNIX 和 Windows 这 3 种操作系统进行比较。

1.4.1　Linux 与 MS-DOS 比较

1. 操作系统类型

MS-DOS 属于单用户、单任务操作系统，一次只能运行一个程序，系统资源是封闭、独占的。而 Linux 属于多用户、多任务操作系统，采用多道程序设计技术、多道程序并发执行技术，系统资源是开放、共享的。

2. 操作系统功能

MS-DOS 受早期 PC 结构的限制工作在实模式下，不能充分发挥微处理器和内存的功能，大型的特别是图形界面的软件运行困难。而 Linux 可以完全运行在保护模式下，微处理器、内存和各种设备的功能可以最大限度地发挥。

3. 操作系统费用

MS-DOS 是商业软件，虽然价格低廉，但需要付费；而 Linux 是免费软件，用户无须考虑价格因素，还有大量的 Linux 爱好者在不断地开发、测试新的免费系统应用软件。

4. 操作系统前景

虽然 MS-DOS 早期在 PC 上的普及程度很高，但是受到本身性能的制约，现在用户群急剧萎缩。而 Linux 几乎具有目前操作系统的所有优点、性能，对设备的支持性越来越好，用户群日益庞大。

1.4.2 Linux 与 Windows 比较

1. 操作系统类型

较早的 Windows 9x 属于单用户、多任务操作系统；Windows XP 属于多用户、多任务操作系统；Windows 2000 是基于 NT 的网络操作系统；Windows 10 是美国微软公司研发的跨平台及设备应用的操作系统，是微软发布的最后一个独立的 Windows 版本，根据应用对象的不同可分为家庭版、专业版、企业版等。而 Linux 既是多用户、多任务操作系统，也可以作为网络操作系统，且可以稳定地集多种服务器于一身。

2. 操作系统功能

Windows 系列的操作系统从 Windows 2000 开始不再保留 MS-DOS 的实模式，只设置了虚拟 8086 方式，以继续支持 MS-DOS 的应用程序，它可以完全运行在保护模式下，系统功能得以最大限度地发挥。Linux 可以完全运行在保护模式下，但目前对设备的支持还不如 Windows 好，特别是桌面版，其应用软件的种类还不够多。

3. 操作系统费用

Windows 是商业软件，虽然应用软件众多，使用方便，功能齐全，但相对 PC 个人用户而言，其价格十分昂贵。而 Linux 是免费软件，完全兼容 POSIX. 1 标准，在 Internet 中有大量的免费软件可以下载，而且在系统功能和使用方便性方面正在不断地加以改进。

4. 操作系统安全

操作系统的安全无疑是所有用户都关注的一个焦点。作为商业操作系统，Windows 的内核并不公开，系统接口也由其开发公司控制、设计，是否存在“后门”一直是争论的话题，毕竟这关系到一个国家、企业和个人的安全。Linux 以其代码开放所带来的高安全性而备受赞誉，这也是许多重要部门和大型网站采用 Linux 操作系统的重要原因。

5. 操作系统前景

Windows 以其种种优势受到众多用户的喜爱，目前市场占有率仍然稳居第一，尤其在个人桌面操作系统方面。在嵌入式系统方面推出的 Windows CE 目前已经无法与 Linux 抗争，且 Linux 操作系统在网络应用上蒸蒸日上，用户群日益壮大。

1.4.3 Linux 与 UNIX 比较

1. 操作系统类型

两者都属于多用户、多任务操作系统，也都可以作为网络操作系统使用。

2. 操作系统功能

两者都可以完全运行在保护模式下，微处理器、内存和各种设备的功能可以最大限度地发挥。然而 UNIX 作为商业操作系统，与 Linux 相比，其支持的硬件种类要多一些，但两者运行时几乎一样稳定。

3. 操作系统费用

UNIX 是商业软件，使用需要付费，而 Linux 是免费软件，可以方便地从 Internet 上下载。Linux 还可以提供工作站的性能，有人认为使用廉价的 PC 运行 Linux，其性能比用工作站运行某些商业 UNIX 要好，而 PC 的价格只有工作站的几分之一。

4. 操作系统安全

虽然 UNIX 的“后门”问题以前没有引起广泛的争议，但近年来网络上与此有关的话题越来越多。作为商业操作系统，代码不公开必然会引发用户的担心。其实任何操作系统在设计时都不可能做到没有 Bug、漏洞，但是如果公开代码，自然也就不是“后门”问题了。

5. 操作系统前景

影响 UNIX 操作系统广泛使用的主要原因是价格因素，而在 Linux 系统平台上，在使用网络、进行科学计算以及嵌入式系统控制等方面并不比其他商业操作系统逊色。

1.5　Linux 操作系统资源

Linux 作为开放、免费的操作系统，与商业操作系统相比有很大的资源优势，例如有国内外的各种发行版本、新闻网站、各种文档资料、技术论坛、各种系统工具、驱动程序、开发环境、服务器及数据库等软件的 HTTP 和 FTP 下载站点。以下是 Internet 中部分 Linux 资源分类站点简介。无论是新手还是 Linux 的专业工作者，都可以从这些站点上找到大量、有价值的信息。

1. 发行版本站点

Linux 发行商创建的站点，介绍发行版本的内容、特点和 Linux 的相关知识等。一般还为用户提供大量的免费资源链接。

2. 初学者站点

该站点主要为 Linux 入门者提供通俗易懂的学习指南，包括 Linux 的介绍、如何使用 Linux 的基本命令、如何进行硬盘分区、如何安装及使用 Linux 操作系统等，还推荐一些适合初学者的书籍，帮助用户尽快习惯使用 Linux。

3. 软件下载站点

该站点主要提供各种系统及应用软件和软件源代码的下载，一般以压缩文件（.tar）和软件包（.rpm）的形式存在。此外还提供大量开放源代码程序的分类链接。

4. 硬件驱动站点

该站点主要提供各种硬件的驱动程序，有些站点还提供 Linux 系统中各种硬件信息数据库。用户既可以浏览这些数据库资料，也可以使用站点的搜索引擎来快速查找所需要的硬件资料。

5. 嵌入式应用站点

该站点主要提供与嵌入式系统应用、开发有关的 Linux 类的操作系统内核、系统及应用软件的介绍和下载，嵌入式系统的开发方案设计、实现等。

6. 图形/多媒体站点

该站点主要提供大量的图形软件资源、推荐的图书、关于 GIMP 的原始内容及其他一些非常好的图形方案。有些站点还提供 Linux 下的 3D 应用程序，以及支持 Linux 的 3D 硬件驱动程序等。

7. 软件开发站点

该站点主要提供各种编程工具、编译器下载以及与软件开发相关的链接，如 QT、KDE 集成开发环境、CVS 工具、调试追踪和补丁管理工具等。有些站点还可以让用户浏览和下载网站上已开发的软件，也可以给这些软件方案做补丁。

8. 内核技术站点

该站点主要提供各种版本的内核、内核补丁以及内核源代码的下载，内核技术的专题介绍，新内核的特色和升级技巧等。

9. X-Window 系统站点

该站点主要提供 X-Window 管理器和其他流行软件包上更新的 X-Window 资源和新闻，如 KDE、GNOME 的开发资源。有些站点还提供 X-Window 的相关资料、最新发行的软件、FAQ 等。

10. 科学工程站点

该站点主要为其他学科的科学工作者提供适用于 Linux 中各种科研应用程序的开放源代码、共享软件和商业软件等。

11. 文档管理站点

该站点主要提供 Linux 的相关资料，指导如何根据问题查找相关资料等。有些站点还为用户提供疑难问题解答、免费软件使用指导等。

12. 相关新闻站点

该站点主要提供与 Linux 有关的新闻故事、出版发行等相关信息。有些站点的新闻区经常包含一些有意义的专题特写。

13. 网络杂志站点

无论是初学者还是高级 Linux 用户，都可以从这类站点学到许多新技术，了解到许多新信息，杂志的内容涉及 Linux 的各个方面，从软件评论、使用技巧、技术指南到市场需求等。有些站点还可以让用户对想了解的技术专题发送提议。

习　题　1

1. 用搜索软件查看当前 Linux 在哪些领域有广泛的应用。
2. 用搜索软件查看当前 Linux 在各种服务器应用上所占据的比例。
3. 为什么说 Linux 操作系统的安全性较好？
4. Linux 系统为用户提供了哪些接口？各有何用途？
5. 浏览 Linux 内核技术站点，了解 Linux 内核的发展信息。
6. 学习 Linux 时为什么要学它的命令？
7. 当硬盘的分区超过 2TB 时，分区方案是什么？与原来的方案相比有何变化？
8. 如何安装虚拟机？
9. 如何在虚拟机上安装 CentOS 7？
10. 如何在虚拟机的 CentOS 7 上实现与物理机的文件共享？

第 2 章　系统的启动与关闭

PC 在开机上电后首先执行 BIOS 程序，以检查系统内存、基本输入/输出设备等是否正常。如果不正常则输出提示信息，系统挂起；如果正常则把 Linux 操作系统从磁盘读入内存。当操作系统装入内存并执行一系列的初始化操作后，出现用户桌面（图形界面方式）或系统光标提示符（字符界面方式），表示用户环境已经正常建立，用户可以登录系统了。CentOS 7 的系统启动流程如图 2-1 所示。

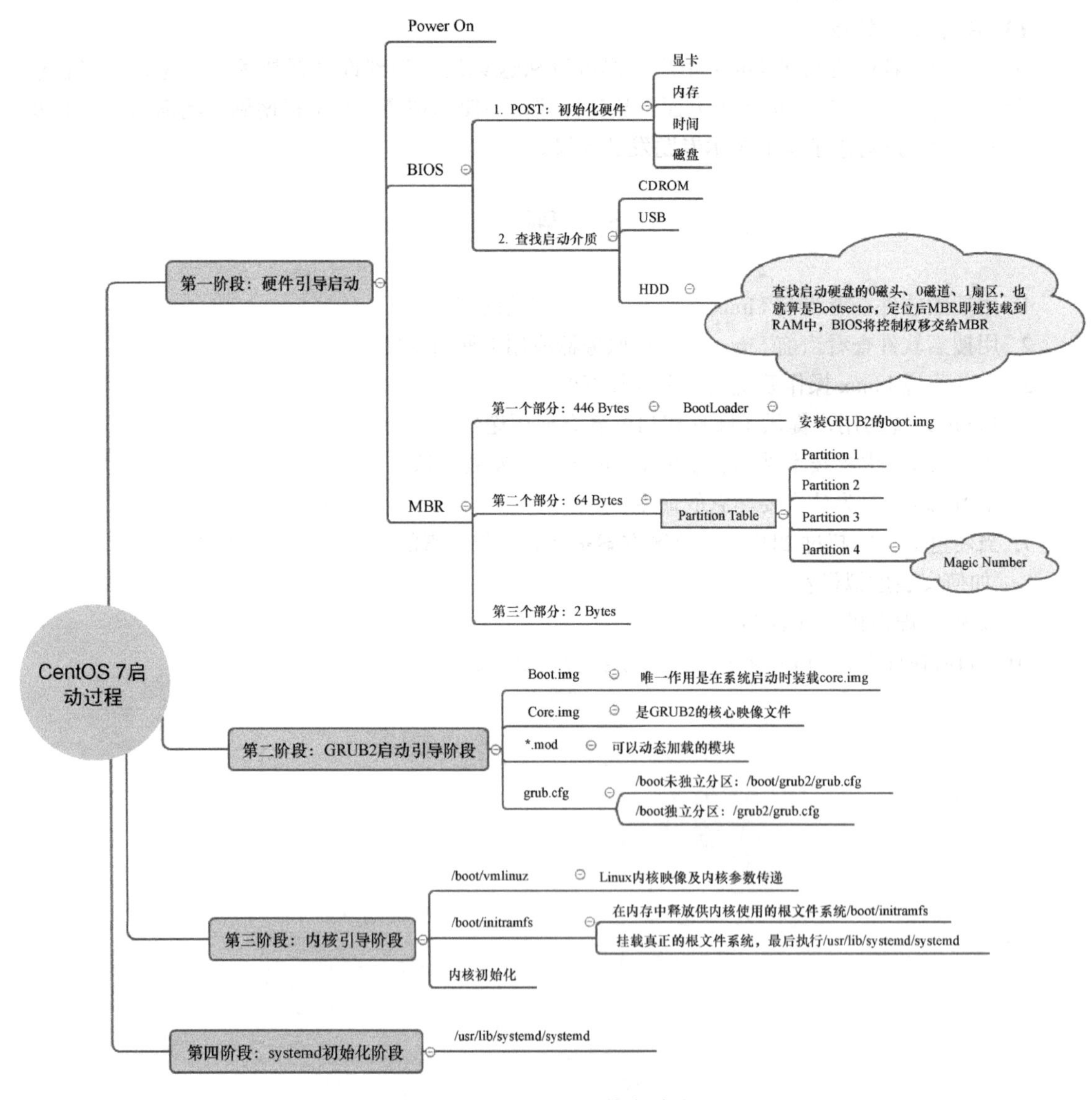

图 2-1　CentOS 7 的系统启动流程

2.1　拯救（Rescue）模式的进入与使用

在 CentOS 7 Linux 安装后的使用过程中，如果由于误操作系统文件，例如错误修改了系统配置文件或 GRUB 的配置文件，或忘记了 root 用户的密码等，当导致系统无法启动或无法以 root 用户登录时，可以进入拯救模式，通过一些基本命令对系统进行设置以恢复系统的正常工作或进入单用户模式以修改 root 用户密码。

2.1.1　进入拯救模式

进入拯救模式的步骤如下。

1）系统启动时进入 BIOS 设置，修改系统引导顺序，使其从 CDROM 引导。

2）指定 CentOS－7－x86_64－DVD－1810. iso 映像文件，重启系统。

3）启动时按下 Esc 键，当出现 boot 提示符时按 Enter 键，进入安装界面，上下移动方向键选择“Troubleshooting”（故障排除）菜单项，如图 2-2 所示。

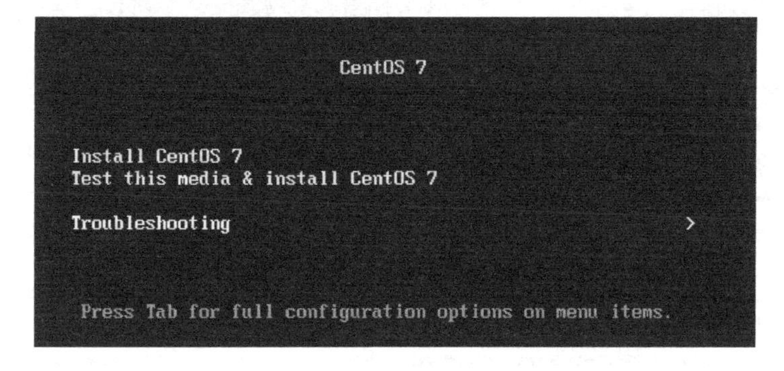

图 2-2　选择“Troubleshooting”（故障排除）菜单项

4）按 Enter 键进入“Troubleshooting”子菜单，如图 2-3 所示。

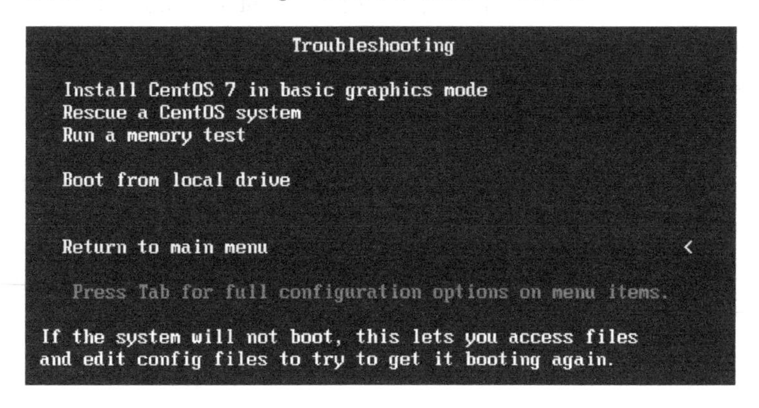

图 2-3　“Troubleshooting”子菜单

子菜单中的第一项“Install CentOS 7 in basic graphics mode”，当 CentOS 7 安装有问题时，可以尝试使用该基本图形模式安装；第二项“Rescue a CentOS system”，当系统不能引导时，让用户访问并编辑配置文件后再次引导；第三项“Run a memory test”，当系统安装中内存可能出现问题时，测试检查内存是否正确地工作。

这里按 R 键或用上下移动方向键选择“Rescue a CentOS system”，按 Enter 键即可进入拯救模式。

2.1.2　使用拯救模式

进入拯救模式后的界面如图 2-4 所示。

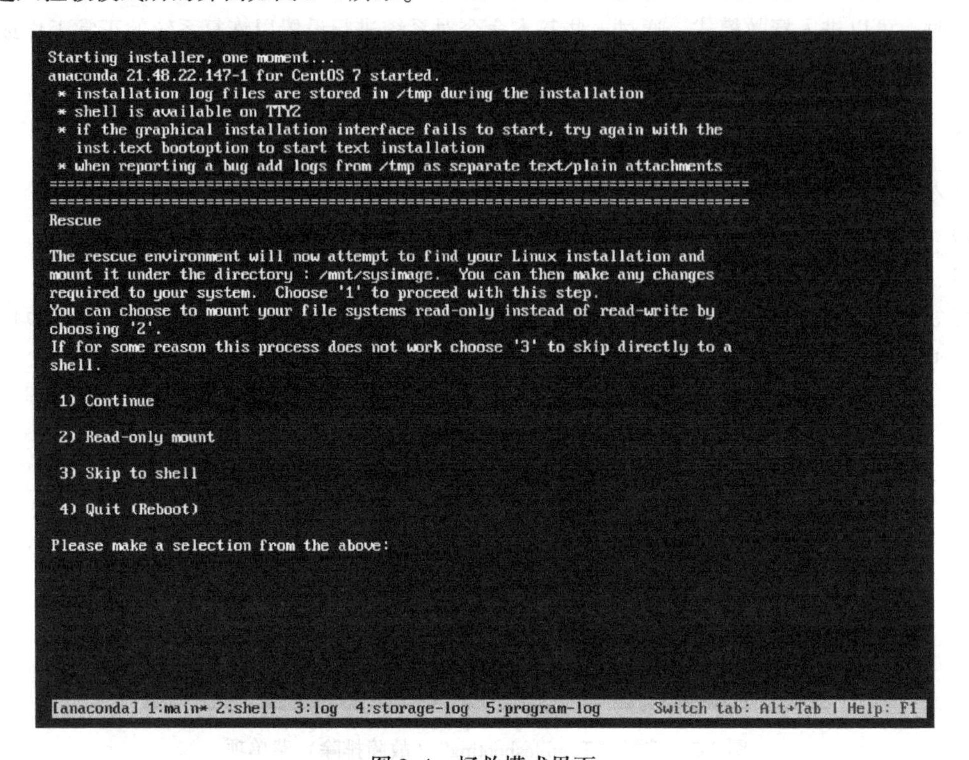

图 2-4　拯救模式界面

在拯救环境下，系统会查找 Linux 的安装，并挂载在/mnt/sysimage 目录下。输入 1，按 Enter 键进入挂载 sysimage 界面，如图 2-5 所示。

```
Please make a selection from the above:  1
================================================================================
================================================================================
Rescue Mount

Your system has been mounted under /mnt/sysimage.

If you would like to make your system the root environment, run the command:

        chroot /mnt/sysimage
Please press <return> to get a shell.
[anaconda] 1:main* 2:shell  3:log  4:storage-log  5:program-log     Switch tab: Alt+Tab | Help: F1
```

图 2-5　挂载 sysimage 界面

按 Enter 键后进入单用户模式界面，这时执行 ls 命令，如图 2-6 所示。

```
sh-4.2# ls
bin   dev  firmware         lib    lost+found  modules  root  sbin  tmp  var
boot  etc  imjournal.state  lib64  mnt         proc     run   sys   usr
sh-4.2#
[anaconda] 1:main* 2:shell  3:log  4:storage-log  5:program-log     Switch tab: Alt+Tab | Help: F1
```

图 2-6　执行 ls 命令

这时并不处于 root 环境，如果要改变根目录，可执行 chroot/mnt/sysimage 命令。再次执行 ls 命令，如图 2-7 所示。

```
bash-4.2# ls
bin   dev  home  lib64  mnt  proc  run   srv  tmp  var
boot  etc  lib   media  opt  root  sbin  sys  usr
bash-4.2#
[anaconda] 1:main* 2:shell  3:log  4:storage-log  5:program-log      Switch tab: Alt+Tab | Help: F1
```

图 2-7　再次执行 ls 命令

比较两次执行 ls 命令的结果，可以看到两者的不同，前者在/boot 目录下只能看到系统的映像文件，而后者可以看到 grub2 等目录及里面的 grub. cfg 文件等。

如果不知道 bash 命令，可以输入 help 并按 Enter 键，系统列出常用的命令；如果还没有找到需要的命令，可以执行“man －k 命令名”格式的命令或“info 命令名”格式的命令。例如，执行 man －k grub2 命令后的显示如图 2-8 所示。

```
bash-4.2# man -k grub2
grub2-bios-setup (8) - Set up images to boot from a device.
grub2-editenv (1)    - Manage the GRUB environment block.
grub2-file (1)       - Check if FILE is of specified type.
grub2-fstest (1)     - (unknown subject)
grub2-get-kernel-settings (3) - Evaluate the system's kernel installation settings for use while ...
grub2-glue-efi (1)   - Create an Apple fat EFI binary.
grub2-install (8)    - Install GRUB on a device.
grub2-kbdcomp (1)    - Generate a GRUB keyboard layout file.
grub2-macbless (8)   - Mac-style bless utility for HFS or HFS+
grub2-menulst2cfg (1) - Convert a configuration file from GRUB 0.xx to GRUB 2.xx format.
grub2-mkconfig (8)   - Generate a GRUB configuration file.
grub2-mkfont (1)     - Convert common font file formats into the PF2 format.
grub2-mkimage (1)    - Make a bootable GRUB image.
grub2-mklayout (1)   - Generate a GRUB keyboard layout file.
grub2-mknetdir (1)   - Prepare a GRUB netboot directory.
grub2-mkpasswd-pbkdf2 (1) - Generate a PBKDF2 password hash.
grub2-mkrelpath (1)  - Generate a relative GRUB path given an OS path.
grub2-mkrescue (1)   - Generate a GRUB rescue image using GNU Xorriso.
grub2-mkstandalone (1) - Generate a standalone image in the selected format.
grub2-ofpathname (8) - Generate an IEEE-1275 device path for a specified device.
grub2-probe (8)      - Probe device information for a given path.
grub2-reboot (8)     - Set the default boot menu entry for the next boot only.
grub2-render-label (1) - Render an Apple disk label.
grub2-rpm-sort (8)   - Sort input according to RPM version compare.
grub2-script-check (1) - Check GRUB configuration file for syntax errors.
grub2-set-default (8) - Set the default boot menu entry for GRUB.
grub2-setpassword (8) - Generate the user.cfg file containing the hashed grub bootloader password.
grub2-sparc64-setup (8) - Set up a device to boot a sparc64 GRUB image.
grub2-syslinux2cfg (1) - Transform a syslinux config file into a GRUB config.
bash-4.2#
[anaconda] 1:main* 2:shell  3:log  4:storage-log  5:program-log      Switch tab: Alt+Tab | Help: F1
```

图 2-8　执行 man －k grub2 命令后的显示

在拯救环境下可以通过执行 vi 命令打开/etc 目录下的配置文件，从而修改错误，也可以在 root 环境下打开 grub. cfg 文件来修改错误，还可以通过执行 grub2 – install /dev/hdx 命令在指定的设备上安装 GRUB 等。另外，还可以通过执行“rpm －F 包名 . rpm”格式的命令修复损坏的软件包等。

修复完成后，执行 exit 命令可退出根环境，再次执行 exit 命令可退出 rescue shell 系统进行重启。

2. 1. 3　修改 root 用户密码

在拯救环境下，当进入了单用户模式，如果忘记了 root 用户的密码，则可以通过执行 passwd 命令进行修改，但是一定要执行 chroot /mnt/sysimage 命令，进入根环境后才能修改密码，否则会出现错误，如图2-9所示。

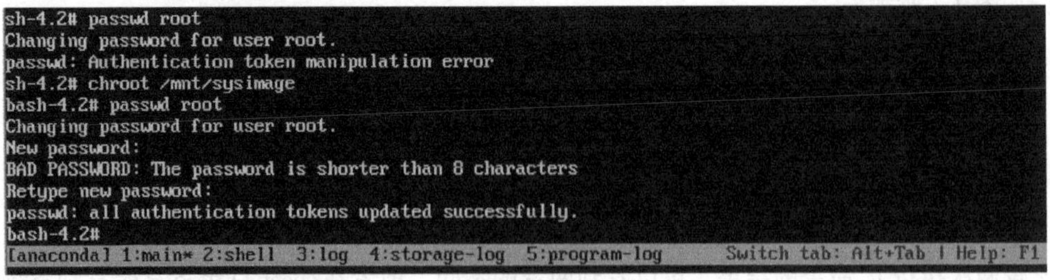

```
sh-4.2# passwd root
Changing password for user root.
passwd: Authentication token manipulation error
sh-4.2# chroot /mnt/sysimage
bash-4.2# passwd root
Changing password for user root.
New password:
BAD PASSWORD: The password is shorter than 8 characters
Retype new password:
passwd: all authentication tokens updated successfully.
bash-4.2#
[anaconda] 1:main* 2:shell  3:log  4:storage-log  5:program-log     Switch tab: Alt+Tab | Help: F1
```

图2-9　修改密码

当系统进入根环境的单用户模式后，有以下两种方法修改密码。

1）使用 passwd 命令来重新设置 root 用户的密码，方法如下：

passwd

这时系统会显示：

Changing password for user root

New password:

输入新密码，系统提示再次输入新密码确认：

Retype new password:

再次输入新密码后，系统显示密码更新成功信息，重新引导系统即可。例如：

reboot

系统重启后，root 用户密码已经被修改。

2）通过 vi 编辑器修改/etc/passwd 文件，删除 root 用户的密码，方法如下：

vi/etc/passwd

此时将以 root 开头的这一行中“root:”后和下一个“:”前的内容（显示为 x，这就是加密后的密码）删除，使这一行看起来类似于“root ::??”，保存 passwd 文件后重启系统，则 root 用户的密码就被删除了。当以 root 用户登录后一定要马上重新设置密码。由于超级用户对系统资源拥有所有的权限，所以没有密码的超级用户是非常危险的。

2.2　多配置系统引导

一般 Linux 操作系统的用户并不会放弃其他操作系统的使用，毕竟各有各的优势，因此，在用户的计算机系统上会有两种或两种以上的操作系统共存。如何根据自己的需要方便、快捷地启动不同的操作系统呢？答案就是采用多配置系统引导。

2.2.1　Linux 的引导程序

CentOS Linux 的引导装载程序是 GRUB（GRand Unified Bootloader）。由于 GRUB 具有安全性好，使用方便、灵活的特点，所以后来居上，已经成为 Linux 默认的引导装载程序选项。它们可以引导多种操作系统，其中包括 Linux、FreeBSD、Solaris、Windows XP、Windows NT 等；可以载入操作系统的内核，初始化操作系统；可以把引导权直接交给操作系统；可以直接从 FAT、MINIX、ext3 或 xfs 等分区文件系统读取 Linux 内核。GRUB 通过配置文件对其进行管理，其特点是：

有便于操作的交互式命令界面；支持网络引导；配置文件为/boot/grub2/grub. cfg。

CentOS 下建议用户修改/etc/grub. d 目录下的配置文件，然后通过执行专门的 grub2-mkconfig 命令生成 grub. cfg 文件。GRUB 引导菜单如图 2-10 所示。

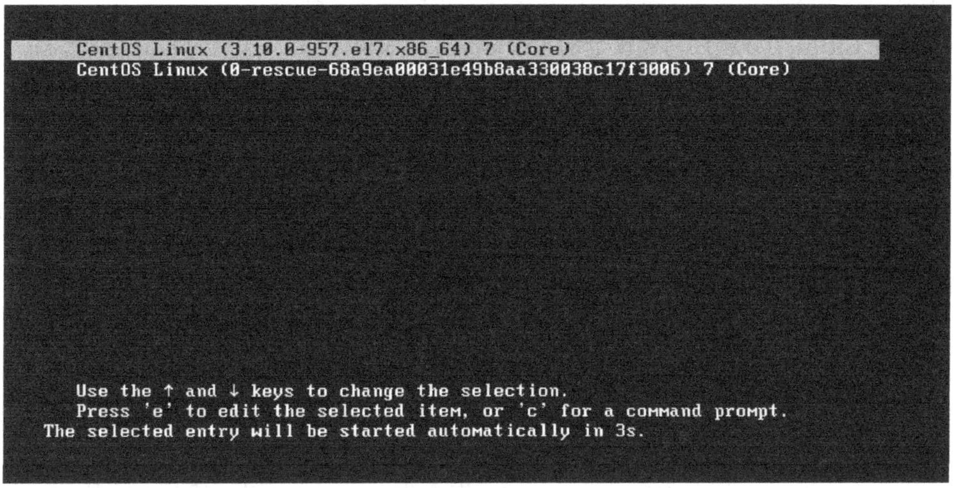

```
      CentOS Linux (3.10.0-957.el7.x86_64) 7 (Core)
      CentOS Linux (0-rescue-68a9ea00031e49b8aa330038c17f3006) 7 (Core)

      Use the ↑ and ↓ keys to change the selection.
      Press 'e' to edit the selected item, or 'c' for a command prompt.
   The selected entry will be started automatically in 3s.
```

图 2-10　GRUB 引导菜单

从图 2-10 可见，若要正常引导系统，移动方向键选择第一项并按 Enter 键即可；如果要进入拯救内核，则选择第二项。如果要在系统引导前编辑 grub 命令，则按 E 键；如果使用命令行方式，则按 C 键。按 C 键后，出现 grub > 提示符，如图 2-11 所示。

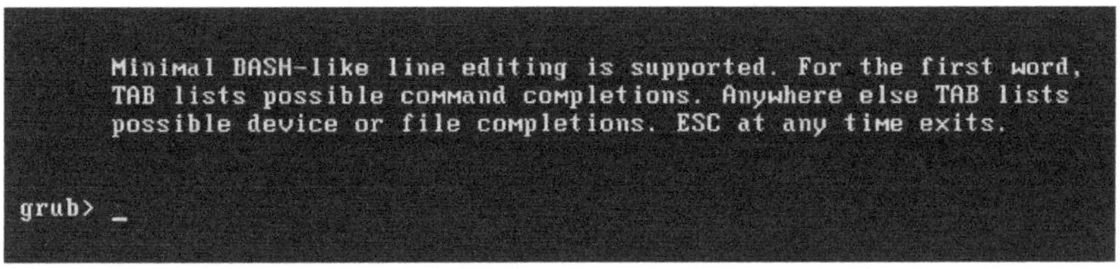

```
       Minimal DASH-like line editing is supported. For the first word,
       TAB lists possible command completions. Anywhere else TAB lists
       possible device or file completions. ESC at any time exits.

grub> _
```

图 2-11　GRUB 的命令行方式

在该提示符下按 Tab 键即可列出所有可以使用的命令，任何时刻要退出命令行方式，只要按 Esc 键即可。

2. 2. 2　多配置系统引导的实现

在安装 Linux 时，如果计算机上已经安装了其他操作系统，如 Windows 等，那么 Linux 能识别出它们（默认显示为 DOS ）并要求用户选择用哪一种操作系统作为默认引导的操作系统。用户单击“编辑”按钮，修改 DOS 为 Windows 或其他名称即可。

如果用户在安装了 Linux 后又安装了其他操作系统，则后装的操作系统引导程序会覆盖 MBR 中的 Linux 引导程序，造成 Linux 无法从硬盘启动。这时就要用拯救模式启动系统，重新配置 GRUB。

1. GRUB 的配置

如果硬盘上的 GRUB 无法引导，则用拯救模式启动并登录 Linux 系统后，用编辑软件编辑配置文件，如 vi 在/boot/grub2 目录下编辑 grub. cfg 配置文件并保存，在超级用户提示符（#）下输入：

```
grub2 - install /dev/hdx
```

如果命令执行后没有错误报告，表示 GRUB 安装成功；如果重新启动后还是不能成功引导系统，则需要检查、修改 grub. cfg 配置文件并运行 grub2 - install 命令。

该命令把 GRUB 引导程序写到硬盘的主引导记录（MBR）上。这里的 hdx（或为 hda、hd0）表示第一个 IDE 硬盘，以此类推，具体应用中要根据 Linux 安装所在的硬盘来定。

2. GRUB 在多配置系统引导的应用示例

若用户希望在自己的计算机系统中同时安装多种操作系统，在系统启动时选择引导某种操作系统，或在同种操作系统的不同配置下启动，那么就可以方便地用 GRUB 来实现多配置系统引导。

例如，某用户希望在硬盘上安装 Windows 7、CentOS 7 Linux 操作系统。

用工具软件对硬盘进行分区后先安装 Windows 7 操作系统，再安装 CentOS 7 Linux 操作系统。在 CentOS 7 安装完成后，主引导记录默认的是最后安装的操作系统，也就是 CentOS 7 Linux，但 Windows 7 的引导记录还在，因此可以用 GRUB 进行配置以实现多系统的启动。为了便于用户操作，这里以图形方式介绍设置过程。

1）以超级用户（root）身份登录 CentOS 7，进入/boot/grub2 目录，如图 2-12 所示。

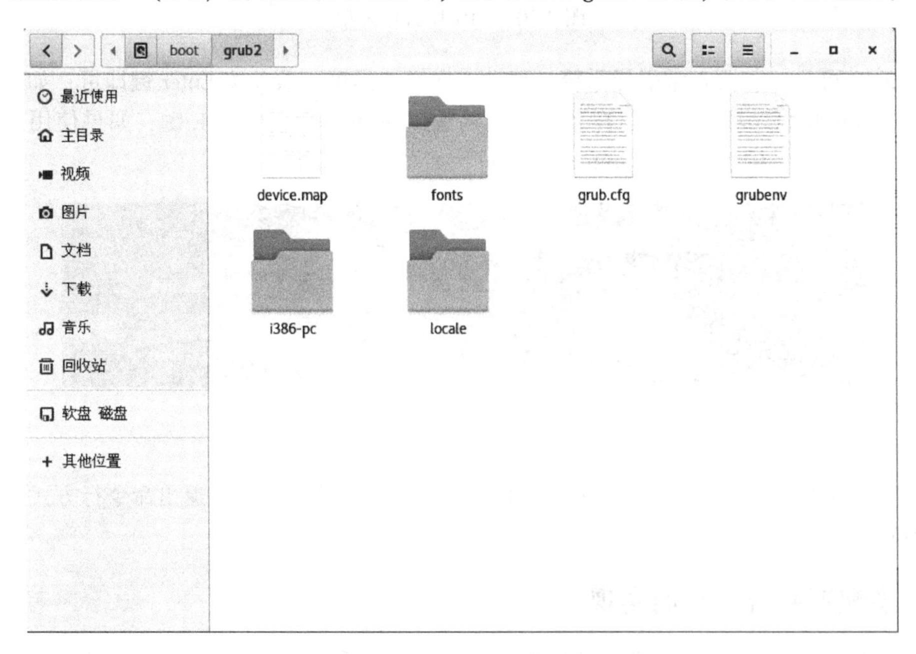

图 2-12　/boot/grub2 目录

用文本编辑器打开 grub. cfg 文件，如下所示。

```
# DO NOT EDIT THIS FILE
#
# It is automatically generated by grub2 - mkconfig using templates
# from /etc/grub. d and settings from /etc/default/grub
#
### BEGIN /etc/grub. d/00_header ###
```

```
set pager=1

if [ -s $prefix/grubenv ]; then
  load_env
fi
if [ "${next_entry}" ] ; then
   set default="${next_entry}"
   set next_entry=
   save_env next_entry
   set boot_once=true
else
   set default="${saved_entry}"
fi
…
### BEGIN /etc/grub.d/40_custom ###
# This file provides an easy way to add custom menu entries.  Simply type the
# menu entries you want to add after this comment.  Be careful not to change
# the 'exec tail' line above.
### END /etc/grub.d/40_custom ###
…
```

可以看到，这个文件中的第一行注释告诉用户不要编辑这个文件，它是用 grub2 - mkconfig 命令并使用/etc/grub.d 目录中的模板文件（00_header、00_tuned、01_users、10_linux、20_linux_xen、20_ppc_terminfo、30_os - prober、40_custom、41_custom）和/etc/default/grub 配置文件中的设置自动生成的。模板文件是一系列的启动配置规则。也就是说，如果用户只修改 grub.cfg 文件，系统也会自动覆盖掉使修改失效。这些模板文件中只有 40_custom 是提供给用户来定制 grub 启动菜单的。

2）编辑/etc/grub.d/40_custom 文件，使其看起来如下：

```
#! /bin/sh
exec tail -n +3 $0
# This file provides an easy way to add custom menu entries.  Simply type the
# menu entries you want to add after this comment.  Be careful not to change
# the 'exec tail' line above.
menuentry"Windows7"{
	insmod ntfs
	set root=(hd0,1)
	chainloader +1
}
```

这个文件的格式不能改变，大括号不能移到下一行，缩进按 Tab 键，这是由系统解释规则决定的。有效行第二行决定了 grub 菜单显示什么，第三行是模块载入命令，表示启动时要载入 NTFS文件系统模块，第四行设置 root 分区为第一个硬盘的第一个分区（虽然系统硬盘是 SCSI 类型的，但这里仍然用 IDE 类型的 hd），第五行的链式加载 +1 表示 GRUB 读入分区的第一个扇区的引导记录。

3）修改/etc/default/grub 文件，使其看起来如下：

```
GRUB_TIMEOUT = 10
GRUB_DISTRIBUTOR = " $ ( sed 's, release. * $ , ,g' /etc/system - release) "
GRUB_DEFAULT = 2
GRUB_DISABLE_SUBMENU = true
GRUB_TERMINAL_OUTPUT = "console"
GRUB_CMDLINE_LINUX = "crashkernel = auto rd. lvm. lv = centos/root
                        rd. lvm. lv = centos/swaprhgb quiet"
GRUB_DISABLE_RECOVERY = "true"
```

这个文件需要修改的是第一行，将启动延迟时间设为 10s，并将第三行中的菜单启动项设为 2，即 Windows 7 系统，如果这个值改为 0，则默认的启动项为 ContOS 7。其他各行为：第二行为系统版本信息；第四行表示禁用子菜单为真；第五行表示输出为控制台终端；第六行表示命令行模式为 rhgb（redhat graphics boot）图形进度条模式，并且 quiet 只显示重要启动信息；第七行表示 grub 的拯救模式为真。

4）将配置好的各项写入 grub. cfg 文件，执行下面的命令：

```
#grub2-mkconfig  – o /boot/grub2/grub. cfg
```

命令执行后重新启动系统，即可使用多配置系统了，如图 2-13 所示。

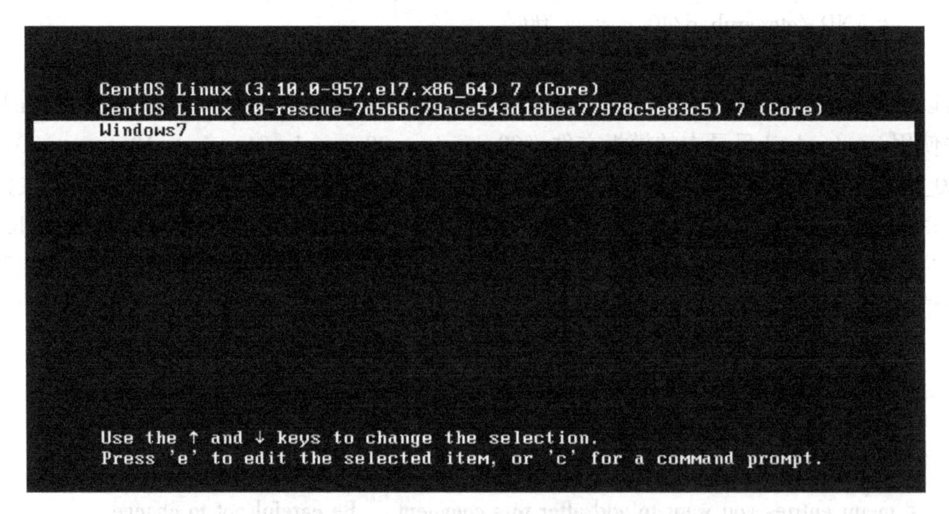

图 2-13　GRUB 多配置系统启动菜单界面

以上只是对 GRUB 的使用和配置做了简要的介绍，希望读者可以对 GRUB 引导装载程序有一定的了解。要熟练地掌握它，还需要经过大量、反复的练习。

3. Linux 与引导装载程序的卸载

如果 Linux 系统安装后不想再用，则可以卸载，但没有专门的卸载程序。一般在卸载 Linux 系统后还要卸载 GRUB 引导装载程序，以恢复计算机系统中其他操作系统的正常引导。

（1）卸载 Linux

一般可以用 MS-DOS 的分区软件 fdisk 删除对应的 Linux 分区（ext3 或 xfs 文件系统）和 Linux 的交换分区（swap），这个软件让用户以交互方式选择分区号并删除分区；或者用 Windows 7 的安装盘在安装过程中删除未知的分区（Windows 无法识别 Linux 的分区，所以显示为未知分区），然后退出安装；或者使用更为直观、安全的方法，即使用第三方软件来删除，如 Pqmagic（魔术分区）。删除时一定要看清楚选中分区的文件系统，不要误删除计算机上的其他操作系统。

（2）卸载 GRUB

GRUB 没有专门的卸载命令和参数，因此要卸载它只能用 Windows 中的一些工具软件，如 mbrfix 等。同样，只要还没有卸载硬盘上的 Linux，任何时候想要恢复 GRUB 引导，只要在拯救模式下启动 Linux 系统，然后运行 grub2-install /dev/hda 命令即可。当然也可以用 GRUB 交互命令来恢复，不过这种方法比较麻烦，并且需要对 grub 交互命令很熟悉。

2.3　系统运行级与运行级的切换

Linux 系统与其他操作系统不同，它设有运行级别。运行级指定操作系统所处的状态。Linux 系统在任何时候都运行于某个运行级上，且在不同的运行级上运行的程序和服务都不同，所要完成的工作和所要达到的目的也不同。

Linux 设置了 7 个不同的运行级，系统可以在这些运行级别之间进行切换，以完成不同的工作。CentOS 7 Linux 系统使用"目标（targets）"代替系统运行级，但仍然兼容以前的系统运行级。默认情况下，有两个主要目标。

multi-user. target：类似于系统运行级 3。

graphical. target：类似于系统运行级 5。

2.3.1　系统运行级

运行级 0（CentOS 7 下为 poweroff. target）：关闭计算机。

运行级 1（CentOS 7 下为 rescue. target）：单用户（拯救）模式。

运行级 2（CentOS 7 下为 multi-user. target）：多用户模式。

运行级 3（CentOS 7 下为 multi-user. target）：多用户模式。

运行级 4（CentOS 7 下为 multi-user. target）：多用户模式。

运行级 5（CentOS 7 下为 graphical. target）：多用户模式，用于自动启动 XFree86 系统（图形方式）。

运行级 6（CentOS 7 下为 reboot. target）：重新启动。

还有两种特殊的运行级（运行级 Q 或 q 和 U 或 u）。

运行级 Q 或 q：重新加载 init 守护进程配置。

运行级 U 或 u：重新执行 init 守护进程。

运行级 0 是为关闭计算机系统而设的，这时系统中所有已开启的服务都要停止，处于运行状态的进程都要转变为终止状态，系统收回所分配的资源，并关闭系统电源。当使用关机 shutdown -h 命令时，系统转入该运行级。

运行级 1 是为进入单用户模式维护计算机系统而设的。在该运行级上可以运行一些不适合在多用户、多任务模式下运行的命令，如磁盘编辑等。这时系统只开启很少的服务，如 keytable 服务。

运行级 2、3、4、5 都是多用户模式，只是运行级 2、3、4 为字符终端方式，但运行级 2 不带网络文件系统（NFS）支持，而运行级 3、4 带 NFS。运行级 5 为图形方式，它使普通用户操作更为简单、方便。

运行级 6 是为重启计算机系统而设的，这时系统中所有已开启的服务都要停止，处于运行状态的进程都要转变为终止状态，系统收回所分配的资源，并重新启动计算机系统。当使用 shutdown -r 或 reboot 命令时，系统转入该运行级。

2.3.2　运行级的查看

系统运行级可以通过执行命令查看。用 runlevel 命令可以查看以前和当前系统的运行级。其命令格式为 runlevel，它查看 /var/run/utmp 文件，并在标准输出设备上输出以前和当前运行级情况。如果输出为 N5，表示以前运行级未知，当前运行级为 5。

如果系统从某个运行级切换到另一个运行级，例如，从运行级 3 切换到运行级 5，则用 runlevel 命令查看时显示为 3 5，表示以前运行级为 3，当前运行级为 5。

在 CentOS 7 下查看默认的“目标（运行级）”命令为 systemctl get-default。

2.3.3　运行级的切换

系统运行级的切换可以通过执行命令方式实现。

Linux 系统在运行中随时可以根据需要切换它的运行级，切换命令有以下两个。

命令一　　init [OPTIONS...] {COMMAND}

命令二　　telinit [OPTIONS...] {COMMAND}

OPTIONS（选项）说明：

--help：显示帮助信息。

--no-wall：在停机、关机或重启前不发送警告信息。

COMMAND（参数）说明：

0~6：切换到指定的运行级。

S 或 s：切换到单用户模式。

Q 或 q：重新加载 init 守护进程配置。

U 或 u：重新执行 init 守护进程。

由于运行级切换时系统要安装或卸载部分文件系统，关闭和开启部分服务，分配其他资源，因此，运行级的切换需要花费一定的时间。每次切换运行级后，系统又会重新回到用户登录的界面，要求用户重新登录。

在 CentOS 7 下，服务类的守护进程都改为由 systemctl 命令启动或停止了。

2.3.4　系统运行级的服务

不同运行级下启动的服务是不同的，这些服务在 Linux 下也称为守护进程。

1. chkconfig 查看的服务

在字符模式下可以用 chkconfig 命令来查看哪些服务开启、哪些服务关闭，但它只能查看 SysV 服务。这个命令基本已被 systemctl 命令取代。

例如执行命令：

```
# chkconfig --list
```

注：该输出结果只显示 SysV 服务，并不包含原生 systemd 服务。SysV 配置数据可能被原生 systemd 配置覆盖。

要列出 systemd 服务，需要执行 'systemctl list-unit-files'。

要查看在具体 target 启用的服务，需要执行 'systemctl list-dependencies [target]'。

```
netconsole      0:关    1:关    2:关    3:关    4:关    5:关    6:关
```

network　0：关　1：关　2：开　3：开　4：开　5：开　6：关
vmware - tools　0：关　1：关　2：开　3：开　4：开　5：开　6：关
vmware - tools - thinprint　0：关　1：关　2：开　3：开　4：开　5：开　6：关

基于 xinetd 的服务如下。

chargen - dgram：关
chargen - stream：关
daytime - dgram：关
daytime - stream：关
discard - dgram：关
discard - stream：关
echo - dgram：关
echo - stream：关
tcpmux - server：关
time - dgram：关
time - stream：关

显示的结果从前到后分为两个部分：第一部分为独立的守护进程，第二部分为基于 xinetd 的服务。显示的结果从左到右分为服务名称、运行级、状态。

2. systemctl 命令

在 CentOS 7 下，systemctl 命令是一个 systemd 工具，主要负责控制 systemd 系统和服务管理器。systemd 是 Linux 操作系统的系统和服务管理器，在启动时作为 PID 的第一个进程运行时，它充当启动系统并维护用户空间服务的初始化系统。Systemd 有一个称为单元（Unit）的概念，它保存了服务、设备、挂载点和操作系统其他信息的配置文件，并能够处理不同单元之间的依赖关系。

命令用法：

systemctl [OPTIONS...] COMMAND [NAME...]

该命令用于实现查询或发送控制命令到 systemd 管理器。

OPTIONS 为命令选项；NAME 为单元名；COMMAND 为控制命令，又细分为单元、单元文件、机器、作业、快照、环境、管理器生命周期、系统命令。systemctl 命令的选项及说明见表 2-1。systemctl的控制命令及说明见表 2-2。systemctl 的单元文件命令及说明见表 2-3。systemctl 的机器命令及说明见表 2-4。systemctl 的作业命令及说明见表 2-5。systemctl 的快照命令及说明见表 2-6。systemctl 的环境命令及说明见表 2-7。systemctl 的管理器生命周期命令及说明见表 2-8。systemctl 的系统命令及说明见表 2-9。

表 2-1　systemctl 命令的选项及说明

命令选项	选项说明
-h 或 --help	显示帮助信息
--version	显示软件包版本信息
--system	连接系统管理器
-H --host = [USER@] HOST	在指定的远程主机操作
-M --machine = CONTAINER	在本地容器上操作

（续）

命令选项	选项说明
-t --type = TYPE	列出指定类型的单元
--state = STATE	列出具有特定 LOAD、SUB 或 ACTIVE 状态的单元
-p --property = NAME	仅显示指定名称的属性
-a --all	显示所有已加载的单元/属性，包括失效/空的。要列出系统上安装的所有单元，可以使用“list-unit-files”命令
-l --full	不省略输出中的单元名称
-r --recursive	显示主机和本地容器的单位列表
--reverse	显示带有“列表依赖项”的反向依赖项
--job-mode = MODE	指定新作业加入队列时如何处理已排队的作业
--show-types	显示套接字时显式显示其类型
-i --ignore-inhibitors	关机或睡眠时忽略抑制器
--kill-who = WHO	向指定的进程发送信号
-s --signal = SIGNAL	发送指定的信号
--now	启动或停止设备，以及启用或禁用它
-q --quiet	抑制输出
--no-block	不要等到操作完成
--no-wall	在停止、关机、重启之前不发送警告消息
--no-reload	启用/禁用单元文件后不重新加载守护程序
--no-legend	不打印图例（列标题和提示）
--no-pager	不通过管道输出到呼叫器
--no-ask-password	不询问系统密码
--global	启用/禁用全局单元文件
--runtime	仅暂时启用单元文件，直到下次重新启动
-f --force	启用单元文件时覆盖现有的符号链接，关闭时立即执行操作
--preset-mode =	控制是否应根据预设规则禁用和启用单元，仅启用或仅禁用单元
--root = PATH	在指定的根目录中启用单元文件
-n --lines = INTEGER	控制要显示的日记账行数，从最近的日记账行数开始计算。接收正整数参数，默认为 10
-o --output = STRING	更改日志输出模式
--plain	将单元依赖性显示为列表而不是树

表 2-2　systemctl 的控制命令及说明

控制命令	命令说明
list-units [PATTERN...]	列出装载的单元
list-sockets [PATTERN...]	列出按地址排序的已加载套接字
list-timers [PATTERN...]	列出加载的计时器（按时间顺序排列）
start NAME...	启动（激活）一个或多个单元

（续）

控制命令	命令说明
stop NAME...	停止（停用）一个或多个单元
reload NAME...	重载一个或多个单元
restart NAME...	启动或重启一个或多个单元
try - restart NAME...	重新启动一个或多个单元（如果激活）
reload - or - restart NAME...	如果可能，重新加载一个或多个单元，否则启动或重新启动
reload - or - try - restart NAME...	如果可能，重新加载一个或多个单元，否则重新启动
isolate NAME	启动一个单元并停止所有其他单元
kill PATTERN...	发送 kill 信号到单元的进程
is - active PATTERN...	检查单元是否处于活动状态
is - failed PATTERN...	检查单元是否处于失败状态
status [PATTERN... | PID...]	显示一个或多个单元的运行状态
show [PATTERN... | JOB...]	显示一个或多个单元/作业或管理器的属性
cat PATTERN...	显示一个或多个单元的备份文件
set - property NAME ASSIGNMENT...	设置单元的一个或多个属性
help PATTERN... | PID...	显示一个或多个单元的手册
reset - failed [PATTERN...]	重置一个、多个或所有单元的失败状态
list - dependencies [NAME]	递归显示此单元需要的单元

表 2-3 systemctl 的单元文件命令及说明

单元文件命令	命令说明
list - unit - files [PATTERN...]	列出已安装的单元文件
enable NAME...	启用一个或多个单元文件
disable NAME...	禁用一个或多个单元文件
reenable NAME...	重新启用一个或多个单元文件
preset NAME...	根据预设配置启用/禁用一个或多个单元文件
preset - all	根据预设配置启用/禁用所有单元文件
is - enabled NAME...	检查是否启用了指定的单元文件
mask NAME...	屏蔽一个或多个单元文件
unmask NAME...	不屏蔽一个或多个单元文件
link PATH...	将一个或多个单位文件链接到搜索路径
add - wants TARGET NAME...	在指定的一个或多个单元上为目标添加“wants”依赖项
add - requires TARGET NAME...	在指定的一个或多个单元上为目标添加“requires”依赖项
edit NAME...	编辑一个或多个单元文件
get - default	获取默认目标的名称
set - default NAME	设置默认目标

表 2-4　systemctl 的机器命令及说明

机器命令	命令说明
list – machines [PATTERN...]	列出本地容器和主机

表 2-5　systemctl 的作业命令及说明

作业命令	命令说明
list – jobs [PATTERN...]	列出作业
cancel [JOB...]	取消一个、多个或所有的作业

表 2-6　systemctl 的快照命令及说明

快照命令	命令说明
snapshot [NAME]	创建一个快照
delete NAME...	删除一个或多个快照

表 2-7　systemctl 的环境命令及说明

环境命令	命令说明
show – environment	显示系统环境
set – environment NAME = VALUE...	设置一个或多个环境变量
unset – environment NAME...	取消设置一个或多个环境变量
import – environment [NAME...]	导入全部或部分环境变量

表 2-8　systemctl 的管理器生命周期命令及说明

管理器生命周期命令	命令说明
daemon – reload	重新加载 systemd 管理器配置
daemon – reexec	重新执行系统管理器

表 2-9　systemctl 的系统命令及说明

系统命令	命令说明
is – system – running	检查系统是否完全运行
default	进入系统默认模式
rescue	进入系统拯救模式
emergency	进入系统紧急模式
halt	关闭并停止系统
poweroff	关闭系统并关闭系统电源
reboot [ARG]	关闭并重启系统
kexec	使用 kexec 关闭并重新启动系统
exit	请求用户实例退出
switch – root ROOT [INIT]	更改为其他根文件系统
suspend	暂停系统
hibernate	使系统休眠
hybrid – sleep	休眠并挂起系统

3. systemctl 命令应用示例

参考示例1：列出系统中所有活动的服务。

```
# systemctl  -t service
UNIT                        LOAD ACTIVE SUB     DESCRIPTION
abrt-ccpp.service           loaded active exited  Install ABRT coredump hook
abrt-oops.service           loaded active running ABRT kernel log watcher
abrt-xorg.service           loaded active running ABRT Xorg log watcher
…
vmware-tools.service        loaded active exited  SYSV: Manages the services neede
vsftpd.service              loaded active running Vsftpd ftp daemon
wpa_supplicant.service      loaded active running WPA Supplicant daemon
xinetd.service              loaded active running Xinetd A Powerful Replacement Fo
```

参考示例2：显示系统环境。

```
#systemctl show-environment
LANG=zh_CN.UTF-8
PATH=/usr/local/sbin:/usr/local/bin:/usr/sbin:/usr/bin
```

参考示例3：获取系统默认目标的名称。

```
# systemctl get-default
graphical.target
```

参考示例4：禁用 httpd 服务。

```
# systemctl disable httpd.service
Removed symlink /etc/systemd/system/multi-user.target.wants/httpd.service.
```

参考示例5：从系统运行级5 切换到系统运行级3。

```
# systemctlisolate multi-user.target
```

参考示例6：显示 NFS 服务的运行状态。

```
# systemctl status nfs.service
● nfs-server.service - NFS server and services
  Loaded: loaded (/usr/lib/systemd/system/nfs-server.service; disabled; vendor preset: disabled)
  Active: active (exited) since =2019-10-15 03:46:34 PDT; 2min 8s ago
  Process: 23389 ExecStopPost=/usr/sbin/exportfs -f (code=exited, status=0/SUCCESS)
  Process: 23385 ExecStopPost=/usr/sbin/exportfs -au (code=exited, status=0/SUCCESS)
  Process: 23383 ExecStop=/usr/sbin/rpc.nfsd 0 (code=exited, status=0/SUCCESS)
  Process: 23432 ExecStartPost=/bin/sh -c if systemctl -q is-active gssproxy; then systemctl restart gssproxy ; fi (code=exited, status=0/SUCCESS)
  Process: 23416 ExecStart=/usr/sbin/rpc.nfsd $RPCNFSDARGS (code=exited, status=0/SUCCESS)
  Process: 23413 ExecStartPre=/usr/sbin/exportfs -r (code=exited, status=0/SUCCESS)
  Main PID: 23416 (code=exited, status=0/SUCCESS)
    Tasks: 0
```

CGroup：/system. slice/nfs - server. service

参考示例7：检查是否启用了 samba 服务。

```
# systemctl is - enabled smb
Enabled
```

参考示例8：列出系统上安装的所有单元，包括失效或空的。

```
# systemctl list - unit - files
UNIT FILE                                        STATE
proc - sys - fs - binfmt_misc. automount         static
dev - hugepages. mount                           static
dev - mqueue. mount                              static
proc - fs - nfsd. mount                          static
proc - sys - fs - binfmt_misc. mount             static
sys - fs - fuse - connections. mount             static
sys - kernel - config. mount                     static
sys - kernel - debug. mount                      static
…
umount. target                                   static
virt - guest - shutdown. target                  static
vsftpd. targct                                   disabled
chrony - dnssrv@ . timer                         disabled
fstrim. timer                                    disabled
mdadm - last - resort@ . timer                   static
systemd - readahead - done. timer                indirect
systemd - tmpfiles - clean. timer                static
unbound - anchor. timer                          enabled
423 unit files listed.
```

2.4　系统启动与引导过程

Linux 系统的启动与引导过程分为两个阶段：第一个阶段是在单用户、实模式下的系统自举阶段；第二个阶段是 Linux 内核加载进内存并运行后进入的多用户、保护模式阶段。

2.4.1　系统的引导步骤

接通计算机电源并加载其操作系统的过程称为启动与引导。系统的启动与引导过程分为以下几个步骤完成。

1）BIOS 自检。

2）MBR 中的 GRUB 启动。

3）Linux 操作系统内核运行。

4）systemed 初始化。

5）用户登录。

硬盘的第 0 磁道的第 1 个扇区称为 MBR 。它的大小是 512B，其中分为两个部分：第一部分为 Pre-Boot 区，占446B；第二部分为 Partition Table，占66B。

Pre-Boot 区相当于一个小程序，它的作用之一就是判断哪个 Partition Table（分区表）被标识成 Active 状态，然后去读那个 Partition 的 Boot（引导）区，并运行该 Boot 区中的程序代码。

2.4.2 BIOS 自检

80x86 系列的计算机在系统加电后，CS（Code Segment）寄存器中的各位全部被置1，而 IP（Instruction Pointer）寄存器中的各位全部被置0，即 CS = FFFFH，IP = 0000H，此时，CPU 就根据 CS 和 IP 的值到地址 FFFF0H（CS 寄存器内容左移4位与 IP 寄存器内容相加）去执行那个地方所存储的指令。地址 FFFF0H 已经到了基本内存的顶端，一般在 FFFF0H 地址单元内存放一个 JMP 指令，以跳转到比较低的地址。接着，ROM BIOS 就会做一些基本的检查操作，如内存检验、键盘检查等，然后在 UMB（Upper Memory Block）中扫描，查看是否有合法的 ROM 存在（如 SCSI卡上的 ROM），假如存在，就到 ROM 里去执行这些固化的指令，执行完成后再继续运行，最后 BIOS 自检完毕，读取硬盘中第0磁道的第1个扇区中（MBR 主引导区记录）的指令，并将控制权交给主引导区记录中 Pre-Boot 区中的指令。

2.4.3 MBR 中 GRUB 的启动

在安装 Linux 时，安装软件会自动安装引导程序装载器 GRUB。在 CentOS 7 下，主引导程序使用的是 GRUB2。

如果 GRUB 安装在主引导区的记录中，那么 Pre-Boot 区中的指令就是 GRUB 启动指令。GRUB 程序将完成用户信息的显示、操作系统的选择、命令行参数的传递，然后加载对应的操作系统的内核映像文件，如 vmlinuz，最后将控制权交给加载入内存的操作系统内核映像。

CentOS 7 中一般使用命令进行配置，而不直接修改配置文件。当修改好配置后使用命令 grub2-mkconfig -o /boot/grub2/grub. cfg，将重新生成配置文件。

2.4.4 Linux 操作系统内核运行

Linux 操作系统内核被加载入内存后，首先进行自解压，然后开始运行并掌握控制权，它将完成对外围设备（如显示适配器、声卡、网卡等）的检测，并加载相应的驱动程序，接着安装根文件系统。软驱、硬盘、光驱等都是在这个阶段启动的。如果文件系统安装失败，则系统挂起，否则 Linux 操作系统内核调度系统的第一个进程——systemd 进程。当执行 pstree 命令时即可看到该进程为系统的祖先进程。该进程将完成操作系统的初始化工作，并提供用户登录界面。至此引导系统完成，系统正常启动。

2.4.5 systemd 进程

systemd 进程是系统的第一个进程，它的 PID 为1，它是所有进程的父进程。在引导时，systemd 激活目标单元 default. target，其目标是通过依赖项将它们引入来激活引导服务和其他引导单元。通常，单元名称只是图形（图形用户界面，用于 UI 的全功能引导）或多用户（字符用户界面，用于在嵌入式或服务器环境中使用的有限的仅控制台引导）的别名（符号链接）。

default. target 文件在 CentOS 7 的/etc/systemd/system 目录下，它是一个链接文件，其属性如图2-14所示。从图中可以看到它链接到/lib/systemd/system/graphical. target 文件，这是安装时默认的系统运行级。

default.target 属性

基本　　权限　　打开方式

名称(N)：default.target

类型：到 纯文本文档 的链接 (text/plain)

链接目标：/lib/systemd/system/graphical.target

大小：558 字节

父文件夹：/etc/systemd/system

访问：2019年10月15日 星期二 01时08分58秒

修改：2018年10月30日 星期二 16时31分51秒

图 2-14　default. target 文件属性

切换到/lib/systemd/system 目录下，执行以下命令：

```
[root@ localhost system]# ls -l *.target
-rw-r--r--. 1 root root 415 11 月 21 2018 anaconda.target
-rw-r--r--. 1 root root 517 10 月 30 2018 basic.target
-rw-r--r--. 1 root root 379 10 月 30 2018 bluetooth.target
-rw-r--r--. 1 root root 425 10 月 30 2018 cryptsetup-pre.target
-rw-r--r--. 1 root root 372 10 月 30 2018 cryptsetup.target
lrwxrwxrwx. 1 root root  13 8 月  12 22:10 ctrl-alt-del.target -> reboot.target
lrwxrwxrwx. 1 root root  16 8 月  12 22:10 default.target -> graphical.target
-rw-r--r--. 1 root root 431 10 月 30 2018 emergency.target
-rw-r--r--. 1 root root 440 10 月 30 2018 final.target
-rw-r--r--. 1 root root 466 10 月 30 2018 getty-pre.target
-rw-r--r--. 1 root root 460 10 月 30 2018 getty.target
-rw-r--r--. 1 root root 558 10 月 30 2018 graphical.target
-rw-r--r--. 1 root root 487 10 月 30 2018 halt.target
-rw-r--r--. 1 root root 447 10 月 30 2018 hibernate.target
-rw-r--r--. 1 root root 468 10 月 30 2018 hybrid-sleep.target
-rw-r--r--. 1 root root 553 10 月 30 2018 initrd-fs.target
-rw-r--r--. 1 root root 526 10 月 30 2018 initrd-root-fs.target
-rw-r--r--. 1 root root 691 10 月 30 2018 initrd-switch-root.target
-rw-r--r--. 1 root root 671 10 月 30 2018 initrd.target
-rw-r--r--. 1 root root 173 10 月 30 2018 iprutils.target
-rw-r--r--. 1 root root 501 10 月 30 2018 kexec.target
-rw-r--r--. 1 root root 395 10 月 30 2018 local-fs-pre.target
-rw-r--r--. 1 root root 507 10 月 30 2018 local-fs.target
-rw-r--r--. 1 root root 531 10 月 30 2018 machines.target
```

```
-rw-r--r--. 1 root root 492 10月 30 2018 multi-user.target
-rw-r--r--. 1 root root 464 10月 30 2018 network-online.target
-rw-r--r--. 1 root root 461 10月 30 2018 network-pre.target
-rw-r--r--. 1 root root 480 10月 30 2018 network.target
-rw-r--r--. 1 root root 413 11月  7 2018 nfs-client.target
-rw-r--r--. 1 root root 514 10月 30 2018 nss-lookup.target
-rw-r--r--. 1 root root 473 10月 30 2018 nss-user-lookup.target
-rw-r--r--. 1 root root 354 10月 30 2018 paths.target
-rw-r--r--. 1 root root 552 10月 30 2018 poweroff.target
-rw-r--r--. 1 root root 377 10月 30 2018 printer.target
-rw-r--r--. 1 root root 585 10月 30 2018 rdma-hw.target
-rw-r--r--. 1 root root 543 10月 30 2018 reboot.target
-rw-r--r--. 1 root root 509 10月 30 2018 remote-cryptsetup.target
-rw-r--r--. 1 root root 396 10月 30 2018 remote-fs-pre.target
-rw-r--r--. 1 root root 482 10月 30 2018 remote-fs.target
-rw-r--r--. 1 root root 486 10月 30 2018 rescue.target
-rw-r--r--. 1 root root 500 10月 30 2018 rpcbind.target
-rw-r--r--. 1 root root  80 11月  7 2018 rpc_pipefs.target
lrwxrwxrwx. 1 root root  15 8月  12 22:10 runlevel0.target -> poweroff.target
lrwxrwxrwx. 1 root root  13 8月  12 22:10 runlevel1.target -> rescue.target
lrwxrwxrwx. 1 root root  17 8月  12 22:10 runlevel2.target -> multi-user.target
lrwxrwxrwx. 1 root root  17 8月  12 22:10 runlevel3.target -> multi-user.target
lrwxrwxrwx. 1 root root  17 8月  12 22:10 runlevel4.target -> multi-user.target
lrwxrwxrwx. 1 root root  16 8月  12 22:10 runlevel5.target -> graphical.target
lrwxrwxrwx. 1 root root  13 8月  12 22:10 runlevel6.target -> reboot.target
-rw-r--r--. 1 root root 402 10月 30 2018 shutdown.target
-rw-r--r--. 1 root root 362 10月 30 2018 sigpwr.target
-rw-r--r--. 1 root root 420 10月 30 2018 sleep.target
-rw-r--r--. 1 root root 409 10月 30 2018 slices.target
-rw-r--r--. 1 root root 380 10月 30 2018 smartcard.target
-rw-r--r--. 1 root root 356 10月 30 2018 sockets.target
-rw-r--r--. 1 root root 380 10月 30 2018 sound.target
-rw-r--r--. 1 root root 441 10月 30 2018 suspend.target
-rw-r--r--. 1 root root 353 10月 30 2018 swap.target
-rw-r--r--. 1 root root 518 10月 30 2018 sysinit.target
-rw-r--r--. 1 root root 652 10月 30 2018 system-update.target
-rw-r--r--. 1 root root 405 10月 30 2018 timers.target
-rw-r--r--. 1 root root 395 10月 30 2018 time-sync.target
-rw-r--r--. 1 root root 417 10月 30 2018 umount.target
-rw-r--r--. 1 root root  77 10月 30 2018 virt-guest-shutdown.target
-rw-r--r--. 1 root root  89 10月 30 2018 vsftpd.target
```

即可看到所有的目标单元文件，其中：

runlevel0. target －＞ poweroff. target、runlevel1. target －＞ rescue. target、runlevel2. target －＞ multi－user. target、runlevel3. target －＞ multi－user. target、runlevel4. target －＞ multi－user. target、runlevel5. target －＞ graphical. target、runlevel6. target －＞ reboot. target 文件分别对应着原来的运行级0～6。

systemd 在称为 12 种不同类型的“单元”的各种实体之间提供了一个依赖系统。单元封装了与系统启动和维护相关的各种对象。大多数单元是在单元配置文件中配置的，但是有些是从系统状态动态或在运行时以编程方式进行配置的。

以下是 12 种单元类型。

1）服务单元：用于启动和控制守护程序及其组成的进程。

2）套接字单元：将本地 IPC 或网络套接字封装在系统中，对于基于套接字的激活很有用。

3）目标单元：可对单元进行分组或在引导过程中提供众所周知的同步点。

4）设备单元：在 systemd 中公开内核设备，并可用于实现基于设备的激活。

5）挂载单元：控制文件系统中的挂载点。

6）自动挂载单元：提供自动挂载功能，用于按需挂载文件系统以及并行启动。

7）快照单元：可用于临时保存系统单元集的状态，以后可以通过激活已保存的快照单元来恢复该状态。

8）计时器单元：对于触发基于计时器的其他单元的激活很有用。

9）交换单元：与安装单元非常相似，用于封装操作系统的内存交换分区或文件。

10）路径单元：当文件系统对象更改或修改时可用于激活其他服务。

11）切片单元：可将管理系统进程的单元（如服务和作用域单元）分组到分层树中，以达到资源管理的目的。

12）范围单元：类似于服务单元，但是管理外部流程而不是启动它们。

单元可以是“活动的”（表示已启动、绑定、插入等，具体取决于单元类型），也可以是“非活动的”（表示已停止、未绑定、未插入等），或者在两个状态之间（这些状态称为“激活”“去激活”）。特殊的“失败”状态，单元也可用，这与“非活动的”状态非常相似，当服务以某种方式失败时（进程在退出时返回错误代码，或崩溃，或操作超时），就会进入该状态。

2.5　系统的关闭

多用户、多任务的操作系统在其关闭时所要进行的处理操作与单用户、单任务的操作系统有很大的区别。例如，在 Windows 系统下，如果电源掉电、随意复位计算机或随意关闭电源，则下次启动时会自动运行磁盘检查程序，以修复损坏的文件。同样，非正常关机对 Linux 操作系统的损害也是非常大的，非正常关机轻则使下次启动时要花一定的时间检查文件系统，重则造成根文件系统崩溃，甚至无法进入 Linux 系统。因此，要养成良好的系统重启和关机习惯。

在 Linux 系统中，为了更好地改善系统性能，采用了磁盘缓存技术，即处理过的数据可能并没有马上写回磁盘，而是先放在磁盘缓冲区中，然后间歇性地回写，或在正常重启、关机前系统检查回写。因此，当电源被随意关闭时，可能会造成磁盘缓冲区中还有大量的数据未写入磁盘而丢失。另外，Linux 作为多任务的操作系统，尤其是在作为服务器使用时，可能会有许多的后台程序正在运行中，如后台打印、后台备份等，非正常关机会使这些后台进程的数据丢失。

2.5.1 常用的关机方式

在图形方式下，单击菜单栏最右边的“电源开关”按钮，在弹出的窗体中再次单击“电源开关”按钮，再在弹出的对话框中单击“关机”按钮即可轻松完成。

在字符终端方式下就要用正确的关机命令来完成（对于系统管理员而言，可能更常工作在运行级为3的系统中）。

shutdown命令是多用户下最好的关机命令，因为它在执行时可以向系统中的所有已登录用户发送即将关机的警告信息，以提醒用户做好文件保存工作，避免用户造成数据丢失。它可用于暂停、关闭电源或重启机器。

用法（格式）：

```
shutdown [OPTIONS...] [TIME] [WALL...]
```

其中，OPTIONS是命令选项；TIME和WALL是命令参数。

参数含义如下。

TIME：该参数可以是时间字符串（通常是“now”）。时间字符串可以采用“hh：mm”格式表示小时/分钟，指定执行关闭时间，以24h时钟格式指定。或者，TIME参数可以是语法“+m”，指的是从现在开始的指定分钟数。“now”是“+0”的别名，即用于触发立即关闭。如果没有指定时间参数，则表示“+1”。如果使用TIME参数，则在系统关闭前5min创建/run/nologin文件以确保不允许进一步登录。

WALL：该参数可以在系统停止之前向所有登录用户发送系统即将关闭的警告信息。发出警告信息到实际关闭系统的删除信号之间的时间，警告信息可以提醒正在执行vi或mail等程序的用户尽快保存好文件，因为删除信号会删除vi或mail等程序。

请注意，要指定警告消息，必须指定时间参数。

选项含义如下。

--help：显示帮助信息并退出。

-H或--halt：停止机器。

-P或--poweroff：关闭机器电源（默认项）。

-r或--reboot：重新启动机器。

-h：等价于-P或--poweroff，除非指定了-H或--halt。

-k：并非真的关闭系统，只是给所有用户发送警告信息。

--no-wall：在停止、关机、重启之前不发送警告消息。

-c：取消挂起的关机。这可用于取消不是使用“+0”或“now”的时间参数调用shutdown命令的效果。

参考示例1：马上关机。

```
# shutdown -h now
```

参考示例2：延迟5min关机，并每隔1min发送一次警告信息给已登录系统的用户。

```
# shutdown -h +5 "System will shutdown after 5 minuters"
```

注意：如果省略-h参数，则系统运行级转为1级。

2.5.2 其他关机命令

在Linux系统中还有一些关机命令，但由于在命令执行中并不能延时关闭系统和向所有用户发送警告信息，所以一般不适合在多用户情况下使用。但如果是在单用户情况下，那么仍可以使用。

1. 用 init 0 运行级切换命令关机

用法（格式）：

    init 0

或

    telinit 0

2. 用 halt 命令关机

该命令会先检测系统的运行级，如果系统的运行级为 0 或 6 则关闭系统，否则调用 shutdown 命令来关闭系统。

用法（格式）：

    halt [OPTIONS...]

选项含义如下。

--help：显示帮助信息并退出。

-p 或 --poweroff：关闭机器电源。

--reboot：重新启动机器。

-f 或 --force：强制关机。

-d：不要在 wtmp（用户登录记录文件，在/var/log 目录下）中记录。

-w：仅仅在 wtmp 文件中记录，而不实际关机或重启。

--no-wall：在停止、关机、重启之前不发送警告消息。

注意：该命令如果不用 -p 参数，则只是关闭系统，并没有关闭电源。

3. 用 poweroff 命令关机

该命令关闭系统后关闭电源。

用法（格式）：

    poweroff [OPTIONS...]

注意：该命令的选项含义与 halt 命令的选项含义相同，只是 -p 作为该命令的默认参数。

4. 用 reboot 命令重新启动系统

该命令只能重新启动系统，不能关闭系统。

用法（格式）：

    reboot [OPTIONS...]

选项含义：

注意：该命令的选项含义与 halt 命令的选项含义相同，只是没有 -p 选项。

再次提醒读者，在多用户模式下关闭系统或电源最好使用 shutdown 命令，以免造成用户的损失。

习　题　2

1. 哪些情况下需要使用引导盘？
2. 引导盘与系统盘有何区别？
3. 为何要妥善保管好引导盘？
4. 说明 MBR 的作用，它与 GRUB 有何联系？

5. 用文本编辑器打开/boot/grub/grub. conf 文件，了解系统多配置启动的实现方法。
6. 说明 Linux 系统设置系统运行级的好处。如何查看、切换系统运行级？
7. 在 Linux 系统中引入基于 xinted 的服务，其目的是什么？
8. 说明 Linux 系统的启动与引导过程。
9. 用文本编辑器打开 inittab 文件，说明各有效行的作用。
10. 为什么在多用户、多任务的系统中不能以切断电源的方法关闭计算机？
11. 为了 Linux 系统的安全，硬盘应该如何分区？为什么？

第3章　用户登录与账户管理

Linux 作为多用户、多任务的操作系统，其系统资源是所有用户共享的。任何要使用系统资源的用户都必须先在系统内登记、注册，即开设用户账户，该账户包含用户名、口令、所用的 shell、使用权限等。为了计算机系统的安全，Linux 会对每一个要求进入系统的用户验证他们的用户名和口令，如果验证通过则用户登录成功，否则系统拒绝登录。

3.1　用户登录

根据用户是在本地终端还是通过网络登录 Linux 系统，分为用户的终端登录和远程登录。这里的网络可以是局域网，如学校计算机实验室；也可以是网际网，如 Internet。

3.1.1　终端登录

当成功启动系统后，如果系统运行级为 5，则登录时会看到图 3-1 所示的界面；如果运行级为 3，则登录时会看到图 3-2 所示的界面。用户必须先输入用户名、口令，才可以登录 Linux 系统。

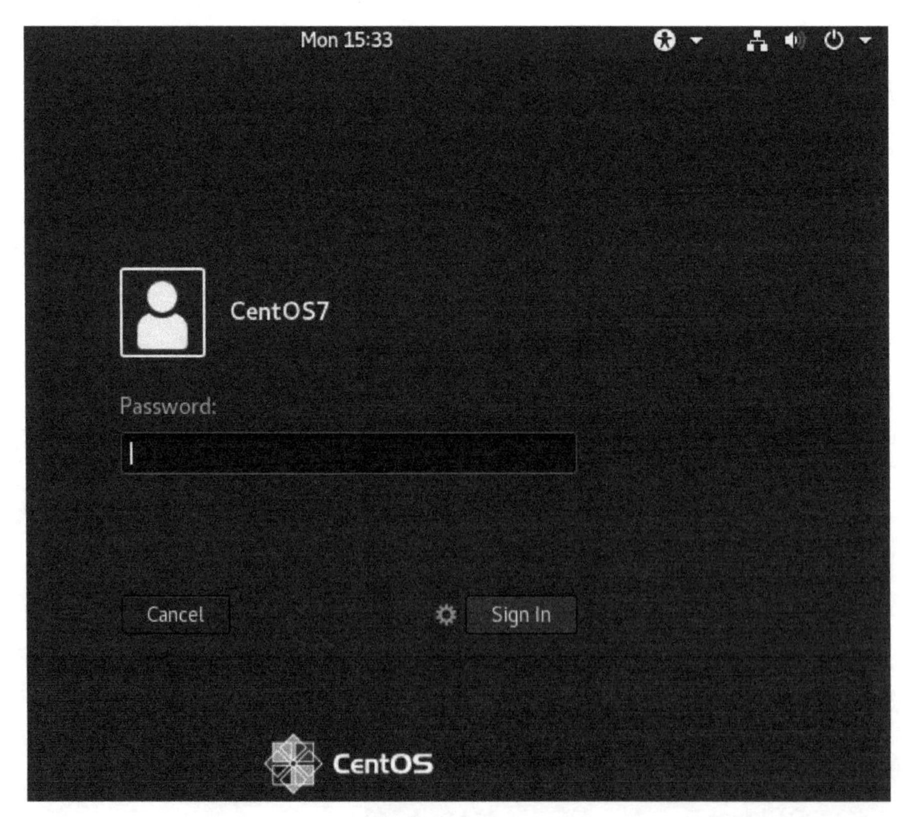

图 3-1　运行级 5 的登录界面

```
CentOS Linux 7 (Core)
Kernel 3.10.0-957.el7.x86_64 on an x86_64

localhost login:
```

图 3-2　运行级 3 的登录界面

如果以超级用户的 root 账户登录，则终端提示符为#。如果以普通用户登录，则终端提示符为 $ 。在 Linux 系统中，超级用户拥有最高权限，例如，可以删除、修改系统中所有的目录和文件，而且在命令方式下删除的内容是不可恢复的。为了系统安全，避免由于误操作带来的损失，若非系统管理需要，一般不要以超级用户的 root 账户登录。

Linux 系统提供了 6 个虚拟控制台终端，每个虚拟终端都可以登录系统。这 6 个虚拟终端之间用 Ctrl + Alt + Fx 组合键进行切换，Fx 表示 F1 ~ F6 键。如果系统运行级是 5，则任何时候要返回到图形界面只要按 Ctrl + Alt + F1 组合键即可。

3.1.2　远程登录

所谓“远程登录”，是指用户在某一台计算机上通过网络登录其他联网的计算机系统，使用该系统中的资源，如执行命令、查找文件等，以达到资源共享的目的。相互联通的计算机可以处于同一个局域网、城域网或广域网。当用户发出远程登录请求时，Linux 系统会像在本地终端登录一样要求用户输入用户名和口令。一旦登录成功，如果用户有足够的权限，那么计算机就像远程计算机的终端一样，通过键盘所发出的命令就会在该远程计算机上执行，执行的结果会通过网络显示在用户所用的显示器上。

在 Linux 操作系统中，实现远程登录的命令主要有 telnet、rsh、rlogin 和 ssh 等，它们要在系统提供相应服务的基础上使用。换句话说，要使用远程登录，必须先开启所用远程登录命令对应的服务，例如，要使用 telnet 命令就要先开启系统的 telnet 服务，CentOS 7 默认不安装，但其软件包存在，而 rlogin 服务由于安全性问题，CentOS 不在支持了。一般，这些系统服务没有必要全部开启，这样既浪费系统资源，造成运行速度降低，又可能留下安全隐患，可以根据实际使用情况来开启相关的系统服务。

本章仅仅介绍远程登录的使用，不涉及远程登录的安全问题。

1. telnet 命令

telnet 命令是最常用的远程登录命令，但是它只能在基于终端的环境下使用，即要么在虚拟控制台终端上使用，要么在 X-Window 系统的终端窗口中使用。telnet 命令的选项和参数很多，但在实际使用中往往只要用到其基本用法。这里首先介绍如何最基本地使用该命令，然后给出该命令的完整用法。

基本用法：

```
$ telnet host
```

其中，host 是要登录到的远程计算机的名称或 IP 地址。以下是使用 telnet 命令基本用法的示例：

```
[root@localhost root]# telnet 192.168.122.1
Trying 192.168.122.1...
Connected to 192.168.122.1.
```

```
Escape character is '^]'.

Kernel 3.10.0-957.el7.x86_64 on an x86_64
login: zxj
Password:
Last login: Mon Aug 12 16:55:38 from ::ffff:192.168.122.1
[zxj@localhost zxj] $ cd /
[zxj@localhost /] $ ls
bin   dev   homelib64   mnt   proc   run   srv   tmp   var
boot  etc   lib   media   opt   root   sbin   sys   sur
[zxj@localhost /] $ cd /home
[zxj@localhost home] $ ls
zxj
[zxj@localhost home] $ logout
Connection closed by foreign host.
[root@localhost root] #
```

在这个示例中，使用 telnet 命令远程登录到 IP 地址为 192.168.122.1 的计算机上，连接成功后显示 Linux 的内核版本号和适用的 CPU 架构，并要求用户输入用户名和口令。如果用户超过一定的时间没有输入，则系统自动断开连接。如果用户输入的用户名和口令正确，则登录系统成功并自动进入该用户目录。这时，用户的计算机就像远程计算机的一个终端，根据用户所拥有的权限就可以执行相应的命令。例如，切换到根目录下，执行 ls 命令时会看到远程计算机上显示的目录和文件就像在自己计算机终端上登录时看到的一样。当完成所需要的操作后，使用 logout 命令退出远程登录，即可关闭与远程计算机的连接，回到自己的系统中。实际上，telnet 命令是 TELNET 协议的用户接口。完整用法：

```
telnet [-468EFKLacdfrx] [-X authtype] [-b hostalias] [-e escapechar] [-k realm]
       [-l user] [-n tracefile] [host [port]]
```

如果 telnet 命令不带任何命令选项，则进入 telnet 命令模式，显示 telnet > 提示符，执行？或 help 命令可以查询所有可用的命令，执行“？命令名”或“help 命令名”格式的命令，则显示该命令的在线帮助信息。

如果主机名解析为多个 IP 地址，telnet 将尝试与每个地址建立连接，直到其中一个成功或不再留下地址为止。表 3-1 列出了 telnet 命令的选项和说明。

表 3-1　telnet 命令选项及说明

命令选项	选项说明
-4	强制按 IPv4 地址解析
-6	强制按 IPv6 地址解析
-7	在输入和输出上清除第 8 位。默认情况下，telnet 是清除第 8 位的，除非被强制，否则不发送 telnet binary 选项
-8	允许使用 8 位的操作，这将使输入与输出都使用 telnet binary 选项。默认情况下 telnet 不使用 8 位的操作

（续）

命令选项	选项说明
-E	禁止 escape（转义）字符的功能，即将 escape 字符设为空字符
-F	如果使用的是 kerberos v5 身份验证，该选项允许把本地主机的认证数据上传到远程主机
-K	不自动登录远程主机
-L	允许输出使用 8 位操作，输出使用 BINARY 选项
-X atype	禁用身份验证的类型
-a	尝试自动登录。如果远程系统支持，它将通过环境选项的用户变量发送用户名。使用的名称是 getlogin（2）返回的当前用户的名称（如果它与当前用户 ID 一致），否则就是与用户 ID 关联的名称
-b hostalias	在本地套接字上使用 bind（2）将其绑定到别名地址，或者绑定到另一个接口的地址，而不是 connect（2）自然选择的地址。当不希望（或不可能）连接到使用 IP 地址进行身份验证和服务器重新配置的服务时，这将非常有用
-c	禁用读取用户的. telnetrc 文件
-d	启动调试（debug）模式
-e escapechar	设置 escape（转义）字符。如果使用该项参数却没有指定 escape 字符，则 telnet 指令将不会使用 escape 字符
-f	说明与 -F 参数相同
-k realm	使用 Kerberos 认证时，加上这个参数让远程主机采用指定的领域名称，而不是该主机的域名
-l user	指定要登录远程主机的用户名称。如果没有使用该参数，则 telnet 会要求输入登录的用户名。该参数隐含了 -a 参数
-n tracefile	指定文件记录相关信息
-r	使用类似 rlogin 命令的用户界面。在这种模式中，除非使用参数 -e 改变，否则预设的 escape 字符是“~”
-x	启用数据流加密。当使用该参数时，如果无法通过认证或加密数据打开，则 telnet 将退出
host	指定远程主机的名称、别名或 IP 地址
port	指定远程主机的端口号。如果不使用端口号，则 telnet 使用默认的端口号为 23

2. rlogin 命令

由于网络传输安全的原因，CentOS 7 安装后并没有 rlogin 软件包，但是有些时候在网络中用 rlogin 还是比较方便的，所以在 CentOS 7 下允许通过配置 rsh 服务来启用 rlogin 的功能。

rlogin 命令与 telnet 命令无论是在使用方法还是在选项功能上都非常类似，它也是用来在远程计算机上登录的。如果登录成功，就可以在远程计算机上执行该注册账户权限所允许的任何操作。

基本用法：

```
$ rlogin rhost
```

其中，rhost 是要登录到的远程计算机的名称或 IP 地址。

完整用法：

```
rlogin [ -8EKLdx] [ -e char] [ -l username] host
```

从 rlogin 命令的完整用法可以看到，该命令中的 host 参数是必需的，代表远程主机名或 IP 地址，其他的是命令选项，并且是可选的。表 3-2 列出了 rlogin 命令的选项及说明。

表 3-2　rlogin 命令的选项及说明

命令选项	选项说明
-8	任何时候都允许 8 位的数据输入通路。如果不使用该参数，则输入数据中的奇偶校验位将被删除，除非远程计算机的启动和停止字符不是 Ctrl-S 和 Ctrl-Q。8 位模式是默认的
-E	阻止任何字符被当作 escape 字符。当该参数与 -8 参数一起使用时，将提供一个完整的透明连接
-e char	设置转义字符为 char。默认的转义字符为"~"。char 可以是一个普通的字符，也可以是用八进制 ASCII 码形式定义的字符
-d	打开 TCP socket 的 socket 调试开关
-k realm	使用 Kerberos 认证时，加上这个参数让远程主机采用指定的领域名称，而不是该主机的域名
-x	打开 DES 加密程序，对 rlogin 会话传输的数据进行加密。使用该参数会影响系统的响应时间和 CPU 利用率，但增加了通信的安全性
-L	使 rlogin 的会话按 litout 模式运行
-l username	指定要登录远程主机的用户名称。如果没有使用该参数，则 rlogin 会使用该用户在本地计算机上的用户名作为登录到远程计算机上所用的用户名。因此，该参数省略时，系统不要求输入登录的用户名，而只要求输入口令

注意：该版本的 rlogin 命令与其他版本的 rlogin 命令在选项个数和功能上有较大的差别。

3. rsh 命令

由于该命令存在目前还难以解决的 Bug，CentOS 7 安装后并没有安装 rsh 软件包，但是有些时候在网络中用 rsh 执行远程计算机上的 shell 程序还是比较方便的，所以在 CentOS 7 中可通过配置 rsh 服务来启用 rsh 的功能。未配置 rsh 服务的命令如图 3-3 所示。

```
[root@localhost ~]# rsh 192.168.122.1
bash: rsh: 未找到命令...
[root@localhost ~]# █
```

图 3-3　未配置 rsh 服务的命令

rsh 命令用来启动远程计算机上的 shell 并让该 shell 执行权限范围内指定的命令。

基本用法：

$ rsh host [command]

其中，host 是要登录到的远程计算机的名称或 IP 地址，而 command 为要远程计算机的 shell 执行的命令。如果省略了参数 command，则 rsh 命令将调用 rlogin 命令登录到远程计算机上。

完整用法：

rsh [-Kdnx] [-l username] host [command]

从 rsh 命令的完整用法可以看到，该命令中的 host 参数是必需的，其他的是命令选项且是可选的。表 3-3 列出了 rsh 命令的选项和说明。

表 3-3　rsh 命令的选项及说明

命令选项	选项说明
-l username	指定要登录远程主机的用户名称。如果没有使用该参数，则 rlogin 会使用该用户在本地计算机上的用户名作为登录到远程计算机上所用的用户名。因此，该参数省略时，系统不要求输入登录的用户名，而只要求输入口令

（续）

命令选项	选项说明
-n	把输入的命令重定向到名为/dev/null 的特殊的设备
-d	打开 TCP socket 的 socket 调试开关
-k realm	请求 rsh 获得在指定区域内的远程主机的 Kerberos 许可，而不是获得由 krb_relmofhost（3）确定的远程主机区域内的远程主机的 Kerberos 许可
-x	对网络会话传输的数据进行加密

rsh 命令连接指定的远程计算机，并在它上面执行指定的命令。rsh 命令将本地计算机上的标准输入复制到远程计算机的标准输入，因此在本地计算机上可以输入在远程计算机上执行命令所需要的输入数据。而且，rsh 命令还将远程计算机上的标准输出复制到本地计算机的标准输出中，将远程计算机上的标准错误输出复制到本地计算机的标准错误输出中，因此在本地计算机上就可以看到远程计算机上命令执行的情况。此外，rsh 命令还将本地计算机的中断、退出和终止信号传送到远程计算机，以控制远程计算机中命令的执行。当指定的命令在远程计算机中执行完时，rsh 命令就正常终止。

在 rsh 命令中，如果 shell 元字符没有用引号括起来，则表示对本地计算机进行操作；如果用引号括起来，则表示对远程计算机进行操作。所谓元字符，是指对 shell 而言有特殊意义的字符，如 * 、?、 | 、;、 ~ 、 > 、 < 、& 等。请看以下命令：

```
rsh host cat remotefile >> localfile
```

表示在远程计算机上用 cat 命令查看 remotefile 文件，并采用附加重定向元字符重定向到本地计算机的 localfile 文件。

如果命令中的元字符加上引号，如下：

```
rsh host cat remotefile ">>" otherremotefile
```

表示在远程计算机上用 cat 命令查看 remotefile 文件，并采用附加重定向到远程计算机 host 的 otherremotefile 文件。

4. ssh 客户端命令

ssh（SSH 客户端）是一个为实现在远程计算机上登录并在其上执行命令的程序。由于 rlogin 和 rsh 命令的安全性问题，它们将被 ssh 命令代替。ssh 可以在不安全网络上的两台非信任（不可靠）的计算机之间提供安全的加密通信，X11 连接和任意的 TCP/IP 端口也能在安全的信道上转发。CentOS 7 在安装时自动安装了 ssh 软件包，并配置了 SSH 服务。

ssh 命令建立连接并在日志文件中记录指定的主机名。用户必须采用几种方法中的一种向远程计算机证明自己的身份，这几种方法依赖于所使用的协议版本。

完整用法：

```
ssh [-1246AaCfGgKkMNnqsTtVvXxYy] [-b bind_address] [-c cipher_spec]
  [-D [bind_address:]port] [-E log_file] [-e escape_char] [-F configfile]
  [-I pkcs11] [-i identity_file] [-J [user@]host[:port]] [-L address]
  [-l login_name] [-m mac_spec] [-O ctl_cmd] [-o option] [-p port]
    [-Q query_option] [-R address] [-S ctl_path] [-W host:port]
     [-w local_tun[:remote_tun]] [user@]hostname [command]
```

其中，hostname 或 user@ hostname 是要登录到的远程计算机的名称、IP 地址或域名，login_name 是登录的注册用户名，而 command 为要远程计算机的 shell 执行的命令。表 3-4 列出了 ssh

命令的选项和说明。

表 3-4　ssh 命令的选项和说明

命令选项	选项说明
-1	强制 ssh 使用协议版本 1
-2	强制 ssh 使用协议版本 2
-4	强制 ssh 使用 IPv4 地址
-6	强制 ssh 使用 IPv6 地址
-A	允许认证代理连接。该选项也可以在每台计算机的基本配置文件中进行设定。由于警告信息，代理转发应该被允许。有屏蔽远程计算机文件许可能力的用户可以通过转发连接访问本地代理。攻击者不能从代理那里获得按键信息。然而，攻击者可以执行键盘上的操作，使其能够使用加载到代理中的标识进行身份验证
-a	禁止认证代理连接
-C	要求压缩所有的数据（包括标准输入、标准输出、标准错误信息和转发自 X11、TCP/IP 连接的数据）。压缩算法与 gzip 压缩算法相同，且压缩“级别”可以通过协议版本 1 的压缩级选项加以控制。如果使用的调制解调器或网络速度很慢，采用压缩是个很好的选择，但如果网络速度很快，采用压缩反而会使速度慢下来
-f	要求 ssh 在后台执行，前台可以继续执行命令。当 ssh 在后台运行，假如 ssh 要询问密码或通行证，而需要由用户输入时，就可以采用这种方式。这个参数选项隐含了 -n 选项。在远程计算机上启动 X11 程序的推荐方式就像执行 ssh-f host xterm 命令一样
-G	在评估主机和匹配块后退出，使 ssh 打印其配置
-g	允许远程计算机连接到本地计算机的转发端口
-K	启用基于 GSSAPI 的身份验证，以及将 GSSAPI 凭据转发到服务器
-k	禁止将 GSSAPI 凭据转发（委派）到服务器
-M	将 ssh 客户端置于“主”模式以进行连接共享，并且在接受从属连接之前需要确认
-N	不执行远程命令。这对于转发端口很有用
-n	从/dev/null 设备重定向到标准输入设备。当 ssh 在后台运行时必须使用该参数选项。常用的技巧是使用这个选项在远程机器上执行 X11 程序。例如，执行 ssh-n shadows. cs. hut. fi emacs & 将在 shadows. cs. hut. fi 上激活 emace 程序，并且 X11 连接将自动转到加密的信道上。ssh 程序将被放在后台执行
-q	退出模式。促使所有的警告和诊断信息被抑制
-s	可用于要求调用远程系统的一个子系统。子系统是 SSH2 协议的一个特色，该协议便于为其他应用程序使用 SSH 实现安全传输（如 SFTP）。子系统被指定作为远程命令
-T	禁止分配伪终端
-t	强制分配伪终端。这可以用来在远程计算机上执行基于屏幕的程序，如执行菜单式的服务程序。即使 ssh 没有本地终端，加上 -t 参数选项也会强制分配终端
-V	显示版本号并退出
-v	Verbose 模式。促使 ssh 打印出有关进程的调试信息。这对于调试连接、认证和配置等问题是有帮助的
-X	启用 X11 转发。也可以在配置文件中对每个主机指定应谨慎启用 X11 转发。能够绕过远程主机（对于用户的 X 授权数据库）的文件权限的用户可以通过转发的连接访问本地 X11 显示器，然后，攻击者可以执行诸如击键监控之类的活动

（续）

命令选项	选项说明
-x	禁止X11转发
-Y	启用可信的X11转发。受信任的X11转发不受X11 SECURITY扩展控制的约束
-y	使用syslog（3）系统模块发送日志信息。默认情况下，此信息将发送给stderr
-b bind_address	对计算机上的多端口或别名地址指定某个端口来传输
-c cipher_spec	选择用于加密会话的密码规范。协议版本1允许指定单个密码。其支持的值是“3des”,“blowfish”和“des”。对于协议版本2，cipher_spec是按优先顺序列出的以逗号分隔的密码列表
-D port	指定一个本地、“动态的”应用层端口进行数据转发。通过分配一个套接字来监听本地计算机的端口，与该端口建立的连接都被转到安全的信道上，并且由应用层协议测定远程计算机的连接来自哪里。当前支持SOCKS4协议，并且ssh作为SOCKS4服务器。只有超级用户（root）才能在特定端口上转发。动态端口转发也能在配置文件中指定
-E log_file	将调试日志附加到log_file，而不是标准错误输出
-e ch | ^ch | none	设定转义字符（默认为“~”）。转义字符只有在每行的开始时才能被识别。如果转义字符后紧跟点字符（“.”），则表示关闭连接；如果转义字符后紧跟的是^Z，则表示暂停连接；如果转义字符后紧跟的是转义字符本身，则表示发送转义字符一次；如果转义字符被设置为“none”，则表示禁止转义
-F configfile	指定一个可选的、每个用户的配置文件。如果该配置文件在命令行生效，则系统范围的配置文件（/etc/ssh/ssh_config）将被忽略。每个用户默认的配置文件是$ HOME/.ssh/config
-I pkcs11	指定PKS#11共享库ssh应该用于与提供用户的私有RSA密钥的PKCS#11令牌进行通信
-i identity_file	选择所读取的RSA或DSA认证识别文件。对于协议版本1，默认的是$ HOME/.ssh/identity文件；对于协议版本2，默认的是$ HOME/.ssh/id_rsa和$ HOME/.ssh/id_dsa文件。识别文件也可以在每台计算机的基本配置文件中进行设定，可能有多个-i选项和多个指定的识别配置文件
-J [user@]host[:port]	首先与跳转主机建立ssh连接，然后从那里建立到最终目的地的TCP转发，从而连接到目标主机。可以用逗号字符分隔指定的多个跳跃。这是指定ProxyJump配置指令的快捷方式
-L port：host：hostport	指定本地计算机（客户端）上特定的端口映射到远程特定的主机和端口。通过分配一个套接字来监听本地计算机的端口，与该端口建立的连接都被转到安全的信道上，并且连接到远程计算机的端口。端口转发也能在配置文件中指定。只有超级用户（root）才能在特定端口上转发。IPv6地址可以用port/host/hostport格式指定
-l login_name	指定在远程计算机上登录的用户名。该选项也可以在每台计算机的基本配置文件中进行设定
-m mac_spec	以逗号分隔的MAC（消息认证码）算法列表，按优先顺序指定
-O ctl_cmd	控制活动连接多路复用主进程。指定-O选项时，将解释ctl_cmd参数并将其传递给主进程。有效命令是“检查”（检查主进程是否正在运行）、“转发”（请求转发而不执行命令）、“取消”（取消转发）、“退出”（请求主机退出），以及“停止”（请求主机停止接收进一步的多路复用请求）
-o option	以配置中使用的格式提供选项文件。这对于指定没有单独命令行标志的选项很有用
-p port	连接到远程主机的端口。该选项可以指定配置文件中的每个主机
-Q query_option	查询指定版本2支持算法的ssh。可用的功能包括密码（支持的对称密码）、cipher-auth（支持经过身份验证的对称密码加密）、mac（支持的消息完整性代码）、kex（密钥交换算法）、密钥（密钥类型）、密钥证书（证书密钥类型）、key-plain（非证书密钥类型）和protocol-version（支持SSH协议版本）

（续）

命令选项	选项说明
-R port：host：hostport	指定远程计算机（服务器）上特定的端口映射到本地特定的主机和端口。通过分配一个套接字来监听远程计算机的端口，与该端口建立的连接都被转到安全的信道上，并且连接到本地计算机的端口。端口转发也能在配置文件中指定。特定端口转发只有在远程计算机上以超级用户登录时才能实现。IPv6 地址可以用 port/host/hostport 格式指定
-S ctl_path	指定用于连接共享的控件套接字的位置，或字符串“none”以禁用连接共享
-W host：port	请求将客户端上的标准输入和输出转发到安全通道并在端口上托管
-w local_tun[:remote_tun]	请求在客户端（local_tun）和服务器（remote_tun）之间使用隧道设备与指定的 tun（4）设备转发

SSH 客户端连接服务器，可以是口令认证和密钥认证，前者简单但不安全，最简单的口令认证连接方式如图 3-4 所示。

```
[root@localhost ~]# ssh 192.168.122.1
root@192.168.122.1's password:
Last login: Tue Aug 13 17:54:36 2019 from 192.168.122.1
[root@localhost ~]# exit
登出
Connection to 192.168.122.1 closed.
[root@localhost ~]# █
```

图 3-4　最简单的口令认证连接方式

密钥认证是比较安全的，首先要用 ssh-keygen 命令生成公钥和私钥，生成的密钥默认在 /root/. ssh/文件夹里面，如图 3-5 所示。

```
[root@localhost ~]# ssh-keygen
Generating public/private rsa key pair.
Enter file in which to save the key (/root/.ssh/id_rsa):
Enter passphrase (empty for no passphrase):
Enter same passphrase again:
Your identification has been saved in /root/.ssh/id_rsa.
Your public key has been saved in /root/.ssh/id_rsa.pub.
The key fingerprint is:
SHA256:V3phBpIxrRmQl/hdgWBvcXcUS1hFOLbFXVIeqBtz9dI root@localhost.localdomain
The key's randomart image is:
+---[RSA 2048]----+
|       .+**o.o.*@%|
|       o.=+o+.+==*|
|        o =o.*..*o|
|         +..O oo E|
|         S o *  . |
|          . o     |
|                  |
|                  |
|                  |
+----[SHA256]-----+
```

图 3-5　生成密钥

然后用 ssh-copy-id 命令将生成的公钥发送到对方的主机上，如图 3-6 所示。它将自动保存在对方主机的/root/. ssh/authorized_keys 文件中。

```
[root@localhost ~]# ssh-copy-id -i /root/.ssh/id_rsa.pub root@192.168.122.1
/bin/ssh-copy-id: INFO: Source of key(s) to be installed: "/root/.ssh/id_rsa.pub"
/bin/ssh-copy-id: INFO: attempting to log in with the new key(s), to filter out any tha
t are already installed
/bin/ssh-copy-id: INFO: 1 key(s) remain to be installed -- if you are prompted now it i
s to install the new keys
root@192.168.122.1's password:

Number of key(s) added: 1

Now try logging into the machine, with:   "ssh 'root@192.168.122.1'"
and check to make sure that only the key(s) you wanted were added.
```

图 3-6　传送公钥到对方

当登录对方主机时不再提示输入密码，如图3-7所示。

```
[root@localhost ~]# ssh 192.168.122.1
Last login: Tue Aug 13 18:06:27 2019 from 192.168.122.1
[root@localhost ~]# █
```

图3-7 SSH密钥认证登录

3.2 管理用户账户

每一个登录Linux系统的用户在系统中都应该有对应的注册账户，这些账户记录了用户的信息，如用户名、登录口令、用户目录所在的位置、所用的shell、建立时间、权限等信息。用户账户管理包括添加用户、设置口令、删除用户、修改用户属性和权限等。因此，账户管理是系统管理员重要的日常工作之一。

3.2.1 添加用户

超级用户的账户在Linux系统安装时已经创建了，但超级用户的权限太大，不适合给普通用户使用，否则会对Linux的系统安全造成威胁，因此，所有要使用Linux操作系统管理资源的普通用户都要向超级用户或拥有超级用户权限的系统管理员申请一个用户账户，以便登录系统。这对于超级用户或系统管理员而言就是添加用户。

添加用户既可以在字符终端下，也可以在图形界面下进行。本小节先介绍字符终端下添加用户的方法。这种方式也有多种方法，如使用终端命令、修改配置文件、编写shell脚本程序等。

1. 使用终端命令添加用户

添加用户最常用的命令就是useradd命令，该命令的参数和选项很多。早期的版本中，该命令建立的用户账户没有设置用户的口令，必须在账户建好后再用passwd命令设置口令，但在Red Hat Linux 9.0后对该命令做了修改，增加了 -p passwd参数，无论是否使用 -p参数，系统都默认调用crypt函数，自动生成一个随机的初始口令，锁住该账户以禁止用户访问。当然，超级用户或系统管理员也可以用该参数取消初始口令，使设置口令的工作由新用户自己来完成。使用useradd命令所建立的用户账户信息实际上保存在/etc/passwd文本文件中，而加密的用户账户信息则保存在/etc/shadow文件中。

下面介绍各种用法。

（1）useradd [选项] 用户名

该命令中的“用户名”参数是必需的，“选项”是可选的。如果不使用可选项，则系统自动用默认值。默认的用户工作主目录是/home/用户名，即Linux系统会自动在/home目录下创建一个以用户名命名的目录来作为用户的工作主目录，并向该目录复制 .bash_logout、.bash_profile、.bashrc隐含文件和 .mozilla目录。系统默认用户使用的shell是bash。用户账户信息会添加到系统相应的文件中，如/etc/passwd、/etc/shadow文件。除非在命令行中使用 -n选项，否则系统将为每个用户建立一个组群并加入到系统中。

例如，如下的命令将添加一个名为zxj的新用户：

```
#useradd zxj
```

该用户的工作主目录为默认的目录，使用的shell也是默认的。如果用户不想要默认的设置，则必须在命令中明确指定 -d home_dir和 -s default_shell选项。

（2） useradd －D

当使用中仅有－D 命令选项时，只显示当前系统默认的参数选项内容，换句话说，这种用法只显示系统默认的参数和选项，它并不能真的添加用户。

例如，执行以下命令：

```
#useradd - D
```

则可能显示：

```
GROUP=100
HOME=/home
INACTIVE=-1
EXPIRE=
SHELL=/bin/bash
SKEL=/etc/skel
CREAT_MAIL_SPOOL=yes
```

显然只显示所创建用户的环境，如组号、工作目录、shell 等。

（3） useradd －D ［更改默认值选项］

当－D 选项和更改默认值选项配合使用时，useradd 命令将为指定的选项更新默认值。表 3-5 列出了 useradd 命令的选项和说明。

思考：如果执行 useradd －D －g 200 －s /bin/csh 命令后再执行 useradd －D，将显示什么？

表 3-5　useradd 命令的选项和说明

命 令 选 项	选 项 说 明
－b BASE_DIR	如果未指定－d HOME_DIR，则系统默认基本目录 . BASE_DIR 与账户名称连接以定义主目录。BASE_DIR 必须存在，否则无法创建主目录
－c COMMENT	添加备注文字，并保存在 passwd 文件的备注栏中
－d HOME_DIR	指定用户登录系统后所使用的工作主目录
－e EXPIRE_DATE	指定用户账户的有效期限。有效期限的格式一般是年/月/日，但是如果用月/日/年或日/月/年，系统也能自动识别。如果没有指定，useradd 将使用/etc/default/useradd 中 EXPIRE变量指定的默认过期日期，或者一个空字符串（不过期）
－f INACTIVE	指定在口令过期后多少天关闭该账户。如果未指定，useradd 将使用/etc/default/useradd 中的 INACTIVE 指定的默认禁用周期，或者默认为－1
－g GROUP	指定用户所属的组群，组群名必须存在。组号码必须指代已经存在的组。如果没有指定该参数，则系统默认采用用户名作为组群名
－G GROUP1［，GROUP2［，…［，GROUPN］	指定用户所属的附加组群。每个组都用逗号隔开，没有中间的空格
－h	显示帮助信息并退出
－k skeleton_dir	指定用户的默认配置文件所在的目录。如果使用－k 选项，则从－k 选项指定的目录中复制文件和目录到用户的工作目录，否则从/etc/skel 目录中复制文件与目录。－k 选项仅与－m 选项一起使用

（续）

命令选项	选项说明
-K KEY=VALUE	默认覆盖 /etc/login.defs（包含 UID_MIN、UID_MAX、UMASK、PASS_MAX_DAYS 及其他）中的值。 例如，-K PASS_MAX_DAYS=-1。 可以创建一个密码不会过期的系统账户，即使系统账户没有密码。可以指定多个 -K 选项，如： -K UID_MIN=100 -K UID_MAX=499
-l	不要将此用户添加到最近登录和登录失败数据库
-m	创建用户的主目录
-M	不创建用户的主目录
-N	不创建同名的组
-o	允许使用重复的 UID 创建用户
-p PASSWORD	如果用户账户不设置初始口令，则用 -p 即可取消口令，否则系统会自动生成一个随机的初始口令来锁住该账户
-r	建立的是系统账户。这意味着该用户 ID 比系统在/etc/login.defs 文件中预设的 UID_MIN（系统预设为 500）值要低，且该用户账户口令没有期限，也不会在/home 目录下建立该用户工作目录。如果要为一个系统用户账户建立工作目录，则必须指定 -m 参数选项。-r 参数选项由 Red Hat 添加
-R CHROOT_DIR	改变新根目录为 CHROOT_DIR，并从中复制配置文件
-s shell	指定用户登录后所使用的 shell。使用时要指定 shell 的绝对路径名，如/bin/csh
-u UID	指定用户 ID。用户 ID 的数值是唯一的，除非使用了 -o 参数选项。另外，该值也是非负的。一般指定的用户 ID 值应大于 499，因为数值 0 ~ 499 保留给系统账户使用。如果不用 -u 参数选项，则对于新增加的用户 ID，系统会自动从 UID_MIN 的值（500）或大于其他任何已经存在的 UID 值开始递增
-U	创建与用户同名的组
-Z SEUSER	为 SELinux 用户映射使用指定 SEUSER
-D	更改默认值。默认值选项如下。 -g GROUP：指定用户预设所属的组群 -b BASE_DIR：在指定的用户目录下建立所有用户的登录工作目录。系统默认的预设值为/home -e EXPIRE_DATE：指定预设的账户有效期限 -f INACTIVE：指定预设在口令过期后多少天关闭该账户 -s shell：指定使用预设的 shell

命令执行后会通过返回值告知用户命令执行的情况，useradd 命令的返回值及含义见表 3-6。

表 3-6 useradd 命令的返回值及含义

命令返回值	返回值含义
0	成功
1	无法更新密码文件
2	无效的命令语法
3	给了选项一个无效的参数

（续）

命令返回值	返回值含义
4	UID 已经使用（且没有 -o）
6	指定的组不存在
9	用户名已被使用
10	无法更新组文件
12	无法创建主目录
14	无法更新 SELinux 用户映射

添加用户另一个常用的命令就是 adduser 命令。在其他版本的 Linux 系统中，该命令是一个脚本程序，采用友好的交互方式，只要输入 adduser 并按 Enter 键，按系统提示信息的要求输入即可。使用者无须记忆复杂、繁多的参数选项，而是回答一系列的问题来设置新用户的各项信息，包括用户的密码等，使用较为方便。但在 CentOS 中，adduser 命令则是 useradd 命令的符号连接，两者实际上是同一个命令。如果在/usr/sbin 目录下执行 ls -l adduser 命令，则可以看到它是连接到 useradd 命令的。

2. 通过修改配置文件添加用户

用 useradd 命令添加用户，实际上就是向/etc/passwd、/etc/shadow 和/etc/group 文件中写入信息。因此，该方法就是利用任意一个文本编辑器直接打开 passwd 等文件（在/etc 目录下）进行修改，passwd 文件的每一行有 7 个域，且由冒号“:”分隔，每行就是一个用户的账户信息。若要添加用户，只要在文件中写入相应的条目即可。但是这种方法不会自动创建用户工作目录，不会自动修改 shadow 和 group 文件，所以超级用户或系统管理员一定要记住为新用户创建相应的工作目录，并把一些必要的用户配置文件复制到该用户目录下，还要按规则修改 shadow 和 group 文件。采用这种方法时，要求系统管理员必须对 Linux 系统非常熟悉，否则很容易漏掉一些操作，造成用户账户中数据的丢失或者无法正常使用。因此，建议初学者慎重采用该方法。

passwd 文件的格式：

Login name:passwd:user ID:group ID:user full name:home directory:login shell

每个域的具体含义如下。

Login name：用户在登录系统时输入的用户名。该用户名的命名规则是：只能由字母、数字和下画线组成，而且只能以字母开始，虽然以下画线开始也能创建用户账户，但系统不允许登录；用户名的长度不超过 32 个字符，否则提示为无效的用户名；同一系统中的用户名必须是唯一的。

passwd：为了用户账户的安全，Linux 系统对用户的口令和其他信息做了加密处理，并保存在/etc/shadow 文件中，因此 passwd 文件的 passwd 域不会明文显示口令，只以字符“x”表示该用户存在登录口令。如果用户账户在创建时没有口令，则该域为空。

user ID：是系统内部识别用户的标识。Linux 把用户分为系统用户和普通用户。一般系统用户由系统进程、服务守护进程和超级用户等组成，分配给它们的用户 ID 一般在 0 ~ 99 之间；普通用户的 ID 默认从 500 开始递增，最大可以到 60000。除非在用 useradd 命令添加用户时使用了 -r 参数选项，否则添加的都是普通用户；如果使用了 -o 参数选项，则用户的 ID 并非是唯一的，可能几个用户有相同的用户 ID，但系统把它们看成同一个用户。user ID 的默认值设置在/etc 目录下的 login. defs 文件中。

group ID：用户所属组群的标识，其含义与用户 ID 类似；用户组 ID 的默认值范围也是 500 ~

60000。group ID 的默认值设置在/etc 目录下的 login. defs 文件中。

user full name：用户全名。该域实际上是对登录用户名的注释，该域的内容会被加到电子邮件地址的前面。例如，任何从该用户账户发送的电子邮件将在对方显示“user full name” <user name@163. com>。

home directory：该域是创建用户账户时设定的用户工作目录。用户在登录系统时自动进入该目录，用户建立的文件一般默认保存在该目录下。

login shell：该域是创建用户账户时设定的用户所使用的 shell。所谓 shell，就是用户与操作系统内核之间的接口，是系统命令的解释程序。在 Linux 系统中有多种 shell 可供用户选择，如 bash（GNU Bourne-Again Shell）、sh（Bourne Shell）、csh（C Shell）、ksh（Korn Shell）等，但系统默认的 shell 是 bash。虽然各种 shell 的基本功能相同，但有些命令只能在特定的 shell 下执行。

shadow 文件的格式与 passwd 文件的格式是一样的，只不过除了用户名域没有加密外其他各个域都是加密保存的。

为了更好地理解 passwd 和 shadow 文件的作用，学会如何通过修改配置文件添加用户，下面给出一个具体的 passwd 和 shadow 文件来作为对比示例。

passwd 示例文件：

```
root:x:0:0:root:/root:/bin/bash
bin:x:1:1:bin:/bin:/sbin/nologin
daemon:x:2:2:daemon:/sbin:/sbin/nologin
adm:x:3:4:adm:/var/adm:/sbin/nologin
lp:x:4:7:lp:/var/spool/lpd:/sbin/nologin
sync:x:5:0:sync:/sbin:/bin/sync
shutdown:x:6:0:shutdown:/sbin:/sbin/shutdown
    ⋮
zxj:x:500:500:zxj:/home/zxj:/bin/bash
zx:x:501:501:zx:/home/zx:/bin/bash
```

shadow 示例文件：

```
root:$1$cHa/5oEc$/yPWnS1ra4LuKyUMPQuTP1:13484:0:99999:7:::
bin:*:13484:0:99999:7:::
daemon:*:13484:0:99999:7:::
adm:*:13484:0:99999:7:::
lp:*:13484:0:99999:7:::
sync:*:13484:0:99999:7:::
shutdown:*:13484:0:99999:7:::
    ⋮
zxj:$1$AipulblD$tgWgt13zBDMMXjUw1pQwB1:13484:0:99999:7:::
zx:$1$7JbYNEAF$mp7Cq8Afc3RBqHb0LFwNz1:13553:0:99999:7:::
```

从 passwd 和 shadow 示例文件可以看到：文件的每行有 7 个域，每个域之间用“:”分隔；每行就是一个完整的用户账户信息；前面各行为系统用户，超级用户属于系统用户，它的用户 ID 和组 ID 都是 0，超级用户的工作目录是/root；最后两行为添加的普通用户。本例省略了中间其他系统用户所在的各行。对比这两个文件，思考它们的不同在哪里？

理解了这两个文件的格式及各个域的含义，通过修改它们来添加用户就非常容易了。

首先，手工添加时，只要按规定的格式（各个域的顺序、分隔符）、以行为单位输入并保存即可，口令域可以不填，账户启用时由系统管理员或用户自己用 passwd 命令设置。用户 ID 和组 ID 只要按当前普通用户的 UID 和 GID 最高号数递增即可。另外，要创建用户工作目录，且目录名要与登录用户名相同，路径一般在/home 目录下。shell 可以根据需要选择，一般用/bin/bash 即可。

其次，在/etc/shadow 文件中添加 login_name::::::这一行。

最后，还要在/etc/group 文件中添加该用户组对应的行。

3.2.2　设置口令

使用 useradd 命令添加用户时，如果使用 -p 参数选项，则还未设置口令，因此，为了安全，该账户在使用前还要设置口令。如果使用非 -p 参数选项，则系统自动生成的口令只是暂时禁止使用该账户，必需重新设置口令，普通用户才能使用该账户。

设置口令既可以在字符终端下完成，也可以在图形界面下完成。

1. 口令设置规则

口令设置的好与坏，直接关系到用户账户是否容易被入侵、用户工作目录的资料是否安全。如果是超级用户，则还关系到整个系统的安全。因此，设置口令是一项非常重要的工作。要设置一个好的口令，必须要注意以下内容。

（1）口令忌用

1）用户名或宠物名等。

2）容易与用户相关联的任何信息，如生日、住址等。

3）字典中的单词。

4）上面任何一个信息的倒序。

与用户有关联的信息或它的倒序容易被猜中；字典中的单词或其倒序易遭暴力破解。

（2）口令易用

1）有足够长度，每增长一位，被破解的可能性会降低几个数量级。

2）用混有数字、特定字符的组合。

3）用一些自己容易记住但是别人又难以猜到的数字、字符的组合。

4）用输入较快的数字、特定字符的组合。

5）不要记录下密码。

6）经常改变密码。

2. 口令设置命令

设置口令的命令是 passwd。如果要用该命令为其他用户设置口令，则只能由超级用户或有超级用户权限的系统管理员才能完成；如果是普通用户，会受到权限的限制，此时只能改变该用户自己的口令。

基本用法：

passwd [user_name]

基本用法中的用户名如果省略，则设置的是当前已经登录用户的口令；如果设置的是新添加的用户，则必须指定该用户的用户名。例如，为新添加的用户 x10 设置口令：

```
[root@ localhost /]# useradd x10              添加新用户账户
[root@ localhost /]# passwd x10               设置新口令
Changing password for user x10.               系统显示为 x10 用户改变口令信息
```

New password: 提示输入新口令
Retype new password: 提示确认新口令
passwd: all authentication tokens updated successfully. 修改成功
[root@ localhost /]#

为新用户设置口令与为老用户改变口令在用法上没有什么差别，只是系统显示的信息不同而已。例如，改变口令时的提示信息是要求输入当前的口令。在按提示要求输入口令时，如果口令太简单（例如只有数字或字母），或者口令长度太短（例如长度少于6个字符），则Linux系统为了账户安全都会拒绝并要求重新输入。

注意：如果执行过pwunconv命令，则为新用户账户设置口令时，系统会有错误提示信息，一定要在执行pwconv命令后才能设置。这种情况下用编辑器打开/etc/shadow文件看不到任何信息。pwconv命令是开启用户的投影口令；pwunconv命令是关闭用户的投影口令。

完整用法：

passwd [-k] [-l] [-u [-f]] [-d] [-n mindays] [-x maxdays] [-w warndays] [-i inactivedays] [-S] [username]

其中，用户名参数的规则与passwd命令的基本用法相同，其他为命令选项。表3-7列出了passwd命令的选项和说明。

表3-7 passwd命令的选项和说明

命令选项	选项说明
-k	采用该选项，则可设置只有在口令过期失效后才能改变
-l	采用该选项可以锁住账户。passwd命令会在加密过的密码字符串前加上“!”字符（在/etc/shadow文件中），让该账户的口令失效而无法登录系统。这个参数选项只有超级用户或有超级用户权限的系统管理员才能使用
-u	采用该选项可以解开已被锁住的账户。passwd命令会把密码字符串前的“!”字符删除并恢复该账户口令，使该账户用户可以登录系统。这个参数选项只有超级用户或有超级用户权限的系统管理员才能使用
-f	强制执行解锁操作。对于原来有口令的账户，如果采用了-l选项加锁，则采用-u选项解锁即可。对于原来没有口令的账户，如果采用了-l选项加锁，则必须采用-uf选项来解锁
-d	无论口令是否加锁，都可以删除口令。这个参数选项只有超级用户或有超级用户权限的系统管理员才能使用
-n mindays	如果用户账户支持口令生存期限，则该选项将以天数为单位设置最小口令生存期限。这个参数选项只有超级用户或有超级用户权限的系统管理员才能使用
-x maxdays	如果用户账户支持口令生存期限，则该选项将以天数为单位设置最大口令生存期限。这个参数选项只有超级用户或有超级用户权限的系统管理员才能使用
-w warndays	如果用户账户支持口令生存期限，则该选项将预先设置口令过期前警告的天数。这个参数选项只有超级用户或有超级用户权限的系统管理员才能使用
-i inactivedays	如果用户账户支持口令生存期限，则该选项将设置口令过期后多少天关闭该账户。这个参数选项只有超级用户或有超级用户权限的系统管理员才能使用
-S	列出口令的相关信息，如是否有口令、口令是否被锁等。这个参数选项只有超级用户或有超级用户权限的系统管理员才能使用

3. 应用举例

参考示例 1：某用户的登录名为 x10，由于忘记了口令，请求系统管理员帮助。

解决方法之一：

系统管理员以超级用户身份登录系统，执行以下命令：

```
#passwd -d x10
#su x10
```

再由该用户自己执行 passwd 命令，重新设置账户口令。

解决方法之二：

系统管理员以超级用户身份登录系统，执行以下命令：

```
#vi /etc/passwd
```

找到该用户在 passwd 文件中的记录行，删除口令域中的"x"标记并保存。执行以下命令：

```
#su x10
```

再由该用户自己执行 passwd 命令，重新设置账户口令。

参考示例 2：某用户的登录名为 x11，由于出差暂时离开，请求系统管理员锁住账户。

解决方法：

系统管理员以超级用户身份登录系统，执行以下命令：

```
#passwd -l x11
#exit
```

待该用户出差返回后，由系统管理员解锁，执行以下命令：

```
#passwd -u x11
```

3.2.3　成批添加用户

系统管理员经常会遇到这样的问题，就是成批的用户要在系统中建立用户账户，例如，学校计算机实验室有某年级某班的几十名学生要通过网络远程登录到学校 Lniux 服务器进行 shell 编程实验。在这种情况下，如果采用 useradd 命令在服务器上添加学生账户，则只能一个一个地添加，不仅速度慢而且还容易出错。Red Hat Linux 9.0 版本后提供了一个新的添加用户的命令 newusers，利用它就可以实现快速、便捷地成批添加用户。当然，也可以编写 shell 脚本程序来实现，这将在第 8 章 shell 编程中介绍。

1. newusers 命令

这个 newusers 命令从一个文本文件中读取用户名和明文口令对，并用这些信息去更新若干已存在的用户组群或者去建立一些新的用户。该文本文件的每一行与标准的口令文件的每一行有相同的格式，但有以下例外。

pw_passwd：加密后的口令域，该域将被加密并用作加密口令的新值。

pw_age：代理信息域，如果用户已经存在，该域将会忽略影子口令。

pw_gid：组群 ID 域，该域可以是现存组的名称，在这种情况下指定的用户将被添加为一个成员。如果给出一个不存在号数的组，则使用该号的新组将被建立。

pw_dir：工作目录域，该域将作为一个目录实体进行检查，如果它不存在，则建立一个同名的新目录。该目录的所有权将由建立与更新它的用户设置。

要注意的是，newusers 命令所读取的文本文件必须妥善地保存，因为它包含未加密的口令信息。

命令用法：

newusers [options] [new_users]

表3-8所列为newusers命令的选项和说明。选项options是可选的；参数new_users是可选的，如果指定，则它是一个与passwd口令文件格式相同的文本文件，并由newusers命令读取；如果不指定，则系统从标准输入设备上接收输入，输入的格式也必须按照passwd文件的格式，输入完成后按Ctrl+D组合键结束并返回系统提示符。

表3-8 newusers命令的选项和说明

命令选项	选项说明
-c method	使用指定的方法加密密码。可用的方法有DES、MD5、NONE、SHA256或SHA512，前提是用户的libc支持这方法
-h	显示帮助信息并退出
-r	创建一个系统账户。将在/etc/shadow中创建没有老化信息的系统用户，并且在login.defs中定义的SYS_UID_MIN-SYS_UID_MAX范围中选择其数字标识符，而不是UID_MIN-UID_MAX（以及用于创建组的GID对应项）
-R CHROOT_DIR	改变新根目录为CHROOT_DIR，并从中复制配置文件
-s	使用指定次数的轮转来加密密码。值0表示让系统为加密方法选择默认的轮转次数(5000)。强制最小次数为1000，最大次数为999999999，只可以对SHA256或SHA512使用此选项。默认，轮转次数由/etc/login.defs文件中的SHA_CRYPT_MIN_ROUNDS和SHA_CRYPT_MAX_ROUNDS变量确定

在采用以下passwd文件格式时：

Login name:passwd:user ID:group ID:user full name:home directory:login shell

要特别注意passwd域，如果指定该域，则它是以明文形式存在（在所读取的文本文件中或终端输入时）的口令；如果不指定该域，则新建立的用户账户口令是系统随机自动生成的，必须由超级用户或系统管理员删除口令或重新设置口令，可以用3.2.4小节将要介绍的chpasswd命令进行口令的成批更新。

2. 应用示例

问题提出：要在学校计算机实验室的Linux服务器上建立1个班（50人）的学生账户，为每个学生分配登录用户名、口令、UID、GID、用户工作目录和登录所用的shell。

问题分析：显然，对于这个问题，最好的解决方法就是成批地创建用户账户。

解决方法：首先编辑一个passwd文件格式的包含所有要创建用户账户信息的文本文件，把该文件命名为n_user.txt并保存。参考文件如下：

```
jb040101:stu0401:701:701::/home/jb040101:/bin/bash
jb040102:stu0401:702:702::/home/jb040102:/bin/bash
jb040103:stu0401:703:703::/home/jb040103:/bin/bash
                    ⋮
jb0401049:stu0401:749:749::/home/jb040149:/bin/bash
jb0401050:stu0401:750:750::/home/jb040150:/bin/bash
```

然后执行以下命令：

```
#newusers n_user.txt
```

此时一次性完成了50个学生账户的建立，这里，n_user.txt文件中的口令stu0401就是以后学生登录系统的初始口令，登录后自己可以修改。虽然这里是以明文形式存在的，但在Linux的

/etc/passwd 和/etc/shadow 文件中都是已经加密的。

3.2.4　成批修改口令

在成批地添加了用户后，可能还要成批地修改用户账户的口令。例如，如果用 newuser 命令和用户信息文本文件添加用户时没有指定口令域，则必须重新设置口令用户才能登录系统。在 Red Hat Linux 9.0 以后的版本中提供了一个新的修改用户口令的命令 chpasswd，利用它就可以快速、便捷地成批修改用户口令。

1. chpasswd 命令

这个 chpasswd 命令从标准输入设备上读取由用户名和口令对组成的文件，并用这些信息去更新已存在的用户组群。该文件中每行的格式为：

user_name：password

要注意的是，chpasswd 命令所读取的文件必须妥善地保存，因为它包含未加密的口令信息。另外，指定的用户必须存在。

命令用法：

chpasswd [-e]

参数选项 -e 是可选的，如果不指定该参数选项，则改变后的口令就是 chpasswd 命令所读取文件中 password 域的明文信息，但在 Linux 系统中的/etc/passwd 和/etc/shadow 文件中显示的是已经加密的口令；如果指定该参数选项，则改变后的口令就是 chpasswd 命令所读取文件中 password 域明文信息的加密形式，但在 Linux 系统中的/etc/shadow 文件中显示的是原口令的明文信息，由于加密时系统随机生成口令，所以一般不用带 -e 参数选项。

由于该命令从标准输入设备上读取文件，所以可以采用从键盘输入或者采用文件输入重定向的方式。如果用键盘输入，则输入时必须按照“user_name：password”的格式，输入完成后按 Ctrl + D 组合键结束并返回系统提示符。

2. 应用示例

问题提出：更改 3.2.3 小节应用示例中 50 名学生账户的口令。

问题分析：显然，对于这个问题，最好的解决方法就是成批地修改用户账户口令。

解决方法：首先编辑一个文本文件，它包含所有要修改口令的用户的用户名和新口令，每行对应一个用户，把该文件命名为 n_uspw.txt 并保存。参考文件如下：

```
jb040101:stujsj
jb040102:stujsj
jb040103:stujsj
        ⋮
jb0401049:stujsj
jb0401050:stujsj
```

然后执行以下命令：

```
#chpasswd < n_uspw.txt
```

此时一次性完成了 50 个学生账户口令的修改，这里，n_uspw.txt 文件中的口令 stujsj 就是以后学生登录系统的初始口令，登录后自己可以修改。注意，如果采用 -e 参数选项，则学生就无法用 stujsj 口令登录系统了，因为系统把 stujsj 加密后的内容作为了口令。

3.2.5 删除用户

如果某个用户已永久地从系统中撤离，则为了系统的安全，系统管理员要及时删除该用户账户和相关的目录与文件；如果只是暂时撤离，则只要用 passwd -l login_name 命令把该用户账户锁住或者在 passwd 文件的口令域 x 字符前加上“*”或“!”即可。

1. 终端命令删除

删除用户账户使用 userdel 命令，该命令包含两部分的操作：第一，删除/etc/passwd 文件中的用户账户信息；第二，删除对应于该账户的系统配置文件和该账户的工作目录。这两部分操作可以同时完成，也可以分开完成，取决于是否使用命令的参数选项。

命令用法：

userdel [-r] login_name

参数说明：

login_name 是用户登录系统的用户名。

命令选项 -r 表示递归删除该用户的工作目录及该目录下的所有子目录和文件。如果选项 -r 不指定，则只是删除了该用户的账户信息，而保留该用户的工作目录及该工作目录下的所有子目录和文件。除非该用户的工作目录要保留给其他用户使用，否则最好不要这样。

如果某个用户当前已经登录系统，则不允许用 userdel 命令删除这个用户的账户。

该命令还有一个 -f 选项，此选项会强制删除用户账户，甚至用户正处在登录状态。它也强制删除用户的主目录和邮箱，即使其他用户也使用同一个主目录或邮箱。如果/etc/login.defs 中的 USERGROUPS_ENAB 定义为 yes，并且如果有一个和用户同名的组，也会删除此组，即使它仍然是别的用户的主组。注意：此选项危险，可能会破坏系统的稳定性!!!

2. 修改文件删除

由于用户的账户信息是记录在/etc/passwd 和/etc/shadow 文件中的，所以直接删除这些文件中该用户的账户信息行也可以达到删除用户账户的目的，如果再手动删除用户工作目录，则就完整地删除了该用户。

首先，删除/etc/passwd 和/etc/shadow 文件中该用户对应的行。

然后，用 rm -fr 命令强制递归地删除该用户的工作目录及目录下的所有子目录、文件。

最后，还要在/etc/group 文件中删除该用户组对应的行。

3.2.6 修改用户属性

从添加、删除用户命令的操作可以看到，实际上添加或删除用户操作的其中一项就是添加或删除用户的账户信息，而这些账户信息就是用户的属性。用户有时会提出修改登录的用户名、加入别的组群或使用其他的 shell 等要求，作为系统管理员，要能根据用户合理的要求做出必要的修改，以使用户能方便、有效地使用系统。修改用户属性可以采用终端命令方式，也可以采用修改配置文件的方式。

1. 终端命令修改

修改用户属性的终端命令是 usermod，该命令的用法与 useradd 命令很类似，参数选项也有很多是相同的。这里仅就与 useradd 命令不同的参数部分进行说明。其他的参数选项请参考 useradd 命令的参数选项说明。

命令用法：

usermod [选项] login_name

该命令除了能修改用户属性外，还可以对用户账户口令进行加/解锁处理。如果某个用户当前已经登录系统，则不允许用 usermod 命令修改这个用户的属性。表 3-9 列出了 usermod 命令的部分选项和说明。

表 3-9　usermod 命令的部分选项和说明

命令选项	选项说明
-d home_dir [-m]	指定用户新的工作目录。如果采用 -m 参数选项，则用户当前工作目录中的内容将移到新的工作目录；若新目录不存在，则自动建立
-l login_name	修改用户登录的用户名
-a	将用户添加到附加组。只能和 -G 选项一起使用
-L	锁定用户账户口令，使口令无效
-U	解除用户账户口令锁定，使口令生效

应用示例 1：将用户登录名 tc01 改为 ta01，将用户工作目录改为/home/ta01，将所属组群改为 root。

执行以下命令：

```
#usermod -d /home/ta01  -m  -g root  -l ta01 tc01
```

注意：如果没有 -m 参数，则不会在/home 目录下建立 ta01 用户工作目录，登录系统时会提示没有工作目录。

应用示例 2：使 ta01 用户的口令无效。

执行以下命令：

```
#usermod -L ta01
```

这个命令执行的效果与执行 passwd -l ta01 命令的效果一样。

2. 修改 passwd 文件

与添加、删除用户的原理一样，所以直接修改/etc/passwd 和/etc/shadow 文件中该用户的账户信息行也可以达到修改用户属性目的。如果修改了用户登录名，则 shadow 文件中所对应的用户名一定要修改。如果再手动更名用户工作目录，则就完整地修改了该用户的属性。

首先，修改/etc/passwd 和/etc/shadow 文件中该用户属性对应的域。

然后，用 mv 命令为该用户的工作目录更名。

最后，还要在/etc/group 文件中修改该用户组对应的行。

3.3　管理组群账户

Linux 系统根据各个用户所享有文件权限的不同而分为不同的用户组群。一个用户至少属于一个用户组群，该组群就是用户的基本组群，但同时还可以属于其他很多的附加组群。用户在系统中某一时刻的所属组群为当前组群，也可以使用 newgrp 命令来切换所属组群。

Linux 系统中的每个目录和文件都有所有者权限、组权限和其他人权限，包括读、写和执行权限。例如执行以下命令：

```
#ls  -l /etc/passwd
```

显示：

```
-rw-r--r--    1 root    root        2601  2 月  9 22:24 /etc/passwd
```

表示 passwd 文件对于文件所有者有读、写权限，对同组群用户和其他人有只读权限。

如果某个用户不是某个文件的所有者，但只要属于该文件所定义的组群，那么对于该文件，该用户就享有组群的权限。系统管理员可以通过文件的组群权限来对用户的权限加以控制。系统管理员管理组群账户的主要工作就是添加用户组群、设置用户组群口令、删除用户组群、修改用户组群属性等。

3.3.1 添加用户组群

如果若干用户具有相同或相近的特性，则可以为其建立一个新的组群。建立组群可以用终端命令方式和修改配置文件方式。

1. 终端命令添加

添加用户组群的终端命令是 groupadd，该命令用命令行中指定的参数选项和来自系统的默认选项建立一个新的用户组群账户。新的组群账户信息将在必要的系统文件（如/etc/group、/etc/passwd、/etc/shadow 文件）中记录。

命令用法：

groupadd [选项] group

参数 group 为新添加的组群名称，是必需的，其他的是命令可选项。

表 3-10 列出了 groupadd 部分命令的选项和说明。

表 3-10 groupadd 部分命令的选项和说明

命令选项	选项说明
-g gid	设置新组群的标识号。如果不指定该参数选项，则系统自动从 GID_MIN 的值（500）或大于其他任何已经存在的 GID 值开始递增编号。编号 0～499 保留给系统各项服务的账号使用
-o	重复使用组群的标识号。在系统中，每个组群的标识号应该是唯一的，除非使用了 -o 参数选项。该选项仅与 -g 选项配合，可强制系统使用已经存在的组群标识号
-r	建立系统组群。除非 -g 选项有指定，否则使用的组群标识号低于 499，并且比其他任何已经存在的系统组群标识号大 1
-f	强制建立已存在的组群。如果指定的组群名已经存在，则 groupadd 命令返回错误信息。使用本参数选项可强制系统接收已存在的组群名

2. 修改配置文件添加

用 groupadd 命令，实际上就是在/etc/group 和/etc/gshadow 文件中写入信息。因此，该方法就是利用文本编辑器直接打开 group 组文件和 gshadow 组影子口令文件，这些文件的每一行有由“:”分隔的4个域，每行就是一个用户组的账户信息。若要添加用户组，只要在文件中写入相应的条目即可。

group 文件的格式：

group name:passwd:group ID:user list

每个域的含义如下。

group name：用户组群名称。用户组群的命名规则与用户名命名的规则类似。同一系统中，用户组群名必须是唯一的，除非在 groupadd 命令中使用了 -f 参数选项。

passwd：用户组群口令。为了用户组群账户的安全，Linux 系统对用户组群的口令做了加密处理，并保存在/etc/gshadow 文件中，因此在 group 文件的 passwd 域不会明文显示口令，只是以字符“x”表示该用户组群存在口令。如果非本组用户要进入（权限允许的条件下），需要输入口令。

group ID：即 GID，用户所属组群的标识，其含义与用户 ID 类似，用于系统识别一个用户组群。普通用户组 ID 的默认值范围也是 500 ~ 60000。group ID 的默认值设置在/etc 目录下的 login. defs文件中。

user list：以该组群为附加组群的用户。该域显示系统中有哪些用户组群把该组群作为附加组群。

为了更好地理解 group 和 gshadow 文件的作用，学会如何通过修改配置文件添加用户组群，下面给出具体的 group 和 gshadow 文件作为对比示例。

group 示例文件：	gshadow 示例文件：
root:x:0:root	root:!!::root
bin:x:1:root,bin,daemon	bin:::root,bin,daemon
daemon:x:2:root,bin,daemon	daemon:::root,bin,daemon
sys:x:3:root,bin,adm	sys:::root,bin,adm
adm:x:4:root,adm,daemon	adm:::root,adm,daemon
⋮	⋮
zxj:x:500:zxj	zxj:!::zxj
zx:x:501:	zx:!::
pppusers:x:230:	pppusers:!::
popusers:x:231:	popusers:!::
slipusers:x:232:	slipusers:!::

每行有 4 个域，每行为一个用户组群账户；前面各行为系统用户组群，倒数第 4、5 行为添加的用户组群，最后 3 行为特殊用户组群账户。本例省略了中间各行。

首先，手工添加时只要按规定的格式（各个域的顺序、分隔符）、以行为单位输入并保存即可，口令域可以不填，账户启用时由系统管理员用 passwd 命令设置。GID 只要按当前普通用户的 GID 最高号数递增即可。

然后，在/etc/gshadow 文件中添加 group name::: 这一行。

3. 应用示例

问题提出：两个用户 stu1、stu2 共同开发软件，他们相互之间需要共享资源、复制和执行程序。

问题分析：由于这两个用户具有共同的特性，因此可以设置成同组群的用户，有同样的组群权限，但组群权限不能有写的权限，而只能有读和执行的权限。

解决方法：

首先，系统管理员为他们添加一个组群。执行以下命令：

```
#groupadd stu
```

然后，如果这两个用户还未在系统注册，则系统管理员添加用户 stu1、stu2，并设置初始口令；如果已经注册，则只要修改他们的组群属性即可。假设尚未注册，则执行以下命令：

```
#useradd stu1 -g stu1
#useradd stu2 -g stu2
#passwd stu1                    口令设置过程略
#passwd stu2
```

接着，系统管理员为他们修改工作目录的组群权限，执行以下命令：

```
#chmod 750 /home/stu1
#chmod 750 /home/stu2
```

最后，通知用户登录系统后自己修改初始口令。

现在，stu1 和 stu2 两个用户可以相互访问各自的工作目录，可以打开文件并进行读、执行程序，但不能改写。

3.3.2 设置用户组群口令

组群口令的设置使用专门的 gpasswd 命令，该命令用于管理/etc/group 文件。如果命令编译时带有定义的 SHADOWGRP 参数，则也可管理/etc/gshadow 文件。每个组群由组群管理员、组群成员和组群口令组成。

命令用法：

```
gpasswd group
gpasswd -a user group
gpasswd -d user group
gpasswd -R group
gpasswd -r group
gpasswd [ -A user,...] [ -M user,...] group
```

用法说明：

1）系统管理员可以使用 -A 参数选项定义组群管理员；使用 -M 参数选项定义组群成员。系统管理员有组群管理员和组群成员所有的权利。

2）组群管理员可以使用 -a 和 -d 参数选项分别添加和删除组群的用户。

3）系统或组群管理员可以用 -r 参数选项删除组群口令。

4）仅当未设置组群口令时，组群成员才能使用 newgrp 命令加入到该组群中。

5）参数选项 -R 禁止通过 newgrp 命令访问组群。

6）组群管理员执行 gpasswd group_name 命令时，会提示输入组群口令。

7）如果设置了组群口令，则组群成员（要执行 gpasswd -a user group 命令后）不需要口令仍然能使用 newgrp 命令加入组群，而非组群成员则必须输入口令。

注意：如果执行过 grpunconv 命令，则用编辑器打开/etc/gshadow 文件时看不到任何信息。grpunconv 命令是关闭用户组群的投影口令，与之相对应的 grpconv 命令是开启用户组群的投影口令。

3.3.3 删除用户组群

如果某个用户组群已永久地从系统中撤离，为了系统的安全，系统管理员应该及时删除该用户组群。删除用户组群既可以采用终端命令方式，也可以采用修改配置文件方式。

1. 终端命令删除

删除用户组群采用 groupdel 命令，该命令会修改系统的用户组群账户文件，删除指定组群所有的条目。

命令用法：

groupdel group_name

其中，参数 group_name（组群名）必须存在。系统管理员在删除指定的组群后必须手工检查所有的文件系统以确定没有与指定组群一样的组群 ID 文件残留。

使用该命令时一定要注意：不能删除任何原来存在用户的组群，删除组群前必须先删除组群内的用户。

2. 修改配置文件删除

由于用户组群的账户信息是记录在/etc/group 和/etc/gshadow 文件中的，所以直接删除这些文件中该用户组群的账户信息行也可以达到删除用户组群账户的目的，但要确认该组群中已经没有用户存在。

首先，删除/etc/group 文件中该用户对应的行。

然后，删除/etc/gshadow 文件中该用户对应的行。

3.3.4　修改用户组群属性

如果对已经建立的组群名称、组群 ID 等不满意，则可以进行修改。同样，修改组群属性既可以采用终端命令方式，也可以采用修改配置文件方式。

1. 终端命令修改

修改用户组群属性用 groupmod 命令，该命令会按照命令行参数选项指定的要求修改系统的用户组群账户文件。

命令用法：

groupmod [-g gid [-o]] [-n new_group_name] old_group_name

参数 old_group_name 是当前正在使用的（旧的）组群名称，该参数为必选；-n 选项参数 new_group_name 是修改后新的组群名称，该参数是可选的；groupmod 命令选项及说明见表 3-11。

表 3-11　groupmod 命令选项及说明

命令选项	选项说明
-g gid	设置新组群的标识号。规则与添加组群的一样
-o	重复使用组群的标识号。规则与添加组群的一样
-n new_group_name	设置新组群的名称。每个组群的名称在系统中都应该是唯一的，如果给出的新组群名称已经存在，则 groupmod 命令提示“新组群名称不唯一”的错误信息

参考示例：

把组群名称 stu 修改为 jsjstu，并将组群标识号改成 555。执行以下命令：

#groupmod -g 555 -n jsjstu stu

2. 修改配置文件修改

如果要修改组群名、组群 ID，则用文本编辑器打开/etc/group 和/etc/gshadow 文件，编辑该组群所对应行中的组群域和组群 ID 域即可。

如果要修改组群口令，由于口令加密后要保存在/etc/gshadow 影子文件中，所以，修改口令最好还是用 gpasswd 命令。

3.4 图形界面下的账户管理

在安装 CentOS Linux 系统时，并没有安装管理用户和组的图形界面包，但只要用户的计算机连接了互联网，就可以使用 yum install system-config-users 命令下载并安装，如图 3-8 所示。

```
总计                                                    44 kB/s | 809 kB  00:18
Running transaction check
Running transaction test
Transaction test succeeded
Running transaction
  正在安装    : rarian-0.8.1-11.el7.x86_64                                  1/4
  正在安装    : rarian-compat-0.8.1-11.el7.x86_64                           2/4
  正在安装    : system-config-users-docs-1.0.9-6.el7.noarch                 3/4
  正在安装    : system-config-users-1.3.5-4.el7.noarch                      4/4
  验证中      : system-config-users-1.3.5-4.el7.noarch                      1/4
  验证中      : rarian-compat-0.8.1-11.el7.x86_64                           2/4
  验证中      : rarian-0.8.1-11.el7.x86_64                                  3/4
  验证中      : system-config-users-docs-1.0.9-6.el7.noarch                 4/4

已安装:
  system-config-users.noarch 0:1.3.5-4.el7

作为依赖被安装:
  rarian.x86_64 0:0.8.1-11.el7                rarian-compat.x86_64 0:0.8.1-11.el7
  system-config-users-docs.noarch 0:1.0.9-6.el7

完毕!
[root@localhost ~]#
```

图 3-8 下载并安装管理用户和组的图形界面包

这样，用户账户、组群账户的管理就可以在 X-Window 的图形界面下完成。在图形界面下，系统管理员利用图标、菜单、鼠标即可轻松地完成添加、删除用户和用户组群、设置用户和用户组群口令、修改用户和用户组群属性等各项操作。由于图形界面下的各项操作直观、简单和方便，不需要记忆许多命令和命令的参数选项，所以很容易掌握。但是在图形界面下，命令执行的速度要比字符界面下慢。

3.4.1 CentOS 7 图形界面用户管理者简介

以运行级 5 启动 CentOS 7 Linux 并登录系统后，在桌面上部的菜单栏上选择“应用程序”菜单，即打开下拉式菜单，将鼠标指针下移到“杂项”菜单项，即可看到“用户和组群”菜单项，如图 3-9 所示。

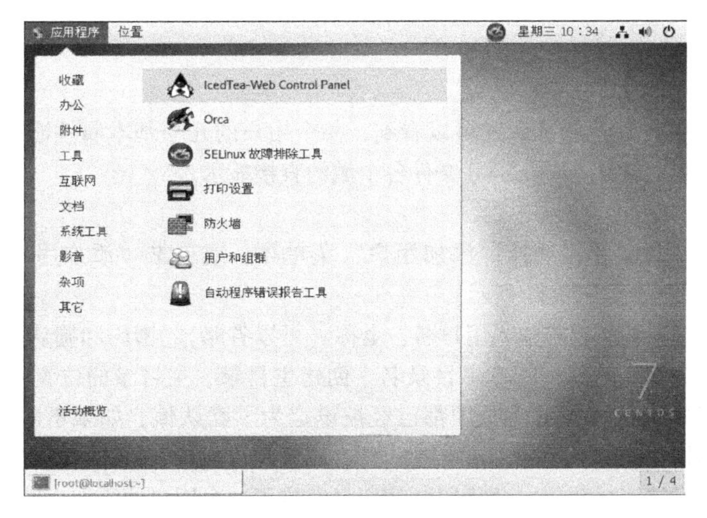

图 3-9 “用户和组群”菜单项

这时双击“用户和组群”菜单，就会打开“用户管理者”窗口，如图 3-10 所示。该窗口默认的配置主要有菜单栏、图标工具栏和两个选项卡。

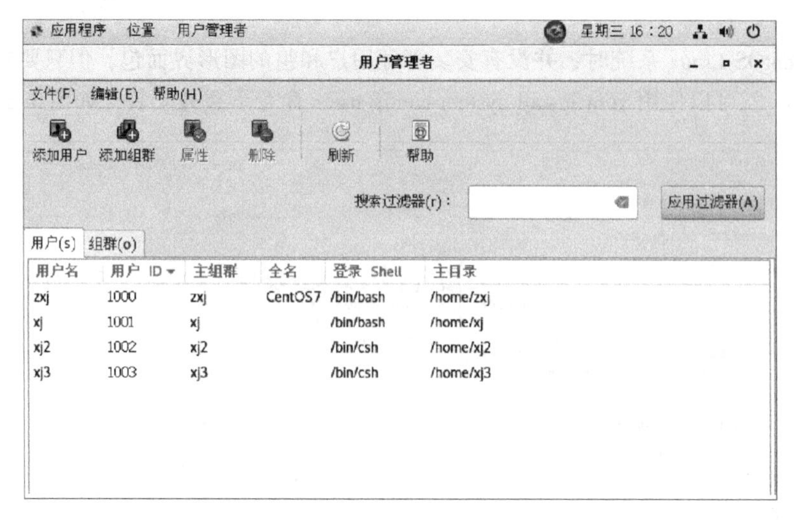

图 3-10 “用户管理者”窗口

菜单栏上有“文件”“编辑”和“帮助”3 个菜单。

1）在“文件”菜单中包含“添加用户”“添加组群”“属性”“刷新”“删除”和“退出”菜单项，用户可利用这些菜单项和两个选项卡来完成所有的账户管理。

2）在“编辑”菜单中只有“首选项”菜单项，用于界定新用户自动分配的 UID 规则、系统用户和组的隐藏属性等。

3）在“帮助”菜单中只有“内容”和“关于”菜单项，可为超级用户和拥有超级用户权限的系统管理员使用“用户管理者”提供在线帮助。

设置图标工具栏是为了可以更加方便、快捷地使用“用户管理者”，因此在其上放置了“添加用户”“添加组群”“属性”“删除”“帮助”和“刷新”功能图标，这些图标的功能与“文件”菜单中菜单项的功能是一样的，因此，不用打开菜单就可以使用这些功能。

两个选项卡分别是“用户”和“组群”，默认情况下显示系统中所有普通用户和组群的属性。

3.4.2　X-Window 下的用户管理

从图 3-10 所示的“用户管理者”可以看到，每个用户的几个基本属性清楚、直观地显示了出来，这些属性实际上就是/etc/passwd 文件各个域的直接显示。

1. 添加用户

打开“文件”下拉菜单，选择“添加用户”菜单项，或单击“添加用户”图标，则弹出“添加新用户”对话框，如图 3-11 所示。

要添加用户时，只要按要求输入用户名、全称（可以省略）、密码和确认密码即可。输入的用户名，系统会作为默认的用户工作主目录名。创建主目录、主目录的位置（默认/home）、为该用户创建私人组群和登录 shell 等选项都已经被设定为了默认值，如果不满意可以进行设置，一般用系统默认值即可。如果不手工指定用户 ID，则系统从 1000 后开始安排 UID 编号，1000 前的号码系统保留。设置完成后单击“确定”按钮就完成了一个用户的添加。

图 3-11 “添加新用户”对话框

2. 修改密码

为已经存在的用户修改密码非常方便，在“用户”选项卡中选中要修改密码的用户，这时“属性”图标从无效的灰色变为有效的黑色，单击“属性”图标（也可用“文件”菜单，后面不再说明），打开“用户属性”对话框，如图 3-12 所示。

图 3-12 “用户属性”对话框

该对话框有 4 个选项卡，如果只是修改密码，则只要在“用户数据”选项卡上的“密码”和“确认密码”输入框中重新输入即可；如果此时“密码”和“确认密码”输入框中的内容为灰色，则打开“账号信息”选项卡，取消选择“本地密码被锁”复选框；如果要设置、修改密码过期信息，则可使用“密码信息”选项卡进行设置。

思考：哪些情况下用户密码会被锁？

3. 删除用户

若要删除用户，在“用户”选项卡中选中要删除的用户，这时“删除”图标从无效的灰色变为有效的黑色。单击“删除”图标，一般系统会询问是否也要删除用户工作主目录，如果要删除就单击“确定”按钮，否则就单击“取消”按钮，系统将保留该用户的工作主目录。

4. 修改用户属性

用户属性的修改同样要打开“用户属性”对话框，在“用户数据”选项卡中进行修改，但“用户数据”选项卡只包含用户的部分基本属性。如果要设置账号使用期限或封锁用户账号，则打开“账号信息”选项卡，设置账号的过期时间，如果要暂时冻结某个用户账户，则可在此选项卡中选择“本地密码被锁”复选框，如图 3-13 所示。如果要让该用户加入某个组群，则打开“组群”选项卡并利用垂直滚动条选择要加入的组群名称，单击“确定”按钮即可，如图 3-14所示。

注意：图形方式下的用户 ID 是不能修改的。

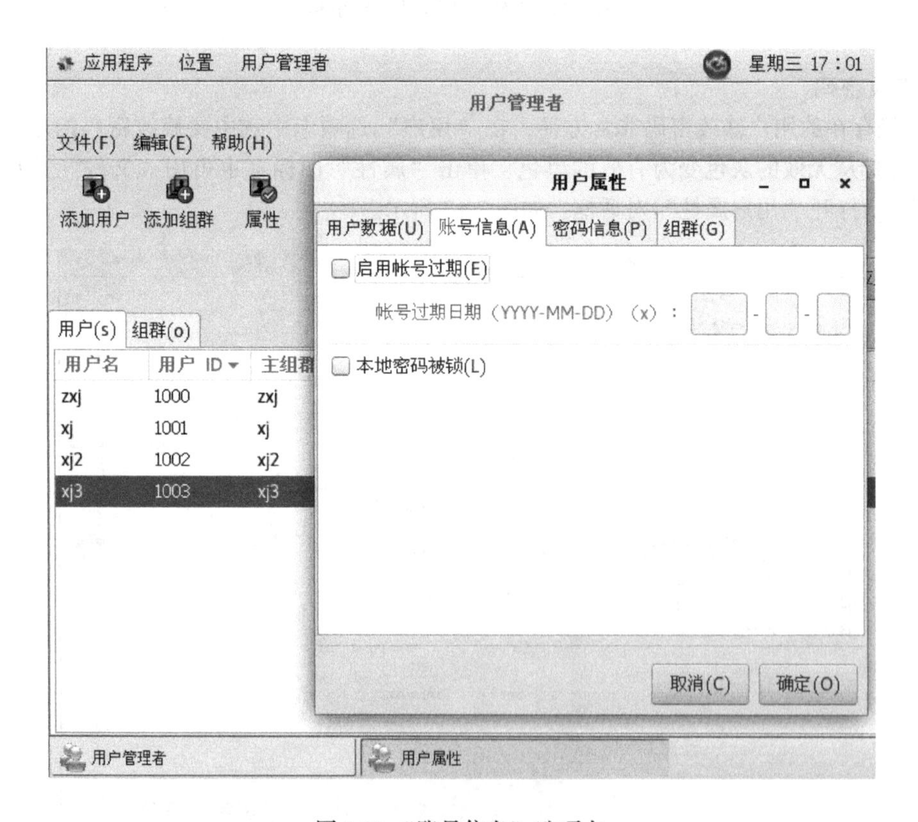

图 3-13　“账号信息”选项卡

图 3-14 “组群”选项卡

3.4.3 X-Window 下的组群管理

在“用户管理者”窗口中利用“组群”选项卡、图标工具栏上的图标或“文件”菜单即可轻松完成对用户组群的添加、删除和属性的修改，但无法完成组群口令的设置与修改。

1. 添加组群

在“用户管理者”窗口中打开“文件”菜单，选择“添加组群”菜单项，或单击“添加组群”图标，弹出“添加新组群”对话框，如图 3-15 所示。

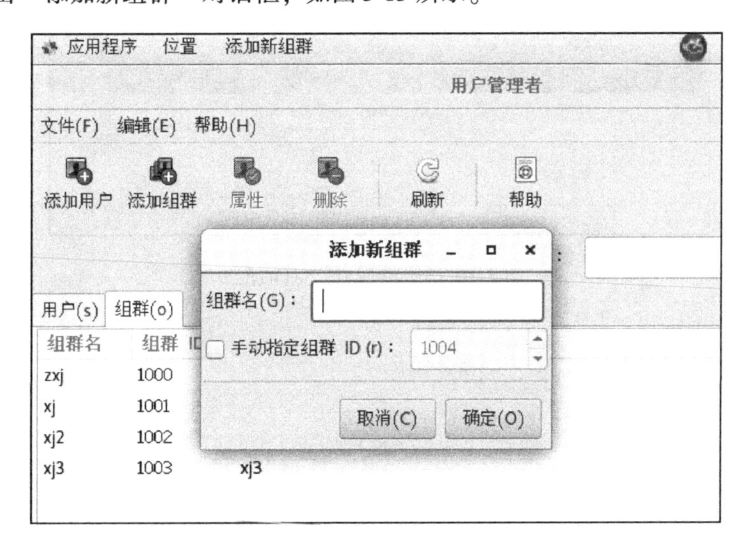

图 3-15 “添加新组群”对话框

从图 3-15 所示的窗口中可以看到，每个组群的基本属性清楚、直观地显示了出来，这些属性实际上就是/etc/group 文件各个域的直接显示。

在“添加新组群”对话框中输入组群名，如果要手工指定组群 ID，则选中“手动指定组群 ID”复选框，否则接收系统分配的 GID，单击“确定”按钮，创建新组群完成。同样，系统默认从 1000 后开始分配组群号。

2. 删除组群

若要删除组群，首先要确认该组群中已经没有用户存在，接着在“组群”选项卡中选中要删除的组群，这时“删除”图标从无效的灰色变为有效的黑色，单击“删除”图标即可。但是如果要删除的组群中还有用户存在，则系统不允许删除该组群，并有错误信息提示。

3. 修改组群属性

若要修改组群属性，首先在“组群”选项卡上选中要修改的组群名称，使图标工具栏上的“属性”图标有效，接着单击“属性”图标，打开“组群属性”对话框，如图 3-16 所示。在该对话框中有两个选项卡，如果要修改组群名称，则打开“组群数据”选项卡，输入新的组群名称即可；如果要在组群中加入新用户，则打开“组群用户”选项卡，并利用垂直滚动条选择要加入的用户名称，单击“确定”按钮即可，如图 3-16 所示。

注意：图形方式下组群 ID 也是不能修改的。

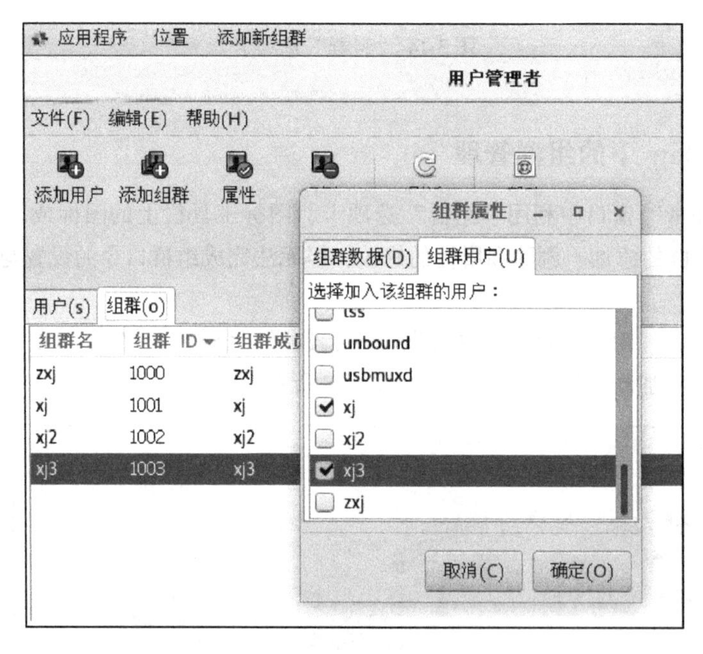

图 3-16　“组群属性”对话框

3.5　查看登录用户

在多用户操作系统中，系统管理员为了系统管理的需要和系统安全，需要了解当前有哪些用户登录系统，他们正在做什么。普通用户之间如果要进行即时通信交流，也需要了解对方是否已经登录系统。Linux 系统提供的查看登录用户的命令有 who 命令和 w 命令，显示自创建 wtmp 文件以来登录（和退出）的所有用户列表的有 last 命令。

3.5.1　who 命令

who 命令查询目前登录系统的用户信息。执行该命令可以显示目前在系统中登录的所有用户名单、各用户使用的终端、登录时间和登录状态等信息。CentOS 7 的 who 命令与以前版本的 who 命令有一些差别，删除了部分参数选项。

命令用法：

who [OPTION]... [FILE | ARG1 ARG2]

其中，FILE | ARG1 ARG2 为参数，OPTION 为命令选项，它们都是可选的。who 命令的选项及说明见表 3-12。

表 3-12　who 命令的选项及说明

命令选项	选项说明
-a 或 --all	等价于同时使用 -b -d --login -p -r -t -T -u 参数选项
-b 或 --boot	显示最后的系统引导时间
-d 或 --dead	显示休眠的进程
-H 或 --heading	显示各列的标题信息
-l 或 --login	显示系统登录的进程
--lookup	尝试通过 DNS 查验主机名，显示登录用户信息
-m	只显示当前终端上登录的用户信息。与 whoami 命令等价
-p 或 --process	显示由 init 进程产生的活动进程
-q 或 --count	显示所有登录用户的名称和登录的用户数
-r 或 --runlevel	显示当前的系统运行级
-s 或 --short	以简洁格式显示，即只显示用户登录名、登录终端和时间（默认模式，即与不带参数的 who 命令相同）
-T 或 -w 或 --mesg --message 或 --writable	显示用户的消息状态标识。"+"表示可以用"write"命令向其他用户发消息，也可以接收其他用户的消息；"-"表示不允许发送和接收消息；"?"表示无法确定终端设备
-u 或 --users	显示登录的用户信息。将取代 -i 参数选项
--help	显示命令帮助信息并返回系统提示符
--version	显示版本信息并返回系统提示符

如果参数 FILE 没有指定，则使用/var/run/utmp 文件。/var/log/wtmp 文件作为 FILE 参数是公用的。如果给出参数 ARG1 ARG2，则 -m 选项作为"am i"或"mom likes"使用。

参考示例 1：显示当前有哪些用户登录。

```
$ who
zxj      tty1       Sep  9 13:22
root     :0         Sep  9 13:19
root     pts/0      Sep  9 13:20 (:0.0)
```

参考示例 2：显示当前是否可以联机收发信息。

```
$ who -w
zxj      + tty1       Sep  9 13:22
root     ? :0         Sep  9 13:19
```

```
root        + pts/0        Sep  9 13:20 (:0.0)
```

参考示例 3：显示系统当前运行级和系统启动时间。

```
$ who -r
运行级别 5 2019-08-14 11:19
```

3.5.2　w 命令

w 命令可查询登录用户的详细情况。它不仅可以显示哪些用户登录到系统，还可以显示用户正在执行的程序、现在的系统时间、系统已经启动多久、目前共有多少用户、在过去 1min、5min、10min 内系统的平均负载程度。

它为每个用户显示以下条目：登录名、tty 名称、远程主机、登录时间、空闲时间、JCPU、PCPU 以及当前进程的命令行。

JCPU 时间是附加到 tty 的所有进程使用的时间。它不包括过去的后台作业，但包括当前正在运行的后台作业。

PCPU 时间是当前进程使用的时间，在"what"字段中命名。

命令用法：

```
w [options] [user]
```

如果单独执行 w 命令，则显示所有的登录用户；如果指定用户名参数，则只显示该用户的相关信息。w 命令的选项及说明见表 3-13。

表 3-13　w 命令的选项及说明

命令选项	选项说明
-h	不显示信息头
-u	不显示用户的当前进程及占用的 CPU 时间
-s	以简洁格式显示，不显示用户登录的时间、终端机阶段作业和程序所耗费的 CPU 时间
-f	不显示用户登录的地点
-o	以旧格式输出信息
-i	IP 地址代替主机名
--help	显示帮助信息并退出
-V	显示命令版本信息

参考示例 1：显示当前已登录的用户情况。

```
$ w
13:24:07  up 8 min,  3 users,  load average: 0.08, 0.37, 0.21
USER    TTY     FROM    LOGIN@   IDLE    JCPU   PCPU   WHAT
zxj     tty1    -       1:22pm   1:21    0.05s  0.05s  -bash
root    :0      -       1:19pm   ?       0.00s  1.20s  /usr/bin/gnome-
root    pts/0   :0.0    1:20pm   0.00s   0.11s  0.02s  w
```

参考示例 1 说明如下。

第一、二行为信息头，在命令中如果使用 -h 参数选项，则不显示这两行。

第二行中，13:24:07 为系统当前时间；up 8 min 为系统自启动以来的时间；3 users 为当前登录的用户数；load average: 0.08, 0.37, 0.21 为系统平均负载信息，3 个数字表示过去 1min、

5min、15min 的平均负载。数字越接近0，表示系统负载越低。

第三行各域的含义：

USER：目前登录的用户名称。

TTY：登录终端名称。

FROM：登录地点。若从虚拟控制台登录，则为空。

LOGIN@：登录时间。

IDLE：空闲时间。

JCPU：和该终端连接的所有进程占用的时间。

PCPU：当前进程所占用的时间。

WHAT：用户正在执行的命令：

参考示例2：显示指定用户的情况。

```
$ w root
13:25:00  up 9 min,  3 users,  load average: 0.19, 0.36, 0.22
USER   TTY    FROM   LOGIN@   IDLE   JCPU   PCPU   WHAT
root   :0     -      1:19pm   ?      0.00s  1.22s  /usr/bin/gnome -
root   pts/0  :0.0   1:20pm   0.00s  0.11s  0.02s  w root
```

3.5.3 last 命令

last 命令搜索/var/log/wtmp 文件（或 -f 标志指定的文件），并显示自创建该文件以来登录（和退出）的所有用户的列表。当给出用户名和 tty 的名称时，last 将仅显示与参数匹配的条目。

当最后一次捕获 SIGINT 信号（由中断键产生）或 SIGQUIT 信号（由退出键产生）时，last 命令将显示它在文件中搜索的距离；在 SIGINT 信号的情况下，last 命令将终止。

每次重启系统时，伪用户重启都会记录。因此，上次重新启动将显示自创建日志文件以来所有重新启动的日志。

命令 lastb 与 last 大致相同，不同之处在于，默认情况下，lastb 命令显示文件/var/log/btmp 的日志，其中包含所有错误的登录尝试。

命令用法：

```
last [-R] [-num] [ -n num ][-adFiowx][ -f file ][ -t YYYYMMDDHHMMSS ]
     [name...] [tty...]
lastb [ -R][ -num][ -n num ][ -f file ][ -adFiowx][name...] [tty...]
```

last（lastb）命令的选项及说明见表3-14。

表3-14 last（lastb）命令的选项及说明

命令选项	选项说明
-R	禁止显示主机名字段
-num	num 是数值，告诉 last 命令显示多少行用户信息
-n num	作用同上
-a	最后一列中显示主机名。与下一个标志结合使用很有用
-d	对于非本地登录的计算机，Linux 不仅存储远程主机名，同样也保存它的 IP 地址。此选项可转换 IP 地址并返回主机名
-F	显示用户登录及退出完整的日期和时间

（续）

命令选项	选项说明
-i	此选项类似于 -d，它以数字和点表示法显示远程主机的 IP 地址
-o	读取旧格式的 wtmp 文件
-w	在输出中显示完整的用户名和域名
-x	显示系统关机及运行级别更改信息
-f file	告诉 last 命令用指定的 file 代替/var/log/wtmp 文件
-t YYYYMMDDHHMMSS	显示指定时间的登录状态。这很有用，例如，要轻松确定在特定时间登录的用户，可使用 -t “指定时间” 查找 “仍然登录” 的用户
name	仅显示指定用户名的登录信息，多个用户用空格分隔
tty	仅显示指定终端名的登录信息，多个终端用空格分隔

注释：/var/log/wtmp 文件用来记录用户在系统登录的信息，它不是普通的文本文件。

参考示例 1：显示 4 行登录或退出用户的详细信息。

```
$ last -4
zxj     pts/2     localhost      Wed Aug 14 22:40   still logged in
zxj     tty6                     Wed Aug 14 22:39   still logged in
root    pts/1     :0             Wed Aug 14 21:46   still logged in
root    pts/0     :0             Wed Aug 14 17:16   still logged in
wtmp begins Mon Jul 15 11:11:19 2019
```

参考示例 2：显示 2019 年 8 月 15 日 00 点 00 分 00 秒仍登录的 root 用户的详细信息。

```
# last -t 20190815000000 root
root    pts/1     :0             Wed Aug 14 21:46   still logged in
root    pts/0     :0             Wed Aug 14 17:16   still logged in
root    pts/0     :0             Wed Aug 14 11:32 - 16:14  (04:42)
root    :0        :0             Wed Aug 14 11:31   still logged in
root    pts/0     :0             Wed Aug 14 10:11 - 10:35  (00:23)
root    :0        :0             Wed Aug 14 10:04 - down   (00:31)
root    pts/2     192.168.122.1  Tue Aug 13 18:17 - 18:31  (00:13)
root    pts/2     192.168.122.1  Tue Aug 13 18:06 - 18:07  (00:01)
root    pts/2     192.168.122.1  Tue Aug 13 17:54 - 17:55  (00:00)
root    pts/1     localhost      Tue Aug 13 12:14 - 18:31  (06:16)
root    pts/1     localhost      Tue Aug 13 12:13 - 12:14  (00:00)
root    pts/0     :0             VTue Aug 13 10:03 - 18:31  (08:27)
root    tty6                     Tue Aug 13 09:41 - 09:54  (00:13)
root    pts/0     :0             Tue Aug 13 09:37 - 10:00  (00:23)
root    pts/0     :0             Tue Aug 13 09:33 - 09:36  (00:03)
root    :0        :0             Tue Aug 13 09:32 - 18:32  (08:59)
root    :0        :0             Tue Aug 13 09:30 - 09:31  (00:01)
root    tty6                     Mon Aug 12 16:40 - 16:40  (00:00)
root    tty6                     Mon Aug 12 15:41 - 16:38  (00:56)
wtmp begins Mon Jul 15 11:11:19 2019
```

3.5.4 lastlog 命令

lastlog 命令显示所有用户的最近登录情况，或者指定用户的最近登录情况。它与 last 或 lastb 命令类似，但又有所不同。

命令 lastlog 按格式显示上次登录日志/var/log/lastlog 文件的内容。它将打印登录名、端口和上次登录时间。默认按其在/etc/passwd 中的排序打印 lastlog 条目。如果用户从来没有登录过，将会显示 ** 从未登录 **，而不显示端口和时间。

它只显示系统当前用户的条目。对于以前删除的用户，可能存在其他条目。

命令用法：

lastlog [选项]

lastlog 命令的选项及说明见表 3-15。

表 3-15 lastlog 命令的选项及说明

命令选项	选项说明
-b DAYS	仅显示早于指定 DAYS 的登录记录。DAYS 是天数
-C	清除用户的 lastlog 记录。此选项只能与 -u 或 --user 选项一起使用
-h	显示帮助信息并退出
-R	在 CHROOT_DIR 目录中应用更改并使用 CHROOT_DIR 目录中的配置文件
-S	将用户的 lastlog 记录设置为当前时间。这个选项只能与 -u 或 --user 一起使用
-t DAYS	只显示迟于指定 DAYS 的用户登录记录。DAYS 可以是天数，也可以是年月日，但指定年月日时显示所有用户（含未登录的）
-u LOGIN	显示指定用户的最近登录记录。可以通过登录名、用户 ID 或一个范围来指定用户。可以使用最小值和最大值（UID_MIN-UID_MAX）指定此范围用户

注释：/var/log/lastlog 文件是一个数据库，其中包含每个用户上次登录的信息。不要替换它。它是一个稀疏文件，因此它在磁盘上的大小通常远小于“ls -l”所示的大小。用户可以使用“ls -s”显示其实际大小。

参考示例 1：显示两天来登录用户的记录信息。

```
#lastlog -t 2
用户名        端口     来自        最后登录时间
root         :0                  四 8月 15 16:15:59 +0800 2019
gdm          :0                  四 8月 15 16:14:59 +0800 2019
zxj          tty2                四 8月 15 00:01:02 +0800 2019
xj2          tty6                三 8月 14 15:31:15 +0800 2019
xj3          tty6                三 8月 14 15:34:06 +0800 2019
```

参考示例 2：显示用户号（UID）为 1000 ~ 1004 用户的登录信息。

```
#lastlog -u 1000-1004
用户名        端口     来自        最后登录时间
zxj          tty2                四 8月 15 00:01:02 +0800 2019
xj                               **从未登录过**
xj2          tty6                三 8月 14 15:31:15 +0800 2019
```

```
xj3                 tty6                          三 8 月 14 15:34:06 +0800 2019
```

参考示例 3：显示 2019 年 8 月 13 日以来所有用户的登录信息。

```
#lastlog -t 20190813
用户名              端口      来自                最后登录时间
root                :0                            四 8 月 15 16:15:59 +0800 2019
bin                                               **从未登录过**
daemon                                            **从未登录过**
adm                                               **从未登录过**
lp                                                **从未登录过**
……
setroubleshoot                                    **从未登录过**
saned                                             **从未登录过**
gdm                 :0                            四 8 月 15 16:14:59 +0800 2019
gnome-initial-setup                               **从未登录过**
sshd                                              **从未登录过**
avahi                                             **从未登录过**
postfix                                           **从未登录过**
tcpdump                                           **从未登录过**
zxj                 tty2                          四 8 月 15 00:01:02 +0800 2019
xj                                                **从未登录过**
xj2                 tty6                          三 8 月 14 15:31:15 +0800 2019
xj3                 tty6                          三 8 月 14 15:34:06 +0800 2019
```

3.6 改变用户身份

有时超级用户或者系统管理员不需要在服务器的控制台上修改一些配置，执行一些命令，而要在普通用户的终端上进行，这时就要暂时改变用户的身份，从普通用户切换到超级用户进行操作或执行命令。如果只是改变身份，则使用 su 命令；如果要改变身份并执行命令，则可以使用 sudo 命令。为了系统的安全，在任务完成后一定要记住脱离超级用户或系统管理员的身份。

3.6.1 su 命令

当使用普通用户身份登录，但想转换为超级用户或系统管理员身份进行一些操作时，可以使用 su 命令来暂时改变身份。su 命令也可以用于普通用户之间的身份变换。从普通用户改变身份到超级用户之前，需要输入超级用户的口令，从一个普通用户身份改变为另一个普通用户身份前，同样也要输入新用户的口令，而从超级用户身份改变为普通用户则不需要密码，因为超级用户已经有最高的权限。

命令用法：

```
su [选项] [-] [USER [参数]...]
```

使用 su 命令改变用户身份后，不改变用户工作目录，但会改变 HOME、SHELL、USER、LOGNAME 等环境变量（若新身份为 root，则不会改变 USER 和 LOGNAME 变量）。使用中单个 - 视为 -l。

表3-16所示为su命令的选项及说明。

表3-16 su命令的选项及说明

命令选项	选项说明
-c command	执行完指定的命令后即恢复原来的身份。命令用“”括起
-f 或 -fast	适用于csh与tsch，使shell不用去读取启动文件
-、-l 或 -login	改变身份时同时变更工作目录，以及HOME、SHELL、USER、LOGNAME环境变量。此外，也会变更PATH变量
-g group	指定主要组，仅root用户允许使用此选项
-G group	指定辅助组。此选项仅供root用户使用。如果未指定group，则第一个指定的辅助组也将用作主要组
-m、-p	变更身份时不改变环境变量
-s shell	指定要执行的shell。若不使用此参数，则用passwd文件中指定的shell
-help	显示帮助
--vesion	显示版本信息
user	指定要变更的用户。若不指定此参数，则默认变更为root

参考示例1：假定当前用户为zxj，将身份改为超级用户。

```
$ su root
Password：输入超级用户口令
```

参考示例2：改变到zxj身份，执行一条命令并立即返回。

```
$ su zxj -c "who -m"
Password：输入zxj用户的口令
```

参考示例3：从超级用户改变到普通用户zxj。

```
# su zxj
$
```

参考示例4：对比su命令的-选项。

```
$ pwd                   $ pwd
$ /home/xj              $ /home/xj
$ su root               $ su - root
$ passwd xxxxxx         $ passwd xxxxxx
#pwd                    # pwd
# /home/xj              # /root
```

从以上示例的对比可以清楚地看到，当su命令不带“-”选项时，只是切换了用户的身份，其工作目录并没有切换，这在使用中需要注意。例如，从超级用户身份切换到普通用户身份时，若只使用不带“-”选项的su命令，则切换后执行不带选项和参数的ls命令时会出现权限不够的提示，这是因为工作目录没有切换，而普通用户是无权浏览超级用户目录的。

3.6.2 sudo命令

该命令允许用户以其他身份执行指定的命令，系统预设的身份为root，其他用户的身份可以在命令中指定，也可以在/etc/sudoers文件中设置。通过sudo命令，能把某些超级权限有针对性地下放，并且不需要普通用户知道 root 密码，所以 sudo 命令相对于权限无限制性的 su 命令来说还是比较安全的，sudo 命令是需要授权许可的，所以也被称为授权许可的 su 命令。

如果未经授权的用户试图执行 sudo 命令，则系统会发送具有警告信息的邮件给系统管理员。

命令用法：

sudo －V | －h | －l | －L | －v | －k | －K | －s | [－H] [－P] [－S] [－b] |
[－p prompt] [－c class| －] [－a auth_type] [－u username | #uid] command

该命令与以前的版本有一些差别，“|”符号表示前后为“或”的关系，不能同时使用。另外增加了一些参数选项。

在命令行中指定的 UID 或 GID 必须存在且有效，以匹配在 passwd 文件中指定的目标用户(当目标用户不是 root 时，组向量也被初始化)。默认情况下，sudo 命令要求用户输入口令以进行身份认证，这个口令是该用户自己的口令，而不是超级用户的口令。一旦用户通过了身份认证，系统中的一个时间戳立即被更新以保证用户在 5min 内可以不再需要口令而使用 sudo 命令。sudo 的命令选项及说明见表 3-17。

表 3-17　sudo 的命令选项及说明

命令选项	说　明
－V	显示版本信息。如果是 root 用户，则还会显示路径、邮件地址等信息
－h	显示帮助信息
－l	显示当前主机上用户可以执行与无法执行的命令
－L	显示/etc/sudoers 文件中“Default”行可以使用的选项
－v	延长口令有效期限 5min
－k	结束口令的有效期限，即再次执行 sudo 命令时仍然需要输入口令
－K	完全删除 sudo 命令所使用的用户时间戳。同样，使用这个参数选项时不要求输入口令
－s	执行指定的 shell
－H	将 HOME 环境变量设置为改变身份后的 HOME 环境变量
－P	使 sudo 命令保持组向量不变
－S	使 sudo 命令从标准输入设备上读取口令
－b	在后台执行命令。使用了该参数选项就不能用 shell 作业控制进程
－p prompt	改变询问口令的提示符号
－c class	使 sudo 命令以指定登录分类所限定的资源运行指定的命令。该参数选项只在以 BSD 登录分类的系统中可以使用
－a auth_type	当确认用户身份时，使 sudo 命令使用指定的认证类型。系统管理员可以通过在/etc/login. conf 文件中添加“auth-sudo”项来指定一个 sudo 命令认证模式的列表。该参数选项只在支持 BSD 认证的系统中可用
－u username	#uid	以指定的用户名称或#UID 作为改变后的身份。如果不带此参数选项，则默认以 root 作为改变后的身份
command	改变身份后要执行的命令

sudo 命令与 su 命令不同，系统在/etc/sudoers 文件中设置了可以执行 sudo 命令的用户，因此通过用 visudo 命令（需要有超级用户的权限）编辑该文件以增加、删除指定可以执行 sudo 命令的用户，也相当于给用户赋予特定的权限。当然，也可以在超级用户权限下，用文本编辑器打开

/etc/sudoers 文件进行修改编辑。但是两者还是有差别的，因为 sudoers 配置有一定的语法，直接用文本编辑器编辑并保存时系统不会检查语法，如果有错可能导致无法使用 sudo 工具，最好使用 visudo 命令去配置。虽然 visudo 命令也是调用 vi 去编辑该文件，但是保存时会进行语法检查，有错会有提示。

未修改前的文件内容如下：

```
# sudoers file.
#
# This file MUST be edited with the 'visudo' command as root.
#
# See the sudoers man page for the details on how to write a sudoers file.
#

# Host alias specification

# User alias specification

# Runas alias specification

# Cmnd alias specification

# Defaults specification

# User privilege specification
rootALL = (ALL) ALL

# Uncomment to allow people in group wheel to run all commands
# %wheel ALL = (ALL)ALL

# Same thing without a password
# %wheel ALL = (ALL) NOPASSWD: ALL

# Samples
# %users   ALL = /sbin/mount /cdrom,/sbin/umount /cdrom
# %users   localhost = /sbin/shutdown  -h now
```

编辑该文件时最重要的是实现对用户权限的指定。为了文件的可读性与修改的方便性，该文件支持主机别名、授权用户别名、运行用户别名、运行命令别名及路径等的设置。在实际应用中，若授权用户不多，则可以不用各类别名，否则用别名修改及阅读较方便。

不用别名的文件基本配置是在该文件的 rootALL = （ALL） ALL 语句下面输入以下格式的语句：

授权用户(组)名 主机名 =(运行用户名)[NOPASSWD:]命令 1,命令 2,…

说明

1）授权用户名就是登录的用户名。

2）主机名可以用 hostname 命令查看，若要在所有的主机上运行，可以用 ALL。

3）运行用户名就是其后的命令或命令列表以哪个用户身份去运行，若省略则默认为 root 用户身份；若为所有用户身份，则直接用 ALL。

4）命令必须以绝对路径形式书写，避免运行其他目录下的同名文件，以保证系统的安全，命令与命令之间以逗号分隔；若允许执行所有命令，则直接用 ALL。

5）若命令中指定了选项或参数，则其他选项和参数不再支持。

6）中括号中为可选项，NOPASSWD 表示每次执行命令时都不需要输入口令。

7）若授权的是组，则在组名前加% 号以示与用户区别。

当授权用户较多时最好使用别名设置，其别名设置的一般格式如下：

```
Alias_Type NAME = item1, item2, item3 : NAME = item4, item5
```

Alias_Type 代表主机别名、授权用户别名、运行用户别名、运行命令别名等，书写时记为 Host_Alias、User_Alias、Runas_Alias、Cmnd_Alias。

NAME 代表别名的名称，它是由大写字母、数字和下画线构成的字符串，且必须以大写字母开头，一般设置时记为有意义的大写单词或字符串缩写。如果要在同一行定义多个同类的别名，可用：号分隔，分行时用 \ 号续行。例如，下面定义了若干个主机别名、用户别名、运行用户别名、运行命令别名：

```
Host_Alias    SPARC = bigtime, eclipse, moet, anchor : HPPA = boa, nag, python
Host_Alias    CUNETS = 128.138.0.0/255.255.0.0
Host_Alias    SERVERS = master, mail, www, ns

User_Alias    FULLTIMERS = millert, mikef, dowdy
User_Alias    PARTTIMERS = bostley, jwfox, crawl
User_Alias    WEBMASTERS = will, wendy, wim

Runas_Alias    OP = root, operator
Runas_Alias    DB = oracle, sybase

Cmnd_Alias    KILL = /usr/bin/kill
Cmnd_Alias    SHUTDOWN = /usr/sbin/shutdown
Cmnd_Alias    HALT = /usr/sbin/halt, /usr/sbin/fasthalt
```

受篇幅所限，不能很具体地介绍 sudoers 文件的配置，详细的设置请运行 man sudoers 命令查看方法及示例。

参考示例 1：用户 stu1 以用户 stu2 的身份执行 who 命令。

```
$ sudo -u stu2 who -a
```

如果用户 stu1 在/etc/sudoers 文件中没有记录（User alias specification、Cmnd alias specification 等），则不允许执行。

参考示例 2：查看当前主机上 root 用户可以执行与无法执行的命令。

```
#sudo -l
```

显示：

User root may run the following command on this host:

(ALL)ALL

表示 root 用户可以执行所有的命令。

参考示例3：用户 stu1 以用户 root 的身份在后台查找文件。

$ sudo -b -u root find / sudoers

对用户 stu1 的要求同参考示例1。

参考示例4：配置 sudoers 文件，将普通用户 zxj 设置为用户别名 USERMANAGEMENT、主机别名 MYHOST、运行命令别名 SYSCMD1、运行用户别名 OP 且以 root 身份进行，具有用户添加、删除和修改权限的用户管理者。注意：要用 root 用户身份，否则权限禁止。

用 visudo 命令修改 sudoers 文件如下：

```
Host_Alias    MYHOST = myhost1
User_Alias    USERMANAGEMENT = zxj
Runas_Alias OP = root
Cmnd_Alias SYSCMD1 = /usr/sbin/adduser, /usr/sbin/userdel, /usr/sbin/usermod

root ALL = (ALL) ALL
USERMANAGEMENT MYHOST = (OP) SYSCMD1
```

保存并确认无错后，以 zxj 身份登录的用户执行：

$ sudo adduser XXX

此时即可顺利添加用户，并可删除和修改用户账户。注意：不能执行命令别名。

参考示例5：配置 sudoers 文件，将普通用户 zxj 设置为用户别名 SYSMANAGEMENT、主机别名 MYHOST、运行命令别名 SYSCMD2、运行用户别名 OP 且以 root 身份进行、无须输入口令，具有挂载和卸载 CDROM、立即关机权限的系统管理者。

用 visudo 命令修改 sudoers 文件如下：

```
Host_Alias    MYHOST = myhost1
User_Alias    SYSMANAGEMENT = zxj
Runas_Alias OP = root
Cmnd_Alias SYSCMD2 = /bin/mount, /bin/umount, /sbin/shutdown -h now

root ALL = (ALL) ALL
SYSMANAGEMENT MYHOST = (OP) NOPASSWD: SYSCMD2
```

保存并确认无错后，以 zxj 身份登录的用户执行：

$ sudo mount /dev/cdrom /mnt/cdrom

此时即可挂载 CDROM 设备，若执行 umount 即可卸载；若执行：

$ sudo shutdown -h now

即可立即实现关机。注意：由于 shutdown 命令在配置文件中添加了选项和参数，故输入其他选项和参数的 shutdown 命令并不能执行。

习 题 3

1. 何为终端登录、远程登录？二者有何区别？

2. 比较几个远程登录命令的异同点。

3. 使用 useradd 命令添加用户时，如果不指定用户目录位置，则默认的用户目录会建立在何处？Linux 系统这样设置有何意义？

4. 使用 useradd 命令添加用户时，如果带 -D 选项，那么是否添加了用户？该选项有何用处？

5. 用文本编辑器分别打开并阅读/etc/passwd 和/etc/shadow 文件，说明各个域的含义。

6. 通过直接修改/etc/passwd 文件来添加用户有何好处？需要注意什么问题？

7. 修改用户属性、删除用户账户有几种方法？修改、删除组群账户呢？

8. 系统管理员是否一定是超级用户？如何为系统管理员分配权限？

9. 从 Internet 上下载 system-config-users 软件包并安装，运行该软件以了解它的用法。

10. 查看登录用户的命令有哪些？各有何特点？

11. 改变用户身份使用什么命令？使用中需要注意哪些问题？

12. 用/etc/sudoers 文件配置用户权限后，执行时可否用 sudo 命令别名？为什么？

13. sudoers 文件的作用是什么？

14. 如何较安全地修改 sudoers 文件？试给一个普通用户授权。

第 4 章　文件系统管理

计算机系统中除了 CPU、存储器和 I/O 设备等硬件资源外，还有许多系统和用户程序、数据这样的软件资源。这些软件资源是一些具有一定逻辑意义的相关联的信息集合。从系统管理的角度可把它们看成一个个的文件，并把它们保存在某种存储介质上因此形成了操作系统的文件系统。

操作系统通过文件系统对用户的程序和数据进行组织、存放、保护和共享，其目的是方便用户对文件按名存取，提高存储设备的利用率，保护用户软件资源的安全。

4.1　文件与文件系统的概念

用户在使用操作系统时，最经常用的就是文件系统。特别的，在 Linux 操作系统中把 CPU、内存以外的所有设备都抽象为文件来处理。进程只和文件系统发生关系，当进程使用计算机系统中的硬件设备时，由文件系统屏蔽硬件设备的具体特性和如何提供服务等细节，这些具体细节由操作系统的设备管理模块实现，并为文件系统提供一个简单、统一的接口。因此，在 Linux 系统中，文件系统也是设备管理模块的接口。

4.1.1　文件的概念

文件是存储在某种存储介质上的具有标识名的一组相关信息的集合。文件具有以下特性：

1）任何具有独立意义的一组信息都可以组织成一个文件。

2）可保存性。

3）可按名存取，无须了解它在存储介质上的具体物理位置。

Linux 系统中的一切都以进程或文件的形式存在。例如，Linux 系统把鼠标看成文件 /dev/mouse，内核被看成 vmlinuz 文件或 bzImage 文件，目录也是一种文件类型，甚至终端也被看成文件（如 /dev/tty2）。因此，要让 Linux 系统平稳地运行，必须要了解文件和文件结构。

在 DOS/Windows 系统中，文件的属性有只读、隐藏、系统和存档 4 种。而在 Linux 系统中，文件的属性主要包括基本、权限和打开方式 3 个方面，如图 4-1 所示。

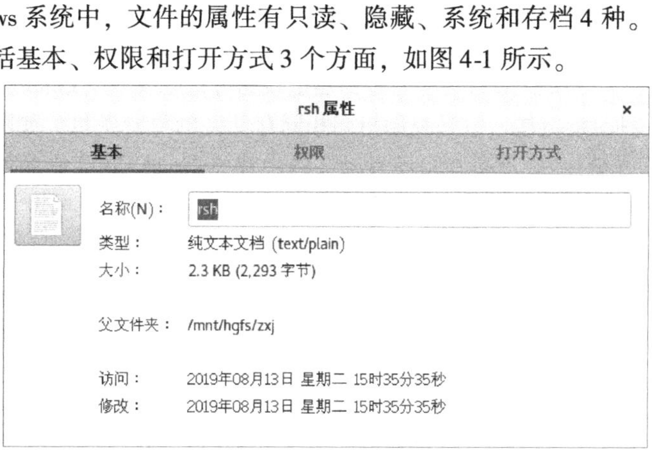

图 4-1　Linux 系统中的文件属性

1. 文件类型

在不同的操作系统下文件的类型有一些差别，Linux 系统中的文件类型如下。

（1）普通文件

所有用编辑程序、语言编译程序、数据库管理程序等产生的文本文件、二进制文件、数据文件等都是普通文件，它是一种无结构的流式文件。流式文件是相关信息的有序集合，或者说是有一定意义的字符流。它包含的内容最多，范围最广。

普通文件又可进一步分为文本文件和二进制文件，如用文本编辑器编辑的 hello. c（文本）文件，对 hello. c 文件编译生成的 hello. o（二进制）文件，对 hello. o 文件连接生成的 hello（二进制—可执行）文件。

（2）目录文件

目录文件是用于存放文件名和其他有关文件信息的文件，即用于检索文件的文件。目录文件可以包含下一级目录文件和普通文件，每一级的目录文件都是如此，以便在系统中形成一棵目录树。

Linux 的目录文件由目录项构成，它包括两个部分，即文件名和文件号，文件号被称作 i 节点号 i_number。目录项如图 4-2 所示。

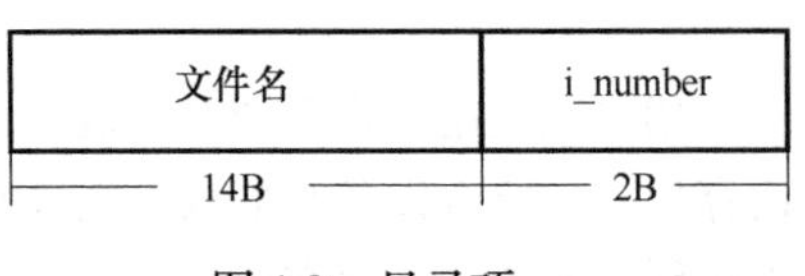

图 4-2　目录项

要注意的是，Linux 下的目录文件与 DOS/Windows 下的“目录”不同，Linux 这样做是为了加快文件检索的速度。

DOS/Windows 下的目录也是由目录项构成的，但是它的目录项中没有文件号，而是列出了每个文件的属性、起始簇号、创建日期、修改日期等，长度远大于 16B。

Linux 下的目录文件只包含文件名和文件号，目的是减少目录项的长度，这样在搜索文件时根据文件名进行比较，找到该文件名后再从对应的文件号（i_number）找出该文件的其他信息。由于目录项短，相同容量下可存储的目录项就多，找到文件的概率就大，所以可以加快文件检索的速度。

（3）链（连）接文件

从使用的角度来说，一个文件或目录出现在文件系统目录结构的几个地方给用户提供了方便（当然，这会破坏真正的树形结构）。例如，两个程序员正在某个相同的项目上工作，都希望与项目关联的若干文件保存在自己的目录中，这可以通过文件的共享来实现。

文件或目录的共享不同于文件或目录的复制。

在 Linux 系统中，文件或目录的共享通过创建链接的方式来实现。Linux 与 UNIX 一样支持两种类型的链接：第一种是硬链接，它是复制指向相同存储区的目录条目，如图 4-3 所示，第二种是软链接（也称为符号链接），就是在自己目录文件中建立指向共享目录或文件所在目录文件中目录项的指针，如图 4-4 所示。链接实际上就是给文件或目录起一个绰号，可以用多个名字表示同一个目录或文件，软链接类似于 MS Windows 中的快捷方式。

链接文件就是指向被链接目录或文件的文件。采用链接机制不需要复制文件，能有效地节省磁盘空间，特别是为文件共享提供了一条有效的途径。i 节点在硬链接与软链接中都起到了重要的作用。

1）硬链接。硬链接指向文件的 i 节点。用 ln 命令就可以创建一个硬链接。例如，执行 ln add addlink 命令即可建立一个 add 文件的硬链接 addlink 文件。在下面的例子中可以看到 add 和 addlink 文件有相同的 i 节点或索引号（297731），有相同的文件创建日期和时间（1 月 9 日，

22:20)，有相同的文件大小（138B）。

#ls - li add *

297731　- rw - r - - r - -　　2 root　　root　　　138　1月　9 22:20 add

297731　- rw - r - - r - -　　2 root　　root　　　138　1月　9 22:20 addlink

如果要建立目录的硬链接，则要用命令 ln - d 或 ln - F，也可以直接用 lndir 命令。只有超级用户或具有超级用户权限的系统管理员才能建立目录的硬链接。硬链接的文件可以被移动或编辑，这并不影响实际的文件。

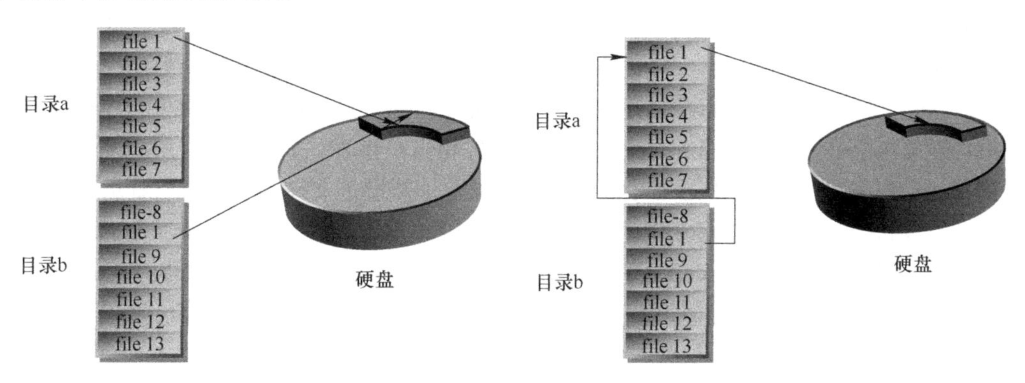

图 4-3　硬链接　　　　图 4-4　软链接

2）软链接。软链接是与要链接文件或目录的路径链接，而不是与 i 节点链接，因此，软链接只是指向 i 节点号。可以用 ln - s 命令创建一个软链接。例如，执行 ln - s add softlink 命令即可建立一个 add 文件的软链接 softlink 文件。在下面的例子中可以看到 add 和 softlink 文件有不同的 i 节点或索引号（分别为 297731 和 297777），有不同的文件创建日期和时间（分别为 1 月 9 日，22:20 和 2 月28 日，20:41），有不同的文件大小（分别为 138B 和 3B）。

ls - li add softlink

297731　- rw - r - - r - -　　2 root　　root　　　138　1月　9 22:20 add

297777 lrwxrwxrwx　　　　1 root　　root　　　　3　2月 28 20:41 softlink　- > add

与硬链接相比，软链接不直接访问文件系统，因此，它可以位于不同的磁盘分区上，但是，移动它会影响原文件。

采用硬链接方式，要对被链接的文件进行特殊管理，以免它被删除时引发系统错误。对 Linux 系统而言，系统为每个文件设有链接计数器。当指向一个文件的新链接建立时，该链接计数器加 1；当一个文件链接从目录中删除时，该链接计数器减 1；如果链接计数器的值为 0，则该文件所占据的空间被释放。

采用软链接方式，如果原来被链接的文件删除，那么所有软链接将被留下悬空。这就像在 MS Windows 中为某个应用程序建立快捷方式后，如果该应用程序被删除，则系统不会自动删除对应的快捷方式一样。

（4）设备文件

设备文件是 Linux 系统中比较特殊的一类文件，设备文件有时也称为特别文件。通过这类文件，用户可以访问计算机系统的外部设备，如磁盘、打印机等；通过这类文件，Linux 系统实现了设备的独立性。目前的计算机系统往往配置多种类型的设备，每一种类型的设备又可以配置多台。为了提高计算机系统的可适应性与可扩展性，操作系统希望用户不指定特定的设备，而指定逻辑设备。

逻辑设备是实际物理设备属性的抽象，它并不限于某个具体设备。例如，逻辑设备 LPT1 可以是并行打印机，也可以是其他并行设备；可以是 0 号打印机，也可以是 1 号打印机。同样，逻辑设备 COM1 可以是串行端口的鼠标，也可以是游戏杆等其他串行设备。

所谓设备独立性，也称为设备无关性，它是指用户程序中的逻辑设备与实际使用的物理设备无关，可以脱离具体的物理设备来使用设备。由操作系统建立逻辑设备与物理设备之间的映像关系，并由操作系统做相应的连接工作。

Linux 系统采用将外部设备看作一个独立的文件来解决增加新设备的问题。无论向计算机系统中添加哪种类型的设备，只需要在系统内核中添加必要的设备驱动程序即可。当使用该设备时，系统内核可以用与访问文件一样的方式来访问设备。设备文件在外部设备和操作系统之间提供一种标准的接口，使用户可以像使用普通文件一样来使用外设。所不同的就是，打开一个设备文件相当于为一个进程分配设备，关闭一个设备文件相当于释放一个进程所占用的设备。

在 Linux 系统中，设备文件通常存放在/dev 目录下。从设备文件的名称可以看出，它使用设备的主设备号和次设备号来指定外设，主设备号用于说明设备类型，而次设备号用于说明具体是哪一个设备。例如，设备文件/dev/hda 指的就是系统中的第一个硬磁盘驱动器。其中，hd 是硬磁盘的英文缩写（Hard Disk），同时也是主设备名；而 a 是次设备名，表示第一个硬磁盘。如果有多个硬磁盘，则以 hda、hdb 等表示；如果每个磁盘上有多个分区，则在次设备号后用数字编号来表示分区，如 hda0、hdb3 等。

设备文件还可细分为块设备和字符设备两种。块设备指以固定长度的数据块为单位来组织和传送数据的设备，如磁盘、磁带等；字符设备指以单个字符为单位来传递信息的设备，如终端显示器、打印机等。大多数设备都同时提供数据块和字符两种数据访问方式，但是每一种设备都有其最佳的访问方式。例如，对于终端，一般采用字符访问方式；而对于磁盘，则两种方式都可以采用。

设备文件中最特殊的是 /dev/null，它就像“黑洞”一样，将所有写入的数据吞噬。通常将它作为一个“废物池”，将不需要的输出信息或是要删除的文件送到这里。注意，送到这里的文件是不可恢复的。如果用它作为一个输入文件，如 cat </dev/null > myfile. txt，则会产生一个零长度的 myfile. txt 文件。

在 Linux 系统中除了普通文件、目录文件、链接文件、设备文件外，还有管道（FIFO）文件和套接字文件。

2. 文件权限

文件是系统和普通用户的软件资源，因此，文件有系统文件与用户文件。对于系统文件，如果不加限制地访问，可能会由于误操作造成这些文件被删除或修改，而使操作系统无法正常工作。同样，对于用户文件，如果不加限制地访问，也会使用户的程序与数据被破坏或泄露。另外，当文件被多个用户或进程共享时，如果不加以限制，则可能会破坏文件的一致性，造成结果错误。换句话说，由于文件需要共享、保护和保密，所以操作系统要对文件设置权限（也称为文件存取权限）。文件权限即文件读、写和执行的许可权。

Linux 系统是多用户、多任务的操作系统。为了保证系统、用户程序与数据的安全性，对文件的存取权限有严格的规定。Linux 按照存取控制表（Access Control Lists）机制把用户与文件的关系定为以下 3 类：

第一类是文件所有者（文件主），即创建文件的人。

第二类是同组用户，即几个有某些共同关系的用户组成的集体。

第三类是其他用户。

Linux 把文件权限也分为 3 类：

第一类是可读，用 r 表示。

第二类是可写，用 w 表示。

第三类是可执行，用 x 表示。

每一类用户的文件权限被设置成 3 位。如果为可读、可写、可执行，则表示为 rwx；如果没有某类权限，则用 - 表示，例如，某类用户的文件权限为 r - x，表示该类用户对文件只有读、执行权限，而没有写的权限。因此，一个文件需要用 9 位来表示 3 类用户的文件权限。

实际上，当在 Linux 系统的终端中用 ls -l 命令查看一个文件的权限时，系统显示的是文本视图，用户看到的是 10 个字符。第 1 个字符表示文件类型，如果为 - 则表示普通文件，b 表示块设备文件，c 表示字符设备文件，l 表示连接文件，d 表示目录文件，s 表示隐藏文件；第 2 ~4 个字符表示文件主的权限；第 5 ~7 个字符表示同组用户的权限；第 8 ~ 10 个字符表示其他用户的权限。例如，显示为 - rw - r - -r - -。

Linux 系统除了文本视图外，还可以采用数字视图，用 9 个二进制位表示权限，每 3 位为一组，对应文件主、同组用户和其他用户。每个二进制位都为 1 表示可读（显示 r）、可写（显示 w）或可执行（显示 x）；都为 0 表示不可读、不可写或不可执行（显示 -）。但数字视图主要在文件权限修改命令中使用，用 3 位二进制一组的八进制数字（0 ~ 7）输入。例如，要将某个文件的权限置为文件主可读、写和执行，同组用户和其他用户只能读和执行，则其权限的数字视图就是 755，有时看到的是 0755，这是因为前面的 0 表示该文件没有特殊权限。

Linux 系统默认文件主对所创建的文件拥有可读、可写和可执行（如果是可执行文件）权限，对创建的目录拥有所有的权限，同组用户和其他用户只有可读与可执行（如果是可执行文件或目录）权限。这样，Linux 系统根据用户与文件的关系和用户对文件的使用权限来构成一个文件的完整权限。文件权限属性的对话框如图 4-5 所示。

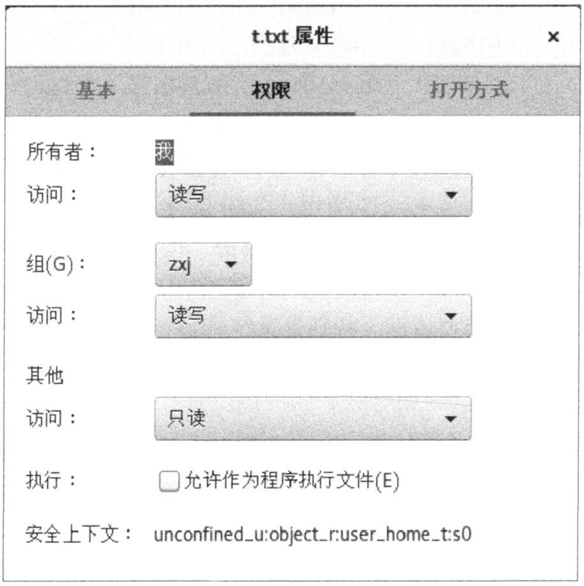

t.txt 属性

基本 权限 打开方式

所有者： 我

访问： 读写

组(G)： zxj

访问： 读写

其他

访问： 只读

执行： 允许作为程序执行文件(E)

安全上下文： unconfined_u:object_r:user_home_t:s0

图 4-5　文件权限属性的对话框

在 Linux 系统中，每个文件都在文件说明信息中保存着自己的文件存取控制表，当用户进行文件操作时，需要先验证用户的文件存取权限。

3. 特殊权限（特殊标志）

Linux 系统中的文件还有一类特殊权限。在 Red Hat Linux 9.0 的文件权限选项卡中有特殊权限的设置项目，“设置用户 ID”“设置组群 ID”和“粘附”，对应的数字视图是 SUID 为 4、SGID 为 2、Sticky 为 1；而在 CentOS 中的文件权限选项卡中，无法看到这些特殊权限的显示和设置项目，但它们依然存在并发挥着作用，如/tmp 目录。

（1）SUID（设置用户 ID）

先通过一个例子来说明“设置用户 ID”的作用。有些命令只有超级用户或具有超级用户权限的系统管理员才能运行，如 fdisk、useradd 等。如果以普通用户 stu 登录系统，运行命令：

```
[stu@ localhost stu] $ /sbin/fdisk -l
```

结果显示：

```
fdisk:打不开 /dev/sda:权限不够
```

这个结果说明，以普通用户身份执行 fdisk 命令时没有打开磁盘块设备读/写的权限。如果超级用户或系统管理员执行 chmod u + s /sbin/fdisk 命令，把/sbin/fdisk 文件属性中的“设置用户 ID”这个权限加上，则 stu 用户再次执行 fdisk -l 命令时，显示结果为

```
[zxj@ localhost ~] $ /sbin/fdisk -l
磁盘 /dev/sda:21.5 GB, 21474836480 字节,41943040 个扇区
Units = 扇区 of 1 * 512 = 512 bytes
扇区大小(逻辑/物理):512 字节 / 512 字节
I/O 大小(最小/最佳):512 字节 / 512 字节
磁盘标签类型:dos
磁盘标识符:0x000027a1
   设备 Boot      Start        End      Blocks    Id   System
/dev/sda1   *      2048      616447     307200    83   Linux
/dev/sda2        616448     4810751    2097152    82   Linux swap / Solaris
/dev/sda3       4810752    41943039   18566144    83   Linux
```

这个结果说明，“设置用户 ID”选项有效时，普通用户也有打开磁盘块设备读/写的权限，从而可以执行具有超级用户权限的命令。Linux 系统本身就有一些命令，其“设置用户 ID”选项有效的，如 su（改变用户身份）、sudo（改变用户身份执行命令）、passwd（设置用户口令）等命令，所以这个选项有效时，实际上会改变用户的身份。也就是说，对于某些需要读/写外部设备的应用程序而言，设置 SUID 之后，便能任意存取该应用程序的拥有者权限所及之全部资源。因此，对于 SUID 选项的设置一定要慎重，特别是系统管理员，千万不要为需要超级用户权限的命令设置 SUID，否则可能会给系统带来极大的安全隐患。

（2）SGID（设置组群 ID）

在 Linux 系统的一些应用程序的属性中，“设置组群 ID”选项默认是有效的，如 wall（向所有同意接收公告信息的用户终端发送消息）、write（向指定的终端发送消息）命令，以及一些系统安装的游戏程序等。如果系统管理员把这个选项置为无效，则普通用户无法使用这些命令。例如，把 write 命令的 SGID 选项置为无效后，普通用户使用 write 命令发送信息时，系统会显示权限不够。

但就用户设置 SGID 选项而言，只对目录有效。若目录被设置 SGID 选项后，任何用户在此目录下创建的或向该目录复制的文件、目录的所属组群会被重设为该目录的所属组群，而不是创建者所属的组群。

(3) Sticky（粘附）

要了解”粘附”权限的作用，先看看 Linux 系统是如何使用它的。在 ContOS Linux 图形界面下看不到 Sticky 这个权限属性，但是在字符界面下，如果执行 ls -l / 命令，则结果如图 4-6 所示。

```
CentOS Linux 7 (Core)
Kernel 3.10.0-957.el7.x86_64 on an x86_64

localhost login: zxj
Password:
Last login: Fri Aug 16 18:28:09 on :0
[zxj@localhost ~]$ ls -l /
total 24
lrwxrwxrwx.   1 root root    7 Aug 16 18:01 bin -> usr/bin
dr-xr-xr-x.   5 root root 4096 Aug 16 18:18 boot
drwxr-xr-x.  19 root root 3320 Aug 16 18:17 dev
drwxr-xr-x. 146 root root 8192 Aug 16 18:18 etc
drwxr-xr-x.   3 root root   17 Aug 16 18:16 home
lrwxrwxrwx.   1 root root    7 Aug 16 18:01 lib -> usr/lib
lrwxrwxrwx.   1 root root    9 Aug 16 18:01 lib64 -> usr/lib64
drwxr-xr-x.   2 root root    6 Apr 11  2018 media
drwxr-xr-x.   3 root root   18 Aug 16 18:17 mnt
drwxr-xr-x.   3 root root   16 Aug 16 18:18 opt
dr-xr-xr-x. 237 root root    0 Aug 16 18:17 proc
dr-xr-x---.   3 root root  151 Aug 16 18:17 root
drwxr-xr-x.  43 root root 1320 Aug 16 18:33 run
lrwxrwxrwx.   1 root root    8 Aug 16 18:01 sbin -> usr/sbin
drwxr-xr-x.   2 root root    6 Apr 11  2018 srv
dr-xr-xr-x.  13 root root    0 Aug 16 18:17 sys
drwxrwxrwt.  19 root root 4096 Aug 16 18:28 tmp
drwxr-xr-x.  13 root root  155 Aug 16 18:01 usr
drwxr-xr-x.  21 root root 4096 Aug 16 18:17 var
[zxj@localhost ~]$
```

图 4-6　字符界面下执行 ls -l / 命令的结果

从图 4-6 可以看到，tmp 目录对所有的用户都有读、写和执行的权限，而且特殊权限的“粘附”属性以目录名称加背景色来表示。

可以通过以下实验验证有 Sticky 权限的目录：

$ mkdir temp　　　　创建一个 temp 目录

$ ls -l　　　　　　查看当前目录下的文件和目录(此时 temp 未加背景色)

此时的界面如图 4-7 所示。

```
[zxj@localhost ~]$ mkdir temp
[zxj@localhost ~]$ ls -l
total 0
drwxr-xr-x. 2 zxj zxj 6 Aug 16 18:23 Desktop
drwxr-xr-x. 2 zxj zxj 6 Aug 16 18:23 Documents
drwxr-xr-x. 2 zxj zxj 6 Aug 16 18:23 Downloads
drwxr-xr-x. 2 zxj zxj 6 Aug 16 18:23 Music
drwxr-xr-x. 2 zxj zxj 6 Aug 16 18:23 Pictures
drwxr-xr-x. 2 zxj zxj 6 Aug 16 18:23 Public
drwxrwxr-x. 2 zxj zxj 6 Aug 16 19:01 temp
drwxr-xr-x. 2 zxj zxj 6 Aug 16 18:23 Templates
drwxr-xr-x. 2 zxj zxj 6 Aug 16 18:23 Videos
[zxj@localhost ~]$
```

图 4-7　创建并查看 temp 目录

$ chmod o+t temp　　　　对同组用户添加 Sticky 属性(只对同组用户有效)

$ ls -l　　　　　　　　查看当前目录下的文件和目录(此时 temp 已加背景色)

此时的界面如图 4-8 所示。

对比图 4-7 和图 4-8，可以看到，加了 Sticky 属性后，目录名加了背景色，并且权限文本视图的其他用户执行位变为 t。

```
[zxj@localhost ~]$ chmod o+t temp
[zxj@localhost ~]$ ls -l
total 0
drwxr-xr-x. 2 zxj zxj 6 Aug 16 18:23 Desktop
drwxr-xr-x. 2 zxj zxj 6 Aug 16 18:23 Documents
drwxr-xr-x. 2 zxj zxj 6 Aug 16 18:23 Downloads
drwxr-xr-x. 2 zxj zxj 6 Aug 16 18:23 Music
drwxr-xr-x. 2 zxj zxj 6 Aug 16 18:23 Pictures
drwxr-xr-x. 2 zxj zxj 6 Aug 16 18:23 Public
drwxrwxr-t. 2 zxj zxj 6 Aug 16 19:01 temp
drwxr-xr-x. 2 zxj zxj 6 Aug 16 18:23 Templates
drwxr-xr-x. 2 zxj zxj 6 Aug 16 18:23 Videos
[zxj@localhost ~]$ _
```

图 4-8　创建并查看 temp 目录（添加 Sticky 后）

这意味着所有用户的临时文件都可以存放在该目录下，这样是否会导致用户之间的文件或目录误删除呢？下面再做一个实验，以用户名 stu1 登录系统并在/tmp 目录下建立一个临时文件 temp. txt：

[stu1@localhost tmp] $ vi temp. txt

再从另一个虚拟终端以用户名 stu2 登录系统并进入/tmp 目录，执行命令：

[stu2@localhost tmp] $ rm temp. txt

系统提示：

无法删除 temp. txt:不允许的操作。

这就是“粘附”选项的作用，用户 stu2 即使有该目录的写权限（可以建立文件），也不能改写或删除其他用户的文件或目录。因此，如果用户需要这样的目录，则可以把该目录属性的权限“粘附”选项选中，这样该目录中的内容只能由各个文件、目录的拥有者或超级用户删除。

4.1.2　文件系统的概念

文件系统是操作系统中实现对文件的组织、管理和存取的一组系统程序和数据结构，或者说它是管理软件资源的软件。对用户来说，它提供了一种便捷地存取信息的方法 。

不同的操作系统可能会采用不同的文件系统，例如，MS-DOS 的 msdos 文件系统，Windows 的 FAT16、FAT32、NTFS 等文件系统。Linux 操作系统自身采用的是 ext2、ext3 或 xfs 文件系统。目前，xfs 文件系统是 CentOS Linux 默认的文件系统，它是一个全 64 位的文件系统，能支持的最大单个文件达到 8EB。CentOS Linux 系统能支持许多种类的文件系统，即这些文件系统可以挂接在 Linux 系统的某一个安装（挂接）点上，并由 Linux 系统来访问它们。

1. Linux 文件系统结构

在 Linux 操作系统中，把 ext2、ext3 或 xfs 以及 Linux 系统所支持的各种文件系统称为逻辑文件系统。由于每一种逻辑文件系统服务于一种特定的操作系统，具有不同的组织结构和文件操作函数，所以 Linux 系统在传统的逻辑文件系统上增加了一个虚拟文件系统（VFS）的接口，Linux 文件系统的层次结构如图 4-9 所示。

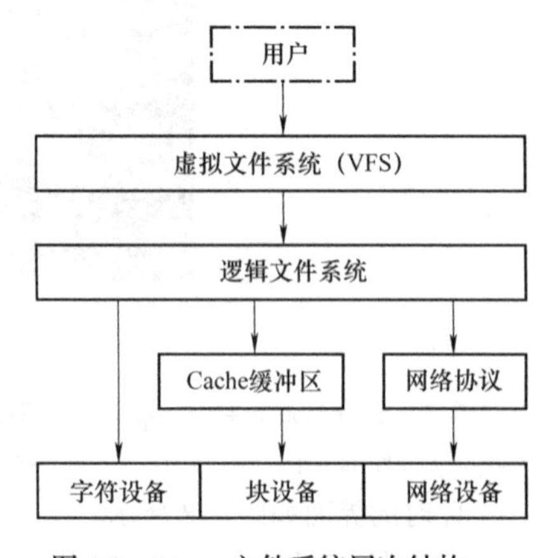

图 4-9　Linux 文件系统层次结构

逻辑文件系统按照某种方式对系统中的所有设备（包括字符设备、块设备和网络设备）进行统一管理，并为这些设备提供访问接口。虚拟文件系统位于层次结构中的最上层，它是用户与逻辑文件系统的接口，管理系统中的各种逻辑文件系统，屏蔽这些逻辑文件系统的差异，为用户命令、函数调用和内核其他部分提供访问文件和设备的统一接口。对于普通用户而言，感觉不到各种逻辑文件系统之间的差别，可以使用 Linux 系统的命令来操作其他逻辑文件系统所管理的文件。例如，挂接磁盘上某个分区中 Windwos 操作系统的 FAT32 逻辑文件系统，用 cp 命令复制文件或用 vi 命令编辑文件等。

在 Linux 系统中还有两种特殊的文件系统，即 swap 和 proc 文件系统。在安装 Linux 时，系统会划分一个 swap 类型的分区以便挂接 swap 文件系统。Linux 系统与 UNIX 系统一样，在内存与磁盘之间采用交换技术把内存中长时间不活动的进程交换到 swap 分区（文件系统）上。这个文件系统的安装一般在 Linux 系统的安装过程中自动完成，Linux 不支持使用 mount 命令挂接 swap 文件系统。proc 文件系统也称为伪文件系统或虚拟文件系统，它所表现出来的是/proc 目录，但该目录不占用任何磁盘空间，它实际上是 Linux 内核在内存中所建立的系统内核映像。proc 文件系统被用于从内存读取进程的信息，因此，通过它可以让外部环境了解系统内核的执行情况、系统资源的使用情况等。

2. Linux 使用的逻辑文件系统

Linux 最初设计时使用与 MINIX 操作系统兼容的文件系统，目的是便于和 MINIX 系统进行数据交换。但是这种文件系统局限于 14 个字符的文件名，并且文件的大小不能超过 64MB。因此，MINIX 文件系统很快被 ext 文件系统所取代，ext 文件系统是第一个专门为 Linux 开发的文件系统类型，称为扩展文件系统。它对 Linux 早期的发展产生了重要作用。但是，由于它在系统稳定性、速度和兼容性上存在许多缺陷，现在已经很少使用了。

为了提高 ext 文件系统性能并增加部分缺少的功能，Rey Card 设计了 ext2 文件系统并于 1993 年发布。ext2 文件系统是为解决早期 ext 文件系统的缺陷而设计的可扩展、高性能的文件系统，它又被称为第二版的扩展文件系统（即 ext2fs）。ext2fs 是以前 Linux 文件系统类型中使用最多的格式，采用磁盘高速缓冲区技术，在文件存取速度和 CPU 利用率上有较好的性能，是 GNU/Linux 系统中标准的文件系统。ext2 文件系统可以支持长达 255 个字符的文件名，其单一文件大小和文件系统本身的容量上限与文件系统本身的簇（若干个扇区组成一个簇）大小有关。在常见的Intel x86 兼容处理器的计算机系统中，簇最大为 4KB，单一文件大小上限为 2048GB，而文件系统的容量上限为 6384GB。尽管 Linux 可以支持种类繁多的文件系统，但是 2000 年以前，几乎所有的 Linux 发行版都使用 ext2 作为默认的文件系统。ext2 文件系统也存在一些问题，它的设计者主要考虑的是文件系统速度性能方面的问题，在写入文件内容时，并没有同时写入文件的控制信息（如文件存取权限、所有者，以及创建和访问时间等）。换句话说，Linux 先写入文件的内容，然后等到有空的时候才写入文件的控制信息。如果在写入文件内容之后但在写入文件的控制信息之前系统突然断电，就可能造成文件系统处于不一致的状态。在一个有大量文件操作的系统中，出现这种情况会导致很严重的后果。

为了加快对文件的读、写操作，一般磁盘上的文件系统都有磁盘高速缓冲区的支持，文件操作的数据暂时存放在磁盘高速缓冲区中。当不使用某个文件系统时，必须将该文件系统卸下，以便将磁盘高速缓冲区中的数据写回到磁盘中，无论文件系统是在硬盘还是在 U 盘都是如此。因此，每当系统要关机时，都必须将其所有的文件系统全部卸下后才能进行关机，这一点可以从 Linux 系统关机显示的信息中清楚地看到。如果在文件系统尚未卸下前就关机（如停电），那么重开机后就会造成文件系统的资料不一致，这时操作系统就必须做文件系统的重整工作，将不一致与错误的地方修复。然而，这个过程是相当耗时的，特别是容量大的文件系统，不能百分之百保证所有的资料都不会丢失，在大型的服务器上可能会出现严重的问题。针对文件一致性问题，由开放资源社区开发了 ext3 日志文件系统，早期主要开发人员是 Stephen Tweedie。ext3 文件系统被设计成 ext2 文件系统的升级版本，并尽可能地方便用户向 ext3 文件系统迁移。ext3 文件系统在 ext2 文件系统的基础上加入了记录元数据的日志功能，努力保持向前和向后的兼容性，也就是在目前 ext2 文件系统的格式之下再加上日志功能。ext3 文件系统有更好的安全性，此类文件系统最大的特色是，它会将整个磁盘的写入动作完整记录在磁盘的某个区域上，以便有需要时可以回朔追踪。由于资料的写入动作包含许多的细节，如改变文件标头资料、搜寻磁盘可写入空间、写入资料区段等，如果一个细节进行到一半时被中断，就会造成文件系统的不一致，因而需要重整。然而，在日志式文件系统中，由于详细记录了每个细节，故当某个过程被中断时，系统可以根据这些记录直接回朔到需要的地方并重整被中断的部分，而不必花时间去检查其他的部分，故重整的工作速度相当快。除了与 ext2 文件系统兼容之外，ext3 文件系统还通过共享 ext2 文件系统的元数据格式继承了 ext2 文件系统的其他优点。比如，ext3 文件系统用户可以使用一个稳固的 fsck 工具。由于 ext3 基于 ext2 的代码，所以它的磁盘格式和 ext2 的相同，这意味着一个干净卸载的 ext3 文件系统可以作为 ext2 文件系统毫无问题地重新挂接。如果现在使用的是 ext2 文件系统，并且对数据安全性有较高的要求，可以考虑升级使用 ext3 文件系统。ext3 文件系统最大的缺点是，它没有目前文件系统所具有的能提高文件数据处理速度和解压缩的高性能。

xfs 文件系统是 SGI（Silicon Graphics，Inc）开发的高级日志文件系统，早期是为他们的 IRIX 操作系统而开发的，之后被移植到 Linux 内核上。xfs 特别擅长处理大文件，同时提供平滑的数据传输。

xfs 文件系统可以驻留在常规磁盘分区或逻辑卷上。xfs 文件系统最多由 3 部分组成：数据部分、日志部分，以及一个实时部分。使用默认的 mkfs. xfs 命令选项，实时节不存在，日志区域包含在数据节中。日志部分可以与数据部分分离，也可以包含在里面。文件系统部分被划分为若干块，这些块的大小是在使用 mkfs. xfs 命令时用 - b 选项指定的。

数据部分包含所有文件系统元数据（inode、目录、间接块），以及普通（非实时）文件的用户文件数据和日志区域（如果日志是数据部分内部的）。数据部分被划分为多个分配组。分配组的数量和大小由 mkfs. xfs 命令选择，这样通常会有少量大小相同的组。分配组的数量控制文件和块分配中可用的并行度的数量。如果有足够的内存和大量的分配活动，那么应该从默认值增加。分配组的数量不应该设置得很高，因为这会导致文件系统使用大量的 CPU 时间，特别是当文件系统快满时。当运行 xfs_growfs 命令时，会添加更多的分配组（原始大小）。

日志部分（或区域，如果它在数据部分内部）用于在文件系统运行时存储对文件系统元数据的更改，直到对数据部分进行这些更改。它在正常操作期间按顺序写入，在装入期间只读。在崩溃后安装文件系统时，读取日志以完成崩溃时正在进行的操作。所以它的数据完整性好，不论目前文件系统上存储的文件与数据有多少，文件系统都可以根据所记录的日志在很短的时间内迅速恢复磁盘文件内容。

实时部分用于存储实时文件的数据。在文件创建之后，在将任何数据写入文件之前，这些文件通过 xfsctl 设置了一个属性位。实时部分被划分为固定大小的多个范围。实时部分中的每个文件都有一个范围，该范围大小是实时部分范围大小的倍数。所以，它有良好的传输特性，查询与分配存储空间非常快，xfs 文件系统能连续提供快速的反应时间。它还有可扩展性好，传输带宽高等特性。xfs 文件系统的缺点是无法被收缩。

当然，Linux 系统还有其他可用的文件系统，这取决于不同的 Linux 发行版本，如 jfs 日志文件系统、ReiserFS 平衡树结构的文件系统等。

3. Linux 支持的逻辑文件系统

Linux 操作系统支持的文件系统种类繁多，在/lib/modules/3.10.0-957.el7.x86_64/kernel/fs 目录（不同 Linux 的发行套件和版本，目录的位置和名称可能有所不同）中保存了以 Linux 当前使用的和所支持的文件系统为名称的子目录，这些子目录里是对应文件系统模块的二进制代码。CentOS Linux 支持的文件系统有二十几种，限于篇幅仅介绍几种文件系统。

（1） btrfs

btrfs 文件系统的目标在于取代 Linux 的 ext3 文件系统，改善 ext3 的限制，特别是单一文件的大小、总文件系统大小及加入文件校验和。ext4 的作者也盛赞 btrfs，并认为 btrfs，将成为下一代 Linux 标准文件系统。

（2） ceph

ceph 是一个 Linux PB 级分布式文件系统。

（3） cifs

cifs 是通用的 Internet 文件系统，用于在 Windows 主机之间进行网络文件共享，是通过使用微软公司自己的 CIFS 服务实现的。

（4） cramfs

cramfs 文件系统是专门针对闪存设计的只读压缩的文件系统，其容量上限为 256MB，采用 zlib 压缩，文件系统类型可以是 ext2 或 ext3。

（5） isofs

isofs 是光盘文件系统，支持长文件名。

（6） NFS

NFS 是网络文件系统，允许在多台计算机之间共享文件系统，便于从联网的计算机上使用资源。

（7） FAT

FAT 是微软在 DOS/Windows 系列操作系统中使用的一种文件系统的总称，FAT12、FAT16、FAT32 均是 FAT 文件系统。

（8） UDF

UDF 是统一光盘格式（Universal Disc Format）的英文缩写，是由国际标准化组织于 1996 年制定的通用光盘文件系统。

4.2 Linux 目录介绍

Linux 系统的文件系统与现代其他操作系统一样采用树形目录结构，对用户而言，所看到的文件系统目录结构就像一棵倒置的树，称为目录树，如图 4-10 所示。整个目录树有一个根节点“/”，称为 root，树的根就是整个文件系统的最顶层目录，即根目录。每一个子目录都是目录树的枝节点，都可以作为独立的子树，即每一个子目录又可以包含文件和下级子目录。每一个文件在目录树上表现为一个叶子节点，它们位于目录树的末端。

从严格意义上来说，真正的目录树应该使每一个目录或文件都有唯一的绝对路径，但是，由于 Linux 系统中文件或目录的共享采用创建链接的方法，所以造成目录树由树形结构变成网状结构。

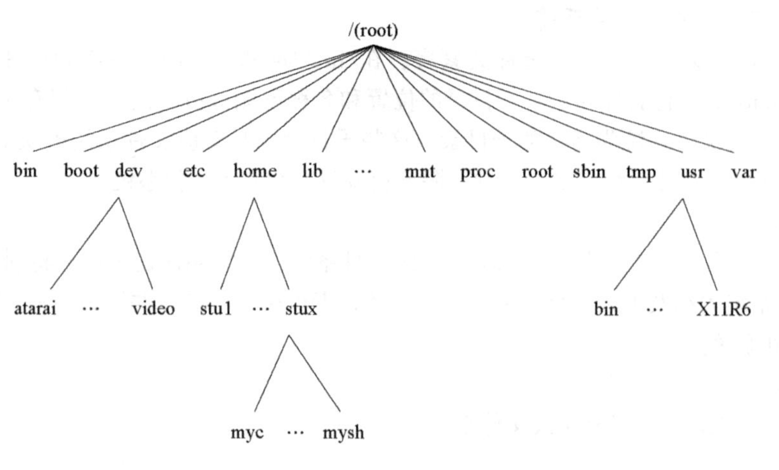

图 4-10 Linux 文件系统目录树

4.2.1 根目录

在安装 Linux 系统时会创建根分区，并在此安装逻辑文件系统 ext2、ext3 或 xfs 的根目录。在该目录下只有一些系统的隐藏文件（以“. 文件名”表示）和系统固定设置的一些子目录。如果执行 ls 命令，则可以看到：

```
[root@ localhost /]# ls - al
总用量 28
dr - xr - xr - x.     17 root root   224  8 月  16 18:16 .
dr - xr - xr - x.     17 root root   224  8 月  16 18:16 ..
lrwxrwxrwx.           1 root root     7  8 月  16 18:01 bin  - > usr/bin
dr - xr - xr - x.      5 root root  4096  8 月  18 20:32 boot
drwxr - xr - x.       19 root root  3280  8 月  18 20:31 dev
drwxr - xr - x.      146 root root  8192  8 月  18 20:31 etc
drwxr - xr - x.        4 root root    28  8 月  16 19:12 home
lrwxrwxrwx.           1 root root     7  8 月  16 18:01 lib  - > usr/lib
lrwxrwxrwx.           1 root root     9  8 月  16 18:01 lib64  - > usr/lib64
drwxr - xr - x.        2 root root     6  4 月  11 2018 media
drwxr - xr - x.        3 root root    18  8 月  18 19:41 mnt
drwxr - xr - x.        3 root root    16  8 月  16 18:18 opt
dr - xr - xr - x.    236 root root     0  8 月  18 20:29 proc
dr - xr - x - - - .   15 root root  4096  8 月  18 20:34 root
drwxr - xr - x.       43 root root  1320  8 月  18 20:34 run
lrwxrwxrwx.           1 root root     8  8 月  16 18:01 sbin  - > usr/sbin
drwxr - xr - x.        2 root root     6  4 月  11 2018 srv
dr - xr - xr - x.     13 root root     0  8 月  18 20:29 sys
drwxrwxrwt.           26 root root  4096  8 月  18 22:13 tmp
drwxr - xr - x.       13 root root   155  8 月  16 18:01 usr
drwxr - xr - x.       21 root root  4096  8 月  16 18:17 var
```

所有目录建立时，系统会自动建立两个目录文件：“.”和“..”。前者代表该目录文件自身，后者代表该目录的父目录。Linux 文件系统由许多目录和文件组成，尽管没有强制的规定，但一般来说 Linux 各个目录的作用是不同的。

4.2.2 基本目录

1. /bin 目录

/bin 目录是/usr/bin 目录的一个链接，该目录下存放的大多是二进制文件的可执行程序，也有一些较小的可执行程序，是 shell 脚本程序。这些程序都是系统程序，实际上用户所使用的许多命令就是该目录中的程序。例如，cp（复制文件命令）、date（查看日期命令）、ls（查看当前目录内容命令）、rm（删除文件命令）、mv（文件移动或更名命令）等。

Linux 系统为什么要把许多可执行程序放在/bin 目录中呢？如果用 echo 命令显示系统变量 PATH 来查看系统设置的路径，那么可以看到：

```
[root@ localhost /]# echo $ PATH
/usr/local/bin:/usr/local/sbin:/usr/bin:/usr/sbin:/bin:/sbin:/root/bin
```

显示的信息中，“:”为路径的分隔符，可以看到许多目录下都有/bin 和/sbin 目录，这些目录存放可执行的程序。系统预先设置好这些目录的路径，以后在任何权限许可的目录下执行这些程序时，命令解释程序都可以找到它，而不必切换到/bin 目录下。

这里显示的是超级用户登录的路径信息，如果是普通用户，则可能显示为

```
[stu1@ localhost zxj] $ echo $ PATH
/usr/local/bin:/bin:/usr/bin:/usr/local/sbin:/usr/sbin:/home/zxj/. local
/bin:/home/zxj/bin
```

普通用户不显示/root/bin 路径信息，而显示/home/用户名/bin。

2. /sbin 目录

/sbin 目录与/bin 目录类似，是/usr/sbin 目录的一个链接，也用于存放二进制文件的可执行程序、shell 脚本程序和一些符号链接文件。这些程序也是 Linux 系统的命令，不过这些命令是给超级用户或系统管理员进行系统维护使用的，普通用户没有使用它们的权限，例如，badblocks（检查磁盘设备中损坏的区块命令）、ifconfig（设置网络设备命令）、mkfs（建立各种文件系统命令）、fdisk（磁盘分区命令）、shutdown（系统关机命令）等。

树形目录的特点之一就是可以方便地实现程序、数据的分类存放。Linux 系统的/sbin 目录一般都用来存放与系统维护有关的程序，因此对用户的权限要求比较高。在 CentOS Linux 下，普通用户对该目录的命令执行（不带选项）可以显示命令的用法，但权限禁止执行实际有效的操作。

3. /lib 目录

它是/usr/lib 目录的一个链接，该目录下存放是系统应用程序运行时所需要的动态链接库程序、shell 脚本程序和一些符号链接程序等。

4. /boot 目录

该目录下存放系统引导、启动时使用的一些文件和目录，如 grub 目录、vmlinuz 内核压缩文件以及必要的内核映像文件等。

5. /root 目录

/root 目录是超级用户的目录。如果以超级用户登录系统，则该目录为超级用户的工作目录。

6. /mnt 目录

该目录为超级用户或系统管理员安装临时文件系统时使用的目录（安装挂接点）。一般，各

种额外设备在挂载后都会在该目录下生成相应的文件。用户可以在该目录下建立 cdrom 等子目录，以便在使用光驱这样的外部设备时挂接临时文件系统，而在虚拟机（VM）上安装了虚拟机工具后，会自动建立 hgfs 目录。

如果用户要使用 USB 接口的存储设备，也可以在该目录下建立 usbdisk 子目录，插入 U 盘后，用 mount 命令挂接 U 盘上的文件系统，这样访问/mnt/usbdisk 目录实际上就是访问 U 盘。在 Fedora Core 6.0 和 CentOS 7 中已经实现了自动挂接，插入 U 盘后，系统自动检测并在新增的 /run/media/用户名目录中自动建立一个子目录来作为该 U 盘的挂接安装点。

在多操作系统共存的计算机上，如果要共享 MS Windows 下的逻辑驱动器，则可以在该目录下建立 winc、wind 等子目录以表示 C、D 等逻辑驱动器，再用 mount 命令分别挂接它们。例如：

```
# cd /mnt
# mkdir winc
# mount /dev/sdax /mnt/winc
```

要注意的是，CentOS 7 推荐 SCSI 硬盘驱动器设备，所以磁盘分区号为 sdax、sdbx，其中 sdax 中的 x 为数字。如果原来的是 IDE 硬盘驱动器设备，则分区号为 hdax、hdbx 等。

如果 Linux 发行套件的内核存在有关支持 NTFS 类型的文件系统的问题，那么只能挂接 FAT16 和 FAT32 类型的文件系统，此时可以从相关网站上下载内核补丁程序以满足挂接 NTFS 类型文件系统的需要。

7. /tmp 目录

该目录为临时文件目录。有时应用程序运行的时候会产生临时文件，/tmp 目录就是用来存放临时文件的。/var/tmp 目录的作用和这个目录相似。该目录具有 Sticky 特殊权限，所有用户都有 rwx 的权限。

8. /opt 目录

该目录一般情况下为空，但有些软件包也可以安装在这里，比如在 Fedora Core 5.0 中，OpenOffice就安装在这里。有些用户自己下载、编译的软件包，就可以安装在这个目录中；通过源码包安装的软件，可以指定 ./configure --prefix=/opt/目录。在嵌入式系统开发中，也可以在这个目录下建立自己的目录以存放输出文件系统的文件。

9. /etc 目录

该目录下保存着关系到系统运行方式的重要配置文件和目录，有些内容在前面的章节中已经介绍过，如系统的运行级、系统启动的服务、用户账户信息、组账户信息等。下面列出该目录中常用的配置文件。

fstab：保存系统启动时需要自动安装的文件系统列表，如 swap、xfs 等。

mtab：由于系统运行中可能会挂接、安装一些文件系统，所以该文件保存当前已安装的文件系统列表。当使用 df -a 命令查看全部文件系统时，会读取这个文件的信息。该文件由脚本程序执行初始化，并由 mount 命令自动更新。

group：记录系统中所有组群的信息。

gshadow：组群口令的“影子（shadow）”口令文件。系统为了安全，把 group 文件中的组群口令加密后保存在“影子”口令文件中。该文件只有具有超级用户权限的用户可读，而 group 文件对所有的用户都可读。

hosts：记录本地主机的回送地址、IP 地址以及域名。相关的还有 hosts. allow 文件，记录允许使用本地服务器的主机名；hosts. deny 文件，记录禁止使用本地服务器的主机名。

httpd：记录 HTTP 所需要装载的模块、监听的端口号、服务端与客户端数据等信息。

inittab：系统引导启动时的初始化配置文件，但 CentOS 7 在系统启动时不再使用该文件。

issue：该文件中已经包含 Linux 系统的发行套件名称、发行版本号和内核版本号的信息，系统管理员可以在该文件中添加对用户的欢迎信息、系统登录的简要说明等，让用户在登录前就看到这些信息。

grub2. conf：GRUB 引导的配置文件。

login. defs：login 命令的配置文件，该文件记录着用户的口令信息，如口令需要更换的天数等。

motd：系统管理员利用该文件编辑一些系统公告信息，如系统关闭时间等。用户在成功登录系统后即可看到这些信息。

passwd：记录系统中所有用户的信息。

rc、rc. d 或 rc?. d：系统启动或改变运行级时需要运行的脚本程序或脚本程序的目录。

rc. local：是一个链接，指向 rc. d 目录下的同名配置文件，用户可以将要自启动的命令或可执行的脚本程序添加到该文件，并设置该文件的可执行权限。

profile：系统启动或用户登录时 Bourne shell 执行的脚本文件。系统管理员使用该文件可以为所有用户建立全局默认环境。

securetty：该文件记录哪些终端允许超级用户登录。一般系统默认的是虚拟控制台终端，这样可以避免通过调制解调器或网络进入系统获得超级用户权限。

shadow：用户口令的“影子（shadow）”口令文件。系统为了安全，把 passwd 文件中的用户口令加密后保存在“影子”口令文件中。该文件只有具有超级用户权限的用户可读，而 passwd 文件对所有的用户都可读。

shells：该文件记录可以使用的 shell。有些服务会检查用户 shell，例如，FTP 服务的 ftpd 进程会检查用户登录的 shell 是否在该文件中，如果没有，则拒绝登录。

sudoers：该文件记录着主机、用户、命令的别名以及用户有执行哪些命令的权限。该文件只能用 visudo 命令编辑，vi 命令只能作为只读方式打开。

yum. conf：yum 的默认配置文件。

xinetd：用于管理 xinetd 服务配置的文件。

10. /dev 目录

该目录包含系统中所有块设备和字符设备的文件。Linux 系统所支持的各种硬件设备都对应着该目录中的一个文件。对文件的读、写操作实际上就是对设备的 I/O 操作，以此实现设备的独立性。表 4-1 列出/dev 目录下部分常用的设备文件及说明。

表 4-1 /dev 目录下部分常用的设备文件及说明

设备文件	说明
console	系统控制台，即物理连接到 Linux 系统上的计算机显示器
cua	与调制解调器一起使用的特殊设备
fd	软盘驱动器设备。用 fd0 表示第 1 个软盘驱动器，fd1 表示第 2 个软盘驱动器
loop	它是一种伪设备，是使用文件来模拟块设备的一种技术，也称回环设备
lp	打印机设备文件，可以是 lp0、lp1 等
rtc	实时时钟设备

（续）

设备文件	说　明
sd	SCSI 硬盘驱动器设备，用 sda 表示第 1 个硬盘驱动器，sda1 表示第 1 个硬盘上的第 1 个分区，sdb 表示第 2 个硬盘驱动器，以此类推。没有 SCSI 硬盘设备时，用来指定 USB 设备
sr	SCSI CDROM 驱动器设备
stderr	标准错误输出设备
stdin	标准输入设备
stdout	标准输出设备
tty	虚拟控制台设备。系统中共有 6 个虚拟控制台，各个虚拟控制台之间的切换用 Ctrl + Alt + Fx 组合键，x 为从 1 ~ 6 的数字，即 Fx 表示 F1 ~ F6
ttyS	计算机串行设备。其中，ttyS0 对应 MS-DOS 下的 COM1
null	这是一个特殊的设备，所有写入该设备的数据都将丢失

11. /lib64 目录

它是/usr/lib64 目录的一个链接，该目录下存放的是 64 位系统应用程序运行时所需要的动态链接库程序、shell 脚本程序和一些符号链接程序等。

12. /media 目录

它用来挂载 USB 接口的移动设备等。若未挂载，则该目录为空。

13. /run 目录

/run 目录用于存放某些程序或服务启动后 PID 的目录。

14. /srv 目录

当网络服务启动之后，/srv 目录用于存放这些服务所需要取用数据的目录。

4.2.3　特殊目录

这里之所以把有些目录作为特殊目录说明，是因为系统管理员为了系统安全、使用方便，在安装 Linux 时，可以在硬盘上为这些目录单独分区，并挂接 ext3、ext4 或 xfs 逻辑文件系统。另外，/proc 目录是不在磁盘上的目录。

1. /home 目录

该目录下存放普通用户的工作主目录。每一个用户在注册时，系统都会在该目录下创建一个与该用户名相同的工作主目录。用户登录系统后建立的目录和文件都保存在自己的工作主目录中。

如果 Linux 系统作为服务器使用，则建议在硬盘上专门建立一个分区，在安装 Linux 系统时挂接 ext3、ext4 或 xfs 逻辑文件系统（安装挂接点为/home），这样即使 Linux 系统不幸崩溃，用户的程序与数据也不会被破坏。

2. /usr 目录

由于许多应用程序默认安装在该目录和该目录下的一些子目录中，所以随着安装的应用程序增多，这个目录将会变得很大。用户自己编译与安装的程序在/usr/local 目录下，如果采用独立的文件系统，则当 Linux 系统升级时无须重新安装所有的程序，系统管理员的工作负担将大大减轻。下面简要介绍/usr 目录下的部分常用目录。

bin：该目录下有许多系统命令和用户的应用程序，除了 clear、dir、gcc、gpasswd、who 等一些常用的终端命令外，还有一些可运行在图形方式的系统应用程序，如 usermount、userinfo 等，它们以图形方式显示系统与用户挂接的文件系统、用户登录系统的信息。

include：该目录存放C语言的头文件，供程序开发者使用。该目录为C编译器默认的头文件目录。

lib：该目录是Linux系统和用户应用程序的部分函数库。

libexec：该目录存放被其他程序调用执行的系统服务程序。

local：用户自己编译与安装的程序最好放在该目录下，这样可以使系统结构清楚、维护方便。系统预先在该目录中建立了bin、etc、include、lib、sbin等空目录。

sbin：该目录下存放了许多系统管理命令，如useradd、userdel、usermod、visudo、setup等，但普通用户对这些命令没有执行的权限。

share：该目录下存放的是整个系统共享的文件。其内容非常杂，有系统图标、墙纸图片、屏幕保护程序，还有联机帮助文档、系统其他文档等。

src：该目录存放Linux系统源程序（要安装系统内核开发部分模块）。

X11R6：该目录下存放X-Window系统的应用程序、配置文件、头文件和库函数等。

3. /var 目录

该目录包含系统运行中要随时改变的数据，如系统日志文件、系统临时文件、假脱机目录和其他变量数据。下面简要介绍/var目录中的几个重要目录。

db：该目录存放系统数据库文件。

lib：该目录存放系统正常运行时随时改变的文件。

local：该目录存放/usr/local目录中所安装程序的可变数据。

log：该目录存放各种程序产生的记录文件。

mail：该目录为符号链接目录，链接的目标是/var/spool/mail目录，存放系统发送给用户的邮件信息。

preserve：在文件编辑中，由于意外情况而终止编辑时，该目录作为正在编辑文件的临时存放点。

run：该目录下存放的是正在执行程序进程号的文件，这些文件以.pid为扩展名。

spool：该目录为邮件、打印队列和其他队列工作的假脱机目录。系统中的许多服务在该目录中有自己的子目录。

tmp：该目录为系统临时文件的暂存区。

4. /proc 目录

这个目录及所包含的子目录和文件属于proc逻辑文件系统（虚拟的文件系统）。该目录是非常特殊的目录，因为一般所说的目录是建立并保存在磁盘上的，而/proc目录在磁盘上并不存在，它是由内核在内存中产生的。在/proc目录下保存的是系统的动态信息，包括CPU、内存、硬盘分区表、中断、系统各种外部设备等计算机硬件信息，以及内存资源和外设的使用情况，系统中所有当前进程的工作情况等。系统应用程序利用这些信息向用户提供系统资源的使用情况和系统进程的运行情况。当前系统中的每一个进程都在/proc目录下有一个对应的子目录，其子目录名就是进程的PID。下面简要介绍几个主要的文件。

（1）cpuinfo：这是一个文本文件，存放CPU的信息，如类型、制造商、主频和Cache大小等性能指标。可以使用more cpuinfo或vi cpuinfo命令打开查看。例如：

```
[root@ localhost proc]# vi cpuinfo
    processor: 0
vendor_id: GenuineIntel
```

cpu family: 6

model: 60

model name: Intel(R) Core(TM) i5 -4460　CPU @ 3.20GHz

stepping: 3

microcode: 0x12

cpu MHz: 3192.639

cache size: 6144 KB

physical id: 0

siblings: 2

core id: 0

cpu cores: 2

apicid: 0

initial apicid: 0

fpu: yes

fpu_exception: yes

cpuid level: 13

wp: yes

flags: fpu vme de pse tsc msr pae mce cx8 apic sep mtrr pge mca cmov pat pse36 clflush dts mmx fxsr sse sse2 ss ht syscall nx pdpe1gb rdtscp lm constant_tsc arch_perfmon pebs bts nopl xtopology tsc_reliable nonstop_tsc aperfmperf eagerfpu pni pclmulqdq ssse3 fma cx16 pcid sse4_1 sse4_2 x2apic movbe popcnt tsc_deadline_timer aes xsave avx f16c rdrand hypervisor lahf_lm abm fsgsbase tsc_adjust bmi1 avx2 smep bmi2 invpcid xsaveopt dtherm ida arat pln pts

bogomips: 6385.27

clflush size: 64

cache_alignment: 64

address sizes: 42 bits physical, 48 bits virtual

power management:

…

由于本机为 4 核，以上只列出处理器 0 的信息。

(2) devices

devices 是文本文件，存放系统内核配置的、当前运行的块设备和字符设备信息。

(3) dma

dma 是文本文件，存放当前占用的 DMA 通道信息。

(4) filesystems

filesystems 是文本文件，存放内核配置的文件系统信息。

(5) interrupts

interrupts 是文本文件，存放占用的中断资源及占用者的信息。

(6) iomem

iomem 是文本文件，存放系统用于 I/O 的内存使用情况，包括内核代码和数据使用的内存地址、视频 RAM 和 ROM 的地址等信息。

(7) ioports

ioports 是文本文件，存放当前占用 I/O 端口的设备名和地址信息。

(8) kcore

kcore 是非文本文件，不能用 more 或 vi 命令查看该文件。该文件存放系统物理内存映像。

(9) kmsg

kmsg 是非文本文件。

(10) loadavg

loadavg 是文本文件，存放系统的平均负载信息。

(11) meminfo

meminfo 是文本文件，存放各种存储器的使用情况。例如：

```
[root@ localhost proc]# vi meminfo
MemTotal:          1863252 KB
MemFree:            103752 KB
MemAvailable:       715912 KB
Buffers:              2076 KB
Cached:             716712 KB
SwapCached:              0 KB
Active:             925468 KB
Inactive:           468448 KB
Active(anon):       583904 KB
Inactive(anon):     130896 KB
Active(file):       341564 KB
Inactive(file):     337552 KB
Unevictable:             0 KB
Mlocked:                 0 KB
SwapTotal:         2097148 KB
SwapFree:          2096884 KB
Dirty:                  56 KB
Writeback:               0 KB
AnonPages:          675140 KB
Mapped:             173948 KB
Shmem:               39672 KB
Slab:               193156 KB
SReclaimable:       120448 KB
SUnreclaim:          72708 KB
KernelStack:         10640 KB
PageTables:          42636 KB
NFS_Unstable:            0 KB
Bounce:                  0 KB
WritebackTmp:            0 KB
CommitLimit:       3028772 KB
```

```
Committed_AS:       4471408 KB
VmallocTotal:   34359738367 KB
VmallocUsed:         215248 KB
VmallocChunk:   34359277564 KB
HardwareCorrupted:        0 KB
AnonHugePages:       100352 KB
CmaTotal:                 0 KB
CmaFree:                  0 KB
HugePages_Total:          0
HugePages_Free:           0
HugePages_Rsvd:           0
HugePages_Surp:           0
Hugepagesize:          2048 KB
DirectMap4k:         132992 KB
DirectMap2M:        1964032 KB
DirectMap1G:              0 KB
```

（12） modules

modules 是文本文件，存放当前系统中加载的内核模块信息。

（13） partitions

partitions 是文本文件，存放系统中的硬盘分区表信息，如磁盘块数、名称和使用情况等。

（14） stat

stat 是文本文件，存放系统动态的信息，如交换分区的使用情况、缺页中断的次数、磁盘I/O的情况等。

（15） swaps

swaps 是文本文件，存放系统交换分区的信息，如分区类型、大小、已用量和优先级等。

5. /sys 目录

这个目录与/proc 目录非常类似，也是一个虚拟的文件系统，主要记录与内核（内核模块和硬件设备等）相关的信息。

4.3　文件系统的维护

Linux 系统管理员的任务之一就是要管理计算机系统中用户的程序与数据，即维护文件系统的安全与完整，因此，系统管理员应该知道如何建立、安装和检查文件系统，一旦文件系统被破坏，该如何恢复文件系统。

4.3.1　建立文件系统

在 Linux 系统安装过程中，已经在磁盘上建立了 ext3、ext4 或 xfs 类型的文件系统，但是在使用过程中可能会由于用户数据的不断增加而导致磁盘空间不足。在增加了新磁盘后，就需要在新磁盘上建立一个文件系统。

在建立文件系统之前，需要先对磁盘进行分区。分区可以使用第三方软件，如 Pqmagic 等，也可以使用 Linux 系统中的 fdisk 命令。

1. 用 fdisk 创建磁盘分区

Linux 系统中的 fdisk 命令是磁盘分区程序，其功能与 MS-DOS 下的 fdisk 命令一样，都是建立磁盘分区，但在具体用法上两者有一些差别。fdisk 命令采用一种问答式界面，使用者要求有超级用户或系统管理员权限。最常用的是基本用法，而高级用法对用户的硬件知识要求较高。要注意：fdisk 命令会对磁盘上的所有程序和数据造成破坏，所以如果不是新的磁盘，使用前一定要先做好数据备份。

基本用法：

fdisk device

或

fdisk –l

或

fdisk –v

高级用法：

fdisk [–u] [–b sectorsize] [–C cyls] [–H heads] [–S sects] device

或

fdisk –l [–u] [device …]

或

fdisk –s partition …

其中，参数 device 是要创建分区的设备，其他的是命令选项。fdisk 的命令选项及说明见表4-2。

表 4-2 fdisk 的命令选项及说明

命令选项	选项说明
device	device 是要创建分区的磁盘，其编号为：第一个 SCSI 硬盘为 sda，第一个分区为 sda1，以此类推；第二个 SCSI 硬盘为 sdb，第一个分区为 sdb1，以此类推。如果是 IDE 硬盘（现在计算机中已经逐渐被 SCSI 取代），则第一个主硬盘为 hda、从硬盘为 hdb，第二个 IDE 主硬盘为 hdc、从硬盘为 hdd，以此类推
–b sectorsize	指定磁盘扇区的大小。有效值是 512、1024 或 2048（现在的内核，其自己可以检测扇区大小，该参数只在旧内核上使用）
–C cyls	指定磁盘的柱面数
–H heads	指定磁盘的磁头数
–S sects	指定磁盘的扇区数/道
–u	与“–l”参数连用。会用扇区号代替柱面号来表示每一个分区的开始与结束地址
–l	如果不带 device 参数，则列出系统中所有磁盘的分区情况，否则只列出指定磁盘的分区信息。各种磁盘类型所列出的磁盘信息有所不同。IDE 硬盘为/dev/had ~ hdh，SCSI 硬盘为/dev/sda ~ sdp（还有其他类型，如 ESDI、XT 等）
–s partition …	将指定的分区大小以块（Block）为单位输出到标准输出设备上。每个磁盘都会有若干个分区，如果 Linux 与 Windows 操作系统共存，则磁盘上最多有 4 个主分区，其分区编号类似为/dev/hda1 ~ hda4。如果需要更多的分区，则要建立逻辑分区，它位于扩展分区之内。扩展分区占据一个主分区的空间
–h	显示帮助信息并退出
–v	显示 fdisk 命令的版本信息

如果不知道新增加硬盘的编号，可以执行 fdisk -l 命令查看。例如，对新增的一个 SCSI 硬盘分区，则执行命令：

```
[root@ localhost root]# fdisk /dev/sdb
```

这时进入 fdisk 命令的问答模式，要求用户输入具体要执行的命令。fdisk 有很多命令，如果对命令不熟悉，可以按 M 键列出所有可用的命令。fdisk 命令及功能见表 4-3。

表 4-3　fdisk 命令及功能

普通命令	普通命令功能	专家命令	专家命令功能
a	切换分区上的可引导标志	b	在一个分区中移动数据起始位置
b	编辑 bsd 磁盘标签	c	改变磁盘柱面号
c	切换分区上的 DOS 兼容标志	d	显示分区表原始数据
d	删除一个分区	e	列出磁盘上的扩展分区
g	创建一个空的 GPT 分区表	f	修复分区顺序
G	建立一个 IRIX（SGI）分区表	g	建立一个 IRIX（SGI）分区表
l	列出 fdisk 已知的分区类型	h	改变磁盘的磁头号
m	列出 fdisk 命令菜单	i	更改磁盘标识符
n	添加一个新分区	m	列出 fdisk 专家命令菜单
o	建立一个新的 DOS 分区标签	p	显示当前磁盘分区表
p	显示当前磁盘分区表	q	不保存所做的修改，退出 fdisk
q	不保存所做的修改，退出 fdisk	r	返回 fdisk 命令菜单
s	建立一个新的 Sun 磁盘标签	s	改变磁盘扇区数/道
t	输入分区类型代码，改变分区的文件系统类型（代码见表 4-4）	v	校验分区表
u	改变显示的单位	w	保存所做的修改并退出 fdisk
v	校验分区表		
w	保存所做的修改并退出 fdisk		
x	进入专家命令模式		

fdisk 只能创建 Linux 下的分区，尽管它可以支持的文件系统类型很多，而且可以将文件系统类型设置为其中任意一种，但是要使该分区能正常使用，还是要用该分区类型的操作系统所带的 fdisk 软件来分区。表 4-4 列举了 Linux 系统的 fdisk 命令支持的分区类型，每一种类型都有相对应的十六进制代码。当使用 fdisk 的 t（改变分区类型）命令时，就必须使用该代码。

除了 fdisk 命令外，类似的、能创建硬盘分区的命令还有 cfdisk（与 MS-DOS 的 fdisk 十分类似）、sfdisk（分区设置可重定向到文件中）、parted（没有任何警告信息）等；限于篇幅，它们的使用方法可以用联机帮助查看，这里不再说明。

2. 用 mkfs 建立文件系统

在创建好磁盘分区后，并不能直接使用该分区，而是要建立该分区的文件系统，以完成该分区的初始化。建立各种文件系统的通用命令是 mkfs（maker filer sysytem）。

命令用法：

```
mkfs [options] [-t type] [fs-options] device [size]
```

表 4-4 fdisk 命令支持的分区类型

代码	分区类型	代码	分区类型	代码	分区类型	代码	分区类型
0	Empty	1c	Hidden Win95 FAT	70	DiskSecure Mult	bb	Boot Wizard hid
1	FAT12	1e	Hidden Win95 FAT	75	PC/IX	be	Solaris boot
2	XENIX root	24	NEC DOS	80	Old Minix	c1	DRDOS/sec (FAT -
3	XENIX usr	39	Plan 9	81	Minix / old Lin	c4	DRDOS/sec (FAT -
4	FAT16 <32M	3c	PartitionMagic	82	Linux swap	c6	DRDOS/sec (FAT -
5	Extended	40	Venix 80286	83	Linux	c7	Syrinx
6	FAT16	41	PPC PReP Boot	84	OS/2 hidden C:	da	Non - FS data
7	HPFS/NTFS	42	SFS	85	Linux extended	db	CP/M / CTOS / .
8	AIX	4d	QNX4. x	86	NTFS volume set	de	Dell Utility
9	AIX bootable	4e	QNX4. x 2nd part	87	NTFS volume set	df	BootIt
a	OS/2 Boot Manag	4f	QNX4. x 3rd part	8e	Linux LVM	e1	DOS access
b	Win95 FAT32	50	OnTrack DM	93	Amoeba	e3	DOS R/O
c	Win95 FAT32 (LBA)	51	OnTrack DM6 Aux	94	Amoeba BBT	e4	SpeedStor
e	Win95 FAT16 (LBA)	52	CP/M	9f	BSD/OS	eb	BeOS fs
f	Win95 Ext'd (LBA)	53	OnTrack DM6 Aux	a0	IBM Thinkpad hi	ee	EFI GPT
10	OPUS	54	OnTrackDM6	a5	FreeBSD	ef	EFI (FAT - 12/16/
11	Hidden FAT12	55	EZ - Drive	a6	OpenBSD	f0	Linux/PA - RISC b
12	Compaq diagnost	56	Golden Bow	a7	NeXTSTEP	f1	SpeedStor
14	Hidden FAT16 <32M	5c	Priam Edisk	a8	Darwin UFS	f4	SpeedStor
16	Hidden FAT16	61	SpeedStor	a9	NetBSD	f2	DOS secondary
17	Hidden HPFS/NTFS	63	GNU HURD or Sys	ab	Darwin boot	fd	Linux raid auto
18	AST SmartSleep	64	Novell Netware	b7	BSDI fs	fe	LANstep
1b	Hidden Win95 FAT	65	Novell Netware	b8	BSDI swap	ff	BBT

参数说明：

参数 device 是要在其上建立文件系统的设备名。例如，要在第二个 SCSI 硬盘上的第一个分区上建立文件系统，则该参数为/dev/sdb1；若要在第一个 IDE 主硬盘的第一个分区上建立文件系统，则该参数为/dev/hda1。这个参数也可以是一个安装（挂接）点，例如，用/mnt 目录作为 device 参数。当 device 是一个安装点时必须特别慎重，因为如果该安装点已经存在，则 mkfs 命令会破坏其中所有的数据。size 参数是文件系统使用的块数。

选项说明：

选项 -t type 用来指定要建立的文件系统类型。在使用中最好指明所要建立的文件系统类型，如果不指定，则 mkfs 命令会从/dev/fstab 文件中推断文件系统的类型，若无法判断，则创建一个 ext2 类型的文件系统。

选项 fs - options 用来指定一些将要传递给具体建立文件系统构建器的参数选项。尽管各种建立文件系统的构建器所支持的参数选项不完全相同，但以下这些参数选项是大多数建立文件系统构建器都有的。

- V 或 - -verbose

选项 - V 的使用会让 mkfs 命令在运行中输出许多信息，包括 mkfs 所执行的所有文件系统特定的命令。如果指定了不止一个 V 选项，则 mkfs 只是做测试运行，并没有真的建立文件系统。

- V，- -version：显示版本信息并退出。

选项 - V 仅在它是唯一选项参数时显示版本信息，否则它将作为 - -verbose。

实际上，mkfs 命令并不建立文件系统，它只是一个前端程序，用来与用户打交道，并把用户的要求传递给具体建立某种文件系统的构建器（mkfs. fstype）。它会在许多目录中搜索特定文件系统的构建器，如/ sbin、/ sbin /fs、/ sbin / fs. d、/ etc / fs、/ etc（精确列表在编译时定义，但至少包含/ sbin 和/ sbin / fs)，最后在 PATH 环境变量中列出的目录中搜索。在 Linux 系统中，具体建立文件系统的命令及功能主要如下。

Mkdosfs：建立 MS-DOS 文件系统。

mke2fs：建立 ext2 文件系统。

mkfs. ext2：与 mke2fs 命令相同。

mkfs. ext3：建立 ext3 文件系统。

mkfs. ext4：建立 ext4 文件系统。

mkfs. minix：建立 minix 文件系统。

mkfs. msdos：与 mkdosfs 命令相同。

mkfs. vfat：建立 Win9x（FAT16 或 FAT32）文件系统。

mkfs. xfs：建立 x 日志文件系统。

mkfs. xiafs：建立 xia 文件系统。

当文件系统建立后，只要用 mount 命令挂接即可使用。如果不是文件系统损坏或要更改文件系统类型，则无须再次建立文件系统。再次建立文件系统会破坏磁盘上的数据。

3. fdisk、mkfs 命令参考示例

参考示例 1：对挂载为 sdb 的 U 盘上检查有无坏块。

执行命令：

```
[root@ localhost root]# badblocks /dev/sdb - o bad - blocks
```

参考示例 2：在 U 盘上建立 MS-DOS 文件系统并检查是否有坏块。

注意：若 U 盘已挂载为 sdb1，则系统会显示：

```
[root@ localhost root]# /dev/sdb1 contains a mounted file system.
```

此时需先卸载 U 盘，再建立新的文件系统。

执行命令：

```
[root@ localhost root]# umount /dev/sdb1
[root@ localhost root]# mkfs - t msdos - l bad - blocks /dev/sdb1
```

或

```
[root@ localhost root]# mkfs. vfat - l bad - blocks /dev/sdb1
```

参考示例 3：在 U 盘上建立 ext2 文件系统并检查有无坏块。

同理，若 U 盘已挂载，则需要先卸载。

执行命令：

[root@ localhost root] /sbin/mkfs -t ext2 -c /dev/sda1

在软盘上建立文件系统，要先对软盘格式化，而对 U 盘或硬盘不需要格式化。普通用户可以使用 mkfs 命令在软盘上建立文件系统，但不能在 U 盘或硬盘上建立，除非获得超级用户的授权。

参考示例 4：在新添加的一个 SCSI 硬盘（10GB）上创建分区并建立 xfs 文件系统。分以下 4 个步骤完成。

（1）查看磁盘信息

执行命令：

[root@ localhost root]# fdisk -l

系统显示：

```
磁盘 /dev/sda：21.5 GB，21474836480 B，41943040 个扇区
Units  = 扇区 of 1 * 512  = 512B
扇区大小(逻辑/物理)：512 B / 512 B
I/O 大小(最小/最佳)：512 B / 512 B
磁盘标签类型：dos
磁盘标识符：0x000c361e

   设备 Boot      Start         End        Blocks    Id     System
/dev/sda1   *       2048      616447      307200    83     Linux
/dev/sda2         616448     4810751     2097152    82     Linux swap / Solaris
/dev/sda3        4810752    41943039    18566144    83     Linux

磁盘 /dev/sdb：10.7 GB，10737418240 B，20971520 个扇区
Units  = 扇区 of 1 * 512  = 512 B
扇区大小(逻辑/物理)：512 B / 512 B
I/O 大小(最小/最佳)：512 B / 512 B
```

从显示的结果可以看到，系统中有两个硬盘 sda 和 sdb，其中，sdb 是新增加的硬盘。由于还没有创建分区，所以显示 sdb 上不含有效的分区表。

（2）创建新分区

如果是在已分区的硬盘上创建分区，则要先删除旧分区（用 fdisk 的 d 命令），再创建新分区。本例是对新硬盘分区。

执行命令：

[root@ localhost root]# fdisk /dev/sdb

系统提示当前新硬盘不存在分区表信息，要求用户输入具体的命令进行分区操作，按 M 键显示 fdisk 的命令菜单。

执行添加新分区的 n 命令，如图 4-11 所示。按 E 键添加扩展分区，按 P 键添加主分区。系统默认可以有 4 个主分区、一个扩展分区，但扩展分区占据一个主分区的空间。如果分区个数够用，一般选择主分区。按 P 键后，要求输入分区号，分区号从 1 开始（默认），所以输入 1（或按 Enter 键）。接着要求输入该分区的起始扇区号，默认从 2048 扇区开始，采用默认值，按 Enter 键即可。系统又要求输入分区的大小，这时可以有 3 种选择：第一种是接收系统默认的剩余扇区数，即整个 10GB 的空间都作为一个分区；第二种是输入一个数字，该数字作为分区结束扇区

号；第三种是输入 + size {K，M，G}，size 表示分区的大小，单位是 KB、MB 或 GB。用户可以根据自己硬盘的用途决定分区的个数和大小。本例是为 Linux 系统扩充一个 8GB 的文件系统分区和 2GB 的交换分区，所以输入 +8192MB 作为分区大小。第一个分区创建完成后，用同样的方法继续创建第二个分区，由于只有两个分区，所以后一个分区的大小直接用系统默认的柱面号即可。分区创建完成后，系统返回命令输入状态，用户可以用 p 命令查看新分区的信息，这时会发现两个新分区的类型号都是 83，即都是 Linux 的文件系统分区，而没有类型号为 82 的交换分区，如图 4-12 所示。

```
命令(输入 m 获取帮助)：m
命令操作
   a   toggle a bootable flag
   b   edit bsd disklabel
   c   toggle the dos compatibility flag
   d   delete a partition
   g   create a new empty GPT partition table
   G   create an IRIX (SGI) partition table
   l   list known partition types
   m   print this menu
   n   add a new partition
   o   create a new empty DOS partition table
   p   print the partition table
   q   quit without saving changes
   s   create a new empty Sun disklabel
   t   change a partition's system id
   u   change display/entry units
   v   verify the partition table
   w   write table to disk and exit
   x   extra functionality (experts only)

命令(输入 m 获取帮助)：n
Partition type:
   p   primary (0 primary, 0 extended, 4 free)
   e   extended
Select (default p): █
```

图 4-11　fdisk 的 n 命令

```
   设备 Boot      Start         End      Blocks   Id  System
/dev/sdb1            2048    16779263     8388608   83  Linux
/dev/sdb2        16779264    20971519     2096128   83  Linux

命令(输入 m 获取帮助)：█
```

图 4-12　fdisk 分区效果

（3）改变分区属性

由于 2GB 大小的分区是作为交换分区使用的，所以现在要修改它的属性。在 fdsik 的命令输入状态下，输入修改属性的 t 命令。系统提示输入要修改属性的分区号，现在输入 2，系统又要求输入分区类型的十六进制代码。如果记不住代码，可以按 L 键查看分区类型。输入 Linux 交换分区的代码 82，就把第二个分区设置成交换分区了。同样，修改属性完成后，也可以输入 p 命令检查分区信息。

（4）保存并退出

要记住，以上所做的一切都要保存后才能生效。经检查确认无误后，在 fdisk 的命令输入状态下输入 w 命令来保存设置并退出 fdisk；如果放弃所做的修改与设置，用 q 命令，此时不保存退出。现在使用 reboot 命令重新引导系统，以确保 Linux 系统能正确地读取新加入的磁盘信息。

参考示例5：在参考示例4所创建的/dev/sdb1分区上建立xfs文件系统。

执行命令：

```
[root@ localhost root]# mkfs -t xfs /dev/sdb1
```

或

```
[root@ localhost root]# mkfs.xfs /dev/sdb1
```

系统显示：

```
meta-data  =/dev/sdb1        isize=512     agcount=4, agsize=524288 blks
           =                 sectsz=512    attr=2, projid32bit=1
           =                 crc=1         finobt=0, sparse=0
data       =                 bsize=4096    blocks=2097152, imaxpct=25
           =                 sunit=0       swidth=0 blks
naming     =version 2        bsize=4096    ascii-ci=0 ftype=1
log        =internal log     bsize=4096    blocks=2560, version=2
           =                 sectsz=512    sunit=0 blks, lazy-count=1
realtime   =none             extsz=4096    blocks=0, rtextents=0
```

从显示的结果可以看到，文件系统的i节点数、总块数、块的大小、超级用户保留的块数、第一个数据块的块号、块组数、每个组的块数等信息。至此，新硬盘上的分区及文件系统已经建立完成，可以挂接在Linux系统中使用了。

4.3.2 检查文件系统

Linux文件系统的代码设计合理，运行稳定、可靠，鲜有文件系统正常运行中崩溃的示例。造成文件系统错误的原因通常是因为电源、硬件故障或用户使用不当。例如，系统非正常关闭，由于磁盘缓冲区中的内容还没有写回磁盘，所以会造成文件的一致性错误。Linux系统为了保证所有已经安装的文件系统的完整性与可靠性，要求在安装之前检查文件系统的状态，如果发现文件系统存在问题，就检查并修复。

Linux系统提供fsck命令来检查文件系统是否正常，它可以检查和修复一个或多个Linux文件系统。如果存在问题，它会试图修复并向用户报告检查与修复的结果。一般系统在启动时会自动运行fsck命令，使任何错误都在文件系统使用之前被检测到并进行适当的修复。fsck命令对文件系统做以下检查。

1）对照实际磁盘的文件大小检查有关文件尺寸的说明表。

2）检查目录和文件路径名的正确性。

3）检查文件及其父目录之间的连接是否正确。

4）检查文件及其名字之间的链接数，确认文件是否正确地按名索引。

5）检查是否所有未用磁盘块均已经列入文件系统的自由块列表中。

当fsck命令进行检查时，如果发现文件没有正确地连接到文件系统，它将把这些文件重新连接到文件系统中的一个特定位置，即lost+found目录（CentOS Linux由/usr/sbin目录下的mklost+found命令创建，一般在root目录）。在这个目录里存放的文件，类似于Windows系统中非正常关机后系统重启时磁盘扫描程序所保存的文件。

1. fsck命令用法

对于自动挂接的磁盘，在系统启动时会自动运行fsck命令，但是系统中还有一些需要手动挂接的磁盘，如新增加的硬盘、U盘等，对于它们就需要由用户手工运行fsck命令进行检查。

命令用法：

fsck　[-lrsAVRTMNP] [-C [fd]] [-t fstype] [filesystem...]　[--] [fs-specific-options]

其中，filesystem 可以是设备名称（如/dev/hdc1、/dev/sdb2）、安装点（如/、/usr、/home）、ext2 标签或 UUID 说明符（如 UUID = 8868abf6-88c5-4a83-98b8-bfc24057f7bd 或 LABEL = root）。通常，fsck 命令将尝试并行处理不同物理磁盘驱动器上的文件系统，以减少检查所有这些系统所需的总时间。fsck 命令选项及说明见表 4-5。

表 4-5　fsck 命令选项及说明

<table>
<tr><th>命令选项</th><th colspan="2">选项说明</th></tr>
<tr><td>-l</td><td colspan="2">通过专用的 flock 命令锁定整个磁盘设备。此选项只能与一个设备一起使用（这意味着 -A 和 -l 是互斥的）。当同时执行更多 fsck 实例时，建议使用此选项。用于多个设备或非旋转磁盘时，将忽略该选项。fsck 在执行检查堆叠设备（如 MD 或 DM）时不会锁定底层设备</td></tr>
<tr><td>-r</td><td colspan="2">在 fsck 命令完成时报告某些统计信息。这些统计信息包括退出状态、最大运行集大小（以千字节为单位）、经过的全部时间，以及 fsck 运行使用的用户和系统 CPU 时间。例如：
/dev/sda1: status 0, rss 92828, real 4.002804, user 2.677592, sys 0.86186</td></tr>
<tr><td>-s</td><td colspan="2">连续检查的选项。检查多个文件系统，当为交互模式时采用该选项</td></tr>
<tr><td>-A</td><td colspan="2">遍历/etc/fstab 文件并尝试在一次运行中检查所有文件系统。此选项通常用于/etc/rc 系统初始化文件，而不用于检查单个文件系统的多个命令</td></tr>
<tr><td>-V</td><td colspan="2">长格式模式。显示检查文件系统的具体命令程序</td></tr>
<tr><td>-R</td><td colspan="2">与 A 参数连用，当使用 A 参数时不检查根（/）文件系统</td></tr>
<tr><td>-T</td><td colspan="2">不显示开头的标题栏</td></tr>
<tr><td>-M</td><td colspan="2">不检查已挂载的文件系统，并为已挂载的文件系统返回退出代码 0</td></tr>
<tr><td>-N</td><td colspan="2">只显示每一步如何执行，但并不真正进行检查</td></tr>
<tr><td>-P</td><td colspan="2">与 A 参数连用，检查其他文件系统时并行检查根文件系统（不安全）</td></tr>
<tr><td>-C [fd]</td><td colspan="2">显示检查完成进度栏（当前仅支持 ext2 和 ext3 文件系统）</td></tr>
<tr><td>-t fs type</td><td colspan="2">指定要检查的文件系统的类型。指定 -A 标志时，仅检查与 fslist 匹配的文件系统。fslist 参数是以逗号分隔的文件系统和选项说明符列表。此逗号分隔列表中的所有文件系统都可以使用否定运算符“no”或“!”作为前缀，该运算符请求仅检查未列在 fslist 中的那些文件系统。如果 fslist 中的任何文件系统都没有以否定运算符作为前缀，则只会检查那些列出的文件系统。
选项说明符可以包含在以逗号分隔的 fslist 中。它们必须具有格式 opts = fs-option。如果存在选项说明符，则只检查在/etc/fstab 的挂载选项字段中包含 fs-option 的文件系统。如果选项说明符以否定运算符为前缀，则只检查那些在/etc/fstab 的挂载选项字段中没有 fs-option 的文件系统。例如，如果 opts = ro 出现在 fslist 中，那么只会检查带有 ro 选项的/etc/fstab 中列出的文件系统</td></tr>
<tr><td rowspan="5">fs-specific-options</td><td colspan="2">指定传递给真正检查文件系统检查器的选项。以下 4 个就是大多数检查器都有的选项</td></tr>
<tr><td>-a</td><td>不询问用户，直接修复发现的任何问题</td></tr>
<tr><td>-n</td><td>对于某些特定文件系统的检查器，-n 选项将导致特定 fs 的 fsck 避免尝试修复任何问题，而只是将此类问题报告给 stdout</td></tr>
<tr><td>-r</td><td>修复文件系统前要求用户确认（交互式修复）</td></tr>
<tr><td>-y</td><td>对于某些特定文件系统的检查器，-y 选项将使 fs 特定的 fsck 始终尝试自动修复任何检测到的文件系统损坏</td></tr>
</table>

与 mkfs 程序建立文件系统的方法类似，fsck 只是 Linux 下可用的各种文件系统检查器（fsck. fstype）的前端。实际上，它自己并不检查任何文件系统，而是把用户的要求传递给具体检查某种文件系统的检查器。首先在/ sbin 中搜索文件系统特定的检查器，然后在/ etc / fs 和/ etc 中搜索，最后在 PATH 环境变量中列出的目录中搜索。在 Linux 系统中，具体检查文件系统的命令主要有 fsck. minix、fsck. ext2、fsck. ext3、fsck. vfat、fsck. xiafs、fsck. xfs 等。所以如果没有指定要检查文件系统的类型，fsck 程序将在/etc/fstab 文件中查找该文件系统。如果找到，则调用相应类型的检查程序；如果找不到，则会默认文件系统为 ext2 类型并按此类型检查，这有可能破坏被检查的文件系统。特别注意，在 CentOS 7 Linux 下，虽然有 fsck. xfs 文件系统检查器，但执行该命令却什么都没做，用户应执行 xfs_repair 命令。

由于根文件系统在系统启动时一定是已经自动挂接的文件系统，所以如果要检查它，就必须使用带有根文件系统的系统 U 盘引导。从系统 U 盘上运行 fsck 命令进行检查，检查后立即从硬盘重新启动系统。

检查结束后，fsck 命令会返回一个数值类型的返回码，表 4-6 列出了返回码及含义。

表 4-6　fsck 命令返回码及含义

返回码	含义	返回码	含义
0	没有任何错误	8	操作错误
1	发现文件系统错误，并已修复	16	用法或参数错误
2	系统应该重新引导	32	用户要求终止
4	发现文件系统错误，且不能修复	128	共享库错误

fsck 命令的实际返回码可能是表 4-6 中的某些返回码之和。如为 3，表示发现错误并已修复且系统需要重新启动。

2. xfs_repair 命令用法

CentOS 7 Linux 采用的是 xfs 文件系统，其检查与修复工作无法用 fsck. xfs 检查器完成。而 xfs_repair 命令专门用于 xfs 文件系统的检查与修复。

命令用法：

```
xfs_repair [ -dfLnPv ][ -m maxmem ][ -c subopt = value ][ -o subopt[ = value] ]
        [ -t interval][ -l logdev ][ -r rtdev ] device xfs_repair -V
```

使用 device 参数指定文件系统，该参数应该是包含文件系统的磁盘分区或卷的设备名称。如果给定块设备的名称，xfs_repair 将尝试查找与指定块设备关联的原始设备，并将使用原始设备。

无论如何，必须卸载要修复的文件系统，否则生成的文件系统可能不一致或损坏。xfs_repair 命令选项及说明见表 4-7。

表 4-7　xfs_repair 命令选项及说明

命令选项	选项说明
-f	指定要处理的文件系统映像存储在设备的常规文件中。如果已将文件系统的映像副本复制或写入普通文件，则可能会发生这种情况。此选项意味着任何外部日志或实时部分也在普通文件中
-L	强制记录归零。强制 xfs_repair 将日志归零，即使它是脏的（包含元数据更改）。使用此选项时，文件系统可能看起来已损坏，并可能导致用户文件或数据丢失
-l logdev	指定文件系统的外部日志所在的设备专用文件。仅适用于使用外部日志的文件系统

（续）

<table>
<tr><th>命令选项</th><th colspan="2">选项说明</th></tr>
<tr><td>-r rtdev</td><td colspan="2">指定文件系统的实时部分所在的设备专用文件。仅适用于那些使用实时部分的文件系统</td></tr>
<tr><td>-n</td><td colspan="2">不修改模式。指定 xfs_repair 不要修改文件系统，而仅扫描文件系统，并指示将进行哪些修复</td></tr>
<tr><td>-P</td><td colspan="2">禁用 inode 和目录块的预取。如果发现 xfs_repair 命令在执行中卡住并停止继续，则应使用此选项。中断卡住的 xfs_repair 是安全的</td></tr>
<tr><td>-m maxmem</td><td colspan="2">指定用于 xfs_repair 的近似最大内存量（以兆字节为单位）。xfs_repair 有自己的内部块缓存，可以扩展到进程的虚拟地址限制中的较小者或系统物理 RAM 的 75%。注意：这些内存限制仅是近似值，可能超过指定的限制</td></tr>
<tr><td>-c subopt = value</td><td colspan="2">更改文件系统参数</td></tr>
<tr><td>-t interval</td><td colspan="2">修改报告间隔，以秒为单位指定。在长时间运行期间，xfs_repair 每 15min 输出一次进度。仅在启用 ag_stride 时才会激活报告</td></tr>
<tr><td>-v</td><td colspan="2">详细输出。可以多次指定以增加详细程度</td></tr>
<tr><td>-d</td><td colspan="2">有风险地修复。允许 xfs_repair 修复已挂载的 xfs 文件系统。这通常在单用户模式的根文件系统上完成，然后立即重新启动</td></tr>
<tr><td>-V</td><td colspan="2">显示版本号并退出</td></tr>
<tr><td rowspan="4">-o subopt [= value]</td><td colspan="2">如果文件系统使用默认的设备参数，则覆盖程序可能得出结论。支持的子选项介绍如下</td></tr>
<tr><td>bhash = bhashsize</td><td>覆盖默认缓冲区缓存哈希大小。缓冲区缓存条目的总数限制为此数量的 8 倍。默认大小设置为用尽系统物理 RAM 大小的 75% 的剩余部分</td></tr>
<tr><td>ag_stride = ags_per_concat_unit</td><td>为跨越多个 concat（合并）单元的并行处理 AG，创建了额外的处理线程。这可以显著减少基于 concat 的文件系统的修复时间</td></tr>
<tr><td>force_geometry</td><td>即使无法验证几何信息，也要检查文件系统。如果只有一个分配组，则没有可用的备份超级块；如果有两个分配组，并且两个超级块在文件系统几何上不一致，则无法验证几何信息。仅当用户自己标注了几何图形的日期并知道自己在做什么时，才使用此选项。如果有疑问，应先在无修改模式下运行</td></tr>
</table>

参考示例：若/dev/sdb1 为 xfs 文件系统，则检查该文件系统。

```
[root@ localhost root]# xfs_repair /dev/sdb1
```

系统显示：

```
Phase 1  - find and verify superblock...
Phase 2  - using internal log
         - zero log...
         - scan filesystem freespace and inode maps...
         - found root inode chunk
Phase 3  - for each AG...
         - scan and clear agi unlinked lists...
         - process known inodes and perform inode discovery...
         - agno  = 0
```

```
        - agno = 1
        - agno = 2
        - agno = 3
        - process newly discovered inodes...
Phase 4 - check for duplicate blocks...
        - setting up duplicate extent list...
        - check for inodes claiming duplicate blocks...
        - agno = 0
        - agno = 1
        - agno = 3
        - agno = 2
Phase 5 - rebuild AG headers and trees...
        - reset superblock...
Phase 6 - check inode connectivity...
        - resetting contents of realtime bitmap and summary inodes
        - traversing filesystem ...
        - traversal finished ...
        - moving disconnected inodes to lost+found ...
Phase 7 - verify and correct link counts...
done
```

从显示的信息看，在 Phase 6 将失去连接的索引节点移动到 lost + found 目录。系统中的 lost + found 目录不一定存在于正在修复的文件系统中。如果目录不存在，则会根据需要自动创建。如果它已经存在，将检查其一致性。如果有效，将用于其他孤立文件。删除并重新创建无效的 "lost + found" 目录，不会删除或重命名有效的 lost + found 中的现有文件。

3. 检查磁盘坏块命令

如果磁盘上存在坏块并且没有被标注，则在磁盘上安装的操作系统将会非常不可靠，用户的数据也将非常不安全，因此，有些 Linux 发行版本在安装时会提示用户进行坏块检查。如果是新的、质量较好的磁盘，则跳过该项检查会加快安装的速度；如果是使用较久的磁盘，最好进行坏块检查，以使操作系统可靠运行。同样，对于存储数据的块设备，也要定期进行坏块检查，以确保用户数据的安全、有效。在 Linux 系统中，检查磁盘坏块使用 badblocks 命令。

基本用法：

```
badblocks device [ -o output_file]
```

完整用法：

```
badblocks [ -svwnfBX] [ -b block-size] [ -c blocks_at_once]
          [ -e max_bad_blocks] [ -d read_delay_factor] [ -i input_file]
          [ -o output_file] [ -p num_passes] [ -t test_pattern] device
          [last-block] [first-block]
```

其中，参数 device 是需要检查的块设备名称，是必需的，其他的是可选的命令选项。

badblocks 命令参数选项及说明见表 4-8。

表 4-8　badblocks 命令参数选项及说明

参数选项	说　明
-s	写出当前坏块占磁盘的粗略百分比来显示扫描进度。请注意，badblocks 可能会对磁盘执行多次测试，特别是如果用户使用 -p 或 -w 选项
-v	详细模式。将向 stderr 文件写入读取错误，并写入错误和数据损坏的次数
-w	在检查时，执行写入测试（即将一段数据写入磁盘块中，然后读出比较，看是否一致）。使用该参数会破坏磁盘中原有的数据，因此一定要慎用。此选项不与 -n 选项组合，因为它们是互斥的
-n	使用非破坏性的读、写模式，系统默认的是非破坏性的只读测试模式。此选项不能与 -w 选项组合使用，因为它们是互斥的
-f	强制使已挂接的块设备接受读、写或破坏性测试。该参数会破坏已挂接文件系统中的数据，强烈建议不要使用
-B	使用缓冲 I/O，并且不使用直接 I/O
-X	内部标志仅供 e2fsck（8）和 mke2fs（8）使用
-b block-size	指定磁盘块的大小，单位为字节。默认为 1024B
-c blocks_at_once	指定一次测试的块数，默认为 64 块/次。该参数值越大，检查的效率越高，但耗费的内存也越多
-d read_delay_factor	如果该参数被传递且非零，并且在读取操作中没有遇到错误，将导致读取之间的坏块休眠，延迟将以执行读取操作所需时间的百分比来计算。换句话说，值为 100 会导致每次读取延迟上一次读取的时间，值为 200 会延迟两倍的时间
-e max_bad_blocks	在终止测试之前指定最大数量的坏块。默认值为 0，表示将持续到测试结束
-i input_file	从已知的坏块文件列表中读取坏块信息，系统将不再检查这些坏块
-o output_file	将坏块列表写入指定文件。如果没有此选项，badblocks 会在其标准输出上显示列表
-p num_passes	指定重复扫描磁盘的次数，该参数系统默认为 0 次
-t test_pattern	指定要读取（和写入）磁盘块的测试模式。参数 test_pattern 可以是介于 0 和 ULONG_MAX-1 之间的数值，也可以是单词“random”，后者指定该块应填充随机位模式
last-block	指定检查到哪个块结束。如果未指定，则设备上的最后一个块用作默认值
first-block	指定从哪个块开始检查，允许测试从磁盘中间开始。如果未指定，则磁盘上的第一个块将用作默认值

参考示例：检查硬盘某分区的坏块并把检查结果保存在 bad-blocks 文件中。

执行命令：

```
[root@localhost root]# badblocks /dev/hdb2 -o bad-blocks
```

磁盘分区越大，块数越多，检查所耗费的时间也越多。当不指定检查结果输出到的文件时，如果检查结束，并出现系统提示符后，屏幕上没有显示任何错误信息，则表示该磁盘（分区）没有坏块。

4.3.3　安装与卸载文件系统

磁盘分区是把磁盘分为一个或若干个存储区域，以便让操作系统知道各存储区的大小、使用的文件系统类型等信息。建立文件系统是完成这些存储区的初始化操作，以使这些存储区具有数据存取的条件。在完成以上两个步骤之后，还不能对磁盘进行存取操作。虽然这时用 fdisk -l 命令可以看到这些存储区的信息，但是它们还游离于当前 Linux 操作系统的文件系统管理范围之外。

在 Linux 操作系统中，任何一个文件系统在使用之前，都必须执行文件系统的安装工作。只有安装后的文件系统，用户才能对其进行文件的存取操作。Linux 系统在启动时会根据系统的/etc/fstab文件自动安装预设的文件系统以方便用户使用，但是有些版本的 Linux 发行套件并不自动安装光驱中光盘上的文件系统，需要手工安装。第一个原因是，系统无法保证引导时光驱中存在光盘，如果其中没有光盘这样的存储介质，则引导时自动安装文件系统就会失败；第二个原因是，如果光驱中有光盘且存在可执行文件或自动运行的文件，则普通用户登录系统后可以执行光盘中的可执行文件，这给系统安全带来隐患。

Linux 操作系统提供了一对安装（mount）与卸载（umount）文件系统的命令。用户可以根据需要把新文件系统安装到 Linux 文件系统中的某个安装点上，这样用户既可以访问系统中原来的文件系统，也可以访问新加入的文件系统。当该文件系统不需要时，还可以非常方便地从 Linux 系统中卸载。为了操作系统的安全，这对命令只有具有超级用户权限的用户才能使用。对于系统管理员而言，当 Linux 系统安装成功后，fdisk 与 mkfs 命令一般只在增加新磁盘时才使用，其他时间很少用到，但是随着 USB 接口设备使用的日益普及，安装与卸载文件系统命令却是每个 Linux 系统管理员都会经常用到的。

1. 安装点的概念

采用树形目录结构的任何一个文件系统，都有一个根目录，从根目录开始到该文件系统中的任意一个目录或文件，都存在一条通路。在文件系统被安装到 Linux 系统的文件系统之前，是独立的文件系统，Linux 系统是无法访问的。就好像各个高校图书馆的电子图书系统，在接入网络之前它们是独立的，但是如果各自找到网络的接入点并连接，则连接成一个更大的电子图书系统。对于新安装的文件系统，只要它符合 Linux 系统所能支持的文件系统类型，就可以安装到 Linux 系统中，但是必须在 Linux 的文件系统中为新加入的文件系统的根目录找一个“挂接”的地方，以便用户通过 Linux 操作系统找到新文件系统的根目录，这个“挂接”的地方就是安装点，亦称挂接点。通常安装点是一个目录。

安装点并非是 Linux 系统中的任意一个目录，例如，如果挂接在 Linux 文件系统的/bin 目录，则该目录下的所有文件都会被“覆盖”，虽然它不会真的破坏文件，但是许多常用的命令，包括 mount 与 umount 命令，都不能执行了，系统只能重新启动。因此，为了保证系统能够正常使用，安装点应该是一个空目录。Linux 系统在安装过程中已经为用户预先建立了安装其他文件系统的安装点，即/mnt 目录。考虑到用户需要挂接多个文件系统，在该目录下，用户可以建立 udisk、winc、wind 等子目录，用于挂接 U 盘、Windows 系统下 C 和 D 驱动器上的文件系统等。

2. 手工安装文件系统

如果需要使用光盘、U 盘或新增硬盘上文件系统中的文件，则可能需要手工安装文件系统了。在 Linux 系统中，使用 mount 命令安装文件系统。但在 Red Hat Linux 升级版的 CentOS 7 的图形方式下插入 USB 接口设备后，在桌面上出现 USB 接口设备的图标，用户可以在插入存储介质后在对应的图标上单击鼠标右键，在弹出的快捷菜单中选择“打开”命令，即可自动完成安装并打开/run/media/login_name 目录下的一个系统命名的子目录。当然，在自动挂接失败的情况下，用户也可以按传统的 mount 命令方法把它们挂接在/mnt 目录的对应子目录下。

基本用法：

```
mount[ -t type] device dir
```

其中，参数 device 是要安装的文件系统所对应的实际设备，为必选参数，光驱为/dev

/cdrom，软驱为/dev/fd0，USB 接口设备为/dev/sdax，IDE 硬盘为/dev/hdyx（其中 x 代表数字 1，2，…，y 代表小写字母 a ~ h）；dir 是安装点，也是必选参数，即为该文件系统要挂接的位置，一般为/mnt 目录下的子目录；选项 -t type 是要安装的文件系统类型，即 Linux 系统所支持的文件系统类型，目前主要有：

adfs、affs、autofs、coda、coherent、cramfs、devpts、efs、ext、ext2、ext3、hfs、hpfs、iso9660、jfs、minix、msdos、ncpfs、NFS、NTFS、proc、qnx4、ramfs、reiserfs、romfs、smbfs、sysv、tmpfs、udf、ufs、umsdos、vfat、xenix、xfs、xiafs

其中，coherent、sysv 和 xenix 这 3 种类型是等价的，而 xenix 和 coherent 类型将来不再支持，因此应该使用 sysv 类型。由于 ext 和 xiafs 两种类型已经基本不用，所以自内核 2.1.21 版本后也不再支持。

基本用法是最常用的，它基本上可以满足大多数系统管理员安装文件系统的需求。mount 命令还有高级用法和多个参数选项，使用它们可以使 mount 命令能胜任更为复杂的安装工作。mount 命令如果不带任何参数，则不安装文件系统，只显示当前系统中已经安装的文件系统信息。所有用户都有这种方式的执行权限。

高级用法：

```
mount -a [-fFnrsvw] [-t vfstype] [-O optlist]
mount [-fnrsvw] [-o options [,...]] device | dir
mount [-fnrsvw] [-t vfstype] [-o options] device dir
```

mount 命令的主要命令选项及说明见表 4-9。

表 4-9　mount 命令的主要命令选项及说明

命令选项	选项说明
-a	安装/etc/fstab 文件中所有的文件系统。通常用于系统引导的脚本文件中
-f	不执行真正的安装操作，只显示安装过程中的各种信息
-F	与 -a 参数连用。将在不同的设备或不同的 NFS 服务器上并行安装
-n	不把安装条目写入/etc/mtab 文件中
-r	安装只读文件系统
-s	忽略不当的安装选项，以避免安装失败。这将忽略不被文件系统所支持的安装选项
-v	安装过程中显示详细的信息
-w	安装有读、写权限的文件系统，为系统默认选项
-O optlist	与 -a 参数一起使用，对 -a 参数加以限制。例如，执行： mount -a -O no_netdev 表示安装除了在/etc/fstab 文件选项域中所指定的_net-dev 选项外的所有文件系统
-o options	使用带有逗号的选项列表，这些选项部分仅当出现在 fstab 文件中时才有用
-t vfstype	挂接的文件系统类型

参考示例 1：安装光盘上的文件系统，执行命令：

```
[root@ localhost root]# mount /dev/cdrom /mnt
```

或

```
[root@ localhost root]#mount /dev/iso9660 /mnt/cdrom
```

其中，/mnt/cdrom 目录必须存在，否则安装不成功。

参考示例 2：安装新增加 SCSI 硬盘的第二个硬盘上第一个分区的 xfs 文件系统，执行命令：

[root@ localhost root]# mount -t xfs /dev/sdb1 /mnt

参考示例 3：安装 SCSI 硬盘上第一个分区的 NTFS（Windows 7）文件系统。

由于 CentOS 7 发行套件的内核支持 NTFS 文件系统时存在读/写问题，所以先要安装 NTFS-3G 软件，它是由 Tuxera 公司开发并维护的开源项目，可以实现 Linux、FreeBSD、MacOS X、NetBSD和 Haiku 等操作系统中对 NTFS 文件系统的读/写支持。它可以安全且快速地读写 Windows 系统的 NTFS 分区，而不用担心数据丢失。互联网上有许多站点提供 NTFS-3G 源码或安装包的下载，但源码下载后需要用户自己编译，从而容易引入错误等问题。而安装包下载后在 CentOS 7 中安装最为方便，因为 CentOS 7 有强大的软件仓库。yum 命令之所以能方便地安装软件包，就是因为是利用软件仓库的资源镜像站点下载的；而 CentOS 7 默认的资源下载，一般是先从其官方站点下载，然后从社区用户站点下载，最后是从第三方站点下载。如果这些站点都找不到，为了安全，不会随便到互联网找，用户必须对软件仓库进行新站点加源，即用 wget 命令（Linux 中从互联网下载软件的命令）进行加源。所谓的加源，就是把新站点的网址镜像添加到 CentOS 7 的软件仓库中，添加后的软件仓库如图 4-13 所示。

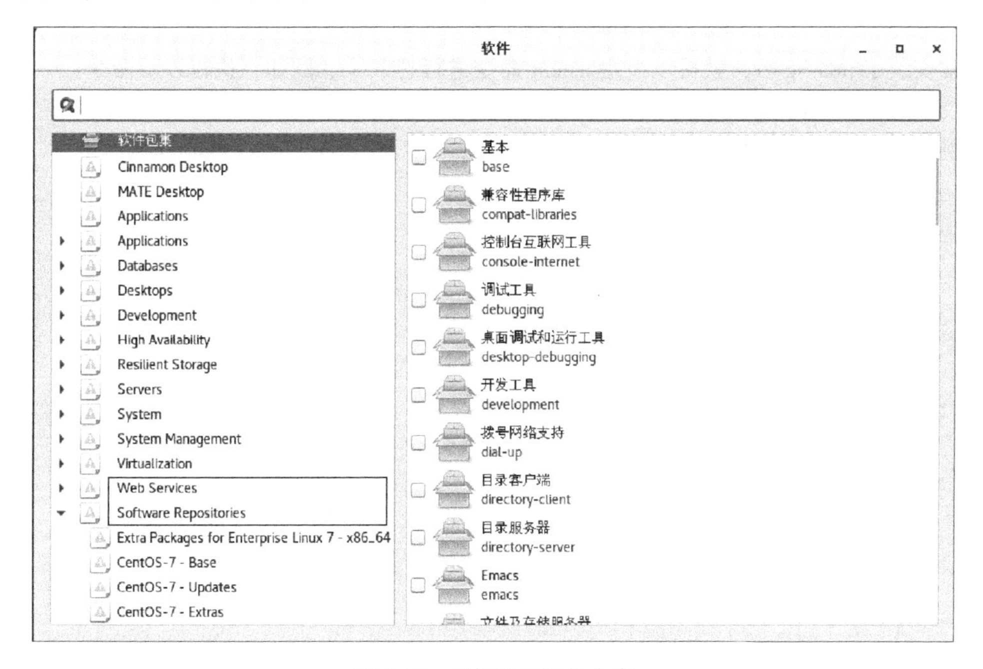

图 4-13　添加后的软件仓库

以下是下载、安装软件的步骤。

1）进行加源，即执行如下命令：

```
# wget -O /etc/yum.repos.d/epel.repo http://mirrors.aliyun.com/repo/epel-7.repo
```

其中，-O 是命令选项，/etc/yum.repos.d/epel.repo 为选项参数，用于存放输出数据的文件。

2）软件更新，即执行如下命令：

```
#yum update
```

下载更新软件仓库的软件，包括 ntfs-3g。这次更新 200 多个软件。

3）软件安装，即执行如下命令：

#yum install ntfs-3g

安装 ntfs-3g 后的结果如图 4-14 所示。

```
正在安装:
 ntfs-3g               x86_64               2:2017.3.23-11.el7               epel               265 k

事务概要

安装  1 软件包

总下载量：265 k
安装大小：612 k
Downloading packages:
ntfs-3g-2017.3.23-11.el7.x86_64.rpm                                          | 265 kB  00:00:00
Running transaction check
Running transaction test
Transaction test succeeded
Running transaction
  正在安装    : 2:ntfs-3g-2017.3.23-11.el7.x86_64                                                1/1
  验证中      : 2:ntfs-3g-2017.3.23-11.el7.x86_64                                                1/1

已安装:
  ntfs-3g.x86_64 2:2017.3.23-11.el7

完毕！
[root@localhost ~]#
```

图 4-14　安装 ntfs-3g 后的结果

正常安装了 ntfs-3g 后，就可以使用 mount 命令进行挂载了。例如，执行以下命令：

#mount –t ntfs /dev/sda1 /mnt/winc

本例的挂载结果如图 4-15 所示。

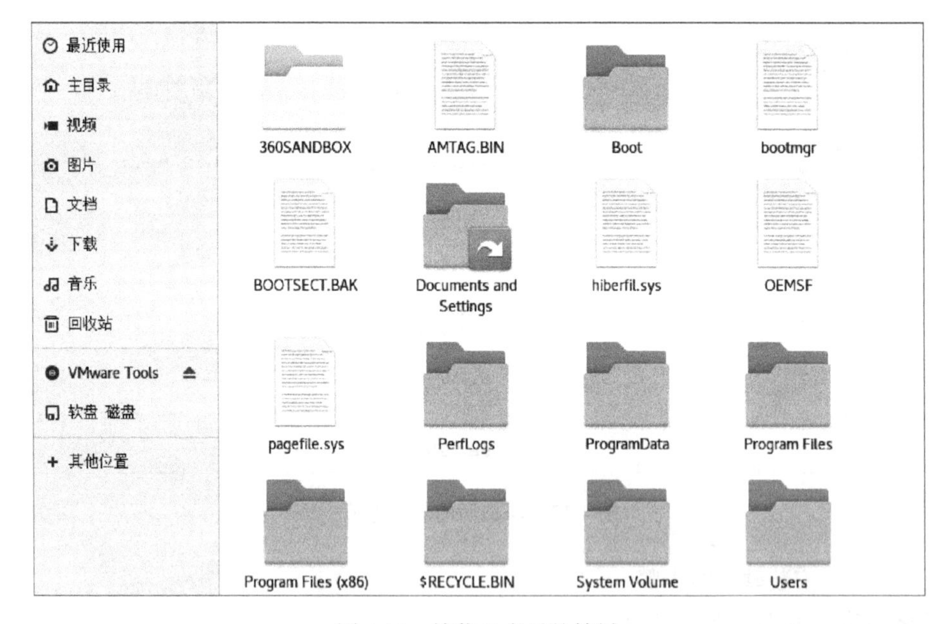

图 4-15　挂载 C 盘后的结果

mount 命令使用注意事项：

1）只有具有超级用户权限的用户才能使用 mount 命令安装文件系统。

2）/mnt 目录是系统安装时自动建立的，有些版本已经预建/cdrom、/floppy 目录，如果未建立，则用户应该在该目录下先建好所需的目录以方便使用，安装点一定要存在。

例如：

mkdir/mnt/udisk(为U盘上文件系统所建的安装点)

3）安装完成后，就可以直接对该安装点下文件系统中的文件进行操作了。

例如：

cp/root/hello. c /mnt/udisk　复制/root目录中的文件到已挂载的U盘

4）挂接U盘并向其中复制或移动文件时，命令要写成：

cp hello. c /mnt/udisk 或 cp hello. c /mnt

不要写为：

cp hello. c /dev/sdxx

如果这样写，那么系统会提示是否覆盖/dev/sdx文件，尽管选择“Y”选项也不会真的破坏/dev/sdx设备文件，但复制或移动文件没有成功，即/mnt目录下并没有复制或移动的文件。

sdxx中的第一个x表示用户所挂载的U盘设备号，第一个为a，第二个为b，以此类推；第二个x为分区号，第一个为1，第二个为2，以此类推。

3. 自动安装文件系统

对于系统每次启动时都要用到的文件系统，如磁盘上Linux的ext3、ext4或xfs文件系统，如果每次都要由系统管理员安装显然是很不现实的。为此，Linux系统设计了文件系统安装配置文件fstab（也称为文件系统安装表）。该文件预先安排好系统启动时需要安装的文件系统，在Linux系统启动时读取fstab文件信息，自动把预设要安装的文件系统安装好，以避免每次使用时都要手工去安装。

自动安装文件系统的实现是通过修改/etc/fstab配置文件来完成的。该文件的用户权限为对文件主（一般是超级用户）可读/写、对同组和其他用户为只读，因此只有具有超级用户权限的用户才能改写该文件。这个文件为文档格式，在Linux系统下可以用vi等文本编辑器打开，在Windows系统下则要用写字板打开。

fstab文件每行一条记录、由6个字段组成，字段间通过按Tab键或按空格键分隔；每行指定一个需要自动安装的文件系统。各个字段的排列顺序（该顺序不能改变）如下：

fs_spec fs_file fs_vfstype fs_mntops fs_freq fs_passno

fstab文件中各字段的含义见表4-10。

表4-10　fstab文件中各字段的含义

字　段	含　义
fs_spec（块设备）	指定要安装文件系统所在的块特殊设备或远程文件系统。除了sda1、hda1等外，也可以是UUID或卷标签
fs_file（安装点）	文件系统的安装（挂接）点
fs_vfstype（文件系统类型）	指定要安装的文件系统类型，即Linux系统所支持的文件系统类型
fs_mntops（安装选项）	指定与文件系统相关联的安装选项，各选项间以逗号分隔。这些选项很多，具体可执行man mount命令查阅
fs_freq（备份频率）	指定多长时间使用dump（ext2文件系统备份）命令备份该文件系统一次。如果不设置该字段，则视为不进行备份
fs_passno（检查顺序）	指定系统引导时使用fsck命令检查文件系统的顺序。根文件系统的值应该设置为1，其他文件系统的值应设置为2。如果这个字段没有设置或设为0，则fsck命令的返回值为0，并假定该文件系统不需要检查

一个实际 Linux 系统中/etc/fstab 文件的内容，如图 4-16 所示。

```
#
# /etc/fstab
# Created by anaconda on Tue Aug 20 09:32:44 2019
#
# Accessible filesystems, by reference, are maintained under '/dev/disk'
# See man pages fstab(5), findfs(8), mount(8) and/or blkid(8) for more info
#
/dev/mapper/centos-root /                       xfs     defaults        0 0
UUID=ba5af9bc-c3a2-4ce7-86be-169b8241d181 /boot                   xfs     defaults        0 0
/dev/mapper/centos-swap swap                    swap    defaults        0 0
/dev/sda1               /mnt/winc               ntfs    defaults         0 0
```

图 4-16 某 fstab 文件的内容

该文件指定了系统启动时自动安装的 4 个文件系统。各文件系统的主要字段设置及含义说明如下。

第一个是根文件系统，块设备是/dev/mapper/centos – root（卷标签），安装点是根目录（表示为/），文件系统类型是 xfs，安装选项是 defaults（默认值）。

第二个是 boot 文件系统，块设备表示为 UUID，安装点是/boot，文件系统类型是 xfs，安装选项是 defaults（默认值）。

第三个是交换文件系统，块设备是/dev/mapper/centos – swap（卷标签），安装点是 swap（交换分区），文件系统类型是 swap（交换文件系统），安装选项是 defaults。

第四个是要自动挂载的文件系统，块设备是/dev/sda1，安装点是/mnt/winc，文件系统类型是 NTFS，安装选项是 defaults。

其中，安装选项为 defaults 表示默认为可读/写文件系统（rw）、允许执行二进制程序文件（exec）、可以使用 mount – a 命令安装文件系统（auto）、禁止普通用户安装文件系统（nouser）、所有 I/O 操作均采用异步执行的方式（async）、可以在文件系统中说明字符或块特殊设备（dev）、允许设置用户标识或设置组群标识有效（suid）。

4. 卸载文件系统

Linux 操作系统在以下情况下需要卸载文件系统：

1）一个已安装的文件系统不再使用时；

2）已安装的文件系统要用 fsck 命令进行检查时；

3）从软驱取出软盘前（让磁盘缓冲区回写，防止数据丢失）；

4）拔出 USB 接口的设备时（让设备缓冲区回写，防止数据丢失）；

5）从光驱取出光盘前（否则可能无法弹出光盘）；

卸载文件系统采用 umount 命令。类似的，该命令也有基本用法和高级用法。

基本用法：

umount dir | device

其中，参数 dir 是文件系统的安装点，即安装的目录；device 是文件系统所在的块特殊设备。这两个参数是或的关系，只要选择使用一个参数即可。

基本用法是最常用的，它基本上可以满足大多数系统管理员卸载文件系统的需求。umount 命令还有高级用法和多个参数选项，使用它们可以使 umount 命令能胜任更为复杂的卸载工作。

高级用法：

umount – a [– dflnrv] [– t vfstype] [– O options]

umount [– dflnrv] dir | device [...]

umount 命令的主要命令的选项及说明见表 4-11。

表 4-11 umount 命令的主要命令选项及说明

命令选项	选项说明
-a	卸载/etc/mtab 文件中所有的文件系统
-d	万一卸载的是循环设备，仍然释放它
-f	强制卸载。要求内核版本是 2.2.116 或以上版本
-l	懒惰卸载。从文件系统层分离文件系统，一旦文件系统不忙，就清除有关的文件系统。要求内核版本是 2.4.11 或以上版本
-n	卸载时没有写入/etc/mtab 文件
-r	万一文件系统卸载失败，尝试以只读方式安装
-v	卸载时显示详细信息
-t vfstype	指定卸载的文件系统类型
-O options	使用带有逗号的选项列表，这些选项部分仅当出现在 fstab 文件中时才有用

参考示例 1：卸载 SCSI 硬盘上的文件系统，执行命令：

```
# umount /dev/sdxx
```

sdxx 中的第一个 x 表示系统中硬盘的次设备号，第一个为 a，第二个为 b，以此类推；第二个 x 为分区号，第一个为 1，第二个为 2，以此类推。

参考示例 2：卸载 U 盘上的文件系统，执行命令：

```
umount /dev/sdxx
```

或

```
umount /mnt/udisk    U 盘上的文件系统安装在/mnt/udisk 目录
```

umount 命令使用注意事项：

1）该命令是 umount，而不是 unmount。

2）如果出现所安装的文件系统无法卸载，例如，操作系统告诉用户“该设备正忙”，此时可以回到根目录或上一级目录下执行卸载命令。一般不要在安装点及安装点以下的目录进行卸载文件系统操作。

5. mount、umount 命令的安全问题

Linux 系统为了安全，默认只有超级用户才能使用 mount 和 umount 命令，以防某些别有用心的普通用户借安装 U 盘上的文件系统到任何目录的机会，用木马或病毒程序替换常用的系统程序。但是，正常使用系统的普通用户又确实需要使用软驱、光驱或 U 盘，一种比较安全的方法是修改/etc/fstab 文件，指定软驱、光驱和 USB 接口设备，并指定允许的安装点。这样，普通用户就不能任意使用非指定的设备和安装点了。

例如，要允许普通用户使用软驱、光驱和 U 盘，可以把/etc/fstab 文件修改为：

```
/dev/sda1     /             xfs           defaults             0   0
/dev/sda2     /boot         xfs           defaults             0   0
/dev/sda3     swap          swap          defaults             0   0
/dev/cdrom    /mnt/cdrom    udf,iso9660   noauto,owner,ro      0   0
/dev/fd0      /mnt/floppy   auto          noauto,owner         0   0
/dev/fd0      /floppy       auto          noauto,user          0   0
/dev/cdrom    /cdrom        udf,iso9660   noauto,user,ro       0   0
/dev/sda4     /udisk        auto          noauto,user          0   0
```

修改后的/etc/fstab 文件增加了 3 个自动安装的软盘、光盘和 U 盘文件系统，与原来最主要的不同在于，安装选项字段中的 owner 替换成了 user、文件系统类型字段使用 auto、在根目录下建立了 3 个对应的目录。这样，对于任何普通用户，都可以通过自动检测文件系统类型来使用软驱、光驱和 U 盘了，但不允许普通用户执行所安装文件系统中的程序。注意，如果这 3 个目录建立在/mnt 目录下，则普通用户仍然可以执行所安装文件系统中的程序。

现在普通用户在使用时，安装的命令是：

```
$ mount /floppy
$ mount /cdrom
$ mount /udisk
```

普通用户不能再指定块设备，如果指定了块设备，则系统会提示只有超级用户才能安装。这种修改/etc/fstab 文件的做法使普通用户仍然可以使用 umount 命令卸载文件系统，所用的卸载命令是：

```
$ umount /floppy
$ umount /cdrom
$ umount /udisk
```

4.4　网络文件系统

网络文件系统（Network File System，NFS）是一种允许用户通过 TCP/IP 网络从其他计算机上安装（挂载）文件系统的系统。该系统最早是由 Sun Microsystem 公司开发的。它能够使运行于不同操作系统的不同体系结构的计算机之间通过网络实现资源共享。NFS 可以在不同的操作系统中实现，是因为它定义了一个抽象的文件系统模型。在每个操作系统上，NFS 模型都被映射为本地文件系统，所以用户感觉是在使用本地文件系统。

通过 NFS，用户可以从远程计算机上安装操作系统（这也是 Linux 系统安装方式中的一种），可以访问远程计算机的文件与目录，可以实现文件的上传与下载，可以允许多台计算机使用同一个文件。随着网络技术的飞速发展，NFS 的应用越来越广泛，特别是在嵌入式系统开发中。

计算机之间要使用 NFS，必须有一个 NFS 服务器和一个客户。服务器把自己的文件系统提供给其他远程计算机安装（挂载），这个文件系统在 NFS 中就称为输出文件系统；安装（挂载）服务器上输出文件系统的远程计算机就称为客户机。因此，要使用 NFS 必须满足 3 个条件：第一，服务器与客户机之间可以通过 TCP/IP 进行通信；第二，服务器必须把输出文件系统定义为可以被安装（挂载）的；第三，客户机必须将服务器的输出文件系统在自己的计算机上安装（挂载）为网络文件系统（NFS）。

4.4.1　输出文件系统

对 NFS 服务器而言，输出文件系统只不过是一个普通的文件系统。一旦在 NFS 服务器上启动了 NFS 服务，并在配置文件中定义了哪些文件系统可以输出，就可以允许客户机安装（挂载）NFS 系统了。

1. 启动 NFS 服务

启动 NFS 服务可让 NFS 的守护程序 rpc. mountd、rpc. nfsd 和 rpc. rquoatd 等在 NFS 服务器上运行。这些守护程序保存在/usr/sbin 目录下，在 CentOS 7 Linux 下通常由 systemctl 命令来启动运行。在安装 Linux 系统时，如果安装类型不是选择服务器或定制（全部安装），则 NFS 的服务软件有可能没有被安装到系统中。在 NFS 服务软件已经安装的情况下，为了减少资源占用，Linux 系统启动时默认不自动启动 NFS。所以使用 NFS 时首先运行 setup 命令，在 System Services 菜单项下检查系统是否安装了 NFS 服务软件、是否选择了 NFS 服务。如图 4-17 所示，在完成这些检查后，运行以下命令来启动 NFS 服务。

[root@ localhost root]# systemctl start nfs

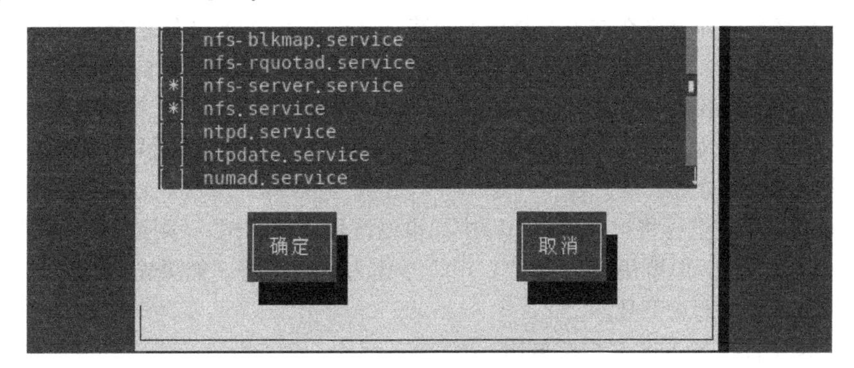

图 4-17 选择 NFS 服务

为了检查 NFS 服务是否启动，再执行以下命令查看状态：

[root@ localhost root]#systemctl status nfs

查看 NFS 服务，如图 4-18 所示。

```
[root@localhost ~]# systemctl status nfs
●nfs-server.service - NFS server and services
   Loaded: loaded (/usr/lib/systemd/system/nfs-server.service; enabled; vendor preset:
disabled)
  Drop-In: /run/systemd/generator/nfs-server.service.d
           └order-with-mounts.conf
   Active: active (exited) since 一 2019-08-26 21:11:05 PDT; 18min ago
  Process: 6867 ExecStartPost=/bin/sh -c if systemctl -q is-active gssproxy; then syste
mctl restart gssproxy ; fi (code=exited, status=0/SUCCESS)
  Process: 6815 ExecStart=/usr/sbin/rpc.nfsd $RPCNFSDARGS (code=exited, status=0/SUCCES
S)
  Process: 6783 ExecStartPre=/usr/sbin/exportfs -r (code=exited, status=0/SUCCESS)
 Main PID: 6815 (code=exited, status=0/SUCCESS)
    Tasks: 0
   CGroup: /system.slice/nfs-server.service

8月 26 21:11:04 localhost.localdomain systemd[1]: Starting NFS server and services...
8月 26 21:11:05 localhost.localdomain systemd[1]: Started NFS server and services.
Hint: Some lines were ellipsized, use -l to show in full.
[root@localhost ~]#
```

图 4-18 查看 NFS 服务

命令中 status 参数表示查看 NFS 服务的状态。从显示结果可以看到：NFS 服务已经装载、服务已经处于 active（活动）状态、exportfs（输出文件系统）等都处于 SUCCESS（成功）状态了。

2. 配置 exports 文件

在/etc 目录下的 exports 文件，如果从来没有配置过，则是一个空的文件。配置该文件就像配置访问控制列表一样，把 NFS 的输出文件系统加入到文件中。因此，这个文件的配置信息包括什么文件系统可以被输出、什么计算机允许访问服务器的输出文件系统以及什么类型和级别的访问等。配置 NFS 服务器实际上主要就是配置/etc/exports 文件，要配置该文件，可以在命令行方式下用 vi 或 vim 编辑器，也可以在图形方式下用文本编辑器。在早期的 Redhat Linux 9 中还有图形方式的 NFS 管理软件，但 CentOS 7 里已经没有了。

在命令行方式下，用任意一个文本编辑器都可以编辑 exports 文件。这个文件的格式类似于 SunOS 的输出文件，每一行都用来存放一个可以输出的文件系统的信息，每一行的固定格式为

mount - point machine1 [(mount - option…)] … machineN[(mount - option…)]

其中，mount - point 是可以输出的文件系统在 NFS 服务器上的安装点；machine1，…，machineN 是客户机名称，即允许在这个安装点上安装（挂载）该 NFS 文件系统的计算机或网络组的名称列表；mount - option 是计算机或网络组在安装该 NFS 文件系统时的安装选项列表，安装选项是可以省略的。安装点与计算机或网络组之间、计算机或网络组与计算机或网络组之间都必须以空格分隔，否则无效。如果指定安装选项，则选项前后必须加上圆括号；如果有多个安装选项，则它们之间用逗号分隔。

在 exports 文件中，空行将被忽略。一行中如果以符号“#”开头，则该行为注释行。如果一行无法写完，可以换行，但要用反斜杠（\）符号作为续行字符。如果输出文件系统名包含空格，则名称前后必须加上双引号。

（1） exports 文件中的 NFS 客户机名称

在/etc/exports 文件中，machine 可以是以下这些格式。

1）计算机。这是最普通的格式。系统管理员既可以指定服务器解释程序能识别的缩写计算机名，也可以指定完整的计算机域名，还可以指定计算机的 IP 地址。

2）网络组。NIS 网络组名可以用@ group 形式给出。每个网络组中，只有所属的计算机作为成员被检查。如果所属的计算机为空或包含破折号（-），则被忽略。

3）通配符。计算机名称可以包含 * 和? 通配符。使用通配符可以使 exports 文件更加简洁、紧凑。例如，*. cs. foo. edu 匹配所有域名中包含 cs. foo. edu 的计算机。但是通配符并不能匹配域名中的点（.）符号，所以上面示例中的 * 并不匹配名称为 a. b. cs. foo. edu 的计算机。

4）IP 网络。系统管理员还可以允许服务器同时向所有 IP（子）网络上的计算机输出多个目录。这可以通过指定像地址/掩码这样的 IP 地址和网络掩码对来实现。网络掩码既可以用点分十进制格式（如 255. 255. 255. 0），也可以用连续的掩码长度形式（如 IP 地址/24）。有些 Linux 的发行版本不支持在 IP 网络格式中采用通配符。特别提醒：CentOS 7 Linux 既支持 IP 地址中的整段用通配符，也支持某段使用，例如，既支持用 * 代表的整个 IP 地址，也支持 192. 168. 122. * 这样的地址。

（2） exports 文件中的安装选项

NFS 的输出文件系统识别以下这些选项。

1）secure。要求所有的访问请求必须来自比 IPPORT_RESERVED（端口号为 1024）小的互联网端口。这是默认的安装选项。如果要关闭该安装选项，则指定为 insecure。

2）rw。在安装的 NFS 卷上允许读和写的访问请求。默认的安装选项是只读。该选项也可以明确地指定为 ro（只读）安装选项。

3）async。该选项允许 NFS 服务器违反 NFS 协议，在已经提交给磁盘存储的请求做出任何改变之前响应其他的请求。使用这个选项通常可以改善性能，但是如果没有完全关闭 NFS 守护进程就重新启动了 NFS 服务器，可能会使数据丢失或破坏。该选项的默认设置为 sync。

4）no_wdelay。这个选项关闭写延时。如果 async 选项已经被指定，则设置这个选项无效。如果 NFS 服务器怀疑有一个相关的写请求正在处理或马上到达，则它一般会稍微推迟向磁盘提交写请求。用成倍地向磁盘提交写请求这样的操作可以改善性能。如果 NFS 服务器只是接收到一个无关的请求，这种情况实际上可能会降低性能，所以关闭 no_wdelay 安装选项是有效的。如

果要开启写延时，则该选项可以明确地指定为 wdelay。

5）nohide。如果服务器有两个输出文件系统，并且一个安装（挂载）在另一个之下，那么客户机必须两个文件系统都要安装（挂载）才能访问它们。如果客户机只挂载上面的文件系统，则它在下面文件系统所挂载的地方将只能看到一个空目录。下面的文件系统被“隐藏”了。例如，服务器上的输出文件系统有根（/）文件系统和挂载在/mnt 目录下的 U 盘上的文件系统，如果客户机只挂载/文件系统，则就看不到/mnt 目录下的内容，除非它两个文件系统都挂载。如果对一个输出文件系统的安装选项设置 nohide 选项，则挂载在这个文件系统下面的文件系统不会被隐藏。如果要隐藏（默认），则也可以明确地指定为 hide。

6）no_subtree_check。这个选项关闭子树检查，它对安全性有一些影响，但在某些情况下可以提高可靠性。默认选项是启用子树检查。如果一个文件系统中只是其中的一个子目录被输出，那么无论何时 NFS 请求到达，服务器都必须检查被访问的文件是否在适当的文件系统中（这是比较容易的），而且还要检查它是否在输出树中（这是比较难的）。这种检查就称为子树检查。

7）no_auth_nlm。这个选项也可以为 insecure_locks，它告诉 NFS 服务器不需要对锁定请求进行身份验证。通常，NFS 服务器需要一个锁请求来为具有文件读取权限的用户保存凭据。使用该选项将不执行访问检查。如果担心安全性问题，就要避免使用这个选项。默认选项是 auth_nlm 或 secure_locks。

（3） exports 文件中的用户映射

通过 NFS 中的用户映射，可以将伪用户或实际用户和组的标识赋给一个正在对 NFS 卷进行操作的用户。这个 NFS 用户具有映射所允许的用户和组的许可权限。对 NFS 卷使用一个通用的用户/组可以提供一定的安全性和灵活性，且不会带来很多管理负担。

在使用 NFS 挂载的文件系统上的文件时，用户的访问通常都会受到限制，这就是说，用户都是以匿名用户的身份来对文件进行访问的，这些用户默认情况下对这些文件只有只读权限。这种行为对于 root 用户来说尤其重要。然而，实际上的确存在这种情况：希望用户以 root 用户或所定义的其他用户的身份访问远程文件系统上的文件。NFS 允许指定访问远程文件的用户——通过用户标识号（UID）和组标识号（GID），可以禁用正常的 squash 行为。

用户映射的选项介绍如下。

1）root_squash。把客户机下 UID/GID 0（root 用户）的请求映射到服务器上的匿名 UID/GID 上。

2）no_root_squash。不映射任何来自 UID/GID 0 的请求。这个选项主要用于无盘的客户机。这是默认的选项。

3）all_squash。把所有的 UID 和 GID 都映射到匿名用户上。这个选项对 NFS 输出的公共 FTP 目录、新闻输入/输出子系统目录等很有用。该选项的默认设置是 no_all_squash。

4）anonuid 和 anongid。这两个选项明确设置匿名账户的 UID 和 GID。该选项主要对希望所有要求都来自同一个用户的 PC/NFS 客户机有用。

下面给出一个/etc/exports 文件的示例：

```
# sample /etc/exports file
/           master(rw) trusty(rw,no_root_squash)
/projects           proj*.local.domain(rw)
/usr        *.local.domain(ro) @trusted(rw)
/home/joe           pc001(rw,all_squash,anonuid=150,anongid=100)
/pub        (ro,insecure,all_squash)
```

在这个示例文件中，带“#”号的行为注释信息。第 1 个有效行表示把整个根（/）文件系统输出到名为 master 和 trusty 的两台计算机上，并允许读、写访问。对于名为 trusty 的计算机而言，所有的 UID 和 GID 都不映射到匿名用户上。第 2、3 个有效行中的计算机列表中使用了通配符，第 3 个有效行中还使用了网络组（即@ trusted），域名匹配为 * . local. domain 的计算机只允许读。第 4 个有效行展示了在用户映射中所讨论的 anonuid 和 anongid 选项中的 PC/NFS 客户机。第 5 个有效行将公共的 FTP 目录输出到网络中的任何一台计算机上（因为没有设置允许访问的计算机列表，因此网络上的任何计算机都可以安装该文件系统），并在匿名目录下执行所有的请求，其中的 insecure 选项还允许客户机的访问请求使用比为 NFS 保留的端口号大的端口。

4.4.2　安装文件系统

当 NFS 的服务器配置完成以后，客户机就可以开始安装服务器上输出的文件系统了。安装的方法与安装本地的普通文件系统非常类似，只是多了几个选项。客户机可以用两种方法来安装 NFS 文件系统：一种是通过配置/etc/fstab 文件在系统启动时自动安装，另一种是直接用 mount 命令手工安装。

1. 自动安装

采用自动方式安装 NFS 文件系统时，必须在/etc/fstab 文件中指定一个 NFS 文件系统，而且必须采用如下的格式标明该 NFS 文件系统。

Server:NFS - file - system mount - point file - system - type [option]

其中，Server 是 NFS 文件系统所在 NFS 服务器的名称或 IP 地址；NFS - file - system 是 NFS 服务器上输出文件系统所在的目录；mount - point 是客户机上安装 NFS 文件系统的安装点，即一个本地的目录；file - system - type 是要安装的文件系统类型，即 NFS，有些 Linux 系统中的文件系统类型可以不指定；option 是安装 NFS 文件系统的选项，这些选项可以控制安装的方式。

常用选项说明如下。

1）rsize = n。指定客户机发出读请求时所能读取数据包的字节数，该选项的默认值取决于系统内核的版本，可能是 1024B 或 4096B（然而，把该选项的值设为 8192B 可以大大地改善吞吐量）。

2）wsize = n。指定客户机发出写请求时所能写入数据包的字节数，该选项的默认值取决于系统内核的版本，可能是 1024B 或 4096B（然而，把该选项的值设为 8192B 可以大大地改善吞吐量）。

3）timeo = n。指定客户机请求的远程过程调用（RPC）超时后到第一次重发请求前的时间值，该值以 0.1s 为单位，默认值为 0.7s。

4）soft。指定 NFS 文件系统采用软安装方式。

5）hard。指定 NFS 文件系统采用硬安装方式，这是系统默认设置。

6）int。允许信号中断 NFS 调用的文件操作并向调用进程返回 EINTR。系统默认不允许中断 NFS 调用的文件操作。

在这些选项中，软安装和硬安装方式决定了 NFS 服务器对客户机的请求没有响应时 NFS 客户机如何运行。当服务器没有响应时，客户机要一直延时到 timeo = n 选项指定的时间值，才重新向 NFS 服务器发送请求，这称为次超时。如果对 NFS 服务器的请求连续出现超时，但只要还没有到 60s 的时间，客户机就将不断地向 NFS 服务器发送请求。如果 60s 时间到，而 NFS 服务器还是没有响应，则称为主超时。如果采用系统默认的硬安装方式，则当主超时出现时，客户机向控制台输出一条主超时信息“server not responding”，并将采用两倍于 timeo 所指定的时间间隔发送请求并等待服务器响应，如果再次出现主超时，就重复上述过程直到服务器响应为止。如果采用软安装方式，则当主超时出现时，客户机只是给调用进程产生一个I/O错误信息，终止请求。

采用硬安装方式时，由于客户机会不断地向NFS服务器发送请求，如果一直没有得到响应，有可能使客户机挂死，所以应该设置intr选项来响应中断。一般安装重要的软件包或应用程序时采用硬安装方式，以保证安装的正确性；而安装非重要的数据时，采用软安装方式不会造成服务器关闭时自己被挂起。

当客户机在繁忙的网络、速度较慢的服务器、需要通过几个路由器或网关的网络上安装NFS文件系统时，可以通过增加tineo的值得到较好的整体性能。

如果要从名为pubserver的NFS服务器上安装pub文件系统到客户机的/pub目录下，则可以在/etc/fstab文件中加入下面一行：

```
pubserver:/usr/local/pub/pub    nfs    rsize=8192,wsize=8192,timeo=14,intr
```

在这个例子中，将pubserver服务器上/usr/local/pub安装点中的pub文件系统安装到客户机的/pub目录下，该文件系统的类型为NFS，采用默认的硬安装方式，客户机读/写数据包的字节数为8192B，次超时的值为1.4s，当服务器没有响应时可以终止请求。如果知道NFS服务器的IP地址，也可以用它替换服务器名。配置完成后重新启动系统，进入客户机的/pub目录即可看到新安装的文件系统。

2. 手工安装

如果每次客户机都要通过NFS安装服务器上的文件系统，则最好使用/etc/fstab文件在系统启动时自动安装，也可以使用手工安装的方法。手工安装所用的安装命令是mount，只是在某些情况下命令选项增加了。

命令用法：

```
mount [-t nfs] [-o option] servername:nfs-file-system mount-point
```

参数servername:nfs-file-system中的servername为服务器名或服务器的IP地址，nfs-file-system为服务器上输出的文件系统所在的位置，它们之间用符号“:”分隔；参数mount-point为客户机上NFS文件系统的安装点。选项-t nfs明确指出文件系统的类型为NFS类型，选项-o option的内容与自动安装方式的选项相同。

例如，将IP地址为192.168.248.10服务器上的/usr/local/games文件系统安装到客户机的/mnt目录下。执行如下命令：

```
# mount -t nfs -o timeo=20,intr 192.168.248.10:/usr/local/games /mnt
```

要注意的是：服务器名或IP地址与服务器上所在的文件系统之间一定要用“:”分隔；如果指定timeo、intr、rw或ro等选项，前面一定要加-o开关。特别提醒：客户机如果不需要写操作，mount命令中尽量加上-r（只读方式）选项，以免卸载时一直出现设备忙现象。

4.4.3 NFS配置示例

在嵌入式系统开发中，开发板经常要从宿主机的根文件系统上下载程序与数据，因此它们之间要使用NFS。显然，宿主机作为NFS服务器，而开发板为客户机。本例以嵌入式开发为目的配置NFS。以下都是在宿主机上进行配置和检查。

（1）检查NFS服务是否启动

在以GNOME桌面模式安装CentOS 7时，系统有安装NFS服务包，但默认不加载启动；早期的Linux系统采用chkconfig命令查看系统服务，而CentOS Linux下的系统服务管理都由systemctl命令来完成，在系统的终端提示符下输入以下命令：

systemctl status nfs

执行结果如图 4-19 所示。

```
[root@localhost ~]# systemctl status nfs
● nfs-server.service - NFS server and services
   Loaded: loaded (/usr/lib/systemd/system/nfs-server.service; disabled; vendor preset:
disabled)
   Active: inactive (dead)
[root@localhost ~]#
```

图 4-19　查看 NFS 是否启动

从图 4-19 可以看到，加载了 NFS 服务但处于 inactive（不活动）状态。同样也可用 setup 命令或 ntsysv 命令查看，如图 4-20 所示。

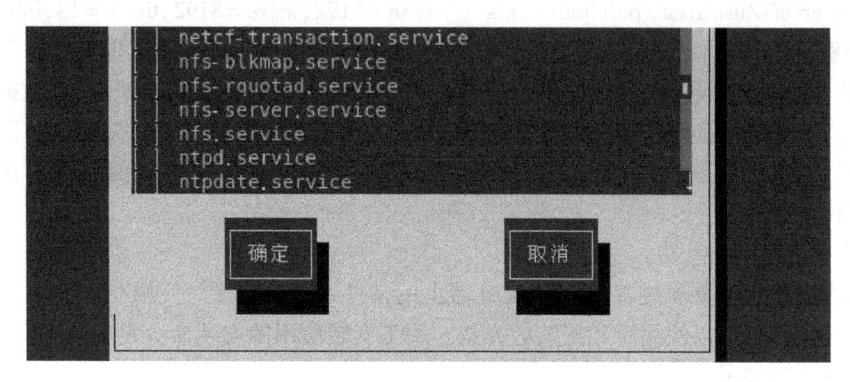

图 4-20　使用命令 setup 查看

显然，NFS 服务前没有打上 *，则表示 NFS 未设置为自启动。

（2）开启 NFS 服务

在 Linux 系统的终端提示符下输入命令：

systemctl start nfs

当再执行 systemctl status nfs 命令时，看到的结果如图 4-18 所示了。

也可以用 setup 或 ntsysv 命令设置，但要重启系统，例如：

ntsysv 或 setup

在弹出的窗口中选择“系统服务”并按 Enter 键，用方向键找到 [ ] nfs - server. service 和 [ ] nfs. service 项并用空格键选中，选中后显示为 [*]。这些是设置服务自启动的，配置后应重启系统。

（3）编辑/etc/exports 文件

在 Linux 系统的终端提示符下输入命令：

vi /etc/exports

系统安装后，修改空文件为只有如下一行内容：

/　(rw)

保存并退出 vi 编辑器。这里服务器的输出文件系统是根文件系统，客户机为所有连接在网络上的计算机且具有读和写的权限。由于目的是为嵌入式系统的开发而设置的，所以没有考虑安全问题。

（4）重新启动 NFS 服务

在完成 exports 文件配置后不需要重新启动系统，只要重启 NFS 服务即可，执行以下命令：

systemctl restart nfs

由于默认情况下 Linux 系统启动时并不启动 NFS 服务，所以可以把上面启动 NFS 服务的命令写入系统启动的脚本配置文件/etc/rc. d/rc. local 中，以免每次都要输入命令启动。

当然，如果用 setup 命令设置过自启动 NFS 服务，则不需要修改 rc. local 文件。

(5) 检查 NFS 配置是否成功

如果宿主机已经与开发板通过网线连接好，则可以从开发板上安装宿主机的根文件系统。宿主机也可以自己挂载（mount）自己。如果可以安装根文件系统（这个示例是根，一般为了安全可以在其他目录，如创建/opt/test 目录），则表示 NFS 配置成功。例如，在宿主机的根目录下执行（假设宿主机的 IP 为 192. 168. 122. 1）：

mount -r 192. 168. 122. 1:/ /mnt

切换到/mnt 目录下，如果能够看到根目录下的所有文件和目录，则表示安装成功，NFS 配置成功。建议用 -r 选项挂载，这样容易卸载。

习 题 4

1. Linux 系统中的文件属性与 Windows 系统的文件属性有何区别?
2. 在 Linux 系统下，目录文件只包含文件名和文件号，有何意义?
3. 比较硬链接与软链接的异同点。
4. 某个文件的数字视图为 640，则它所代表的含义是什么?
5. Linux 系统根目录下的 tmp 有何特点?
6. /tmp 目录的权限数字视图是多少?
7. Linux 文件系统的树形目录结构在什么情况下变成网状结构? 为什么?
8. 在 Linux 系统的终端上执行 tree 命令并将执行结果保存在 temp. txt 文件中，请说明采用树形目录结构的好处。
9. 使用文件系统建立、检查、安装和卸载命令时需要注意哪些问题?
10. CentOS 7 使用的文件系统是什么类型? 有什么特点?
11. 使用网络文件系统（NFS）需要满足哪些条件?
12. 如何启动 NFS 服务?
13. /etc 目录下的 exports 文件有何作用? 如何配置?
14. 按照本章的说明在计算机上建立 NFS。

第 5 章 磁盘文件与目录管理

程序与数据以文件的形式保存在磁盘上，操作系统为了解决文件重名和文件查找问题而采用树形目录。对于用户而言，只要有对文件的访问权限，就可以按文件名对文件进行存取操作。

5.1 按名存取

对于操作系统而言，文件存取时必须知道它在磁盘上的位置，即文件所在的盘面、磁道和扇区这 3 个磁盘参数；但对于普通用户而言，这种要求显然是不现实的。为了方便用户使用文件，可以让用户对文件按名存取，即当用户需要对某个文件进行操作时，只要指定文件名和文件的路径名，由操作系统来完成文件名和路径名到磁盘参数的转换即可。因此，各种操作系统对文件的命名和访问文件的路径都有规定。

5.1.1 文件命名

文件名一般由字母、数字和某些字符组成，且长度有限制。每一种操作系统对文件的命名都有自己的规则，例如，MS-DOS 的文件名包括 8 个字符的文件名和 3 个字符的扩展名；Windows 支持长文件名（255 个字符），支持使用空格字符（Windows 95 及以上版本）等；Linux 系统的文件名也是由字母、数字和某些标点符号组成的，但下列字符不能出现在文件名中：

! @ # $ % ^ & * ( ) { } ' " / \ ; < >空格

这是因为这些字符有特殊用途，例如，& 为后台控制字符、$ 为引用变量的控制字符、> 为输出重定向的控制字符等。但是，在 CentOS 7 的图形方式下，所建立的目录名、文件名可以包含空格，也可以正常打开使用，如图 5-1 所示；而在字符（控制台终端）方式下，既不能建立包含空格的目录和文件，也不能打开，包含空格的文件名命令解释器（一般默认为 bash）是无法直接解释的，将会告知该目录或文件不存在，如图 5-2 所示。Linux 系统同样支持长文件名，对文件名长度的限制也是最多 255 个字符。

在字符终端下，如果目录或文件名一定要用空格，则一定要加转义字符。例如，vi a\ b\ c.txt，则建立并编辑名为 a b c.txt 的文件；cd a\ b\ c\ d\ e，才能进入名为 a b c d e 的子目录。

5.1.2 路径

如果用户访问文件时只给出文件名，则操作系统可能要从根目录开始逐层查找该文件或包含该文件的子目录。如果目录树很深，那么操作系统为找到一个文件要耗费掉许多时间。因此，采用目录树结构的操作系统一般只在用户指定从根目录开始查找文件或目录时才会这样做。显然，如果用户能够指出到达目标文件或目录的一条通路，则操作系统就不需要在其他无关的通路上查找，就会节省许多的查找时间。这样的一条通路就是路径，即指出目录或文件在这棵目录树上的位置。

在知道了路径以后，如果还能知道从哪里开始查找，则就能真正加快文件检索的速度。因此操作系统规定，从根目录开始到目标文件或目录为止所经过的各级子目录通路，称为绝对路径。在 Linux 系统中，路径上的各级子目录之间用“/”分隔，例如，在/home/stu/zxj/cprogram 目录下有一个 hello.c 文件，则该文件的绝对路径就是/home/stu/zxj/cprogram/hello.c。

图 5-1　图形方式下包含空格的目录名、文件名

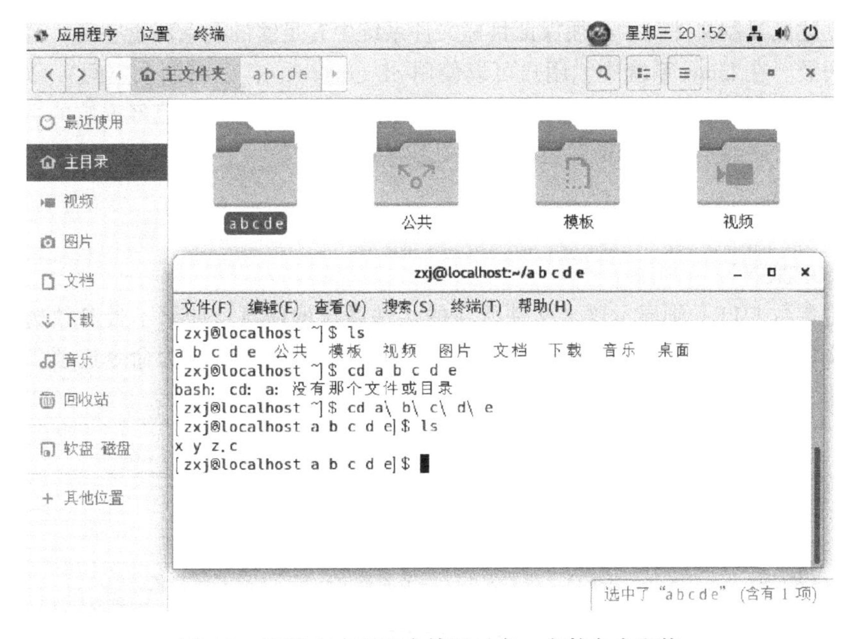

图 5-2　字符方式下不支持目录名、文件名含空格

查找文件并非都要从根目录开始。操作系统为了加快文件检索的速度设立了当前目录。所谓当前目录，就是用户当前所在的工作目录，当用 cd 命令切换到某个目录时，该目录就是当前工作目录。因此，假定用户知道要找的文件或目录是在当前目录以下的某个目录中时，就可以从当前目录开始查找。从当前目录开始到目标文件或目录为止所经过的各级子目录通路，称为相对路径。路径上的各级子目录之间也是用"/"分隔，例如，用户当前目录的绝对路径是/home/stu/zxj，要查找的文件是在 zxj 目录下的 cprogram/hello. c，则查找该文件的相对路径就是 cprogram/hello. c；若要查找 cprogram 目录，则其相对路径就是 cprogram，即该目录名。当使用相对路径查

找时，第一个目录名前不能加斜杠“/”，否则操作系统会认为从根目录开始查找。

以上这些与路径相关的概念与其他常用的、非 UNIX 类的微机操作系统相比，只是路径分隔符不同。在 MS-DOS 和 Windows 操作系统中，路径分隔符用反斜杠“\”，而在 Linux 系统中路径分隔符用“/”（斜杆）。

Linux 系统中没有驱动器符号的概念，只有设备名和目录，要访问不同的文件系统或设备，要先安装该文件系统，然后用 cd 命令进入该文件系统的安装点（目录）。

5.2　常用的磁盘、文件和目录管理命令

磁盘、文件和目录管理有许多命令，系统管理员常用的磁盘管理命令主要涉及磁盘分区、磁盘格式化、文件系统检查、安装/卸载文件系统、查看磁盘空间的使用情况、查看目录所用空间等；文件管理命令主要涉及文件权限的显示与修改，文件的复制、移动、删除、查找、压缩和解压缩、简单信息处理、内容查看等；目录管理命令主要涉及目录建立、改变、删除，显示目录内容等。

5.2.1　磁盘管理

1. 查看磁盘空间的使用情况

当用户创建或复制文件时，必须保证目标文件系统中有足够的剩余磁盘空间，否则创建或复制文件将会失败。在 Linux 系统中，用户可以使用 df（disk free，磁盘剩余空间）命令查看计算机系统上每个文件系统的磁盘空间使用情况。该命令查看的文件系统是已经安装的文件系统，否则无法查看。查看磁盘空间使用情况也可以在图形方式下完成。

（1）命令方式

命令用法：

df [OPTION]... [FILE]...

如果指定参数 FILE，则显示这个文件所在的文件系统的信息；如果不带参数选项，则默认显示除特殊文件系统以外的文件系统所使用磁盘空间的情况。OPTION 为命令选项。df 命令选项及说明见表 5-1。

表 5-1　df 命令选项及说明

命 令 选 项	选 项 说 明
-a	显示所有已经安装的文件系统磁盘空间使用情况
-B 块大小值	按指定块的大小（字节为单位）显示文件系统信息
-h	以容易理解的格式显示文件系统大小（例如，1KB、234MB、2GB 等）
-H	类似 -h，但取 1000 的次方，而不是 1024
-i	显示 inode（i 节点）的使用信息，而不是磁盘块使用量
-k | -m	指定显示的块大小以 1KB 或 1MB 为单位
-l	只显示本机的文件系统
--no-sync	取得使用量数据前不进行 sync 操作（默认）
-P	使用 POSIX 输出格式
--sync	取得使用量数据前先进行 sync 操作

（续）

命令选项	选项说明
-t 指定的文件系统类型	只显示指定类型的文件系统信息
-T	显示文件系统类型
-x 指定的文件系统类型	只显示非指定类型的文件系统信息

参考示例1：检查文件系统使用情况，执行命令：

```
[stu@ localhost stu] $ df
```

显示结果：

```
文件系统        1K-块       已用       可用    已用% 挂载点
/dev/sda3    18555904   5150420   13405484    28% /
devtmpfs       915896         0     915896     0% /dev
tmpfs          931624         0     931624     0% /dev/shm
tmpfs          931624     10760     920864     2% /run
tmpfs          931624         0     931624     0% /sys/fs/cgroup
/dev/sda1      303780    160376     143404    53% /boot
tmpfs          186328         4     186324     1% /run/user/42
tmpfs          186328        28     186300     1% /run/user/0
```

参考示例2：检查所有文件系统的使用情况，并以便于阅读的方式输出，执行命令：

```
[stu@ localhost stu] $ df -ah
```

显示结果：

```
文件系统        容量   已用   可用   已用% 挂载点
rootfs            -      -      -       - /
sysfs             0      0      0       - /sys
proc              0      0      0       - /proc
devtmpfs       895M      0   895M      0% /dev
securityfs        0      0      0       - /sys/kernel/security
…
tmpfs          910M      0   910M      0% /sys/fs/cgroup
cgroup            0      0      0       - /sys/fs/cgroup/pids
…
/dev/sda3       18G   5.0G    13G     28% /
selinuxfs         0      0      0       - /sys/fs/selinux
systemd-1         -      -      -       - /proc/sys/fs/binfmt_misc
debugfs           0      0      0       - /sys/kernel/debug
hugetlbfs         0      0      0       - /dev/hugepages
mqueue            0      0      0       - /dev/mqueue
nfsd              0      0      0       - /proc/fs/nfsd
/dev/sda1      297M   157M   141M     53% /boot
sunrpc            0      0      0       - /var/lib/nfs/rpc_pipefs
vmhgfs-fuse    0.0K   0.0K   0.0K       - /mnt/hgfs
```

```
fusectl          0     0     0       - /sys/fs/fuse/connections
tmpfs         182M  4.0K  182M      1% /run/user/42
tmpfs         182M   28K  182M      1% /run/user/0
gvfsd-fuse       -     -     -       - /run/user/0/gvfs
binfmt_misc      0     0     0       - /proc/sys/fs/binfmt_misc
```

参考示例 3：检查所有文件系统的使用情况，列出所有文件系统的名称与类型，执行命令：

```
[stu@localhost stu]$ df -aT
```

显示结果：

```
文件系统       类型              1K-块      已用       可用     已用% 挂载点
rootfs         -                    -         -          -        - /
sysfs          sysfs                0         0          0        - /sys
proc           proc                 0         0          0        - /proc
devtmpfs       devtmpfs        915896         0     915896       0% /dev
securityfs     securityfs           0         0          0        - /sys/kernel/security
tmpfs          tmpfs           931624         0     931624       0% /dev/shm
devpts         devpts               0         0          0        - /dev/pts
…
/dev/sda3      xfs           18555904   5150428   13405476      28% /
selinuxfs      selinuxfs            0         0          0        - /sys/fs/selinux
systemd-1      -                    -         -          -        - /proc/sys/fs/binfmt_misc
debugfs        debugfs              0         0          0        - /sys/kernel/debug
hugetlbfs      hugetlbfs            0         0          0        - /dev/hugepages
mqueue         mqueue               0         0          0        - /dev/mqueue
nfsd           nfsd                 0         0          0        - /proc/fs/nfsd
/dev/sda1      xfs             303780    160376     143404      53% /boot
sunrpc         rpc_pipefs           0         0          0        - /var/lib/nfs/rpc_pipefs
vmhgfs-fuse    fuse.vmhgfs-fuse     0         0          0        - /mnt/hgfs
fusectl        fusectl              0         0          0        - /sys/fs/fuse/connections
tmpfs          tmpfs           186328         4     186324       1% /run/user/42
tmpfs          tmpfs           186328        28     186300       1% /run/user/0
gvfsd-fuse     -                    -         -          -        - /run/user/0/gvfs
binfmt_misc    binfmt_misc          0         0          0        - /proc/sys/fs/binfmt_misc
```

如果计算机系统采用多配置启动，则在硬盘上一般至少有一个 vfat 或 UTFS 类型的文件系统，那就是 Windows 系统下的 C 盘，但是从本参考示例看不到该文件系统，这是因为它还没有安装（挂接）。

参考示例 4：安装 Windows 系统 C 盘的文件系统，列出所有文件系统的名称，执行命令：

```
[root@localhost root]# mount /dev/sda1 /mnt/winc
[root@localhost root]# df
```

显示结果：

```
文件系统                    1K-块      已用       可用      已用% 挂载点
/dev/mapper/centos-root  38770180   5622448   33147732   15% /
devtmpfs                   924144         0     924144    0% /dev
tmpfs                      941044         0     941044    0% /dev/shm
tmpfs                      941044     12472     928572    2% /run
tmpfs                      941044         0     941044    0% /sys/fs/cgroup
/dev/sda1                41944060  12008000   29936060   29% /mnt/winc
/dev/sda3                 1038336    236968     801368   23% /boot
tmpfs                      188212         4     188208    1% /run/user/42
tmpfs                      188212        28     188184    1% /run/user/0
```

从输出的结果可以看到，/dev/sda1 下的文件系统挂接在/mnt/winc 目录下，这个就是 C 盘上的 NTFS 类型的文件系统。

（2）图形方式

在图形方式下可以通过“应用程序”→“系统工具”菜单栏下的“系统监视器”或“应用程序”→“系统工具”菜单栏下的“磁盘”命令查看磁盘空间的使用情况，但所获得的信息比较少，不能显示磁盘每块的大小、已用多少块、已用的百分比等信息。

2. 显示磁盘上目录或文件的大小

当用户复制或移动目录、文件时，可能需要了解磁盘上目录或文件的大小，以决定是否要复制、移动。在 Linux 系统中，用户可以使用 du（disk usage，磁盘使用量）命令查看计算机系统上每个目录或文件占用磁盘空间的情况。查看目录或文件占用磁盘空间的情况也可以在图形方式下完成。执行该命令需要超级用户权限。

（1）命令行方式

命令用法：

```
du [OPTION]... [FILE]...
```

该命令显示指定的目录或文件所占用的磁盘空间，默认单位为 KB。如果指定的参数 FILE 为文件，则给出该文件的磁盘占用量；如果是目录，则给出该目录总的磁盘占用量。可以一次指定多个目录或文件。OPTION 为命令选项。du 命令选项及说明见表 5-2。

表 5-2 du 命令选项及说明

命令选项	选项说明
-a	不仅显示目录的空间占用情况，而且显示目录中所有文件的空间占用情况
-B 块大小值	按指定块的大小（字节为单位）显示目录或文件的占用块数信息
-b	显示的结果以字节为单位，而不以磁盘块为单位
-c	在处理完所有指定的目录参数后显示这些目录总共占用磁盘空间的情况
-D	对于在命令参数中给出的符号链接文件，显示该链接所指向文件的空间占用情况，而不是该链接文件本身占用的空间。但对于非命令参数中给出的符号链接文件，显示的是其本身占用的空间
-h	以容易理解的格式显示出文件或目录的大小（例如，1KB、234MB、2GB 等）
-H	类似 -h，但是取 1000 的次方，而不是 1024
-k	指定显示的块大小，以 1KB 为单位

（续）

命令选项	选项说明
-l	硬链接文件的大小也计算在内
-L	对于符号链接文件，显示其所指向的文件的空间占用情况，而不是该链接文件本身占用的空间
-S	只显示每个目录自己占用的空间，不包括该目录中的子目录所占用的空间
-s	对于参数中指定的目录，只显示该目录总共占用的空间，而不显示该目录中的子目录所占用的空间
-x	略过不在当前文件系统中的目录

参考示例1：列出当前目录下的所有文件所占用的磁盘空间，执行命令：

```
[root@ localhost zxj]# du -ab
```

显示结果：

```
14366	./df.doc
744./fdisk.doc
15107	./fsck.doc
4235	./grub.cfg
106./grub.d.doc
1282	./meminfo
3262	./mkfs.doc
617./mkfs.xfs.doc
39857	.
```

显示该目录下每个文件所占用的磁盘空间，以及当前目录（.）所占据磁盘的总空间。磁盘空间的单位为字节。

参考示例2：列出/var 目录占用的磁盘空间，并给出统计信息，执行命令：

```
[root@ localhost zxj]# du -bc /var
```

显示结果：

```
6	/var/tmp/abrt
	…
11887523	/var/spool
72630272	/var/lib/rpm
102400	/var/lib/games/gnuchess
	…
36864	/var/state/linuxconf
40960	/var/state
270479360	/var
270479360	总用量
```

除了显示/var 目录下的每个文件及该目录本身所占据的磁盘空间外，还给出该目录下所有子目录磁盘空间的总用量，单位为字节。

（2）图形方式

在图形方式下可以通过双击桌面或文件窗口里的目录图标，进入需要的目录窗口查看。使用鼠标右键单击要查看的目录或文件，在弹出的快捷菜单中选择“属性”命令可打开“属性”对话框。采用这种方式时，如果选择的是目录，则只能显示该目录下有多少项、总共占用多少磁盘空间，不能显示该目录下每个文件的占用空间信息。如果选择的是文件，则只能显示该文件的大小（占据的空间），如图5-3所示。

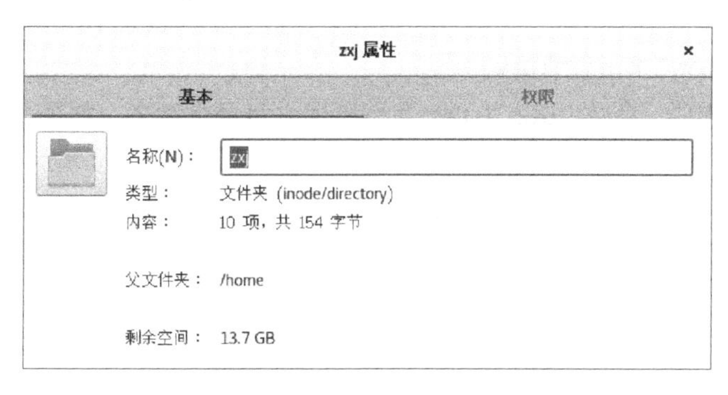

图5-3 在图形方式下查看目录大小

5.2.2 文件与目录管理

1. 目录切换

当用户需要对某个目录下的若干文件进行编辑、复制、删除或移动等操作时，最方便的做法就是进入该目录，以免每次对一个文件的操作都要给出绝对路径名。从一个目录进入另一个目录就是目录的切换。在命令行方式下，可使用cd命令切换目录。

命令用法：

cd [dir]

参数dir为要切换到的路径目录名。如果没有给出路径名，则系统在当前目录下查找目录。路径既可以是绝对路径，也可以是相对路径。如果切换的是当前目录下的子目录，则可以使用相对路径，否则应该使用绝对路径。

与命令行方式相比，在图形方式下切换目录非常方便，只要在打开的目录窗口中找到所需要的目录图标并双击即可。

2. 显示当前目录

用户有时需要知道自己当前所在工作目录的绝对路径信息。如果是工作在图形方式下，则在打开的目录窗口的“位置”输入框中可以方便地看到自己所在工作目录的绝对路径；如果是工作在命令行方式下，则可以使用pwd命令查看。

命令用法：

pwd [OPTION]

该命令没有参数，OPTION为命令选项。

pwd命令的选项及说明见表5-3。

Linux系统中的绝大多数命令都有--help和--version这两个选项，以后介绍命令时不再提及它们。

表5-3 pwd命令的选项及说明

选项	说 明
--help	显示帮助信息
--version	显示版本信息

3. 建立目录

当用户需要对自己的文件分类存放或需要使某些文件让其他用户共享时就需要建立相应的目

录。建立目录既可以在命令行方式下，也可以在图形方式下。

(1) 命令行方式

在命令行方式下建立目录使用 mkdir 命令。它能根据命令的参数选项在指定的位置（目录）下建立目录。当然，用户必须要拥有该位置的写权。

命令用法：

mkdir [OPTION] DIRECTORY...

OPTION 为命令选项，参数 DIRECTORY 为所要建立目录的列表。如果参数所指定的目录已经存在，则该命令无法建立目录。mkdir 命令的选项及说明见表 5-4。

表 5-4　mkdir 命令的选项及说明

选项	说　明
-m	在建立目录时设置目录的权限。权限设置方法与 chmod 命令相同
-p	如果所要建立目录的上级目录不存在，则一起建立
-v	显示命令执行的详细过程

mkdir 命令使用的注意点：

1）命令 mkdir 不能省略为 md。

2）系统默认新建立目录的用户权限数字代码为 755，即文件主为可读、写、执行（rwx），同组用户和其他用户为可读、执行（r-x）。如果默认的目录权限无法满足要求，则使用 -m 选项设置。

参考示例 1：建立名为 public 的目录，让所有的用户都有 rxw 权限。

mkdir -m 777 public

或

mkdir -m a=rwx public

参考示例 2：在当前目录 stu 下建立 stu1/pro/fox 目录，但 stu 目录下没有任何目录存在。

mkdir -p stu1/pro/fox

本例中，由于 fox 目录的上级目录不存在，所以如果不使用 -p 选项，则系统提示无法创建这些目录。

(2) 图形方式

在图形方式下建立目录非常方便，只要在相应目录窗口的空白处单击鼠标右键，在弹出的快捷菜单中选择“新建文件夹”命令，在“新建文件夹”对话框的“文件夹名”输入框中输入目录名即可。

4. 文件或目录复制

对用户而言，复制文件或目录就是把需要的文件或目录从目录树上的一个位置复制到另一个指定的位置。复制文件或目录可以在命令行方式下，也可以在图形方式下进行。

(1) 命令行方式

在命令行方式下采用 cp 命令复制文件或目录。

命令用法：

cp [OPTION]... SOURCE DEST

或

cp [OPTION]... SOURCE... DIRECTORY

或

cp [OPTION]... --target-directory=DIRECTORY SOURCE...

其中，OPTION 为命令选项，参数 SOURCE 为源文件，SOURCE...为源文件列表、DEST 为目标文件，DIRECTORY 为目标目录。cp 命令选项及说明见表 5-5。

表 5-5 cp 命令选项及说明

命令选项	选项说明
-a	等价于同时指定 -dpR 选项
-b	复制时若目标文件存在，则为已存在的目标文件创建备份文件
-d	当复制符号链接文件或目录时，把目标文件或目录也建立为符号链接的文件或目录，并指向与源文件或目录链接的原始文件或目录。如果不加该选项，则复制中遇到符号链接文件或目录时，不是重新建立一个指向该原始文件或目录的符号链接文件或目录，而是直接复制该链接所指向的原始文件或目录
-f	无论目标文件或目录是否存在，都强制复制文件或目录
-i	覆盖文件或目录前要求用户确认
-H	复制命令行中符号链接文件所指向的原始文件
-l	对源文件建立硬链接，而非复制文件
-p	复制文件或目录时，保留源文件或目录的属性，包括拥有者、所属组群、权限与时间
-P	复制文件或目录时，保留源文件或目录的路径（绝对路径或相对路径），且目标目录必须存在
-r 或 -R	递归处理，将指定目录下的文件和子目录一起复制
-s	对源文件只是创建符号链接，而不是复制
-S 尾字符串	系统预设的备份文件尾字符串是“~”，用该选项可以修改
--target-directory=目录名	将命令中所有 SOURCE... 参数指定的源文件或目录复制到指定的目标目录
-u	只在源文件日期比目标文件新，或目标文件不存在时才进行复制
-v	显示命令执行的详细信息
-x	不会在不同的文件系统之间进行复制操作

使用 cp 命令的注意点：

1）要注意是否有源文件和目标文件的读、写权限。

2）系统为了用户文件安全，实际上已经添加了 -i 参数，以提示同名覆盖确认。

3）源、目标既可以是文件名，也可以是目录名。

4）cp 命令还有很多选项，使用中可以利用联机帮助。

参考示例 1：复制文件 file1、file2、file3 与目录 directory1 到目录 directory2 下。

```
cp -R file1 file2 file3 directory1 directory2
```

本例由于源目录中还有目录存在，所以必须加 -R 选项，否则目录无法复制。如果源文件或目录超过一个，则目标目录必须存在，否则会出现错误信息。

参考示例 2：复制符号链接文件 sever 到目标目录/home/stu 下。

```
cp -d sever /home/stu/
```

本例是复制符号链接文件，如果不使用 -d 选项，则复制的是符号链接文件所指向的原始文件。

参考示例3：复制/var/tmp/netvigator 文件到目录 twngsm 下。

cp -P /var/tmp/netvigator twngsm

本例由于使用了 -P 选项，所以文件 netvigator 将会在 twngsm/var/tmp 目录中，而不是在 twngsm 目录中。另外，目标目录 twngsm 必须存在。

(2) 图形方式

图形方式下复制文件或目录非常简单，与 Windows 系统下的复制操作类似。在一个打开的目录窗口中选择源文件或目录（一个或多个，如果是多个，则按住 Ctrl 键），单击鼠标右键，在弹出的快捷菜单中选择“复制文件”命令，再在另一个目录窗口中的空白处单击鼠标右键，在弹出的快捷菜单中选择“粘贴文件”命令，即可完成文件或目录的复制操作。此外，也可以在选中的文件或目录图标上按住鼠标左键不放，拖动到另一个目录窗口中。

5. 移动文件或目录

移动实际上就是把选中的源文件或目录复制到目录树上某个指定的位置，再把源文件删除。移动文件或目录可以在命令行方式下进行，也可以在图形方式下进行。

(1) 命令行方式

在命令行方式下采用 mv 命令移动文件或目录，该命令也可用于为文件或目录更名。

命令用法：

mv [OPTION]... SOURCE DEST

或

mv [OPTION]... SOURCE... DIRECTORY

或

mv [OPTION]... --target-directory=DIRECTORY SOURCE...

该命令的参数与 cp 命令相同，命令选项也很类似。mv 命令选项及说明见表 5-6。

表 5-6　mv 命令选项及说明

命令选项	选项说明
-b	移动时若目标文件存在，则为已存在的目标文件创建备份文件
-f	强制移动文件或目录，若要覆盖，无须用户确认
-i	覆盖文件或目录前要求用户确认
-n	不覆盖已存在的文件
-S 尾字符串	系统预设的备份文件尾字符串是“~”，用该选项可以修改
-u	只在源文件日期比目标文件新，或目标文件不存在时才进行移动，文件更名时也是如此
-v	显示命令执行的详细信息

使用 mv 命令的注意点与使用 cp 命令类似。

参考示例1：在当前目录下移动文件 sudo.txt、suid.txt 和目录 bin 到目标目录/home/stu/temp 下。

$ mv sudo.txt suid.txt bin /home/stu/temp

移动文件或目录时，如果目标目录不存在，则系统会自动建立。本例没有使用 -i 选项，但系统会默认覆盖前会提醒用户确认。

参考示例2：把当前目录下的文件 sudo.txt 更名为 sd.txt，如果 sd.txt 存在，则将它备份为 sd.txtbak 文件。

$ mv -b -S bak sudo. txt sd. txt

本例用 -b 选项实现同名目标文件的备份，用 -S 选项把系统预设的备份文件尾字符串“~”修改为 bak 字符串。

(2) 图形方式

图形方式下移动文件或目录非常简单，与 Windows 系统下的移动操作类似。在一个打开的目录窗口中选择源文件或目录（一个或多个，如果是多个，则按住 Ctrl 键），单击鼠标右键，在弹出的快捷菜单中选择“剪切文件”命令，再在另一个目录窗口中的空白处单击鼠标右键，在弹出的快捷菜单中选择“粘贴文件”命令，即可完成文件或目录的移动操作。

6. 删除空目录

当系统中有空目录要删除时，可以使用 rmdir 命令。如果所指定删除的目录非空，则会出现错误信息。

命令用法：

rmdir [OPTION]...DIRECTORY...

OPTION 为命令选项，参数 DIRECTORY...为要删除的空目录列表。rmdir 命令的选项及说明见表 5-7。

表 5-7 rmdir 命令的选项及说明

命令选项	选项说明
--ignore-fail-on-non-empty	忽略删除非空目录时的错误信息（没有删除目录）
-p	删除指定的空目录后，若其上级目录也已为空，则一起删除
-v	显示命令执行的详细过程

7. 删除文件或目录

对于一些不再使用的文件或目录，用户或系统管理员都应该及时删除，以便有更多的磁盘空间来保证系统稳定地运行。删除文件或目录既可以在命令行方式下完成，也可以在图形方式下完成。

(1) 命令行方式

在命令行方式下，删除文件或目录使用 rm 命令。如果用户删除文件，则该用户必须要有对所删除文件的写权限；如果用户删除目录，则该用户除了对所删除目录必须有写权限外，还要有执行的权限，这样才能进入目录。

命令用法：

rm [OPTION]... FILE...

其中，OPTION 为命令选项，FILE…为命令参数，指定要删除文件或目录的列表。rm 命令的选项及说明见表 5-8。

表 5-8 rm 命令的选项及说明

命令选项	选项说明
-d	可以删除非空的目录（只限超级用户）
-f	强制删除文件或目录。该选项会忽略放在它前面的 -i 选项
-i	删除文件或目录前先请用户确认（默认）。该选项会忽略放在它前面的 -f 选项
-r 或 -R	递归处理，将指定目录下的所有文件和子目录一起删除
-v	显示命令执行的详细过程

使用 rm 命令的注意点：

1）如果用 rm 命令删除目录，则一定要使用 -r 或 -R 选项，否则无法删除目录。

2）要删除第一个字符为“-”的文件（如“-foo”），请使用以下其中一种方法：

```
rm -- -foo
```

或

```
rm ./-foo
```

3）如果使用 rm 命令删除文件，通常可以将该文件恢复。如果要保证文件的内容无法还原，可以使用 shred 命令，但 shred 命令对许多种文件系统是无效的，包括 ext3。

参考示例：删除当前目录中的所有文件和子目录。

```
rm -r *
```

由于系统默认加入 -i 选项，所以每删除一个文件或目录都会要求用户确认。如果无需确认，则可以增加 -f 选项。

（2）图形方式

在图形方式下删除文件或目录时，可以在一个打开的目录窗口中选择要删除的文件或目录（一个或多个，如果是多个，则按住 Ctrl 键单击文件图标），单击鼠标右键，在弹出的快捷菜单中选择“移动到回收站”命令即可，这种方式删除的文件或目录是可以恢复的；如果要彻底地删除，则可以在选中文件或目录后按 Del 键删除。

8. 显示目录内容

在 Linux 系统中，在图形方式下显示当前目录下的文件和目录非常直观，但是有些功能被分散到若干个系统图形应用程序中，所以使用上没有用命令行方式快捷。

（1）命令行方式

显示当前目录下的文件和目录可使用 ls 命令。它是用户最常用的一条命令。其功能类似于 MS-DOS 下的 dir 命令，但是它的功能更强大，参数和选项也更多。例如，可以递归列出当前目录下各子目录的所有内容等。

命令用法：

```
ls [-OPTION]... [FILE]...
```

参数 FILE...是指定列出的文件或目录列表，OPTION 为命令选项。命令中如果不指定选项和参数，则系统默认列出当前目录下除隐藏文件、本级目录（.）和上级目录（..）以外的所有文件。ls 命令选项及说明见表 5-9。

表 5-9　ls 命令选项及说明

命令选项	选项说明
-1	每列只显示一个文件或目录名称
-a	显示所有文件，包括隐藏文件、本级和上级目录
-A	显示所有文件，包括隐藏文件，但不包括本级和上级目录
-b	以八进制显示非图形的转义字符
-B	忽略备份文件和目录。不显示名称具有备份字尾字符“~”的文件或目录
-c	所显示的文件和目录按它们的修改时间排序。如果与 -l 选项一起使用，可以显示修改时间
--color=[WHEN]	设置是否使用颜色区分文件类型。参数 WHEN 可以是“never”“always”或“auto”
-C	按从上到下、从左到右的分栏方式显示文件和目录名称（系统默认方式）

（续）

命令选项	选项说明
-d	显示目录名称，而不是目录的内容。读者可以自己比较 ls /bin 与 ls -d /bin 的差别
-f	不对目录中的文件排序，而是直接按照文件在磁盘中的存放顺序显示
-F	在可执行文件、目录、Socket、符号链接文件、管道文件后面分别加上“*”“/”“=”“@”“|”符号
--full-time	显示效果与 -l 选项的效果类似，其可列出完整的日期与时间
-g	除了不列出文件主信息外，显示效果与 -l 选项的效果一样
-G	该选项与 -l 一起使用时，其效果与 -o 选项的效果一样，即不显示组群名称
-h	以容易理解的形式显示文件或目录的大小，即以 KB、MB、GB 为单位。该选项要与 -l、-o 等一起使用
--si	该选项的显示效果与 -h 选项的效果类似，但计算单位是 1000B 而不是 1024B
-i	显示文件和目录的 inode 编号
-I 范本模式 或 --ignore=范本模式	不显示符合范本模式的文件或目录。注意：-I 与范本模式之间没有空格。如 ls -If*，不显示所有以 f 开头的文件或目录
-k	指定显示时，块的大小为 1KB。效果同选项 -block-size=1KB 的效果
-l	使用详细格式显示。使用该选项后，ls 命令会将权限标识、硬链接数目、拥有者与组群名称、文件或目录大小以及修改时间等信息一起显示
-L	对符号链接文件或目录直接列出该链接所指向的原始文件或目录。除名称之外，其他各项，如权限标识、硬链接数目、拥有者与组群名称、文件或目录大小以及修改时间等，都以所指向的原始文件或目录为准。该选项常与 -l 一起使用
-m	显示以逗号分隔的文件和目录名称。按从上到下、从左到右的横列方式显示。如果该选项与 -l 或 -o 连用，则显示效果以在后面的选项为主
-n	以 UID 和 GID 代替文件和目录的名称。该选项需要与 -l 或 -o 等连用
-o	该选项的显示效果与 -l 选项的效果类似，但不显示组群名称或 GID
-p	该选项的显示效果与 -F 选项的效果类似，但不会在可执行文件名后面加上*号
-q	用“?”代替控制字符，列出文件和目录名称
-Q	把文件和目录名称用“”括起来
-r	显示的文件和目录名以逆序排列
-R	递归处理，将指定目录下的所有文件和子目录的内容一起显示
-s	以块为单位，显示文件和目录的大小
-S	按文件和目录的大小排序显示
-t	按文件和目录的修改时间排序显示
-T TAB 字数	设置 TAB 字符所对应的空白字符数。预设值为 8
-u	按最后的存取时间排序显示文件和目录名称。如果与 -l 选项连用，则可以显示存取时间
-U	显示文件和目录名称时不排序
-v	按版本排序显示文件和目录名称
-w 字符数/列	设置每列的最大字符数
-x	按从左到右、从上到下的横列方式显示文件和目录名称
-X	按文件扩展名排序显示（即最后一个“.”后面的字母），没有扩展名的文件排在前面

ls 命令的可用选项很多，这里仅列举部分选项，其他的读者可以请求联机帮助。虽然该命令的选项很多，但常用的就几个，如 -a、-l、-R 等。如果有多个选项，则可以连在一起给出，如 -al 等价于 -a -l。文件和目录名称可以包含通配符 * 和 ?。

在 Linux 系统中，还有一个显示目录内容的命令 dir。这个命令与 ls 命令无论在功能上还是在参数选项上都基本上相同，但是它不是 MS-DOS 下 dir 命令的翻版，其用法、参数选项也都不一样。

(2) 图形方式

要在图形方式下查看目录内容，只要从桌面上进入用户的主目录，就可以根据需要逐级查看了，图 5-4 所示为图形方式下显示的目录内容。如果要对文件或目录排序，则可以单击窗口工具栏上的“列表”按钮，在下拉菜单中选择顺序（A-Z）、倒序（Z-A）、修改时间（M）、最初修改（M）、大小（S）、类型（T）方式排序。在“列表”按钮的下拉菜单里还可以选择是否显示隐藏文件、刷新窗体内容、撤销或重做等选项。

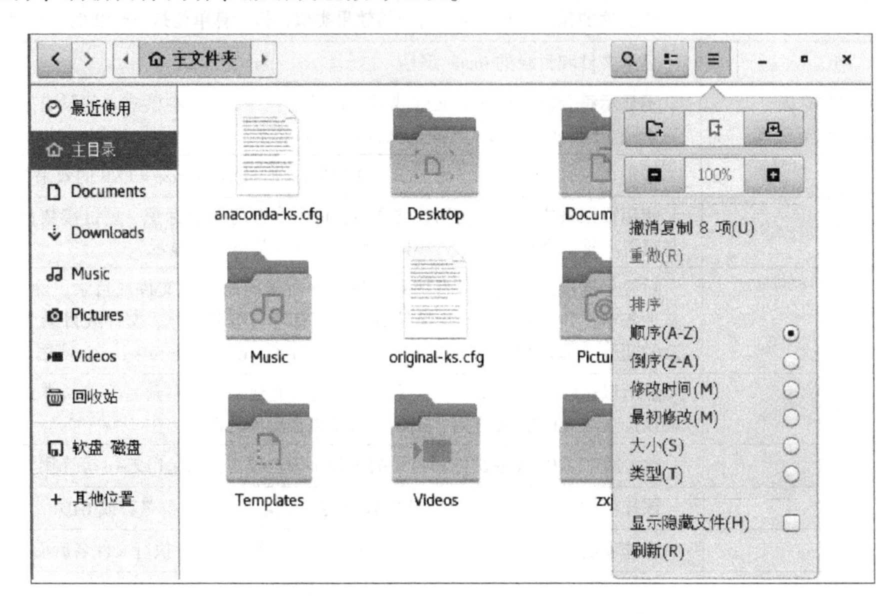

图 5-4 图形方式下显示的目录内容

在图形方式下，由于某些 ls 命令的选项功能并没有实现，如显示文件或目录的 inode 等，所以许多系统管理员更喜欢工作在命令行方式下。

5.3 查找文件

如果用户忘记了自己的文件或目录在磁盘上的哪个目录中，则只要知道文件或目录的名称（或部分字母）就可以找到它们。在图形方式下查找文件或目录虽然简单、直观和方便，但是其附加功能受到限制；而在命令行方式下，命令使用灵活、附加功能强大，但是命令的参数选项很多，初学者可能会感到不便。

5.3.1 命令行方式

在命令行方式下查找文件或目录可使用 find 命令。该命令可以根据给定的条件查找文件或目录，如果需要，还可对找到的文件或目录执行各种命令。

基本用法：

find [path…] [-name filename]

其中，path…为查找的路径，默认是当前目录；filename 为要查找的文件或目录名，可以是全名，也可以是带通配符的部分文件名或目录名。注意：非当前目录下查找文件或目录时，命令选项 -name 不能省略。其基本用法并没有充分发挥该命令的强大功能，要实现限定条件、更加精确或附加执行命令等的查找，就要使用高级用法。

完整用法：

find[-H] [-L] [-P] [-D debugopts] [-O level] [path…] [expression]

其中，-H，-L 和 -P 选项控制符号链接的处理。在这些选项之后的命令行参数被认为是要检查的文件或目录的名称，直到遇到以“-”开头的第一个参数，或者遇到参数“(”或“!”。

-H 选项排除符号链接，这是默认的。当 find 查看或打印文件信息，并且文件是符号链接时，所使用的信息取自符号链接本身的属性。

-L 选项不排除符号链接。当查找或打印有关文件的信息时，所使用的信息应取自链接指向的文件的属性，而不是来自链接本身（除非它是一个破损的符号链接，或查找时无法检查文件到哪个链接点）。使用此选项意味着使用命令选项 -noleaf。如果后面使用 -P 选项，-noleaf 仍然有效。如果 -L 生效且 find 在搜索期间发现指向子目录的符号链接，则将搜索符号链接指向子目录。当 -L 选项生效时，-type 测试条件将始终与符号链接指向的文件类型匹配，而不是链接本身（除非符号链接断开）。使用 -L 会导致 -lname 和 -ilname 测试条件始终返回 false。

-P 选项排除符号链接，但除处理命令行参数外。当 find 查看或打印有关文件的信息时，所使用的信息应取自符号链接本身的属性。此行为的唯一例外是，在命令行上指定的文件是符号链接，并且可以解析链接。对于这种情况，使用的信息取自链接指向的任何内容。如果无法检查符号链接指向的文件，则有关链接本身的信息将用作后备。如果 -H 生效，并且命令行中指定的路径之一是指向目录的符号链接，则将检查该目录的内容（当然，-maxdepth 0 会阻止此操作）。

-D debugopts 选项输出调试信息。调试选项列表应以逗号分隔。在 findutils 的发行版之间不保证调试选项的兼容性。

-O level 启用查询优化。find 程序重新排序测试以加快执行速度，同时保持整体效果。level 为十进制整数 0~3。

其中，expression 为表达式，它可以包含逻辑运算符、命令选项、测试条件和后续动作。以符号“-”“(”“)”“,”或“!”开始的第一个参数被认为是表达式的开始，在它之前的任何参数都会被视为搜索路径，在它之后的是其余的表达式。如果表达式省略，则系统会以 -print 作为默认值。

find 命令将按照优先级规则从左到右地计算表达式，并根据命令中列出的文件名（或文件名列表）搜索指定路径的目录（或目录列表），搜索以递归的方式进行，直到搜索完所有指定的目录。下面详细说明表达式中主要的命令选项、测试条件和后续动作。

1. 命令选项

所有的命令选项总是返回“真”。这些选项对整个查找过程有效，而不是只对表达式中的可及部分有效，所以最好放在表达式的最前面。常用的命令选项如下。

1） -daystart：从本日开始计算时间，而非从 24 小时之前开始。该选项通常与 -amin、-atime、-cmin、-ctime、-mmin、-mtime 等一起使用。

2） -depth：从指定目录的最深子目录处开始查找。试比较以下两种形式的运行结果：

find /var -name “news＊” 和 find /var -name “news＊” -depth。

3） -follow：排除符号链接文件。该选项隐含 -noleaf 选项。

4） maxdepth levels：设置最大目录层数。该选项可以决定 find 命令的查找范围。例如，目录层数设为 3，就会从指定目录算起，再向下搜索两层。如果目录层数设置为 1，则不会搜索任何子目录的内容。

5） -mindepth levels：设置最小目录层数。该选项可以决定 find 命令的查找范围。例如，目录层数设为 3，就会从指定目录的下面两层子目录开始搜索，以此类推。

6） -mount：不在其他文件系统中查找。为了与其他版本的 find 命令兼容，该选项也可以写为 -xdev。

7） -noleaf：不考虑目录至少需要有两个硬链接的存在。一般在 UNIX 的文件系统里，每个目录至少会有两个硬链接存在：一个是目录名称，另一个是当前目录 “.” 项，如果有子目录，则还有链接到父目录的上级目录 “..” 项。但是其他文件系统不一定具有这种特性，例如，CD-ROM 或 MS-DOS 的文件系统，以及 AFS （Andrew Filesystem） 卷的安装点等。find 命令默认会针对这种特性设置最佳化的查找方式。如果在没有类似链接性质的文件系统中查找文件时取消这种最佳化的查找方式，可以提高查找的速度。

8） -xdev：该选项与 -mount 选项效果相同。

2. 测试条件

测试的结果返回 “真” 或 “假”，决定是否满足查找文件或目录的条件。测试所带的数字参数和条件可以指定为：

+n：表示大于 n。

-n：表示小于 n。

n：表示等于 n。

1） -amin n：如果存在 n 分钟前访问过的文件或目录，则返回 “真”。如果是 +n，表示超过 n 分钟；如果是 -n，表示 n 分钟之内。以后内容中 n 的含义与此相同。

2） -anewer file：如果存在比参数 file 指定的文件或目录访问时间更近的文件或目录，则返回 “真”。若与命令选项 -follow 一起使用，则要放在它之后才有效。

3） -atime n：如果存在 n 天前访问过的文件或目录，则返回 “真”。

4） -cmin n：如果存在 n 分钟前修改的文件或目录，则返回 “真”。

5） -cnewer file：如果存在比参数 file 指定的文件或目录修改时间更近的文件或目录，则返回 “真”。若与命令选项 -follow 一起使用，则要放在它之后才有效。

6） -ctime n：如果存在 n 天前修改过的文件或目录，则返回 “真”。

7） -empty：如果存在大小为 0B 的文件或空目录，则返回 “真”。

8） -false：将 find 命令的返回值都设置为 false。

9） -fstype type：如果参数 type 指定文件系统类型的文件或目录存在，则返回 “真”。用户可以使用 find / -printf %F 命令查看计算机文件系统的类型。

10） -gid n：如果存在参数 n 指定的组群 ID 的文件或目录，则返回 “真”。

11） -group gname：如果存在参数 gname 指定组群名称的文件或目录，则返回 “真” （也可以使用组群 ID）。

12） -ilname pattern：与指定 -lname 类似，但忽略字符大小写的差别。

13） -iname pattern：与指定 -name 类似，但忽略字符大小写的差别。

14） -inum n：如果存在 i 节点为 n 的文件，则返回 “真”。

15）-ipath pattern：与指定-path类似，但忽略字符大小写的差别。

16）-iregex pattern：与指定-regex类似，但忽略字符大小写的差别。

17）-links n：如果存在硬链接数为n的文件或目录，则返回“真”。

18）-lname pattern：如果存在符号链接所指向的文件或目录与参数pattern匹配，则返回“真”。匹配字符不处理“/”或“.”字符。

19）-mmin n：查找在指定的时间曾经被修改过的目录或文件，时间单位为分钟。

20）-mtime n：查找在指定的时间曾经被修改过的目录或文件，时间单位为天。

21）-name pattern：如果存在与参数pattern匹配的文件或目录，则返回“真”。参数pattern为文件或目录名字符串，可以使用通配符。包含通配符的文件或目录名最好用双引号“ ”括起来。

22）-nouser：如果存在不属于本地主机用户ID的文件或目录，则返回“真”。

23）-nogroup：如果存在不属于本地主机组群ID的文件或目录，则返回“真”。

24）-path pattern：如果存在与参数pattern匹配的文件或目录，则返回“真”。如果查找从当前目录开始，则其中的参数pattern要以./开始，且用单引号或双引号括起来；如果不是从当前目录开始查找，则patterm中必须指出路径。pattern可以使用通配符，但是特殊字符“/”和“.”不会被处理。例如，使用find . -path './sr*sc'查找时，输出的可能是./src/misc目录。为了忽略一个目录树，可使用-prune动作。例如，忽略src/emacs目录和该目录下的所有文件和子目录而在当前目录下查找时，可以这样实现：

find . -path './src/emacs' -prune -o-print。

25）-perm mode：如果存在权限位与参数mode（八进制）精确匹配的文件或目录，则返回“真”。+或-mode表示非精确匹配（即可以部分匹配）。

26）-regex pattern：如果存在名称与参数pattern指定的正则表达式匹配的文件或目录，则返回“真”。其中，参数pattern以./开始，且用单引号或双引号括起来。pattern可以使用通配符。在正则表达式中，.（点）匹配任意一个字符。例如，要匹配一个名为fubar3的文件，正则表达式可以写为.*bar.或.*b.*3，但不能写为b.*r3。

27）-size n［bckw］：如果存在参数n所指定大小的文件，则返回“真”。参数n的单位可以在参数n后加［bckw］表示。b表示以块为单位（默认），每块512B；c表示以B为单位；k表示以KB为单位；w表示以两个字节为单位。

28）-true：将find命令的返回值都设置为true。

29）-type c：如果参数c指定类型的文件存在，则返回“真”。参数c可以是：

b：块设备文件。

c：字符设备文件。

d：目录文件。

p：管道文件（FIFO）。

f：普通文件。

l：符号链接文件。

s：套接字文件。

D：通道文件（Solaris网络操作系统）。

30）-uid n：如果存在参数n指定的用户ID的文件或目录，则返回“真”。

31）-used n：如果存在修改过并在参数n指定的时间（以天为单位）被访问过的文件或目录，则返回“真”。

32） - user uname：如果存在参数 uname 指定的拥有者名称的文件或目录，则返回“真”（也可以使用用户 ID）。

33） - xtype c：效果与 - type 类似，除非是对符号链接文件。如果符号链接所指向的原始文件符合参数 c 指定的文件类型，且没有与命令选项 - follow 一起使用，则返回“真”。如果与命令选项 - follow 一起使用，则参数 c 必须指定文件类型为 l，返回才为“真”。换句话说，对于符号链接， - xtype 检查文件类型，而 - type 不检查。

3. 后续动作

1） - exec command ;：如果 find 命令的测试结果为“真”，就执行参数 command 所指定的命令。所执行命令的末尾必须以“\ ;”结束，查找得到的文件名可以使用 {} 代替。命令形式为“ - exec command {} \ ;”，注意：在 command 和 {} 之间，{} 和\ ；之间存在空格。

2） - fls file：效果与 - ls 动作类似，但是当测试为“真”时，像 - fprint 动作一样，可把结果保存到参数 file 指定的文件中。

3） - fprint file：如果 find 命令的测试结果为“真”，则将找到的文件或目录名保存到参数 file 指定的文件中。如果该文件不存在，则建立；如果该文件存在，则覆盖。

4） - ok command ;：效果与 - exec 动作类似，但是在执行参数指定的命令之前会先询问用户，若用户回答不是“y”或“Y”，则放弃执行命令。

5） - print：这是 find 命令默认的动作。如果 find 命令的测试结果为“真”，则将找到的文件或目录名称在标准输出设备上输出。每个文件或目录名称占一行。该动作也可以带参数指定输出的格式。

6） - print0：与 - print 类似，只是输出的文件或目录名称在同一行，当一行显示满时自动换行。

7） - prune：不在当前目录查找。如果与命令选项 - depth 一起使用，则该动作无效。

8） - ls：如果 find 命令的测试结果为“真”，则将找到的文件或目录名称在标准输出设备上以 ls - dils 命令的格式输出。

4. 逻辑运算符

逻辑运算符用来组合命令选项、测试和动作，形成多条件、复杂的逻辑表达式。运算符与表达式之间均有空格。下面按优先级递减的顺序列出所有运算符的用法（expr 为表达式,）。

1）(expr)：强制优先，括号前一定要加“\ ”转义字符，括号与表达式之间要有空格。

2）“! expr”或“ - not expr”：非运算。

3）“expr1 expr2” “expr1 - a expr2”或“expr1 - and expr2”：与运算，与运算符默认为空格。

“expr1 - o expr2”或“expr1 - or expr2”：表示或运算。

expr1 , expr2：逗号列表。列表的返回值是 expr2 的值，expr1 的值被丢弃。比较以下这两个命令的区别：

```
find /sbin - name fsck  - o fdisk
```

与

```
find /sbin - name fsck , fdisk
```

参考示例 1：在目录 /usr 下查找文件名中扩展名为 . c 的文件。

```
$ find /usr  - name  * . c  - print
```

- print 表示若 find 返回“真”，则把找到的文件从标准设备输出。该动作可省略。

参考示例 2：在当前目录及子目录中查找文件名以一个大写字母开头的文件。

```
$ find .  - name "[ A - Z] * "
```

在文件或目录名中有多个通配符的情况下，要使用单引号或双引号。

参考示例3：在当前目录下查找文件主可读、写、执行，其他用户可以读、执行的文件。

```
$ find . -perm 755
```

参考示例4：在/home目录下查找文件，但不在/home/stu1目录下查找。

```
$ find /home -path "/home/stu1" -prune -o -print
```

参考示例5：在/home目录中查找文件主为sam的文件。

```
$ find/home -user sam
```

参考示例6：在系统根目录下查找在5天内修改过的所有文件。

```
$ find / -ctime -5
```

参考示例7：在/home目录下查找所有的用户目录。

```
$ find /home -type d
```

参考示例8：在/home/stu1目录下查找文件长度小于100B的文件。

```
$ find /home/stu1 -size -100c
```

在-100c中，-表示小于；c表示以字节为单位。

参考示例9：在当前目录下查找修改时间比hello.c文件新的文件。

```
$ find . -cnewer hello.c
```

本例中的测试也可以使用-newer，效果是一样的。

参考示例10：查找/root目录下所有含有foxy或river字符串且在两天前被访问过的文件，将这些文件权限都设置为对文件所有者可读、写，组用户可读，其他用户可读。

```
#find /root \( -name foxy* -o -name river* -atime 2 \) -print -exec chmod 644 {} \;
```

本例要注意逻辑运算符的使用，以及-exec动作的格式规定。

5.3.2 图形方式

在系统窗体工具栏上单击“查找”图标，在输入框中输入要查找的文件名即可进行查找。它以命令行方式下的基本用法为框架，既可以实现文件的基本查找，也可以实现带有其他测试条件的复杂查找。

1. 基本查找

首先，在“查找”输入框中输入要查找文件的文件全名或带有通配符的部分文件名，系统自动按全路径查找，即可实现命令行方式中按-name测试的文件查找。

如果找到指定的文件，则找到文件的信息在窗体中列表显示；如果没有找到，则显示“找不到文件”的信息。查找程序的运行界面如图5-5所示。

2. 添加测试条件（搜索选项）

在CentOS 7下，图形方式的文件查找添加的测试条件较为简单，只有按“日期范围”和“搜索类型”进行文件查找，而没有用到其他的测试条件以实现多条件、复杂表达式的查找。首先，单击“查找”图标；其次，单击输入框右边的下拉列表框按钮，打开的界面如图5-6所示；第三，在打开的界面中选择要使用的搜索选项即可。

图形方式下只是列出命令行方式中的部分测试条件，这些测试条件的含义已经在命令方式文件查找中做过介绍。

3. 停止搜索

在查找文件完成之前，如果要停止文件查找，随时单击窗体右下角“正在搜索”右边的按钮即可。

xyz

名称	大小	位置
yum_save_tx.2019-08-28.19-58.xZ···	132.3 KB	tmp
symvers-3.10.0-957.el7.x86_64.gz	314.0 KB	boot
abrt-action-analyze-xorg	11.4 KB	usr/bin
x y z.c	85 字节	home/zxj/a b c d e
zenity-text.png	3.5 KB	usr/share/zenity
keyboards.xml.gz	5.8 KB	usr/share/langtable
ttl-zero-during-reassembly.xml	293 字节	usr/lib/firewalld/icmptypes
analyze_CCpp.xml	61.6 KB	usr/share/libreport/events

图 5-5　图形方式下查找程序的运行界面

图 5-6　可用搜索选项列表界面

4. 查找结果的操作

要打开显示在窗体列表中找到的文件，先选中该文件，再单击鼠标右键，在弹出的菜单中选择打开的方式（用文本编辑器或使用其他程序打开），或直接在文件名上双击，用系统默认的程序打开。

要打开显示在窗体列表中找到的文件夹，先选中该文件夹，再单击鼠标右键，在弹出的菜单中选择打开的方式（用归档管理器或使用其他程序打开），或直接在文件夹上双击，用系统默认的程序打开。

要在窗体列表中将找到的文件复制到桌面上的目标区域，可以直接拖动该文件到目标区域，或右击，在打开的菜单中选择“复制”命令。其他的“移动”“删除”“重命名”“压缩”“查看”等命令，也都可以选择。

5.4 修改文件权限

当某个用户要对文件进行读、写或执行操作时，如果没有相应的权限，就要修改文件的权限，使用户具有该权限。例如，某用户编写一个 shell 文件（脚本文件），当要执行时就要修改文件的权限，使其可执行。如果该用户对文件没有写权，则必须请系统管理员来修改文件的权限。超级用户（root）或具有超级用户权限的系统管理员对所有文件都有写权限，也就意味着，他们对所有文件都有权修改和删除。

修改文件权限可以采用命令行方式，也可以采用图形方式。

5.4.1 命令行方式

修改文件权限可以采用 chmod 命令，该命令的用法有 3 种。其中，第 1、2 种较为常用。

命令用法：

```
chmod[OPTION]...MODE[,MODE]...FILE...
chmod[OPTION]...OCTAL-MODEFILE...
chmod[OPTION]...--reference=RFILE FILE
```

在类 UNIX 系统的家族中，文件或目录权限包括可读、可写、可执行 3 种，另外还有 3 种特殊权限可以使用，再加上文件或目录拥有者与所属组群的管理权限。用户可以使用 chmod 命令改变文件或目录的权限，可以采用字符或数字代号方式设置。该命令无法改变符号链接文件本身的权限，如果对符号链接文件修改权限，会改变被链接原始文件的权限。

命令用法中，MODE、OCTAL-MODE、FILE...为命令参数，OPTION 为命令选项。

参数 MODE 可设置权限范围、修改动作、权限代号 3 个部分的内容。

其中，权限范围表示如下。

u：表示 User，即文件或目录的拥有者（文件主）。

g：表示 Group，即文件或目录所属的组群（同组用户）。

o：表示 Other，即除文件或目录的拥有者或所属组群之外的其他用户。

a：表示 All，即所有的用户，包括拥有者、所属组群和其他用户。

权限范围中的 u、g、o 可以一起使用，例如，写为 ugo 等价于 a，也可以单独使用。

修改动作表示如下。

+：表示将随后的权限追加到原来的权限上。

-：表示将随后的权限从原来的权限中除去。

=：表示直接赋予随后的权限，而不管原来的权限情况。

修改动作表示对权限范围中的 u、g、o 或 a 增加、减少或赋予权限的操作。

权限代号表示如下。

r：可读权限，数字代号为 4。

w：可写权限，数字代号为 2。

x：执行权限，数字代号为 1。

-：没有任何权限，数字代号为 0。

s：特殊权限 SUID 或 SGID，分别代表拥有者和所属组群的特殊权限。数字代号分别为 4 和 2。

t：特殊权限 Sticky，数字代号为 1。

特殊权限的数字代号位于普通权限的数字代号之前，如 4644、6644、1644 等。

对于权限代号，chmod 命令的第一种方式是使用字符代号，第二种方式是使用数字代号。

参数 OCTAL - MODE 用八进制的数表示，直接描述一个文件的权限。在 Linux 系统中，一个文件或目录的权限可以用十位二进制数表示，后 9 位中，每 3 位一组，分别表示文件主、同组用户和其他用户的读、写和执行权限。对于普通文件，第一位二进制数为 0，其他各位的设置原则是有权限就为 1，否则就为 0。把二进制转换为八进制后，就是 OCTAL - MODE 参数。

参数 FILE...表示要修改的文件或目录的列表。chmod 命令的选项及说明见表 5-10。

表 5-10　chmod 命令的选项及说明

命令选项	选项说明
-c	显示效果与 -v 选项类似，但只显示更改的部分
-f	不显示错误信息
-v	显示命令执行的详细过程
-R	递归处理，将指定目录下的所有文件及子目录一起处理
--reference=参考文件或目录	把命令中参数 FILE 所指定文件或目录的权限，设置成参考文件或目录的权限

如果普通用户设置的是目录权限，则相应的权限范围（u、g、o 或 a）内一定要设为可执行，否则无法进入该目录。

参考示例 1：某普通文件的权限要设置为对文件主可读、写、执行，对同组用户可读、执行，对其他用户可执行。采用 chmod 命令的第二种方式设置权限。

根据题目原意，对应的文件权限字段为 -rwxr-x--x，对应的二进制数为 0111101001，对应的八进制数为 0751，所以修改权限的命令为 chmod 0751 filename。

采用第二种方式时，每次使用都要计算 MODE，初学的用户可能会略感不便，但对命令熟悉后，使用这种方式设置权限更为快捷。用户也可以使用 chmod 命令的第一种方式设置文件或目录权限，该方式更为直观。

参考示例 2：问题同前，采用 chmod 命令的第一种方式设置权限。

命令为　chmod u=rwx，g=rx，o=x filename。如果要对文件主设置特殊权限 SUID，则执行：

```
chmod u+s filename
```

同理，如果要减少设置权限，可用“-权限字符”。

参考示例 3：把 tango 文件开放给所有用户读和写。

第一种方式：执行 chmod a=rw tango。

第二种方式：执行 chmod 666 tango。

参考示例 4：设置 cprogram 目录的权限，即拥有者可读、可写、可执行，同组和其他用户可读、可执行。

第一种方式：chmod a=rx，u+w cprogram 或 chmod u=rwx，g=rx，o=rx cprogram。

第二种方式：chmod 755 cprogram。

从以上各个参考示例可以看到，第一种方式比较直观，但参数较多。使用该方式对所有用户设置相同的权限时特别方便。

5.4.2 图形方式

对于系统管理员而言，经常工作在字符界面下（速度较快，系统更稳定），故常用 chmod 命令。但一般用户更喜欢在图形界面下工作，在图形方式下修改文件或目录权限非常方便、直观，但在 CentOS 7 下能做的修改操作比在 Red Hat Linux 9.0 下少了。

进入该文件所在的目录，选中该文件后单击鼠标右键，在弹出的快捷菜单中选择“属性”命令，打开属性对话框，打开“权限”选项卡即可看到各类用户的文件访问权限，如图 5-7 所示；打开所属用户的访问下拉列表，选中所需要的权限，单击“更改包含文件的权限”按钮后在弹出的对话框中单击“更改”按钮即可，如图 5-8 所示。目录权限的修改是类似的。

t.txt 属性

基本 权限 打开方式

所有者： 我

访问： 读写

组(G)： zxj

访问： 读写

其他

访问： 只读

执行： 允许作为程序执行文件(E)

安全上下文： unconfined_u:object_r:user_home_t:s0

图 5-7 “权限”选项卡

从图 5-7 可以看到，在“权限”选项卡上也可以设置文件执行权限。

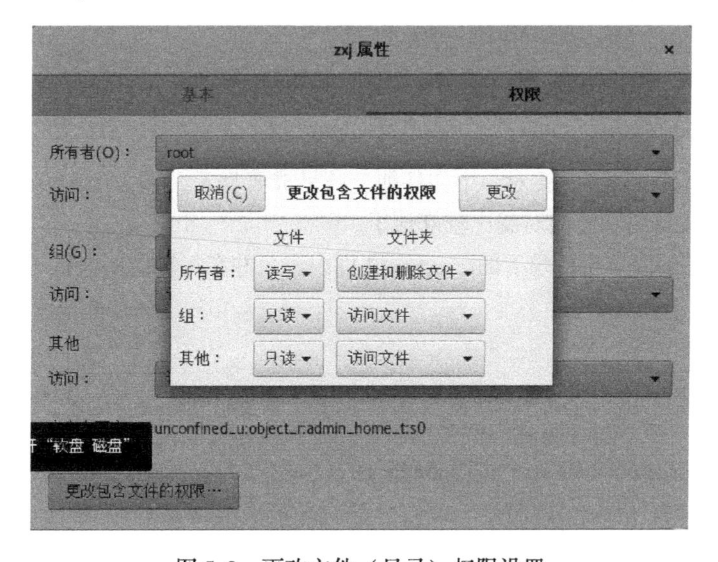

图 5-8 更改文件（目录）权限设置

5.5 查看文件内容

用户有时需要查看一些文件的内容，如果文件比较大还需要分页显示。图形方式下有许多编辑器软件，只要通过鼠标操作就可以方便地满足这种需求。然而在命令行方式下使用命令可以实现更多的功能，用法也更灵活。在 Linux 系统中，常用的查看文件内容的命令有 cat、mor、less 等。熟悉这些命令可以使普通用户或系统管理员的工作更加便利。

5.5.1 cat 命令

命令用法：

cat [OPTION] [FILE]...

OPTION 为命令选项，参数 [FILE] ...为文件列表。该命令不但可以查看小文件的内容，也可以把参数中所指定的若干个文件通过输出重定向命令或输出附加重定向命令连接成一个文件。如果参数中的文件名不指定或指定为“ - ”，则 cat 命令从标准输入设备（键盘）上读取数据，然后把所获得的数据输出到输出设备，因此 cat 命令还可以用于建立小文件。cat 命令的选项及说明见表 5-11。

表 5-11　cat 命令的选项及说明

命令选项	选项说明
-A	该选项的效果与同时指定 -vET 选项的效果相同
-b	在显示文件内容时，在非空白行前面显示行号。编号从 1 开始递增
-e	该选项的效果与同时指定 -vE 选项的效果相同
-E	在显示文件内容时，在每一行的最后加上“ $ ”符号
-n	在显示文件内容时，在每一行前面加上行号（包括空白行）。编号从 1 开始递增
-s	如果文件中有多个连续空白行，则显示时只以一行表示
-t	该选项的效果与同时指定 -vT 选项的效果相同
-T	将文件中的跳格字符（Tab）以“^I”表示
-v	除换行字符（LFD）和跳格字符外，其他控制字符都以“^”字符表示，扩展字符（十进制 ASCII 码大于 127 的）用“M -”表示

从 cat 命令选项可以看到，要对一个文件加上行号或要显示文件中的控制字符非常方便，而在图形方式下，实现这些功能相对就比较麻烦了。

参考示例 1：显示用户主目录下的 . bashrc 文件内容，并在每行前加上行号。

执行：cat -n /root/. bashrc

显示：

```
1	# . bashrc
2
3	# User specific aliases and functions
4
5	alias rm = 'rm  -i'
6	alias cp = 'cp  -i'
```

```
7    alias mv ='mv  -i'
8
9    # Source global definitions
10   if [  -f /etc/bashrc  ]; then
11           . /etc/bashrc
12   fi
```

参考示例2：把文件file1和file2合并成file3。

```
$ cat file1 file 2 >file3
```

如果文件file3已经存在，则合并后的新文件将覆盖它；如果只是添加到文件file3中，则可以使用输出附加重定向> >命令，这样就会添加到文件原有内容之后。

5.5.2 more命令

当用户要查看一些比较大型的文件时，使用cat命令就会感到非常不方便，因为它会连续显示，直到文件结束才停止。在这种情况下可以使用more命令，该命令可以使文件分屏显示以便于用户阅读，并显示该文件已经显示的百分数，但该命令只能使文件向下浏览。任何时候按Q键都可以退出显示。

命令用法：

```
more [ -dlfpcsu] [ -num] [ +/ pattern] [ + linenum] [file ...]
```

其中，参数file...为指定要显示的文件列表，其他为命令选项。more命令的选项及说明见表5-12。

表5-12 more命令的选项及说明

命令选项	选项说明
-d	每屏下方显示Press space to continue，'q' to quit。若用户按下其他键，则显示Press 'h' for instructions信息
-l	more命令默认在遇到^L控制字符时会暂停，若使用该选项可取消
-f	计算行数时用实际行数，而不是自动换行后的行数
-p	显示每屏内容时不滚屏，而是先清屏再显示
-c	与 -p类似，但从每屏的顶部开始显示，同时清除屏上的其他数据
-s	如果文件中有连续的空白行，则将它们合并为一行
-u	不显示下引号
-num	指定每次要显示的行数
+/pattern	在文件中查找指定的字符串，并显示字符串所在页的内容
+linenum	从指定的行数开始显示

参考示例：在telnet.txt文件中查找“The”字符串，并从该页开始显示文件内容。

```
$ more +/The telnet.txt
```

more命令适合查看大文件，如一些脚本程序，但more命令不能向前查看。另一个可以查看大文件内容的命令是less，该命令允许自由地前后翻看文件的内容。less命令也有许多参数选项，读者可以通过执行man less进行在线帮助。使用less命令查看文件时，更经常、方便的是用上、下方向键前后逐行翻看、用pgup或pgdn键前后逐页（屏）翻看。但是在图形方式下的终端中，

pgup 和 pgdn 这两个键已经被其他功能占用。

5.6 文件压缩与解压缩

无论是软件开发后制作发行版，还是为节省磁盘空间，又或是通过网络传输，可能都要对软件进行压缩，所以压缩与解压缩命令也是常用的命令。当然，在图形方式下也有使用方便的压缩和解压缩软件，如文件打包器。

5.6.1 命令行方式

在 Linux 系统中，compress 和 uncompress 命令是标准的压缩与解压缩命令。此外，还可以用 gzip 和 gunzip 命令来完成文件的压缩与解压缩操作。

1. compress 与 uncompress 命令

压缩命令 compress 是一个历史悠久的压缩程序，文件经过它压缩后，原文件的属性保持不变，扩展名为 .Z。解压缩命令 uncompress 实际上是指向 compress 程序的符号链接文件，解压缩后文件属性保持不变。因此，使用 compress 命令既可以压缩文件，也可以实现压缩文件的解压缩。

（1） compress 命令

命令用法：

```
compress [ -dfvcVr] [ -b maxbits] [file...]
```

其中，参数 file...为指定要压缩的文件列表，其他的为命令选项。compress 命令的选项及说明见表 5-13。

表 5-13　compress 命令的选项及说明

命 令 选 项	选 项 说 明
-d	使用该选项时对压缩文件进行解压缩，即 compress 程序将对扩展名为 .Z 的文件解压缩
-f	强制压缩。即尽管磁盘上已有相应的扩展名为 .Z 的压缩文件，但使用该选项后仍将产生 .Z 扩展名的压缩文件（但压缩率 0）
-v	文件压缩完成后，显示每个文件的压缩百分比
-c	将压缩后的文件送到标准输出设备（默认为显示器），既不会产生扩展名为 .Z 的文件，也不会删除原始文件。由于系统默认 compress 命令把文件直接压缩后加上 .Z 的扩展名，并且不保留原来的文件，因此，配合使用该选项和输出重定向命令可以把送到标准输出设备的内容重定向到一个新的压缩文件，否则将在屏幕上看到一堆乱码
-V	显示指令版本及程序预设值
-r	递归压缩，即将指定目录下的所有文件和子目录一起压缩
-b maxbits	maxbits 为指定的压缩效率。压缩效率是一个 9 ~ 16 的数值，系统默认为 16。其值设置得越大，压缩效率就越高，产生的压缩文件就小，但压缩所耗费的时间也越多

注意：该命令的参数列表中如果存在链接文件，则实际上压缩的是该链接文件指向的原始文件，而不是链接文件本身。

参考示例：强制压缩/home/stu 目录下的所有文件，包括子目录。

```
# compress -fr /home/stu
```

该目录下的所有文件和子目录下的所有文件，被压缩后会加上 .Z 的扩展名保存。由于采用了 -f 选项，因此即使文件名已经存在，也会产生 .Z 的压缩文件。另外，它并没有将整个目录打包，而是对目录下的文件进行压缩后分别存放。

（2） uncompress 和 zcat 命令

命令用法：

uncompress [-dfvcVr] [-b maxbits] [file…]

参数选项含义同 compress 命令。不加 -c 选项，则解压缩后删除原来的 .Z 压缩文件。

zcat 命令与 uncompress -c 命令等价，即文件解压缩的内容只向标准输出设备上输出，因此，它常常被用来查看压缩文件的内容。

参考示例：将当前目录下的 client.Z 文件解压缩，保存在 client.tmp 文件中，并且不删除原来的 client.Z 压缩文件。

```
$ uncompress -c client.Z > client.tmp
```

2. gzip 与 gunzip 命令

压缩命令 gzip 由于其压缩率很高，所以经常被使用。文件经过它压缩后，其名称后面会增加 .gz 的扩展名。从网络上下载的 Linux 软件压缩包常常用它压缩。解压缩命令 gunzip 实际上是 gzip 命令的硬链接，因此，gzip 命令既可以压缩文件，也可以实现压缩文件的解压缩。压缩与解压缩后，原文件属性保持不变。

（1） gzip 命令

命令用法：

gzip [-cdfhlLnNrtvV19] [-S suffix] [file…]

其中，参数 file…为要压缩文件的列表，如果命令中没有给出任何文件名称，或者所给出的文件名为“ - ”，则默认从标准输入设备上读取。其他为命令选项。gzip 命令的选项及说明见表 5-14。

表 5-14 gzip 命令的选项及说明

命令选项	选项说明
-c	把压缩后的文件输出到标准输出设备上，不改变原始文件。其用法与 compress 命令的 -c 选项类似
-d	解压缩。使用该选项后，gzip 命令就等价于 gunzip 命令
-f	强制压缩。即尽管磁盘上已有相应的扩展名为 .gz 的压缩文件，但使用该选项后仍将覆盖 .gz 扩展名的压缩文件。如果不使用该选项，则对于链接文件，系统会忽略处理；如果使用该选项，则对链接文件所指出的原始文件进行压缩
-l	列出压缩文件的信息，如压缩后文件的大小、压缩前文件的大小、压缩率和压缩前的文件名称。该选项如果与 -v 选项一起使用，则还会显示压缩方法、CRC 码和压缩的日期与时间
-L	显示版本与版权信息
-n	压缩文件时不保存原文件名和时间戳
-N	压缩文件时保存原文件名和时间戳（系统默认）
-q	不显示警告信息
-r	递归压缩，即将指定目录下的所有文件和子目录一起压缩
-S .suf	更改压缩文件字尾字符串。系统默认为 .gz，但可以使用该选项修改它
-t	测试压缩文件是否正确
-v	显示命令执行的详细信息
-1	快速压缩。压缩效率低，压缩后的文件大，但压缩速度快
-9	高质压缩。压缩效率高，压缩后的文件小，但压缩速度慢

参考示例：压缩/home/stu 目录下所有扩展名为 . txt 的文件。

gzip /home/stu/ * . txt

(2) gunzip 命令

命令用法：

gunzip [-cdfhlLnNrtvV19] [-S suffix] [file…]

参数选项含义同 gzip 命令，但不是压缩，是解压缩。如果不加 -c 选项，则解压缩后删除原来的 . gz 压缩文件。

参考示例：将/home/stu 目录下的所有压缩文件解压缩，包括子目录。

gunzip -r /home/stu

5.6.2 图形方式

在 CentOS 7 的图形方式下有一个图形界面的文件归档管理器，这个应用软件可以完成许多文件和目录的压缩/解压缩工作，例如，查看压缩包的内容、对压缩包进行解压缩和建立压缩包。压缩包实际上是包含许多其他文件、目录和子目录的文件。压缩包有许多种类型，它们用不同的格式和压缩方法。

文件归档管理器具有下列特色。

1) 支持多种压缩包格式。

① 非压缩的 tar 包 (. tar)。

② 以 gzip 软件压缩的 tar 包 (. tar. gz、tgz)。这是在 UNIN 和 Linux 系统中最常见的压缩包格式。

③ 以 bzip 软件压缩的 tar 包 (. tar. bz)。

④ 以 bzip2 软件压缩的 tar 包 (. tar. bz2)。

⑤ 以 compress 软件压缩的 tar 包 (. tar. bz)。

⑥ 以 PKZIP 或 WinZip 软件建立的压缩包 (. zip)，这是 Microsoft Windows 系统中事实上的标准压缩包类型。

⑦ Lha 压缩包 (. lha)。

⑧ Rar 压缩包 (. rar)。

⑨ Lzh 压缩包 (. lzh)。

⑩ Ear 压缩包 (. ear)。

⑪ Jar 压缩包 (. jar)。

⑫ War 压缩包 (. war)。

2) 可以快速查看压缩包中的文件和目录。

3) 可以对存在的压缩包添加或删除文件目录。

4) 支持拖放功能。

文件归档管理器只提供图形接口，它依赖于命令行应用程序。它仅支持 tar、gzip 和 bzip2 等压缩包格式，建立这些格式压缩包的工具软件在大多数 Linux 发行版本中都有。

文件归档管理器通过在系统菜单栏中选择“应用程序”→“工具”→“归档管理器”命令打开。

1. 建立归档文件

与命令行方式下直接用命令压缩文件不同，在图形方式下使用文件归档管理器必须先选中要处理的单个或多个文件、目录，然后按住鼠标左键拖到归档管理器的窗口内，出现是否创建归档文件对话框，如图5-9所示。单击“创建归档文件”按钮后出现“新建归档文件”对话框，在这里可以选择归档文件的类型（“文件名”输入框右边的下拉按钮）、归档文件名、存放的位置，如图5-10所示。从图5-10中可以看到，归档的文件可以选择非压缩的.jar、.tar等，也可以选择压缩的.zip，还可以选择打包后压缩的.tar.Z、.tar.gz等。在“新建归档文件”对话框中选中归档文件类型、文件名和位置后，单击“创建”按钮即可新建归档文件。

图5-9　图形方式下的文件归档管理器

图5-10　选择文件归档类型、名称和位置

用户也可以选中文件或目录后，在其上单击鼠标右键，在弹出的快捷菜单中选择“Compress”命令，调用归档文件管理器。

需要注意的是：新建的归档文件只有在添加了文件或目录后才会写入磁盘，否则，文件归档管理器不会向磁盘写入空的归档文件。

2. 打开与查看归档文件

图形方式下要打开和查看归档文件，需要先选中该文件，然后用鼠标右键单击，在弹出的菜单里选“用归档管理器打开”命令，如图5-11所示。

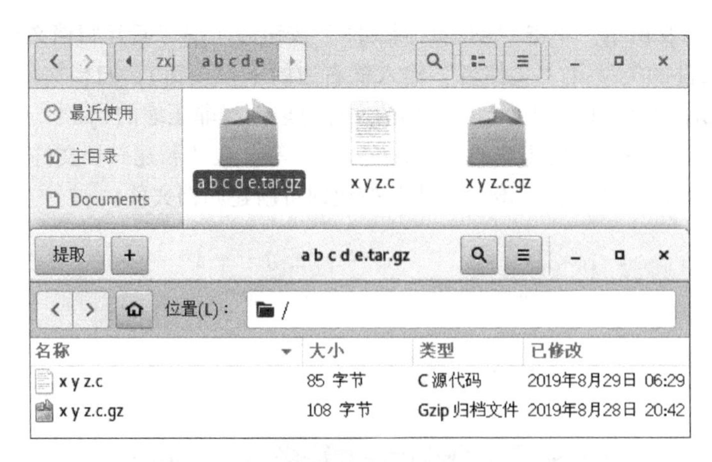

图 5-11　查看归档文件

文件归档管理器将自动检测压缩包的类型，并把压缩包中的文件或目录显示在主窗口中。显示的信息主要有文件名、大小、类型、修改日期、时间和位置。

如果文件归档管理器无法识别用户要打开的压缩包格式，则会显示一条错误信息。打开压缩包所需要的时间与压缩包的大小和机器的速度有关，如果用户需要终止打开操作，则可以按 Esc 键。

如果要查看压缩包中的文件、目录等内容，可在选中的项目上直接双击。其他具体的操作不再介绍。

3. 修改归档文件

文件归档管理器允许用户修改归档文件。有两种操作类型：一种对整个归档文件有影响，如修改归档文件的名称；另一种只影响归档文件内单独的文件或文件夹。

注意：对归档文件所做的修改会马上写入磁盘，例如，用户要从归档文件中删除一个文件，当选中文件后单击鼠标右键，在弹出的快捷菜单中选择“删除”命令，在出现的对话框内单击“删除”按钮，文件归档管理器将马上从磁盘上删除它。然而许多应用软件是在退出或用户明确保存后才将改变信息写入磁盘。

（1）对整个归档文件操作

对整个归档文件的操作包括对归档文件更名、复制、移动和删除。要执行这些操作，可以先选中归档文件，再单击鼠标右键，在弹出的菜单中选择相关的命令即可。

（2）向归档文件添加文件

向归档文件添加文件最简单的方法是从一个打开的文件目录窗口拖动文件图标到文件归档管理器的主窗口中。也可以单击归档管理器上的“ + ”按钮，出现“添加文件”界面，从中可以方便地切换目录，以及选择多个文件和目录后继续向里面添加文件。

（3）从归档文件中删除文件

要从归档文件中删除文件，应先选中要删除的文件，然后单击鼠标右键，在弹出的菜单中选择“删除”命令即可。删除时可以选择删除整个归档文件或指定的文件。

4. 对归档文件中的文件解压缩

要对归档文件中的文件解压缩，必须先选中要处理的单个或多个归档文件，然后按住鼠标左键不放拖到归档管理器的窗口内，或者在归档文件上单击鼠标右键，在快捷菜单中选择“用归档文件管理器打开”命令即可。

在文件归档管理器的主窗口上方单击“提取”按钮，或用鼠标右键单击后选择“提取”命令，则出现“提取”界面。从中可以看到，可以提取全部文件或已选定文件或指定的文件如图5-12所示。操作包括“保持目录结构”和“不覆盖较新的文件”。

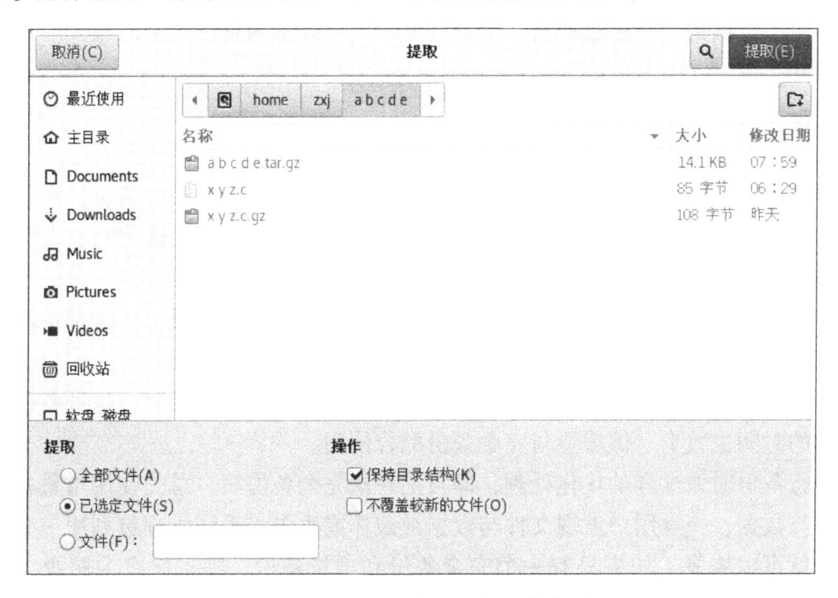

图5-12　图形方式下归档文件提取

文件从压缩包中解压缩后，文件打包器并不会改变或删除压缩包。如果用户不再需要该压缩包，可以手工删除它。

5.7　文件备份与恢复

用户把程序与数据存放在计算机系统中，系统管理员有责任保护用户程序与数据不被损坏或丢失。造成程序与数据损坏或丢失的原因主要有系统硬件失效、系统软件崩溃、人为操作不当或自然灾害。

备份是指定期地将系统中的程序与数据保存到多个存储介质上，之所以要保存在多个存储介质上，是因为存储介质本身也是硬件，也存在失效的问题。恢复是指当系统中的程序与数据损坏或丢失时，能够从备份中完全或部分地恢复出来，以减少用户的损失。目前，备份是保护系统中程序与数据安全的最有效方法之一。

5.7.1　备份介质

程序与数据可以备份在各种存储介质上，因此备份前需要选择备份介质。常用的备份介质主要有硬磁盘、闪存和可读写的光盘，而磁带、软磁盘由于备份的可靠性和保存的方便性问题，在微型机系统中使用得越来越少。在选择这些存储介质时，主要考虑其成本、可靠性、速度和方便性。

由于需要制作多个备份，因此成本是一个重要的问题。随着硬件技术的不断提高，微型计算机所用的硬磁盘价格在不断地下降，而容量正变得越来越大。

可靠性是备份中最重要的因素，因为坏的备份可能带来非常糟糕的结果。在备份介质上存放的内容应该能够保存几年而不损坏。硬磁盘、闪存和可读写的光盘都是可靠性比较高的存储介质，特别是磁盘阵列的推出与普及，使得程序与数据可以方便地备份到不同的磁盘上，大大地提高了备份的可靠性。

备份通常是在系统空闲或系统负载比较低的时候进行的，因此速度问题不是备份中最重要的因素。另外，现在常用的备份介质也都是高速的块设备。

使用的方便性也是备份介质选择的一个重要因素，它关系到备份周期的选择。备份介质应该越容易使用越好。

5.7.2　备份方式

通常根据系统中文件与数据的重要程度来决定备份时间，包括每小时备份、每天备份、每个月备份。显然，如果每个小时都对系统中的文件与数据全部备份一次，既费时又占据许多存储介质空间。在实际系统中，通常采用完全备份与增量备份相结合的方法。

完全备份是指一次从磁盘上复制所有指定的文件与数据到备份介质上。这种备份需要保存许多信息，花费的时间也多，但是这是完全必要的。

增量备份是指复制从上一次备份后所有改变的文件与数据到备份介质。这种备份保存的信息量较少，花费的时间也教少，但需要与完全备份配合使用。

一般在进行备份时做这样的优化处理，即自上一次完全备份后，总是使用增量备份保存所有修改过的程序与数据，一旦用户发现文件与数据被破坏或丢失，系统管理员利用一个完全备份和一个增量备份就可以恢复。如果只有一个完全备份和增量备份，则备份级为两级，属于简单备份；如果增量备份分为多级，每个增量备份级备份同一级或上一级别上次备份后改变的所有内容，则为多级备份。

例如，某公司使用 6 个磁盘进行每天的备份，周一可以用 1 号磁盘做第一个完全备份，周二到周五用 2 ~ 5 号磁盘做增量备份，而下周一用 6 号磁盘做另一个完全备份。在做完新的完全备份前一定不要覆盖旧的完全备份（如 1 号磁盘），以免在做完全备份的时候由于各种原因而丢失完全备份的内容。另外，两个完全备份的磁盘应该分别存放在不同的地方，以免由于失火或偷窃等原因造成损失。

对于一个大型计算机网络系统，用户程序与数据的重要性是不言而喻的。系统管理员可以通过创建备份时间表来保证系统备份是最新的和有效的。由于不同的系统重要性不同，因此备份的频率也不相同，见表 5-15。

表 5-15　不同系统的备份

主　机　名	用　　途	增 量 备 份	完 全 备 份
db. site. com	数据库服务器	每小时	每天
web. site. com	Web 服务器	每周	每月
fw. site. com	防火墙	每周	每月
host1. site. com	用户主机 1	每天	每周
host2. site. com	用户主机 2	每天	每周
app. site. com	应用程序服务器	每周	每月

5.7.3　文件与数据备份

要实现系统中程序与数据的备份，可以直接使用 Linux 系统提供的几种命令，如 tar、cpio 和 dump 等。从备份来看，tar 命令与 cpio 命令基本等效，而 dump 命令可以在不考虑时间戳的情况下备份所有的文件。另外，备份介质选择不同，备份命令的使用也不相同。用户也可以从网络上下载并安装第三方软件，本书只介绍 Linux 系统中常用备份命令的用法，不介绍第三方软件的使用方法，读者如果有需要可以从网络下载软件和帮助文件。

对于一些容易重新安装的软件，实际上无须备份，只需要对它们的配置文件进行备份即可，以免以后重新安装时再全部重新配置。另外，有些目录也不需要备份，例如/proc 目录，它只是系统运行时内核自动产生的数据。系统中需要备份的主要是用户的主目录/home 和存放系统配置文件的/etc 目录，还有用户安装的一些软件，它们的配置文件一般保存在/usr 目录下的相关目录中。

1. tar 命令

在 CentOS Linux 系统中使用的 tar 命令是 GNU 版本的，它与传统的 tar 命令相比支持长选项名。tar 命令可以将许多文件打包在一起，形成一个备份文件，保存在磁带或磁盘上，也可以从备份文件中恢复一个、多个或所有的文件。

tar 命令的用法：

tar [OPTION]… [FILE]…

其中，参数 [FILE] …为指定文件或目录列表；OPTION 为命令选项，又分为功能选项和其他选项，tar 命令使用中至少要有一个功能选项。tar 命令的功能选项及说明见表 5-16。

表 5-16 tar 命令的功能选项及说明

功能选项	选项说明
-A、--catenate 或--concatenate	增加文件到已经存在的备份文件中
-c 或--create	建立新的备份文件
-d 或--diff 或 --compare	比较备份文件中的文件与文件系统中的文件之间的差异
--delete	从备份文件中删除指定的文件。如果备份介质是磁带，则不能单独删除某个文件
-r 或 --append	增加文件到已经存在的备份文件的尾部
-t 或 --list	列出备份文件中的内容
-u 或 --update	仅替换比备份文件中更新的文件
-x 或--extract 或 --get	从备份文件中还原文件

如果一个长选项作为强制性的选项（如功能选项），那么所对应的短选项也是强制性的选项。tar 命令的其他选项很多，但并非都是常用的。tar 命令的其他选项及说明见表 5-17。

表 5-17 tar 命令的其他选项及说明

其他选项	选项说明
--atime-preserve	不改变文件的存取时间
-C 或 --directory DIR	切换到指定的目录（DIR）
--checkpoint	读取备份文件时列出目录名称
-f 或 --file [HOSTNAME:] F	指定备份文件。该文件也可以设置成存放文件用的外围设备。这个选项是常用的其他选项
-G 或 --incremental	建立、还原或列出旧 GNU 格式的大量备份

（续）

其他选项	选项说明
-g 或 --listed-incremental	建立、还原或列出新 GNU 格式的大量备份
-h 或 --dereference	不建立符号链接，直接复制该链接所指向的原始文件
-j 或 -I 或 --bzip	通过 bzip2 命令处理备份文件。这是一个常用的选项
-k 或 --keep-old-files	还原备份文件时，不覆盖已有的文件
-K 或 --starting-file F	从指定的文件开始还原
-m 或 --modification-time	还原文件时，不改变文件的修改时间
-N、--after-date DATE 或 --newer DATE	只将比指定日期更新的文件保存到备份文件中
-O、--to-stdout	把从备份文件中还原的文件输出到标准输出设备
-p、--same-permissions 或 --preserve-permissions	用原来的文件权限还原文件
-R 或 --record-number	列出每个信息在备份文件中的记录号
--remove-files	文件加入备份文件后，就将其删除
-s、--same-order 或 --preserve-order	还原文件的顺序与备份文件内的存放顺序相同
--same-owner	以原有的文件拥有者还原文件
--totals	备份文件建立后，列出文件的大小
-v、--verbose	显示命令执行的详细过程。这是一个常用的选项
-w、-interactive 或 --confirmation	每个步骤都要求用户确认
-W 或 --verify	写入备份文件后，要求校验文件
--exclude FILE	备份时排除指定的文件（FILE）
-Z、-compress 或 --uncompress	通过 compress 命令处理备份文件。这是一个常用的选项
-z、-gzip 或 --ungzip	通过 gzip 命令处理备份文件。这是一个常用的选项
--use-compress-program PROG	通过指定的命令（PROG）处理备份文件

tar 命令备份与还原应用举例如下。

参考示例 1：把 foo 和 bar 文件打包，建立一个名为 archive.tar 的备份文件。

```
[root@localhost root]#tar -cf archive.tar foo bar
```

参考示例 2：列出 archive.tar 备份文件中所有的文件。

```
[root@localhost root]#tar -tvf archive.tar
```

参考示例 3：从 archive.tar 备份文件中还原所有的文件。

```
[root@localhost root]#tar -xf archive.tar
```

以上 3 个示例都是打包成扩展名为 .tar 的备份文件，这种文件是未经过压缩的，在存储介质上存放会占据较大的空间。实际使用中往往对打包的备份文件进行压缩，通常以 .tar.bz2、.tar.gz 或 .tar.Z 为扩展名存在，以减少存储空间。

参考示例 4：将当前目录下的 bin 和 zxj 目录备份，并压缩为 binzxj.tar.bz2 文件。

```
[root@localhost root]# tar -cjvf binzxj.tar.bz2 bin zxj
```

参考示例 5：将当前目录下的 bin 目录和 hello、hello.c 文件备份，并压缩为 binzxj.tar.gz 文件。

```
[root@localhost root]# tar -czvf binhello.tar.gz bin hello hello.c
```

参考示例6：将当前目录下的 wu - ftpd - current. tar. gz 压缩备份文件解压，并还原目录和文件。

```
[root@ localhost root]#tar  -zxvf wu - ftpd - current. tar. gz
```

如果系统管理员为用户主机做完全备份，则可能每周做一次；如果是为业务繁忙的服务器做完全备份，则可能每天或每个小时做一次。显然，如果由系统管理员手工来完成，既费时又费力，而且容易引入人工操作错误。在这种情况下，系统管理员可以编写一个 shell 脚本文件（类似于 MS - DOS 的批处理文件）来自动完成完全备份的工作。

参考示例7：编写完全备份的脚本文件。

```
# /usr/sbin/fbackup. sh
#! /bin/sh
# fbackup. sh - Full backup script.
echo "Mounting Disk Driver..."
mount /dev/sdb1 /mnt
cd /
echo "Creating Full Backup..."
tar - czvf  /mnt/full_backup_1July2007. tar. gz  / *
echo "Checking for backup file..."
ls /mnt
echo "Umounting Disk Drive..."
cd ; umount /mnt
echo "Done. "
```

这是由 Linux 系统命令组成的简单的 shell 脚本文件，其功能就是挂载完全备份所用的磁盘(sda1)、完全备份系统根目录下所有的目录和文件。备份完成后列表检查所做的备份，并卸载磁盘。整个过程中显示相关的信息。

系统管理员只要将该脚本文件复制到/usr/sbin 目录下，并为 crontab 命令编写一个如下格式的配置文件即可：

```
Minute  Hour  Day   Month  DayOfWeek   Command
```

其中，Minute 表示每个小时的某几分钟执行该命令或程序。

Hour 表示每一天的某几个小时执行该命令或程序。

Day 表示每个月的某几天执行该命令或程序。

Month 表示每一年的某几个月执行该命令或程序。

DayOfWeek 表示每一周的某几天执行该命令或程序。

Command 表示要执行的命令或程序。

执行 crontab 命令时，输入格式为“crontab 配置文件名”。

也可以直接从标准输入设备上输入配置信息。这样，系统管理员可以约定在每周的哪一天几点开始完全备份。当约定的时间到时，自动执行/usr/sbin 目录下的 shell 脚本文件。

对于增量备份，只备份某天或某个时间间隔中改变的那些文件，与完全备份类似，也可以执行 shell 脚本文件来完成。但是 tar 命令无法知道一个文件的 i 节点信息变化，例如，文件的权限位或文件名等这样的变化，所以必须使用 find 命令查找在指定的时间间隔内这些已经改变的文件。

参考示例8：编写增量备份的脚本文件。

```
# /usr/sbin/ibackup.sh
#! /bin/sh
# ibackup.sh - Incremental backup script.
echo "Mounting Disk Driver..."
mount /dev/sdb2 /mnt
cd /
echo "Finding files changed today..."
find /  -mtime  -1 -print
echo "Creating Incremental Backup..."
find /  -mtime  -1 -exec tar  -czvf   /mnt/incremental_backup_10July2007.tar.gz {} \;
echo "Checking for backup file..."
ls /mnt
echo "Umounting Disk Drive..."
cd; umount /mnt
echo "Done."
```

该 shell 脚本程序的功能就是挂载增量备份所用的磁盘（sda2）、增量备份系统根目录下所有在指定的时间间隔内改变过的目录和文件。备份完成后，列表检查所做的备份，并卸载磁盘。整个过程中显示相关的信息。

查找文件的 find 命令中使用了 -mtime -1 测试条件，表示查找在一天内所有被修改过的目录和文件；使用了 -exec 后续动作，表示要对所有找到的、修改过的目录和文件执行 tar 命令，以实现增量备份。本示例只是增量备份指定时间内修改的文件，所以也可以使用 tar -N 选项来实现。为 crontab 命令编写的配置文件以及约定时间的操作等与完全备份是一样的。

2. ar 命令

ar 命令可以创建、修改和提取归档备份。备份是一个单独的文件，其中包含许多其他文件（成员文件）的集合，可以检索原始单个文件。原始文件的内容、权限、时间戳、所有者和组等信息将保留在备份中，并可在需要提取时恢复。

ar 命令可以维护其成员具有任意长度名称的归档备份，但是，根据系统上的 ar 配置方式，可能会对成员名称长度进行限制，以便与使用其他工具维护的归档格式兼容。ar 命令会为归档备份中可重定位目标模块中定义的符号创建索引。一旦创建，只要 ar 对其内容进行更改，该索引就会在归档中更新（除了 q 更新操作）。

ar 可以创建一个“瘦”存档备份，它包含一个符号索引和对存档成员文件的原始副本的引用。这对于构建在本地构建树中使用的库非常有用，其中，可重定位对象应该保持可用。存档可以很“瘦”，也可以是正常的，但它们不可能同时存在。

ar 命令的用法：

ar [-dmpqrtx] [cfosSuvV] [备份文件] [成员文件,...]

第一个参数([-dmpqrtx])为指令参数，指定 ar 所要执行的操作；第二个参数([cfosSuvV])为选项参数，用于指定操作的选项。

ar 命令允许用户在第一个命令行参数中以任何顺序混合指令参数和选项参数。该命令只对文件做归档备份。ar 指令参数及说明见表 5-18。

表 5-18 ar 指令参数及说明

指令参数	参数说明
-d	从存档中删除模块。指定要删除的模块名称作为成员，如果未指定要删除的文件，则存档备份不会受到影响
-m	改变成员文件在备份文件中的顺序。如果没有选项参数与“m”一起使用，则将指定的成员文件都移动到归档备份的末尾；用户可以使用 a、b 或 i 选项参数将它们移动到指定的位置
-p	显示备份文件中成员文件的内容。如果没有指定成员文件，则显示备份文件中所有成员文件的内容
-q	快速追加，将成员文件添加到存档备份的末尾，并不替换。选项参数 a、b 和 i 不影响此操作；新成员文件始终位于存档备份的末尾
-r	将指定的成员文件插入归档备份中，若文件重复，则替换原有的文件
-t	显示备份文件中所包含的文件
-x	从备份文件中取出指定的成员文件（不会删除备份文件中的成员文件）

ar 选项参数及说明见表 5-19。

表 5-19 ar 选项参数及说明

选项参数	参数说明
a 成员文件	将文件插入备份文件中 a 参数指定的成员文件之后
b 成员文件	将文件插入备份文件中 b 参数指定的成员文件之前
c	建立归档备份文件
f	为避免过长的文件名，不兼容其他系统的 ar 命令，可用此参数截掉要放入备份文件中的过长的成员文件名称
i 成员文件	将文件插入备份文件中 i 参数指定的成员文件之前（与 b 参数作用相同）
o	提取时保留备份文件中文件的日期，否则被提取文件的日期更改为当前的日期
s	如果备份文件中包含对象模式，用此参数可建立备份文件的符号表。建好该符号表后，其他程序便可调用备份文件中的对象
S	不产生符号表。如果备份文件很大，设置此参数可提高程序的执行速度
u	只向归档备份文件中添加日期较新的文件
v	命令执行时显示详细信息
V	显示版本信息

ar 命令备份与还原应用举例如下。

参考示例 1：将当前目录下的所有 . txt 文件归档备份为名称为 ar_ file 的文件。

```
[root@localhost temp]#ar -rcv ar_file *.txt
a - t1.txt
a - t2.txt
a - t3.txt
a - t4.txt
[root@localhost temp]#
```

这个示例是对当前目录下的某类文件做备份，所以用通配符 *. txt。

参考示例2：在当前目录下，将 arfile_0 备份文件插入到参考示例1的 ar_file 备份文件中的 t2. txt 前。

```
[root@localhost temp]# ar  -rb t2. txt ar_file arfile_0
t1. txt
arfile_0
t2. txt
t3. txt
t4. txt
[root@localhost temp]#
```

这个示例可把以前的归档备份文件 arfile_0 插入到新的归档备份文件 ar_file 中 t2. txt 文件前。

参考示例3：将参考示例2中的 arfile_0 备份文件移到 ar_file 备份文件中 t3. txt 之后。

```
[root@localhos thome]# ar  -ma t3. txt ar_file arfile_0
t1. txt
t2. txt
t3. txt
arfile_0
t4. txt
[root@localhost temp]#
```

参考示例4：在当前目录下，从参考示例3的 ar_file 归档备份文件中提取 t3. txt 文件。

```
[root@localhost temp]# ar  -x ar_file t3. txt
```

注意：提取后，ar_file 归档备份文件中的 t3. txt 仍然存在。

5.8　简单信息处理

用户有时需要对文件进行一些简单的信息处理，例如，查找文件中是否出现某个字符串，确定文件的行数和字数、文件内容的排序、文件信息的格式排列等；经过简单处理的文件为存储、进一步的处理或信息的输出做好准备。涉及文件简单信息处理的命令主要有 wc、grep、sort、pr 等，系统管理员在编写配置和控制的脚本文件时经常会使用它们。

5.8.1　wc 命令

命令用法：

```
wc [OPTION]...[FILE...]
```

OPTION 为命令选项，参数 FILE...为要处理文件的列表。

该命令的功能是显示文件列表中各文件的行数、词数和字符数等信息。如果不加任何命令选项，它分4栏显示统计信息，分别为行数、单词数、字节数和文件名；如果文件列表是多个文件，则将依次统计各文件，最后给出总的统计信息。wc 命令的选项及说明见表5-20。

表5-20　wc 命令的选项及说明

命令选项	选项说明
-c	统计文件的字节（Byte）数。西文一个字符占1B、控制字符（如换行回车、文件结束）也占1B

（续）

命令选项	选项说明
-m	统计文件的字符数（包含控制字符）
-l	统计文件的行数
-L	统计文件中最长行的字符数（不含控制字符）
-w	统计文件的单词数

在西文状态下，选项 -c 与选项 -m 显示的结果是一样的。

参考示例：统计 /usr/man/man1 目录下 at.1、sh.1 文件的行数、词数和字符数。

```
$ wc /usr/man/man1/{at.1,sh.1}
```

结果：

```
行数    单词数   字符数    文件名
352     1241    6478     /usr/man/man1/at.1
1812    7538    42376    /usr/man/man1/sh.1
2164    8599    48855    total
```

在 Linux 系统中，利用管道技术，可以将 wc 命令与其他命令结合起来使用以实现一些特殊的功能。

5.8.2 grep 命令

前面介绍的 find 命令是在文件系统中查找所需的文件，而 grep 命令则是在文件中查找所需的信息（用字符串表示）。一旦查找成功，grep 命令将给出信息所在行的全部内容。grep 命令对于 shell 脚本程序设计者而言特别有用。grep 命令的选项很多，使用比较复杂。这里先介绍该命令的基本用法（常用），再说明它的高级用法。

基本用法：

```
grep PATTERN [FILE...]
```

参数 PATTERN 表示要查找的字符串，FILE...表示要查找的文件列表。文件名之间用空格分隔（有些系统用“,”分隔也可以）。文件列表中可以采用特殊字符，例如，*.c 表示当前目录下所有以 .c 为扩展名的文件，如果未给出任何文件名，grep 命令将从标准输入文件（默认为键盘输入）中查找指定的信息。

参考示例：在当前目录下的所有扩展名为 .txt 的文件中查找包含字符串“set”的文件并列出其文件名。

```
$ grep set *.txt
```

高级用法：

```
grep [options] PATTERN [FILE...]
```

或

```
grep [options] [-e PATTERN | -f FILE] [FILE...]
```

其中，options 为命令选项。参数 PATTERN 可以是要查找的字符串，也可以是关系表达式，还可以是正则表达式。正则表达式是 awk 语言提供的。正则表达式之间的运算符只有两个，它们是 ~ 和 ! ~，分别表示匹配和不匹配。在 Linux 中，除了 awk 语言能识别正则表达式外，命令解释器（shell）和词法分析器（lex）也能识别。

在 Linux 系统中还有两个变异的程序 egrep 和 fgrep 可以使用。程序 egrep 等价于 grep -E，而程序 fgrep 等价于 grep －F。grep 命令选项及说明见表 5-21。

表 5-21　grep 命令选项及说明

命令选项	选项说明
－A NUM	除了显示与参数 PATTERN 匹配的那一行外，还显示该行之后的 NUM 行的内容
－B NUM	除了显示与参数 PATTERN 匹配的那一行外，还显示该行之前的 NUM 行的内容
－C NUM	除了显示与参数 PATTERN 匹配的那一行外，还显示该行前后的 NUM 行的内容
－c	计算匹配参数 PATTERN 的行数。使用该选项将不会显示匹配参数 PATTERN 行的内容，而只是显示每个文件里匹配的行数。如果与－v 选项一起使用，则可以显示每个文件里不匹配的行数
－d ACTION	当指定要查找的是目录而不是文件时，必须使用这个选项，否则找不到需要的信息。ACTION 为要执行的动作，可以是 read、recurse 和 skip，使用 read（默认）表示 grep 命令把目录看成一般文件进行查找；使用 recurse 表示对指定目录下的所有文件和子目录进行递归处理，这等价于使用－r 选项；使用 skip 表示将过指定的目录
－E	将参数 PATTERN 作为正则表达式解释。使用该选项等价于 egrep 命令
－e PATTERN	这和直接指定参数 PATTERN 一样，但对于以“－”为首的字符串来说，可以有效地避免与选项混淆
－F	将参数 PATTERN 看作固定字符串列表，两两之间通过新行分隔，任意一个字符串符合条件即可。使用该选项等价于 fgrep 命令
－f FILE	从指定的文件中获取参数，每行一个。空文件包含 0 个参数，因此不会找到任何与参数匹配的文件
－H	在显示与参数 PATTERN 匹配的那一行时，显示该行所属的文件名称。这个选项为系统默认设置
－h	在显示与参数 PATTERN 匹配的那一行时，不显示该行所属的文件名称
－i	忽略字符的大小写。包括参数 PATTERN 与文件列表中的文件名称
－m NUM	当找到匹配的 NUM 行后，停止读取文件
－n	在显示与参数 PATTERN 匹配的那一行时，显示该行的行号
－o	只显示匹配行中与参数 PATTERN 匹配的部分
－R 或－r	递归地读取每个目录下的所有文件。这与－d recurse 选项等价
－s	不显示错误信息
－v	反转查找，即反转匹配条件后查找
－w	只显示全字符匹配的行
－x	该选项要求与参数 PATTERN 整行匹配

要查阅 grep 命令的其他选项信息，可以执行 man grep 命令。

参考示例 1：在当前目录下的所有扩展名为 . txt 的文件中查找包含“seti”字符串的文件，并列出其文件名称。

```
$ grep seti *.txt
```

参考示例 2：在 etcdir 文件中检索以 0～9 开头的行。

```
$ grep ^[0-9] etcdir
```

参考示例 3：在 etcdir 文件中检索含有“linux”字符串的文本行，并显示这些文本行的行号。

$ grep -n linux etcdir

参考示例4：对/home/stu 目录中的所有扩展名为 . doc 的文件查找包含“setup”字符串的文件，忽略大小写并列出文件名称。

$ grep -i setup /home/stu/ *. doc

参考示例5：对当前目录中所有的文件和子目录查找包含“student”字符串的文件。

$ grep -r student *

在 shell 编程中经常会用到 grep 命令在指定的文件中查找符合要求的字符串，并根据查找的结果进行相应的处理。

5.8.3 sort 命令

该命令将文本文件的内容加以排序。sort 命令可以针对文本文件的内容以行为单位来排序。预设的排序方法是从每行的第一个字符开始，以 ASCII 码的顺序来排序。用户也可以指定排序的栏位，并依该栏位的内容来排序。

该命令除了可以对文本文件的内容信息进行排序处理外，还可以将排序后的信息按照所需的格式要求输出。因此，该命令同样在 shell 编程中得到广泛的应用。

命令用法：

sort [OPTION]...[FILE]...

OPTION 为命令选项，参数［FILE］...为指定文本文件列表。sort 命令选项及说明见表 5-22。

表 5-22 sort 命令选项及说明

命令选项	选项说明
-b	忽略每行开始的空格字符
-c	检查文件是否已经排序
-d	除了字母、数字和空格字符外，忽略其他字符
-f	将小写字母看成大写字母
-g	排序时，按常规的数字值比较
-i	只对可打印字符排序
-k POS1，POS2	按指定的栏位（POS）来排序，范围由起始栏位到结束栏位的前一个栏位
-M	将前面的3个字母按照月份的缩写排序
-m	将若干个已排序的文件合并
-n	按数值的大小排序
-o	将排序的结果输出到文件
-r	以相反的顺序（ASCII 码从大到小）来排序
-t 分隔字符	指定排序时所用的栏位分隔字符，系统默认的为空格字符

要查阅 sort 命令的其他选项信息，可以执行 man sort 命令。

参考示例1：将文本文件 file1、file2 和 file3 混合排序后，保存成名为 sortfile 的文件。

$ sort -o sortfile file1 file2 file3

参考示例2：对文本文件 student 按照第2、3、4栏位来排序，ASCII 码值较大者排在前面。

$ sort -rk 2,5 student

5.8.4 pr 命令

在打印文件前常常需要对文件做一些预处理，即将文件格式化编排，以便打印。当需要把文件按分页或分栏等格式输出时，pr 命令是很方便的。如果不打印也可以重定向到文件。pr 命令在 shell 编程中经常用于文件的按格式输出。

命令格式：

pr [OPTION]...[FILE]...

OPTION 为命令选项，参数 [FILE] ...为指定的文件列表。如果命令选项出现在文件列表中间，则该命令选项只对它后面的文件有影响。pr 命令选项及说明见表 5-23。

表 5-23　pr 命令选项及说明

命令选项	选项说明
-COLUMN	设置每页分栏数，系统默认每页一栏。COLUMN 为每页的栏位数
-a	把系统默认的直栏转换为横栏。该选项必须与 -COLUMN 一起使用
-c	用“^”字符加上字母，显示可打印控制字符。其他不可打印的控制字符以八进制反斜杠符号表示
d	每行之间插入一个空白行
-e [CHAR [WIDTH]]	设置读取数据时的退格字符和宽度。用户可以用该选项自行指定退格字符，或修改它的退格宽度。系统默认退格宽度为 8
-F 或 -f	用 FF 控制字符代替新行来分隔页
-h HEADER	设置文件头字符串代替文件名称。如果将 HEADER 字符串设置为“”，则会显示空白行
-i [CHAR [WIDTH]]	功能与 -e 选项类似，输出数据时以指定的退格字符和宽度代替空格
-l PAGE_LENGTH	设置每页的行数。系统默认每页有 66 行，其中内容占 56 行，页的首、尾占 10 行
-n [SEP [DIGITS]]	显示文件内容时，在每行前加上编号。编号位数（DIGITS）可达 5 位。间隔字符（SEP）默认为 Tab 字符，也可以自行指定
-o MARGIN	设置左边界的缩进量（字符数），系统默认为 0。该选项不影响 -w 选项指定的每行字符数
-s [CHAR]	设置单个字符（CHAR）分隔栏位。系统默认为 Tab 字符
-t	取消每一页的页首和页尾
-W PAGE_WIDTH	设置每行的最大字符数，超过部分将被截除，除非与 -J 选项一起使用。系统默认每行为 72 个字符

参考示例：将文本文件 readme. txt 调整为每页 60 行、每行 68 个字符，取消页首和页尾，在每页的最后加上 FF 控制字符。

```
$ pr -fJt -l 60 -W 68 readme. txt
```

5.8.5 sed 命令

sed 是一种流编辑器，它一次处理一行内容。处理时，读取一行存储在临时缓冲区中的内容，接着用 sed 命令处理缓冲区中的内容，处理完成后，把缓冲区的内容送往显示器。接着处理下一行，这样不断重复，直到文件末尾。由于处理结果只显示在显示器上，并不会写入磁盘文件，若需要保存为文件，可用重定向方式保存到指定的文件中。

在 Linux 系统中需要对文本文件进行一些处理时，sed 是一个使用较方便、功能较强大的命令，尤其是在 shell 编程中，可以批量、方便地对文本文件进行字符查找、替换等处理。

命令格式：

sed [OPTION] scriptfile textfile(s)

或

sed [OPTION] command textfile(s)

OPTION 为命令选项，scriptfile 为处理条件的脚本文件，command 为 script 中的指令。sed 常用命令选项及说明见表 5-24。

表 5-24　sed 常用命令选项及说明

命令选项	选项说明
-e <script>或 --expression=<script>	以选项中指定的 script 来处理输入的文本文件
-f <script 文件>或 --file=<script 文件>	以选项中指定的 script 文件来处理输入的文本文件
-h 或 --help	显示帮助
-n、--quiet 或 --slient	仅显示 script 处理后的结果。若不使用此选项，则原来文本文件中未经 script 处理的部分也会一并显示。注意，此选项可以与 -f 选项连用，但需要在它前面
-V 或 --version	显示版本信息

script 格式：

[行号][/查找字符串/指令 <选项及参数>]

注意：上述 script 格式中不能有空格，且不同的命令解释程序（如 bash、csh、ksh 等）其指令集不完全相同。script 常用指令及说明见表 5-25。

表 5-25　script 常用指令及说明

指　令	指令说明
[行号]	[行号] 中指定输入文本文件的行号。若使用 [行号，行号] 的格式，则指定第一个行号与第二个行号之间的每一行。若在 [行号] 后加上感叹号 (!)，则指除了指定 [行号] 以外的每一行（注意，bash 不支持此功能，但 ksh 支持）。若不使用 [行号]，且没有指定/查找字符串/，则处理输入文件中的每一行
a\ <字符串>	在指定的行号后新增一行<字符串>
c\ <字符串>	以<字符串>取代指定的行号
d	删除指定的行号
i\ <字符串>	与 a 指令类似，但是在指定的行号前新增一行
p	显示指定的行号
r <文本文件>	先处理此处所指定的文本文件，然后处理指令列中所指定的文本文件
s/<查找字符串> /<取代字符串> /<取代方式>	在指定的行号中寻找<查找字符串>，再以<取代字符串>来取代<查找字符串>，共有 3 种取代方式。若不指定取代方式，则默认为取代第一个找到的字符串，即等价于 n=1 n：取代第 n 个找到的<查找字符串> g：取代所有找到的<查找字符串> p：取代后，再显示一次该行

（续）

指　令	指令说明
w <文本文件>	在此文本文件填入指定字符
y <查找字符> / <取代字符>	以 <取代字符> 来取代所有找到的 <查找字符>，<查找字符> 与 <取代字符> 中都可指定一个以上的字符，但两者长度必须相同

参考示例1：用 sed_script 文件指定的条件，在 textfile 文件中查找含有"target"字符串的行，然后在该行后新增一行，其内容为"A New Line"。

```
$ vi sed_script                       编辑 sed_ script 文件
  /target/a \
  A New Line
$ vi textfile                         编辑 textfile 文件
  This is the 1st line
  This is thetarget line
  This is the last line
$ sed -f sed_script textfile          执行 sed  -f 命令
```

结果显示：

```
This is the 1st line
This is thetarget line
A New Line
This is the last line
```

参考示例2：将参考示例1的 textfile 文件中第1、2行的"is"字符串取代为"at"，且将结果保存到 textfile2 文件中。

```
$ sed -e 1,2s/is/at/g textfile >textfile2
```

用文本编辑器打开 textfile2 文件，结果显示：

```
That at the 1st line
This at the target line
That is the last line
```

5.8.6 tr 命令

tr 命令的功能就是替换字符、压缩重复字符和删除字符。它从标准输入设备读取数据，经过替换或删除后写入标准输出设备。当然也可以用输入重定向方式从文件中读取数据，处理结果只是送往标准输出设备（显示器），并不会写入磁盘文件，若需要保存为文件，可用重定向方式保存到指定的文件中。如果用户从键盘输入数据，则以^+D 结束。

与 sed 命令类似，tr 命令在文件信息处理中有广泛的应用。tr 命令处理字符较 sed 命令更为方便、快捷。

命令格式：

```
tr [OPTION] ... SET1 [SET2]
```

OPTION 为命令选项，SET1、SET2 为指定字符串的字符集。tr 常用命令选项及说明见表5-26。

表 5-26 tr 常用命令选项及说明

命令选项	选项说明
-c 或 --complement	用字符集 2 中的单个字符（若为字符串，则是最后一个字符）替换所有不属于字符集 1 中的字符；字符集 2 必须有
空	将字符集 2 中的字符对应替换字符集 1 中的字符
-d 或 --delete	删除所有属于字符集 1 中的字符；字符集 2 不需要删除
-s 或 --squeeze-repeats	把字符集 1 中连续重复出现的字符以单个字符表示；字符集 2 可不需要
--help	显示帮助
--version	显示版本信息

字符集除了指定字符串外（如“xyz”），还能采用下列格式。

\NNN：使用 1~3 位的八进制码指定字符。

\\：使用反斜线字符“ \ ”。

\a：使用响铃控制字符 BEL。

\b：使用退格字符。

\f：使用走行换页字符。

\n：使用换行字符。

\r：使用回车字符。

\t：使用水平跳格字符。

\v：使用垂直跳格字符。

CHAR1-CHAR2：包含 CHAR1 到 CHAR2 之间的所有字符，以增序排列；例如，“a~z”。

[CHAR*]：用于 SET2，直到重复指定的字符等于 SET1 的字数为止。

[CHAR*REPEAT]：重复指定的字符达到设置的次数为止，默认的重复次数以十进制表示，若重复次数的开头为 0，则采用八进制表示。

[:alnum:]：所有的字母和数字。

[:alpha:]：所有的字母。

[:blank:]：所有的水平空格字符。

[:cntrl:]：所有的控制字符。

[:digit:]：所有的数字。

[:graph:]：所有的可打印字符，但不包括空格字符。

[:lower:]：所有的小写字母。

[:print:]：所有的可打印字符，包括空格字符。

[:punct:]：所有的标点符号。

[:space:]：所有的水平与垂直空格字符。

[:upper:]：所有的大写字母。

[:xdigit:]：所有的十六进制数字。

[=CHAR=]：所有等于指定字符的字符。

参考示例 1：将从键盘输入的字符中不属于字符集 1 的字符用字符集 2 中的字符替换。

```
$ tr -c [a-z] '\\'
$ abcdefABCDEF
$ Ctrl+D
```

$ abcdef\\\\\\\

参考示例2：将文本文件 text1 中的小写字母全部替换成大写字母，并保存到 text2 文件中。

$ tr a - z A - Z < text1 >text2

或

$ tr [:lower:] [:upper:] < text1 >text2

参考示例3：从文件 file1 中删除 Windows“造成”的“^M”字符并保存到 file2 文件中。

$ tr -d "\r" < file1 >file2

参考示例4：删除文件 file1 中连续重复的字母，只保留第一个并保存到 file2 文件中。

$ tr -s [a-zA-Z] < file1 >file2

参考示例5：在 Linux 系统终端窗口中把显示路径变量中的冒号“:”替换成换行符“\n”。

$ echo $PATH | tr -s ":" "\n"

5.8.7 cut 命令

cut 命令会选取指定显示文件的内容范围，并将它们输出到标准的输出设备。它一次处理一行，把符合指定条件的内容输出后再处理下一行，直到文件尾。如果用户不指定任何文件，或是所输入的文件名为“-”，则 cut 命令从标准输入设备上读取数据。处理结果只是送往标准输出设备（显示器），并不会写入磁盘文件，若需要保存为文件，则可用重定向方式保存到指定的文件中。

cat 命令在文件信息处理中也有广泛的应用，它可以方便地选取文件中要输出的内容范围并以多种格式（以字符、栏位等为单位）进行输出。

命令格式：

cut [OPTION] ... [FILE] ...

OPTION 为命令选项，FILE 为指定要处理的文件。cut 常用命令选项及说明见表 5-27。

表 5-27　cut 常用命令选项及说明

命令选项	选项说明
-b <输出范围> 或 --bytes = <输出范围>	设置指定要输出的范围，以字节为单位，范围则以每行的列为准。例如，指定的输出范围是“8”，就会显示每行第 8 列的字符；若指定的输出范围是“5-”，则会显示每行从第 5 列起到最后一列止的所有字符；若指定的输出范围是“-6”，则显示每行从第 1 列起到第 6 列止的所有字符；若指定的输出范围是“2-7”，则显示每行从第 2 列起到第 7 列止的所有字符；若指定的输出范围是“5，8”，则显示每行的第 5 列和第 8 列字符。文件中的跳格字符和退格字符均视为 1B
-c <输出范围> 或 --characters = <输出范围>	设置指定要输出的范围，以字符为单位，范围则以每行的列为准。目前该选项的输出效果与“-b”选项一样
-d <分界字符> 或 --delimiter = <分界字符>	指定栏位的分界字符。默认以跳格字符作为栏位分界字符。若要用空格作为分界字符，则需要将空格用单引号或双引号括起。注意：若显示的内容中没有指定的分界字符，则将其视为一个栏位。该选项需配合“-f”选项方能使用
-f <输出范围> 或 --fields = <输出范围>	设置要输出的范围，以栏为单位，范围则以每行的栏位为准。默认以跳格字符作为栏位分界字符
-s 或 -only-delimited	如果该行没有分界字符存在，则不输出该行的内容。该选项需配合“-f”选项方能使用。若文件中的栏位分界符不是默认的跳格字符，则需要与“-d”选项一起使用
--help	显示帮助
--version	显示版本信息

参考示例：文件 cut_test 中的数据包含多种栏位分隔字符，运用 cut 命令的不同选项会有不同的输出效果。

$ cat cut_test　　列出 cut_test 文件内容

0123456789　　无分界符

abc：def：hij：klm　　用“:”作为分界符

abc 79 68 97　　用“ ”作为分界符

def 85 100 35　　用跳格字符作为分界符

ghi -64 -38 -86　　用“-”作为分界符

klm#98#78#58　　用“#”作为分界符

$ cut -b 2-4，6，8 cut_test 列出每行第2~4、6、8列的字符

结果显示：

12357

bc:e:

bc 96　　空格当作1B处理

ef 51　　跳格当作1B处理

hi -43

lm#87

$ cut -f 2,4 cut_test　　列出每行的第2、4栏位

结果显示：

0123456789

abc:def:hij:klm

abc 79 68 97

85　35　　指定的输出，非跳格分界符的都视为一个栏位

ghi -64 -38 -86

klm#98#78#58

$ cut -f 1,3 -s cut_test

列出每行的1、3栏位，不含跳格分界符（默认）的不列出

结果显示：

def　100　　只列出用跳格分界符的指定信息

$ cut -f 1,3 -s -d“ ” cut_test

列出每行的1、3栏位，不含空格分界符（-d 指定）的不列出

结果显示：

abc 68

$ cut -f 1，3 -d：cut_test　　列出每行的1、3栏位，指定的分界符为“:”

结果显示：

0123456789

abc:hij　　指定的输出，非“:”分界符的都视为一个栏位

abc 79 68 97

def 85 100 35

ghi -64 -38 -86

klm#98#78#58

5.8.8　uniq 命令

uniq 命令的功能是检查及删除文本文件中重复出现的行。由于该命令采用循序式的比较法，因此文本文件必须先经过排序（用 sort 命令，参见 5.8.3 小节），才能找出重复出现的行。uniq 命令在文件信息处理中可以方便地检查文件中某行重复的次数，删除重复的内容等。

命令格式：

uniq [OPTION] … [INPUT [OUTPUT]]

OPTION 为命令选项，若不加任何选项，则会删除重复出现的行。参数 INPUT 为输入的文件（已排好序的），若省略，则为标准的输入设备；参数 OUTPUT 为输出文件，若省略，则为标准的输出设备。uniq 常用命令选项及说明见表 5-28。

表 5-28　uniq 常用命令选项及说明

命令选项	选项说明
-c 或 --count	对输出的结果在每行旁边显示该行重复出现的次数
-d 或 --repeated	仅显示重复出现的行列
-f <栏位> 或 --skip-fields=<栏位>	比较时忽略指定的栏位
-i 或 -ignore-case	比较时忽略大小写
-s <字符位置> --skip-chars=<字符位置>	比较时忽略指定的字符
-u 或 --unique	仅显示出现一次的行列
-w <字符位置>或 --check-chars=<字符位置>	指定要比较的字符
--help	显示帮助
--version	显示版本信息

参考示例：检查文件 uniq_test（已按字母增序排列）中重复出现的行。

```
$ cat uniq_test                    显示文件内容
    This is a banana.
    This is an apple.
    This is an orange.
    This is an orange.
    This is ax banana.
$ uniq uniq_test                   删除重复出现的行
```

结果显示：

```
This is a banana.
    This is an apple.
    This is an orange.
    This is ax banana.
$ uniq -c uniq_test                显示每行出现的次数
```

结果显示：

```
    1   This is a banana.
```

1 This is an apple.

2 This is an orange.

1 This is ax banana.

$ uniq -d -f 2 uniq_test 仅显示重复的行，且忽略比较每行的第二个栏位

结果显示：

This is an orange.

$ uniq -d -f -s 7 uniq_test 仅显示重复的行，且忽略比较每行的第7个字符

结果显示：

This is an orange.

$ uniq -w 10 uniq_test 指定比较每行的第10个字符

结果显示：

This is a banana.

This is an apple.

This is ax banana.

注意：以上示例中的各个命令都没有指定输出文件，所以处理的结果都是向显示器输出的，并不会改变输入文件的内容；若要保存为文件，则用输出重定向指定输出文件名。

习 题 5

1. 什么情况下，文件或目录名可以包含空格？使用时需要注意什么？

2. 在/home下的用户目录中建立temp目录，执行cd temp命令的结果如何？进入boot目录下的grub目录执行cd boot/grub命令可以吗？为什么？

3. 如何在Linux系统下查看Windows系统C盘的磁盘空间使用情况？

4. 列出Linux下15个文件和目录操作的命令。

5. 在用户主目录下建立一个目录，要求该目录对文件主可读、写、执行，同组用户可读、执行，其他用户不可读、写、执行。

6. 如果需要复制一个目录下的所有子目录及其中的文件，应如何实现？

7. 如果需要显示指定目录中的隐含文件，应如何实现？如果需要显示指定目录下的所有文件和子目录呢？

8. 简要说明Linux下的find命令与Windows下的find命令在功能上是否相同。

9. 只用find命令在用户主目录中找到名为temp的子目录并删除。

10. 用cat命令创建一个temp. sh的脚本文件，修改其属性，使它对所有的用户都具有读、写和执行的权限。

11. 如何分屏显示一个大的文本文件？

12. 分别在命令行方式和图形方式下将用户主目录下的所有文件压缩打包。

13. 从Internet上下载.tar格式的软件包并解压缩安装。

14. 用dump命令完全备份/home目录下的所有目录和文件到U盘。

15. 简要说明grep命令的功能及常用的格式和选项。

16. 如何从文本文件中提取需要的字符串？如何对文本文件中的内容进行替换？

第6章　Linux的包管理

随着计算机技术的飞速发展，操作系统的内核在不断地升级，各种各样的应用软件也在不断地推出。对于Linux操作系统而言，这些软件中的很多是以RPM软件包的形式存在并可以通过网络下载的。要在系统中查询、验证、安装、升级或删除这些软件包，就需要有专门的包管理器。包管理器（RPM）是Linux系统的一个重要部分，它为Linux操作系统的升级与维护以及用户应用程序的安装带来了极大的便利。

6.1　包管理概述

RPM是Red Hat Package Manager的缩写，它原来是Red Hat Linux发行版专门用来管理Linux各项软件包的程序。由于它遵循GPL（GNU通用公共许可证）协议，并且功能强大，使用方便，因而受到许多用户的青睐并逐渐被其他Linux发行版本所采用。

RPM是一个开放的软件包管理器，它工作于许多种类型的Linux和UNIX操作系统中。只要遵循GPL协议，RPM软件对所有的用户都是开放的，用户甚至可以将它用到自己的程序中。

由于安装、删除或升级某个RPM软件包时，包管理器要对用户的系统做适当的配置，所以对于RPM软件包的安装、删除或更新，只有root权限的用户才能进行；对于查询功能，任何用户都可以操作；如果普通用户拥有建立目录的权限，那么也可以进行安装。

对于终端用户来说，包管理器大大简化了系统的升级、维护以及应用程序的安装。当要安装、删除或升级RPM软件包时，只要使用简短的命令就可以完成。包管理器维护已安装的RPM软件包和文件的数据库，因此，用户可以在系统上进行RPM软件包的查询和校验工作。在RPM软件包的升级中，包管理器处理配置文件时非常谨慎，因此用户决不会丢失所定制的配置，这是用普通压缩包（如.tar.gz文件）所无法达到的。

对于程序开发者来说，包管理器允许这类用户把软件源代码和编译、连接生成的二进制程序打包，然后提供给终端用户使用。这个过程非常简单，它由一个主文件和可选的补丁程序组成。这种源代码、补丁程序和软件生成指令的清晰描述简化了发行软件新版本所带来的维护负担。

在终端字符界面下，Linux的包管理器以rpm命令加上参数和选项的形式使用；在图形界面下，在CentOS 7中选择“应用程序”→“系统工具”→“软件”命令，可以通过互联网查找、添加、更新、删除、定位软件包，还可以模块检查依赖关系等。另外，还可以通过按钮和鼠标的配合操作完成软件包管理的一些常用功能。

6.2　包管理的特色

有关RPM的信息在网页https://rpm.org/中有许多介绍。在学习如何使用包管理器之前，先简要了解Linux包管理的特色。

1）易用性（Ease of use）。

2）面向软件包（Package-oriented focus）。

3）包的升级性（Upgradability of packages）。

4）探测包的依赖性（Tracking of package interdependencies）。

5）强大的查询能力（Query capabilities）。

6）软件包校验（Verification）。

7）支持多种结构（Support for multiple architectures）。

8）保持软件包原始特征（Use of pristine sources）。

1. 易用性

或许 RPM 设计的主要目的之一就是要容易使用。为了让更多的用户使用这种新软件，RPM 与其他早期的 Linux 包管理工具软件相比必须要有重大的改变。基于这一点，大多数可以用 RPM 处理的任务被设计成通过执行单条命令来完成。例如，使用 RPM 来升级软件要求执行单条命令（rpm -U software_package），而使用早期的方法至少需要 6 条命令才能完成同样的工作：

```
tar zxf software_package
cd software_package
./configure
make
su
make install
```

与此类似，当使用 RPM 删除一个已安装的应用程序软件包时，也同样要求执行单条命令（rpm -e software_package），而早期的方法需要手动删除每个与应用程序相关联的文件。

2. 面向软件包

RPM 是用来在软件包层次上操作的。RPM 提供可以管理成百上千个包的软件，胜于在单个文件或整个系统基础上的操作。

每个包由分立的关联文件集、相关的文档和配置信息组成。典型情况下，每个包是一个单独的应用程序。RPM 作为包的管理单元，使得软件包安装与删除的应用变得极为简单。

3. 包的升级性

除了面向软件包的特色外，RPM 还支持软件包升级。对于从 RPM 包中安装的应用程序，只要有新的版本发行，都可以使用 RPM 升级，而不需要重新安装。在升级应用程序时，RPM 会删除那些旧的文件，并用新文件替换它们。另外，RPM 允许智能地、全自动地升级用户软件，软件包中原来所做的配置在升级过程中会安全地保留下来，因此用户不会丢失配置信息。例如，Apache Web 服务器一般安装在需要 Web 网页服务的 Linux 计算机上；Apache 服务器的配置信息以文本文件的形式存储在/etc/http/conf/httpd. conf 文件中。假设用户已经用 RPM 安装了 Apache 并且配置过 httpd. conf 文件，当用户用 RPM 升级 Apache 时，RPM 将会小心地保护用户所做过的配置。相反，手动升级应用程序时常常覆盖已存在的配置文件，丢失系统管理员所做的配置。

4. 探测包的依赖性

软件包之间存在依赖关系，即某个软件包中的程序需要使用其他已经安装的软件包中的程序。例如，Postfix 和 Sendmail 邮件传输代理（MTA）程序一般安装在提供 E-mail 服务的 Linux 计算机上，在它们提供 E-mail 服务前都会被配置，以便成功地对用户身份进行验证（通过输入用户名和密码）。这常常用于防止未经授权的用户访问 E-mail 服务器，阻止不道德的广告商利用邮件服务器发送垃圾邮件。然而，要使 Postfix 和 Sendmail 程序正常工作，Cyrus SASL（Simple Authentication and Security Layer）程序必须安装。Cyrus SASL 程序为 Postfix 和 Sendmail 程序提供用户名和密码的检查。换句话说，Postfix 和 Sendmail 程序依赖于 Cyrus SASL。

对于系统级的软件管理程序，系统组件之间的逻辑依赖关系容易探测。所有需要的组件作为系统的一部分包括在系统中，升级系统时就升级了所有的组件。在 Microsoft Windows 2000 操作系统中，IIS 需要其他的程序，例如，EventLog（Windows 用来记录系统事件，类似于 Linux 系统的 syslogd 和 klogd 程序）必须存在。由于 Windows 是对系统层次上的管理，而不是对包的管理，所以这种依赖得到满意的保证。例如，Postfix 程序需要 syslogd 程序记录系统事件，当用户安装 Postfix 程序时不能保证已经安装了 syslogd 程序。如果 syslogd 没有安装，则 Postfix 程序将无法正确地工作。为了避免这样的问题，Red Hat 开发者认识到 RPM 还必须探测依赖信息，以便 RPM 安装或删除应用程序时使用这种依赖信息。当使用 RPM 在没有安装 syslogd 程序的系统上安装 Postfix 时会产生一个警告信息，以提示 syslogd 必须先安装。与此类似，在一个已经安装了 Postfix 的系统上卸载 syslogd 时也会产生一个警告信息。如果需要，这些警告信息可以被忽略，但是默认情况下，RPM 强制检查这些依赖关系。

5. 强大的查询能力

作为 RPM 实现的一部分，它维护所有已安装的 RPM 软件包和文件的数据库。使用 RPM 很容易进行查询操作，用户可以搜索数据库以证实系统中哪些软件包已经安装，以及软件包中有哪些文件以及该软件包的制作者。这个特色使得基于 RPM 的系统特别容易使用，因为单条的 RPM 命令就可以查看系统中所有已经安装的软件包。

6. 软件包校验

RPM 还维护着系统数据库中每个已安装文件的大量信息，如每个文件应该有什么权限、每个文件的大小等。一段时间后，如果安装的程序不能正常工作，原因可能是系统管理员设置了不正确的文件权限，或者由于外部的原因影响了计算机的内存。虽然 RPM 不能阻止引起已安装软件失效的所有错误，但是它能排除通常的错误。当一个应用程序失效时，用户可以使用 RPM 数据库确定所有与该应用程序相关联的文件是否仍然有正确的 UNIX 文件权限，以及与该应用程序无关的文件是否被改变或被破坏。

7. 支持多种结构

早期 Linux 包管理程序的限制之一是，它们只能使软件包安装在一种类型的计算机上，如用于 32 位或 64 位 Intel 兼容 CPU 的计算机。这会对发行版的开发者（例如 Red Hat 和 Debian）以及为了在 Linux 上使用而打包软件的应用程序卖主造成问题，因为可用的打包方法不能产生支持多种结构的包。而且软件打包者无法指出目标软件包适用的体系结构，这使得软件的最终用户难以知道哪种计算机可以安装这些软件包。

Red Hat 通过把各种体系结构的支持合并进 RPM 解决了这个限制，这种特色通过一个基本的安装软件包产生可以运行在各种 CPU 上的包，大大方便了最终用户。

8. 保持软件包原始特征

保持软件包原始特征是 BOGUS 发行项目管理系统人员提出的概念，它是 RPM 的一个设计目标。有两种类型的软件包：二进制包和源代码包。二进制包用于压缩要安装和使用的程序；源代码包包含程序的源代码以及如何把源代码编译成二进制包的文档。这个特色或许是目前的 Linux 打包软件（如 RPM）与用于其他系统（如商业 UNIX 系统）的打包软件之间的最大的区别。源代码打包使得软件打包者更容易工作，因为打包者在准备这些包的新版本时可以使用旧版本的源代码包作为参考。源代码打包还方便了最终用户，因为容易通过改变软件编译选项产生一个新的、支持用户需要特征的二进制包。

6.3　命令行下的包管理

在命令行下使用 rpm 命令进行包管理。RPM 提供以下 5 种基本操作以实现用户对软件包的管理。

1）安装。解开被压缩的软件包，并安装软件到计算机磁盘上。

2）查询。通过 RPM 数据库查询软件包的相关信息。

3）校验。校验软件包中程序的正确性。

4）升级。用新版本程序替换软件包中的旧版本程序。

5）删除。清除通过 RPM 安装的软件，即卸载软件包。

一般，RPM 不提供建立软件包的功能。软件开发者或其他用户如果需要创建软件包，可以通过 rpmbuild 命令来实现。

rpm 命令的用法：

rpm [OPTION...]

其中，OPTION...为命令选项。由于 rpm 命令功能强大，所以它的命令选项很多，主要有查询选项、校验选项、签名选项、数据库选项、安装选项、升级选项、删除选项和公共选项等。这里先介绍公共选项，其他选项在每个基本操作中介绍。公共选项是所有操作中都可以使用的选项。rpm 命令的公共选项及说明见表 6-1。

表 6-1　rpm 命令的公共选项及说明

公 共 选 项	选 项 说 明
-D 或 --define='MACRO EXPR'	用表达式 EXPR 的值定义宏
-E 或 --eval='EXPR'	输出 EXPR 宏表达式
--macros=<FILE:...>	从指定的列表文件<FILE:...>中读，以代替默认的文件
--nodigest	不校验软件包的摘要信息
--nosignature	不校验软件包的签名
--rcfile=<FILE:...>	用指定的配置文件列表<FILE:...>代替默认的文件
-r 或 --root=ROOT	用 ROOT 作为顶级目录（默认为“/”）
--querytags	显示已知的查询标志
--showrc	显示最后的 rpmrc 和宏配置文件
--quiet	输出指令执行的简要信息
-v 或 --verbose	输出指令执行的详细信息
--version	显示版本信息
-?或 --help	显示帮助信息
--usage	简要显示命令用法信息

6.3.1　安装软件包

从网络上可以搜索到大量应用程序的 RPM 软件包，大多数 RPM 软件包的命名有一定的规律，一般有类似于 system-config-printer-1.4.1-21.el7.x86_64.rpm 的文件名。这些 RPM 软件包的文件名一般包括以下几个部分。

1）软件包的名称，如 system-config-printer。

2）软件包的版本号，如 1.4.1-21。

3）发行号，如 el7。

4）硬件平台，如 x86_64 等。

5）扩展名，一般就是.rpm。

此外，网络上还有一种源代码软件包，即 SRPM 软件包，其软件包名中带有 src 字样。这种软件包只是提供源程序和部分配置文件，需要用户自己编译。下面分别介绍这两种软件包的安装方法。

1. RPM 软件包的安装

通常，安装一个 RPM 软件包的命令格式是：

rpm {-i| --install} [install-options] PACKAGE_FILE ...

其中，-i 或 --install 是必需的命令选项，install-options 是可选的命令选项，参数 PACKAGE_FILE ...是要安装的软件包文件名列表。

rpm 命令的安装、升级与删除选项（install、upgrade、erase option）及说明见表 6-2。

表 6-2　rpm 命令的安装、升级与删除选项及说明

选　项	说　明
--aid	当需要时，添加建议的软件包以便处理
--allfiles	安装或升级软件包中所有的文件，不管文件是否存在
--allmatches	删除所有指定的软件包
--badreloc	发生错误时重新配置文件
--excludepath OLDPATH	忽略指定目录 OLDPATH 里的所有文件
--excludedocs	安装软件包时不安装任何文档（包括 man 手册页和文本信息文档）
--force	强制更换软件包或文件。与使用命令选项 --replacepkgs、--replacefiles 和 --oldpackage一样
-h 或 --hash	软件包安装或升级时输出“#”以显示进度；经常与 -v 选项一起使用
--ignoresize	安装前不检查磁盘空间是否足够
--ignorearch	即使二进制包适用的结构格式与主机不匹配，也仍然允许安装和升级软件包
--ignoreos	即使二进制包适用的操作系统与主机不匹配，也仍然允许安装和升级软件包
--includedocs	安装软件包时安装所有的文档。这是默认设置
--justdb	只是更新数据库，不改变任何文件
--nodigest	读取包时不校验包或标题摘要
--nosignature	读取包时不校验包或标题签名
--nodeps	安装、升级、删除软件包时不做依赖性检查
--nosuggest	不提示丢失包的依赖关系
--noorder	不重新编排软件包的安装顺序，以便满足它们彼此间的依赖关系
--nopostun	不执行任何安装脚本（script）文件。该选项与 --noscripts、--nopre、--nopost、--nopreun选项等价
--notriggerpostun	不执行软件包内的任何脚本（script）文件。该选项与 --notriggerin、--notriggerun、-notriggers 选项等价
--oldpackage	允许升级时用旧包替换新包
--percent	安装或升级时显示完成进度的百分比
--prefix NEWPATH	如果重新配置文件，就把文件放在指定的目录 NEWPATH 之下
--relocate OLDPATH = NEWPATH	将原来放在旧目录 OLDPATH 下的文件改放到新目录 NEWPATH 下
--repackage	在软件包删除前重新打包文件

（续）

选 项	说 明
--replacefiles	强行替换软件包中的文件
--replacepkgs	强行替换软件包
--test	仅仅是测试，并不真的安装、升级、删除软件包

软件包常用的安装方法示例：

```
[root@ localhost Packages]# rpm -ivh qt-settings-19.23.8.el7.centos.noarch.rpm
准备中...                    ################################# [100%]
正在升级/安装...
1: qt-settings-19.23.8.el7.centos    ############################ [100%]
[root@ localhost Packages]#
```

在命令中，使用 -v 选项输出安装详细信息，用 -h 选项以输出“#”符号显示安装进度。由于该软件包有签名，所以安装中不会出现警告信息，否则有警告信息。如果要消除显示警告信息，可以增加 --nosignature 选项。命令执行中输出的显示信息“准备中...”表示正在对软件包进行预处理，主要是对软件包的依赖性进行检查。虽然 rpm 命令的安装选项很多，但是常用的主要就是 -v 和 -h 选项。

由于用户事先可能并不知道系统中哪些包已经安装，哪些包没有安装，所以软件包在实际安装过程中会出现如下一些常见的错误。

（1）软件包已经安装

如果用户安装的软件包已经被安装过，则会出现以下信息：

```
[root@ localhost Packages]# rpm -ivh qt-settings-19.23.8.el7.centos.noarch.rpm
准备中...                    ################################# [100%]
        软件包 qt-settings-19.23.8.el7.centos.noarch 已经安装
[root@ localhost Packages]#
```

从输出的信息可以看到，经过预处理后，rpm 判断出该软件包已经安装过。如果用户要坚持重新安装，则可以使用 --force 或 --replacepkgs 选项强制进行重新安装，例如：

```
[root@ localhost Packages]# rpm -ivh --force --nosignature
                        qt-settings-19.23.8.el7.centos.noarch.rpm
准备中...                    ################################# [100%]
  1: qt-settings-19.23.8.el7.centos    ############################ [100%]
[root@ localhost Packages]#
```

采用 --nosignature 选项后不再进行包的签名检查，不显示警告信息；采用 --force 选项后将忽略该软件包已经安装的信息，强制进行安装。

（2）文件太旧

如果用户要安装的软件包已经安装过新版本，再安装旧版本时，就会出现文件太旧的信息，这时安装失败。例如：

```
[root@ localhost Packages]# rpm -ivh libstdc++-4.4.7-23.el6.x86_64.rpm
警告：libstdc++-4.4.7-23.el6.x86_64.rpm：头 V3 RSA/SHA1 Signature，密钥 ID
c105b9de：NOKEY
准备中...                    ################################# [100%]
```

软件包 libstdc++ -4.8.5-36.el7_6.2.x86_64（比 libstdc++ -4.4.7-23.el6.x86_64 还要新）已经安装

file /usr/lib64/libstdc++.so.6 from install of
libstdc++ -4.4.7-23.el6.x86_64 conflicts with file from package
libstdc++ -4.8.5-36.el7_6.2.x86_64
[root@ localhost Packages]#

这表示要安装的软件包 libstdc++ -4.4.7-23.el6.x86_64.rpm 与系统已经安装的软件包 libstdc++ -4.8.5-36.el7_6.2.x86_64 相比太旧，软件包不能安装。如果用户希望忽略这个错误信息并继续安装，则可以采用强制替换软件包中文件的 --replacefiles 或 --force 选项。由于该软件包没有签名，所以安装中会出现警告信息。

（3）依赖关系检查失败

在执行 rpm 命令来安装软件包时，默认会自动检查软件包的依赖关系，即要安装的软件包如果依赖其他软件包，而其他软件包还没有安装，就会出现依赖关系检查失败的信息，当然安装也会终止。例如：

[root@ localhost Packages]# rpm -ivh qt-4.8.7-2.el7.x86_64.rpm
错误：依赖检测失败：
qt-settings 被 qt-1：4.8.7-2.el7.x86_64 需要
[root@ localhost Packages]#

这表示要安装的软件包 qt-4.8.7-2.el7.x86_64.rpm 依赖 qt-settings-19.23.8.el7.centos.noarch.rpm 软件包，因此解决依赖关系检查失败引起的问题需要先安装 qt-settings-19.23.8.el7.centos.noarch.rpm 软件包。

安装选项 --nodeps 可以要求 rpm 命令不做依赖性检查，因此用户可以使用该选项进行强制安装，但是最好不要这样做，因为忽略了依赖关系检查，即使软件包安装了也不一定能正常运行。

2. 安装源代码软件包

前面所介绍的 RPM 软件包是指包内已经带有可执行程序的软件包，安装后即可运行。现在许多网站除了提供这种软件包外也提供源代码软件包，即 SRPM 软件包，其软件包名中带有 src 字样。用户可以根据自己的需要从相关的网站下载 RPM 或 SRPM 软件包。与 RPM 软件包安装方式相比，使用源代码软件包（SRPM 软件包）进行安装相对比较复杂，因为需要由用户自己编译源代码来生成可执行文件。在 Linux 系统中，有些软件只能以 SRPM 软件包的形式提供，如 Linux 系统内核和某些应用程序源代码。使用源代码软件包安装软件是 Linux 系统下进行软件安装的重要手段，也是使用 Linux 系统的最主要的优势之一。对于专业用户而言，使用源代码软件包安装软件，不仅能按照用户的需要选择安装方式进行安装，而且能够深入了解源代码，从而学习到更多的知识。

下面简要介绍 SRPM 软件包的安装方法。

第一，将 SRPM 软件包导入系统。

下载后，以超级用户身份执行"rpm -ivh PACKAGE_FILE"命令，将源代码软件包导入系统。如果是 RPM 包，则该命令执行后会将包内的可执行程序安装到 Linux 系统的某个 bin 或 sbin 目录下；而如果是 SRPM 包，则在/root/rpmbuild/SOURCES 目录下导入一个包含软件包名称的压缩文件，形如 package_name.tar.gz 等。

第二，将压缩文件解压缩。

源代码软件包导入后的压缩文件通常以 .tar.gz 为扩展名，也有以 tar.Z、tar.bz2 或 .tgz 为扩展名的。以不同的扩展名表示压缩文件时所用的命令不同，当然解压缩的命令也不相同，用户既可以在命令行下解压缩，也可以在图形方式下解压缩。

第三，编译源代码。

当解压缩成功后，会建立一个目录，目录名一般就是软件包名。用 cd 命令进入对应的目录中。在编译之前最好先阅读 Readme 文件和 Install 文件。许多源代码软件包使用基本相同的命令，然而有时在阅读这些文件时却能发现一些重要的信息。例如，安装该软件包是否需要其他软件或程序库的支持，软件包中是否含有可以自动安装的脚本程序（.sh）等。在安装前阅读这些说明文件，有助于安装成功和节约时间。

如果目录中已经有 Makefile 文件，则用户只要执行 make 命令就可以完成安装；如果目录中没有 Makefile 文件，则一般有一个可执行的 configure 脚本文件，执行它会自动检查编译器及编译该软件的条件是否满足，如果检查通过，则生成 Makefile 文件。再执行 make 和 make install 命令，即可完成源代码软件包的安装，否则输出错误信息且运行终止。在执行 configure 脚本文件时，常见的错误、判断方法和解决措施如下。

（1）没有安装 C 或 C++ 编译器

判断方法：执行命令 gcc（C++ 中执行命令 g++），看是否提示找不到该命令。

解决措施：将 CentOS 7 镜像光盘（即下载的 iso 文件）装入光驱，然后进入/run/media/root/CentOS 7 x86_64/Packages 目录，执行命令：

```
#rpm -ivh gcc*
```

注意：1）目录名包含空格，要用转义符或用 Tab 键；

2）如果有提示缺乏依赖文件，则先安装它。

（2）没有安装 make 工具

判断方法：执行命令 make，看是否提示找不到该命令。

解决措施：进入（1）中的 Packages 目录，然后执行命令：

```
#rpm -ivh make*
```

（3）没有安装 autoconf 工具

判断方法：执行命令 autoconf，看是否提示找不到该命令。

解决措施：进入（1）中的 Packages 目录，然后执行命令：

```
#rpm -ivh autoconf*
```

（4）缺少某些链接库

判断方法：执行命令 make 时，提示缺少某些链接库文件。

解决措施：从网络上下载并安装包含这些链接库文件的包。

这些错误是在安装 Linux 系统时没有全部安装软件开发包或没有选中软件开发包造成的。除了采用命令方式解决这些问题外，如果用户已经安装了图形方式下的软件包管理工具，则也可以在图形方式下添加这些软件包。

参考示例：安装 ImageMagick-6.7.8.9-15.el7_2.src.rpm 源代码软件包。

ImageMagick（TM）是一个免费的创建、编辑、合成图片的软件。它可以读取、转换、写入多种格式的图片，其具体用法可在安装后用 man -a ImageMagick 命令查看。安装具体方法如下：

```
[root@localhost root]# rpm -ivh ImageMagick-6.7.8.9-15.el7_2.src.rpm
*导入源代码包，未指定目标目录时，则默认在/root/rpmbuild 目录*
[root@localhost root]# cd /root/rpmbuild/SOURCES
[root@localhost SOURCES]# tar -xvf ImageMagick-6.7.8-9.tar.xz
```

从 tar 包解压缩，还原文件

[root@ localhost SOURCES]# cd ImageMagick -6.7.8 -9

[root@ localhost ImageMagick -6.7.8 -9]# ./configure

执行 configure 文件，产生 Makefile 文件

[root@ localhost ImageMagick -6.7.8 -9]# make

执行 make 命令，编译源代码

[root@ localhost ImageMagick -6.7.8 -9]# make install

安装编译生成的可执行文件

[root@ localhost ImageMagick -6.7.8 -9]# make clean

删除安装时产生的临时文件

以上的解压缩和从 tar 包中还原文件的操作，在图形界面下用软件打包器也可以一步完成，并且更方便，速度更快。如果是*.tar.gz 压缩包，则使用 tar -zxvf *.tar.gz 解压缩，当然同样可以在图形界面下用软件打包器解压缩。

有些源代码软件包在编译安装后可以用 make uninstall 命令卸载。如果不提供此功能，则该软件的卸载必须手动完成。

6.3.2 软件包查询

软件包查询实际上就是查询 RPM 所维护的数据库，通常，查询一个 RPM 软件包的命令格式是：

rpm {-q | --query} [query-options] [PACKAGE_NAME ...]

其中，-q 或 --query 是必需的命令选项；query-options 是可选的命令选项；参数 PACKAGE_NAME...是软件包名列表，该参数是可选的。用户查询指定软件包的信息时，只要输入软件包名即可，不要带版本号和发行号。另外软件包名不支持通配符。rpm 命令的查询选项及说明见表 6-3。

表 6-3　rpm 命令的查询选项及说明

查询选项	选项说明
-c 或 --configfiles package_name	列出指定软件包的所有配置文件
-d 或 --docfiles package_name	列出指定软件包的所有文档文件
--dump package_name	列出指定软件包中每个文件的校验信息
-l 或 --list package_name	列出指定软件包中所有文件的安装位置
--queryformat = QUERYFORMAT Package_name	按指定的格式查询。格式 QUERYFORMAT 有"name""version"和"description"3 种。该选项要与 -i 选项一起使用
-s 或 --state package_name	显示指定软件包中每个文件的状态
-a 或 --all	查询系统中所有的软件包
-f 或 --file file_name	查询拥有指定文件的软件包。文件名必须带完整的路径
-g 或 --group group_name	查询位于指定组群的软件包
-p 或 --package packagefile_name	查询指定软件包文件的包名称、版本号和发行号
--specfile packagefile_name	查询指定的软件包文件
--whatrequires package_name	查询指定软件包所需要的依赖关系
--whatprovides package_name	查询指定软件包所提供的依赖关系

软件包常用的查询方法介绍如下。

参考示例 1：查询软件包名为 libstdc++ 的版本号和发行号。

```
[root@ localhost Packages]# rpm  -q libstdc++
    libstdc++ -4. 8. 5 -36. el7_6. 2. x86_64
[root@ localhost root]
```

类似的命令是：

```
[root@ localhost Packages]# rpm  -qp libstdc++ -4. 4. 7 -23. el6. x86_64. rpm
```

选项 -p 虽然也可显示软件包的基本信息，但是它会进行软件包的签名等项的检查。

注意：选项 -qp 一起用时必须用包的全名。

参考示例 2：查询软件包 system - config 和 acl 所需要的依赖关系。

```
[root@ localhost Packages]# rpm  -q  --whatrequires system - config - users acl
system - config - users - docs - 1. 0. 9 - 6. el7. noarch
sane - backends - 1. 0. 24 - 12. el7. x86_64
cups - 1. 6. 3 - 35. el7. x86_64
[root@ localhost Packages]#
```

从显示的结果可以看到，软件包 system - config - users 需要依赖 system - config - users - docs - 1. 0. 9 - 6. el7. noarch 包；软件包 acl 需要依赖 sane - backends - 1. 0. 24 - 12. el7. x86_64 和 cups - 1. 6. 3 - 35. el7. x86_64 软件包。

注意：这种查询只需要输入包名，不能用全名。

参考示例 3：查询系统中所有软件包的基本信息。

```
[root@ localhost mnt]# rpm  -qa
```

执行该命令后将显示系统中所有已经安装的软件包名称、版本号和发行号信息。

参考示例 4：查询软件包 acl 中的所有文件安装位置。

```
[root@ localhost Packages]# rpm  -ql acl
/usr/bin/chacl
/usr/bin/getfacl
/usr/bin/setfacl
/usr/share/doc/acl - 2. 2. 51
/usr/share/doc/acl - 2. 2. 51/CHANGES. gz
/usr/share/doc/acl - 2. 2. 51/COPYING
/usr/share/doc/acl - 2. 2. 51/COPYING. LGPL
/usr/share/doc/acl - 2. 2. 51/PORTING
/usr/share/doc/acl - 2. 2. 51/README
/usr/share/locale/de/LC_MESSAGES/acl. mo
/usr/share/locale/es/LC_MESSAGES/acl. mo
/usr/share/locale/fr/LC_MESSAGES/acl. mo
/usr/share/locale/gl/LC_MESSAGES/acl. mo
/usr/share/locale/pl/LC_MESSAGES/acl. mo
/usr/share/locale/sv/LC_MESSAGES/acl. mo
/usr/share/man/man1/chacl. 1. gz
/usr/share/man/man1/getfacl. 1. gz
```

/usr/share/man/man1/setfacl. 1. gz

/usr/share/man/man5/acl. 5. gz

[root@ localhost Packages]#

该软件包查询时只要使用软件包名称即可。

6.3.3 软件包校验

软件包校验可检查软件包中的所有文件是否与系统中所安装的一致。软件包校验就是根据RPM所维护的数据库对文件大小、存取权限和属主属性等进行校验的。当用户安装了新程序后，如果怀疑某些文件被破坏，可以使用软件包校验操作。通常校验RPM软件包的命令格式是：

rpm {-V|--verify} [verify-options] [PACKAGE_NAME...]

其中，-V或--verify是必需的命令选项；verify-options是可选的命令选项；参数PACKAGE_NAME...是软件包名列表，该参数是可选的。软件包名的使用规则与软件包查询操作是相同的。rpm命令的校验选项及说明见表6-4。

表6-4　rpm 命令的校验选项及说明

校验选项	选项说明
--nomd5 package_name	对指定的软件包，不使用MD5编码校验文件的大小与正确性
--nofiles package_name	对指定的软件包不校验其属性
--node pspackage_name	对指定的软件包不校验其依赖关系
--noscript package_name	对指定的软件包不执行校验Scripts文件
-a 或 --all	校验系统中所有的软件包
-f 或 --file file_name	校验拥有指定文件的软件包。文件名必须带完整的路径
-g 或 --group group_name	校验位于指定组群的软件包
-p 或 --package packagefile_name	校验指定软件包文件的大小、属性等
--specfile packagefile_name	校验指定的软件包文件
--whatrequires package_name	校验指定软件包所需要的依赖关系
--whatprovides package_name	校验指定软件包所提供的依赖关系

软件包常用的校验方法介绍如下。

参考示例1：校验指定的/run/media/root/CentOS 7 x86_64/Packages/acl软件包。

[root@ localhost root]# rpm -V acl

[root@ localhost root]

参考示例2：校验当前目录下的system-config-users-docs-1.0.9-6.el7.noarch.rpm软件包。

[root@ localhost Packages]#

rpm -Vp system-config-users-docs-1.0.9-6.el7.noarch.rpm

[root@ localhost Packages]#

注意：要用包全名。在下载的软件包安装前进行校验是非常有必要的。

参考示例3：校验指定软件包文件的大小、属性等。

[root@ localhost Downloads]# rpm -Vp libstdc++-4.4.7-23.el6.x86_64.rpm

警告：libstdc++-4.4.7-23.el6.x86_64.rpm：头V3 RSA/SHA1 Signature，密钥ID

```
c105b9de: NOKEY
    .... L....      /usr/lib64/libstdc++.so.6
    遗漏      /usr/lib64/libstdc++.so.6.0.13
    [root@ localhost Downloads]#
```

从上面的参考示例可见，如果校验正常，则没有任何信息输出，如参考示例1和参考示例2；如果校验中发现了问题，则rpm命令就会显示错误信息，如参考示例3。错误信息的格式：先是8位长度的字符串，如果被校验的文件是配置文件，则紧跟一个标志“c”，接着是文件名。8位字符串中的每一个字符都用来表示被校验文件与RPM数据库中一种属性的比较结果。rpm命令校验错误信息及含义见表6-5。

表6-5 rpm命令校验错误信息及含义

校验错误信息	表 示 含 义
5	表示MD5校验码测试失败
S	表示文件大小测试失败
L	表示符号链接测试失败
T	表示文件修改日期测试失败
D	表示设备测试失败
U	表示用户测试失败
G	表示用户组群测试失败
M	模式e（包括文件权限和文件类型）测试失败

6.3.4 软件包升级

软件包的升级操作与软件包的安装操作非常类似。通常升级RPM软件包的命令格式是：

rpm {-U| --upgrade} [install-options] PACKAGE_FILE ...

或

rpm {-F| --freshen} [install-options] PACKAGE_FILE ...

其中，-U或--upgrade和-F或--freshen是必需的命令选项；install-options是可选的命令选项，与安装操作时的命令选项是一样的；参数PACKAGE_FILE...是要升级的软件包文件名列表。

这两种命令用法之间的区别介绍如下。

-U选项将升级当前指定的软件包，如果这个包还没有安装，就安装它；如果已经安装，则对它升级。-F选项只是对已经安装的软件包进行升级（即刷新）。在具体应用中，-U选项比较常用，尤其是在命令行中包含一系列RPM软件包的时候。

在升级软件包时，rpm命令将自动删除旧版本的软件包。如果用户对旧版本的软件包做过配置，则rpm命令能自动处理配置文件，即将原有的配置文件更名保存。用户在升级完成后可以查看新/旧配置文件，比对它们之间的不同并进行修改，以保证升级后的软件能正常地运行。

如果用户下载的软件包版本比已经安装的软件包版本还旧，则在非特别指定的情况下，rpm命令不会执行“升级”操作，除非用户在升级命令中采用--oldpackage选项。

软件包常用的升级方法介绍如下。

参考示例1：升级指定的system-config-users软件包。

[root@ localhost Packages]#

rpm -Uvh system-config-users-docs-1.0.9-6.el7.noarch.rpm

准备中...　################################# [100%]

软件包 system-config-users-docs-1.0.9-6.el7.noarch 已经安装

[root@ localhost Packages]#

参考示例 2：仅仅测试 ImageMagick 软件包，并不真正升级。

[root@ localhost Downloads]# rpm -Uvh --test ImageMagick-6.7.8.9-15.el7_2.src.rpm

[root@ localhost Downloads]#

增加 --test 选项后，rpm 命令并不安装或升级软件包，只是进行测试操作。这里的测试输出信息表示该软件包的安装没有问题；如果测试结果存在文件冲突或依赖关系检查失败，则会输出相应的信息。

6.3.5　软件包删除

当所安装的软件包不再使用时，为了节省磁盘空间，可以将已安装的软件包删除。删除 RPM 软件包的格式是：

rpm {-e| --erase} [--allmatches] [--nodeps] [--noscripts]
[--notriggers] [--repackage] [--test] PACKAGE_NAME ...

其中，参数 PACKAGE_NAME...是软件包名列表，不是软件包文件名列表，-e 或 --erase 是必需的命令选项，其他的为可选的命令选项。

参考示例 1：删除 linuxconf-gui-1.34r3-1.i386.rpm 软件包。

[root@ localhost root]# rpm -e ImageMagick

[root@ localhost root]#

注意：这里使用的是软件包名，而不是软件包文件名。

有时，在删除软件包时会有错误提示信息，这一般是由于系统中还有其他的软件包要依赖当前正要删除的软件包。

参考示例 2：测试删除 acl 软件包。

[root@ localhost Downloads]# rpm -e --test acl

错误：依赖检测失败：

acl 被（已安装）sane-backends-1.0.24-12.el7.x86_64 需要

acl 被（已安装）cups-1：1.6.3-35.el7.x86_64 需要

[root@ localhost Downloads]#

在这种情况下，虽然用户可以使用 --nodeps 选项来忽略依赖关系继续删除，但是最好不要这样做，否则该软件包删除后其他的软件包也不能运行。

一般在删除一个软件包前，可以在命令中先使用 --test 选项以检查该软件包与其他软件包之间的依赖关系，在没有错误信息输出时再实际进行删除操作。

6.3.6　数据库维护

在 Linux 系统中，之所以可以完成对 RPM 软件包的一系列管理，是因为系统中维护着一个 RPM 软件包的数据库。有时执行 rpm 命令不能实现软件包的安装、升级、查询、验证和删除，就是由于该数据库存在问题而引起的。维护 RPM 数据库的命令格式是：

rpm {--initdb| --rebuilddb} [-v] [--dbpath DIRECTORY] [--root DIRECTORY]

其中，--initdb 或 --rebuilddb 为必需的命令选项，其他为可选的命令选项。当使用 --initdb选项时，在系统中建立一个新的 RPM 数据库；使用 --rebuilddb 选项时，重建所有已经安装软件包的数据库。rpm 命令数据库维护选项及说明见表 6-6。

表 6-6 rpm 命令数据库维护选项及说明

可选选项	选项说明
-v	显示命令执行的详细信息
--dbpath DIRECTORY	指定要存放 RPM 数据库的路径目录名
--root DIRECTORY	指定要作为根目录的目录

参考示例 1：在/root/rpmdb 目录下建立一个新的 RPM 数据库。

```
[root@ localhost root]# rpm --initdb -v --dbpath /root/rpmdb
```

进入 rpmdb 目录，检查 RPM 数据库建立情况：

```
[root@ localhost root]# cd rpmdb
[root@ localhost rpmdb]# ls
Basenames   __db.002   Group   Obsoletename   Requirename
Triggername   Conflictname   __db.003   Installtid   Packages
Sha1header   __db.001   Dirnames   Name   Providename
Sigmd5
[root@ localhost rpmdb]#
```

从检查结果可以看到，新数据库已经建立。

注意：选项 --dbpath 所带的目录名参数必须是绝对路径名，否则不会在指定的目录中建立 RPM 数据库。

参考示例 2：重建所有已经安装软件包的数据库。

```
[root@ localhost root]# rpm -rebuilddb
```

这个命令执行时要检查系统中所有已经安装的软件包，所以花费的时间是比较长的。另外，在执行 rpm 命令时，不要再执行重建数据库命令，否则系统会显示“设备或资源忙”的错误信息。

6.4 图形方式下的 RPM 包管理

在 CentOS 7 的发行版本中，图形化的软件包管理工具只有“软件”和“软件更新”，它是“应用程序”“系统工具”菜单下的两个命令；“软件”对话框如图 6-1 所示，其主要功能是添加或删除软件包，可以访问选定软件包的主页，也可以查看软件包里的文件，还可以查询软件包的依赖或被依赖的关系。另外，在这个界面上还可以输入软件包名或包名的部分字符，从而在系统指定的范围里进行查找。“软件更新”的主要功能是更新软件包。

6.4.1 添加/删除应用程序

从图 6-1 可以看到，对话框左侧是软件包集，其中，“Software Repositories”是 CentOS 7 的软件资料库。当用户使用 yum 命令安装软件包时，系统会先在本机查找，如果没有查找到且系统联网，就在资料库（CentOS 站点、社区站点、指定的第三方站点）里找。当用户选择某个软件包集时，右上侧的区域中出现该包集中的软件包，如图 6-2 所示，其中已经安装的软件包的盒子图标呈现打开状态且复选框被选中（打钩）。如果要安装某个软件包，则可用鼠标左键进行选择或用上下方向键移动蓝色亮带到合适的位置，再双击它或单击“安装”按钮，最后单击标题栏上的“应用更改”按钮。选中某个软件包时，中间下面的区域会显示该软件包的描述信息，如图 6-3所示。所列出的软件包安装时，系统一般会自动检查其依赖关系并安装相关的包。

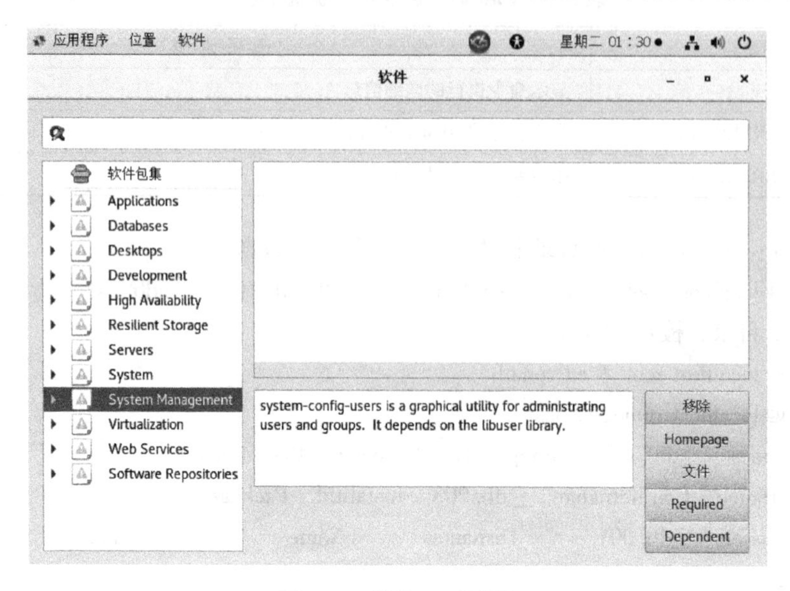

图 6-1 “软件”对话框

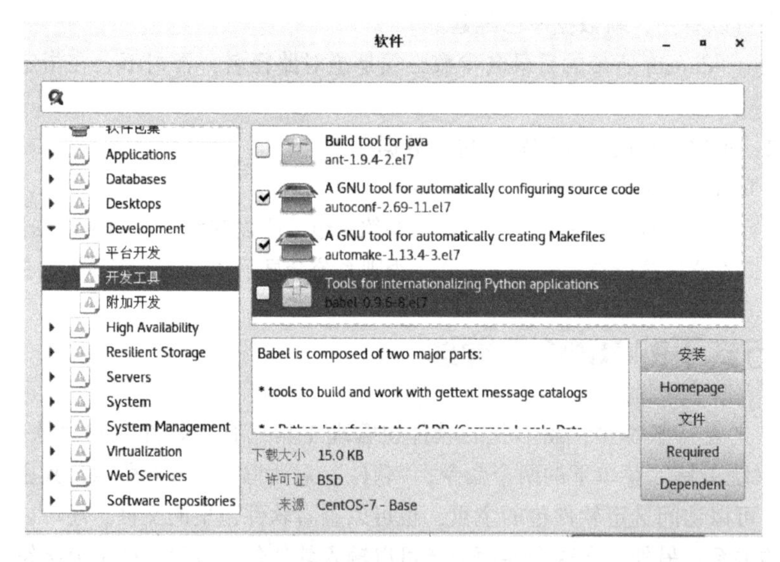

图 6-2 已安装和未安装的软件包

当蓝色亮带移到已安装的软件包上时，窗体中的“安装”按钮变为“移除”按钮，再单击“应用更改”按钮即可删除该软件包。同样，这里列出的软件包在删除时，系统会自动检查其依赖关系。

显然，用图形方式比用命令行方式简单、直观和方便，但功能没有命令行方式的强大，使用也没有那么灵活。

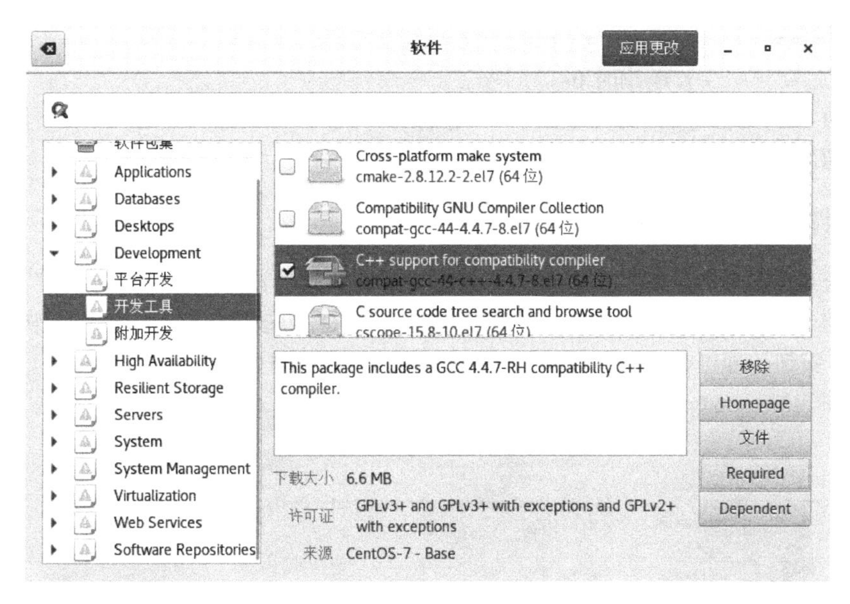

图 6-3　安装软件包

6.4.2　添加 CentOS 7 资料库源

当用户在这个“软件”的软件包集中找不到需要的软件包时，可以对软件资料库进行新站点加源。所谓的加源，就是把新站点的网址镜像添加到 CentOS 7 的软件资料库中，但是，要在加源的站点上下载软件包，会要求用户加以信任确认。软件资料库的加源可以用 wget 命令方法。

GNU wget 是一个免费的实用程序，用于从 Web 上非交互式下载文件。它支持 HTTP、HTTPS 和 FTP，以及可以通过 HTTP 代理进行检索。wget 是非交互式的，这意味着它可以在后台工作，而用户没有登录，即允许用户开始检索并断开与系统的连接，让 wget 完成工作。相比之下，大多数 Web 浏览器都需要用户的持续存在，这在传输大量数据时可能是一个很大的障碍。

wget 可以跟踪 HTML、XHTML 和 CSS 页面中的链接，以创建远程网站的本地版本，完全重新创建原始站点的目录结构，这有时被称为“递归下载”。可以要求 wget 将下载文件中的链接转换为指向本地文件，以供脱机查看。如果由于网络问题导致下载失败，当网络恢复时，它将断点续传直到整个文件。限于篇幅，这里不介绍命令的具体用法。

用 wget 命令进行加源：

```
# wget -O /etc/yum.repos.d/epel.repo http://mirrors.aliyun.com/repo/epel-7.repo
```

其中，-O 是命令选项；/etc/yum.repos.d/epel.repo 为选项参数，用于存放输出数据的文件。命令执行过程如下：

```
# wget -O /etc/yum.repos.d/epel.repo http://mirrors.aliyun.com/repo/epel-7.repo
--2019-09-03 03:58:49--  http://mirrors.aliyun.com/repo/epel-7.repo
正在解析主机 mirrors.aliyun.com (mirrors.aliyun.com)... 117.24.1.244, 27.159.68.192, 27.159.68.189, ...
正在连接 mirrors.aliyun.com (mirrors.aliyun.com)|117.24.1.244|:80... 已连接。
已发出 HTTP 请求，正在等待回应...200 OK
长度：664 [application/octet-stream]
正在保存至："/etc/yum.repos.d/epel.repo"
```

100% [==>] 664　　　- -. - K/s 用时 0s

2019 - 09 - 03 03:58:49 (98.5 MB/s) - 已保存 "/etc/yum.repos.d/epel.repo" [664/664])

最后加源的结果如图 4-13 中的线框所示。

6.4.3 软件包依赖关系检查

当要检查某个软件包依赖哪些其他软件包时，选中该软件包后单击"Required"按钮，即可查看到它依赖的软件包，如图 6-4 所示；当要检查某个软件包被谁依赖时，选中该软件包后单击"Dependent"按钮，即可查看到它被哪些软件包依赖，如图 6-5 所示。

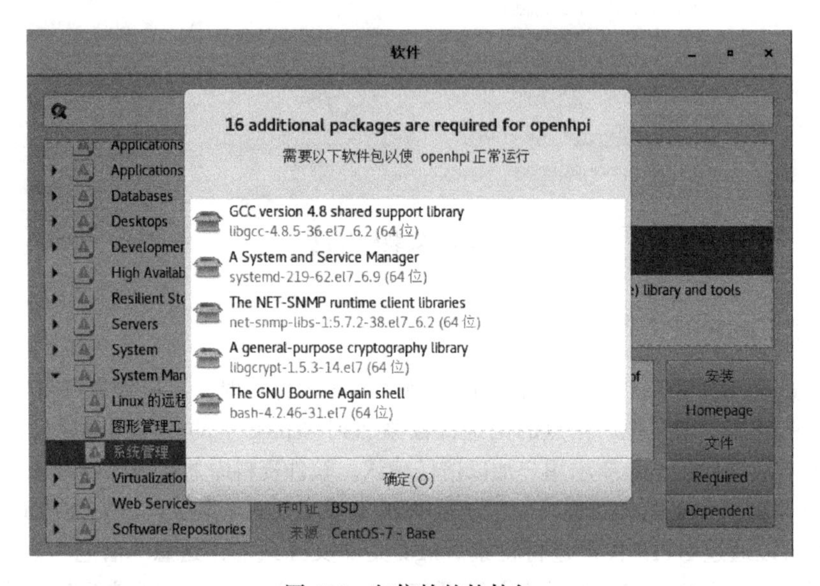

图 6-4　包依赖的软件包

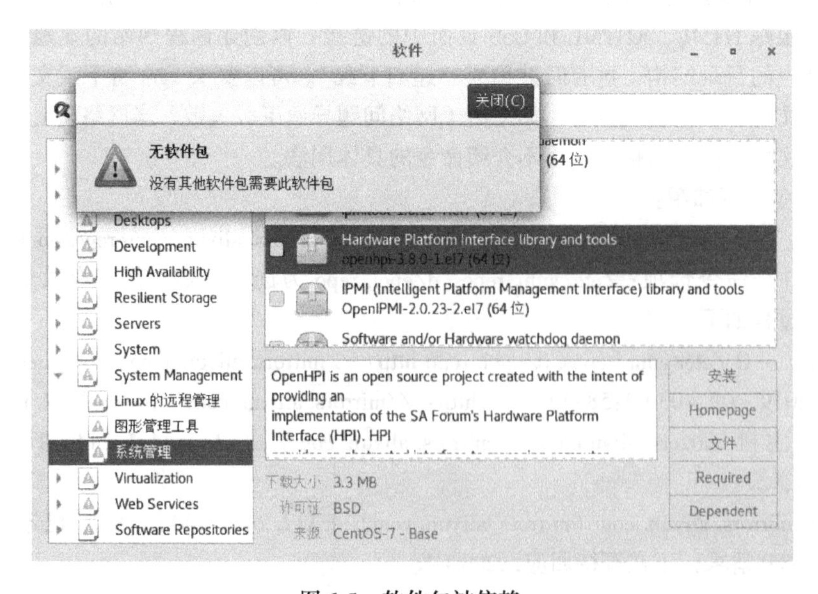

图 6-5　软件包被依赖

6.4.4　查看的软件包文件

在图形方式下查看软件包里有哪些文件非常简单，选中某个软件包后单击“文件”按钮，即可看到软件包里的文件、安装后存放的路径、文件数等信息，如图 6-6 所示。

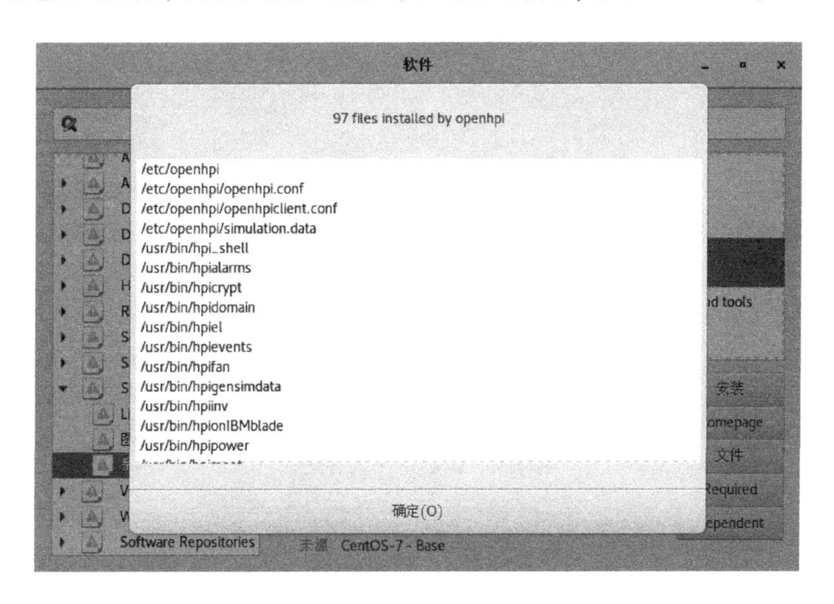

图 6-6　查看软件包文件

6.4.5　查找软件包

在图形方式下查找软件包，只要在搜索输入框内输入软件包名，然后按 Enter 键即可，如图 6-7所示。

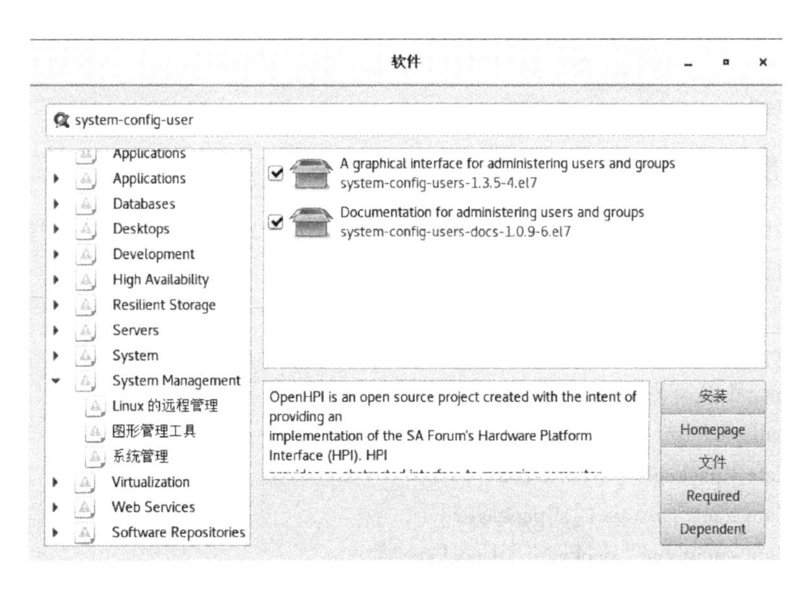

图 6-7　查找软件包

6.4.6　软件更新

在图形方式下更新软件包时，选择“应用程序”→“系统工具”→“软件更新”命令，系统会自动检查是否有需要更新的软件，如图 6-8 所示。如果有则启动更新，否则退出。

图 6-8　软件更新

6.5　包管理器 yum

yum 是一个基于 rpm 的交互式包管理器，以命令的方式存在。它可以自动进行系统更新，包括依赖性分析和基于“存储库”元数据的更新处理。它还可以进行新程序包的安装，删除旧程序包，以及对许多其他命令及服务的已安装或可用程序包进行查询。yum 类似于 apt - get 和 smart 等高级包管理器。yumex 是 yum 命令的图形用户界面，但它不在 CentOS 7 的资源库中，需要通过加源其他站点来安装。

6.5.1　命令形式

yum 命令功能强大，使用灵活，但用法较为复杂。开发者或者系统管理者掌握它可以方便地进行软件包的处理以大大提高系统开发和管理效率。

命令用法：

yum [options] [command] [package ...]

其中，command 是下列形式之一：

* install package1 [package2] [...]
* update [package1] [package2] [...]
* update - to [package1] [package2] [...]
* update - minimal [package1] [package2] [...]
* check - update
* upgrade [package1] [package2] [...]

* upgrade - to [package1] [package2] [...]
* distribution - synchronization [package1] [package2] [...]
* remove | erase package1 [package2] [...]
* autoremove [package1] [...]
* list [...]
* info [...]
* provides | whatprovides feature1 [feature2] [...]
* clean [packages | metadata | expire - cache | rpmdb | plugins | all]
* makecache [fast]
* groups [...]
* search string1 [string2] [...]
* shell [filename]
* reinstall package1 [package2] [...]
* downgrade package1 [package2] [...]
* deplist package1 [package2] [...]
* repolist [all | enabled | disabled]
* repoinfo [all | enabled | disabled]
* repository - packages <enabled - repoid> <install | remove | remove - or - rein - stall | remove - or - distribution - synchronization> [package2] [...]
* version [all | installed | available | group - * | nogroups * | grouplist | groupinfo]
* history [info | list | packages - list | packages - info | summary | addon - info | redo | undo | rollback | new | sync | stats]
* load - transaction [txfile]
* updateinfo [summary | list | info | remove - pkgs - ts | exclude - updates | exclude - all | check - running - kernel]
* fssnapshot [summary | list | have - space | create | delete]
* fs [filters | refilter | refilter - cleanup | du]
* check
* help [command]

除非给出 - -help 或 - h 选项，否则必须存在上述命令之一。

6.5.2 command 说明

在 yum 命令中，通过 command 告诉系统要对包做何种操作，因此必须了解 command 的功能和需要注意的问题，见表 6-7。

command 功能及说明见表 6-7。

表 6-7　command 功能及说明

功　能	说　明
install package1...	向系统中安装一个或多个软件包
update	更新系统中的一个或多个软件包

（续）

功　　能	说　　明
update - to	此命令的作用类似于"upgrade"，但必须指定要更新到的程序包的版本
update - minimal	此命令的工作方式类似于"upgrade"，但要转到"最新"包匹配，该匹配修复影响系统的问题
check - update	检查是否有可用的软件包更新
upgrade	更新软件包的同时考虑软件包取代关系
upgrade - to	此命令的工作方式与"upgrade"类似，但必须指定要更新到的包版本
distribution - synchronization	同步软件包到最新可用的版本
remove 或 erase	从系统中移除一个或多个软件包
autoremove	此命令的工作方式类似于在使用 clean_requirements_on_remove 参数的情况下运行"remove"命令。还可以不指定任何参数，此时，它会尝试删除不是由用户显式安装的、任何软件都不依赖的包（即所谓的"叶包"）
list	列出一个或一组软件包。若不指定软件包名，则列出所有的软件包
info	用于列出有关可用包的描述和摘要信息
provides 或 whatprovides feature1…	用于确定哪个包提供某些功能或文件
clean	删除 rpm 缓存数据
makecache	创建元数据缓存
groups	是内核版本 3.4.2 中新增的一种命令，它收集所有作用于组的子命令
search string1…	在软件包详细信息中搜索指定字符串
shell	运行交互式的 yum shell 文件。当指定文件名时，该文件的内容将在 yum shell 模式下运行，否则交互式运行
reinstall package1…	覆盖安装软件包
downgrade package1…	降级软件包
deplist package1…	列出软件包的依赖关系
repolist	显示已配置资源库中的源
repoinfo	这个命令的工作方式与 repolist - v 完全相同
repository - packages	作为包的集合（如"yum groups"），允许用户以单个实体的形式安装或删除它们
version	显示机器可用的源版本
history	允许用户查看在过去事务处理中用 yum 发生的事情
load - transaction	此命令将重新加载保存的 yum 事务文件，这允许用户在一台计算机上运行事务，然后在另一台计算机上使用它
updateinfo	这个命令有很多子命令来处理资料库中的 updateinfo
fssnapshot	创建文件系统快照，或列出/删除当前快照
fs	此命令有几个子命令可用于处理主机的文件系统数据，主要用于删除语言/文档以进行最少的安装
check	检查 RPM 数据库问题。此命令的执行时间较长
help	显示 yum 用法提示并退出

6.5.3 一般选项说明

命令 yum 的选项很多，大多数命令行选项可以使用配置文件说明要设置的必要配置选项。一般选项及含义见表 6-8。

表 6-8 一般选项及含义

选 项	含 义
-h, --help	显示此帮助消息并退出
-t, --tolerant	忽略错误
-C, --cacheonly	完全从系统缓存运行，不升级缓存
-c [config file], --config = [config file]	配置文件路径
-R [minutes], --randomwait = [minutes]	命令最长等待时间
-d [debug level], --debuglevel = [debug level]	调试输出级别
--showduplicates	在 list/search 命令下，显示资料库源里重复的条目
-e [error level], --errorlevel = [error level]	错误输出级别
--rpmverbosity = [debug level name]	RPM 调试输出级别
-q, --quiet	静默执行（不显示执行详细信息）
-v, --verbose	显示详尽的执行过程
-y, --assumeyes	回答全部问题为是
--assumeno	回答全部问题为否
--version	显示 yum 版本，然后退出
--installroot = [path]	设置安装根目录
--enablerepo = [repo]	启用一个或多个软件源（支持通配符）
--disablerepo = [repo]	禁用一个或多个软件源（支持通配符）
-x [package], --exclude = [package]	采用全名或通配符排除软件包
--disableexcludes = [repo]	禁止从主配置，从源或者从任何位置排除
--disableincludes = [repo]	禁用配置文件中定义的包含项
--obsoletes	更新时处理软件包取代关系
--noplugins	禁用 yum 插件
--nogpgcheck	禁用 GPG 签名检查
--disableplugin = [plugin]	禁用指定名称的插件
--enableplugin = [plugin]	启用指定名称的插件
--skip-broken	忽略存在依赖关系问题的软件包
--color = COLOR	配置是否使用颜色
--releasever = RELEASEVER	在 yum 配置和 repo 文件里设置 $ releasever 的值
--downloadonly	仅下载而不更新

（续）

选　　项	含　　义
--downloaddir = DLDIR	指定一个其他文件夹用于保存软件包
--setopt = SETOPTS	设置任意配置和源选项
--bugfix	此选项包含在更新包中，更新包说明已修复了错误问题
--security	此选项包括在更新中修复安全问题的包
--advisory = ADVS，--advisories = ADVS	此选项包括在与警告 ID 对应的更新包中，如 fedora-2201-123
--bzs = BZS	此选项包含更新包，表示修复了 Bugzilla ID，如 123
--cves = CVES	此选项包括更新包，表示修复了 CVE（常见漏洞和暴露）ID，如 CVE-2201-0123
--sec-severity = SEVS，--secseverity = SEVS	此选项包括在具有指定严重性的更新安全相关包中

6.5.4　参考示例

参考示例 1：列出已配置资源库中的源。执行以下命令：

```
[root@ localhost ~]# yum repolist
已加载插件：fastestmirror, langpacks
  Repository base - source is listed more than once in the configuration
  Repository updates - source is listed more than once in the configuration
  Repository extras - source is listed more than once in the configuration
  Repository centosplus - source is listed more than once in the configuration
  Loading mirror speeds from cached hostfile
   * base: mirrors. cn99. com
   * extras: mirrors. aliyun. com
   * updates: mirrors. cn99. com
  源标识              源名称                                            状态
  base/7/x86_64       CentOS-7 - Base                                   10,019
  epel/x86_64         Extra Packages for Enterprise Linux 7 - x86_64    13,378
  extras/7/x86_64     CentOS-7 - Extras                                 435
  updates/7/x86_64    CentOS-7 - Updates                                2,500
  repolist: 26,332
  [root@ localhost ~]#
```

参考示例 2：查看当前用户 yum 使用的历史。执行以下命令：

```
[root@ localhost ~]# yum history
已加载插件：fastestmirror, langpacks
  Repository base - source is listed more than once in the configuration
  Repository updates - source is listed more than once in the configuration
  Repository extras - source is listed more than once in the configuration
  Repository centosplus - source is listed more than once in the configuration
```

```
ID  | 登录用户         | 日期和时间          | 操作       | 变更数
--------------------------------------------------------------------------------
16  | 系统 <空>        | 2019-09-03 06:36   | Install    |   1
15  | 系统 <空>        | 2019-09-03 06:36   | Erase      |   1
14  | 系统 <空>        | 2019-09-03 06:32   | Install    |   3 <
13  | root <root>      | 2019-09-02 09:21   | Install    |   1 >
12  | root <root>      | 2019-09-02 09:14   | Install    |  13  <
11  | 系统 <空>        | 2019-08-30 07:13   | I, U       | 194 >E
10  | 系统 <空>        | 2019-08-30 06:35   | I, U       |  26
 9  | 系统 <空>        | 2019-08-30 06:32   | I, U       |  24
 8  | 系统 <空>        | 2019-08-30 06:25   | Install    |   4
 7  | 系统 <空>        | 2019-08-30 06:20   | Install    |   3
 6  | root <root>      | 2019-08-26 07:30   | Install    |   1
 5  | root <root>      | 2019-08-26 03:48   | Install    |   1
 4  | root <root>      | 2019-08-25 09:11   | Install    |   1
 3  | root <root>      | 2019-08-25 09:04   | I, U       |   9
 2  | root <root>      | 2019-08-25 09:03   | Install    |   1
 1  | 系统 <空>        | 2019-08-25 04:06   | Install    | 389
history list
[root@ localhost ~]#
```

参考示例 3：列出安装的 yumex 软件包。执行以下命令：

```
[root@ localhost ~]# yum list yumex
已加载插件：fastestmirror, langpacks
Repository base - source is listed more than once in the configuration
Repository updates - source is listed more than once in the configuration
Repository extras - source is listed more than once in the configuration
Repository centosplus - source is listed more than once in the configuration
Loading mirror speeds from cached hostfile
 * base: mirrors. cn99. com
 * extras: mirrors. aliyun. com
 * updates: mirrors. cn99. com
已安装的软件包：
yumex. noarch                    3. 0. 17 - 1. el7
@ epel
[root@ localhost ~]#
```

参考示例 4：对 yumex 软件包升级，并显示详细过程。执行以下命令：

```
[root@ localhost ~]# yum -v update yumex
加载 "fastestmirror" 插件
加载 "langpacks" 插件
Adding en_US. UTF - 8 to language list
Config time: 0. 010
```

Yum version: 3. 4. 3

rpmdb time: 0. 000

设置软件包群集:

Loading mirror speeds from cached hostfile

* base: mirrors. cn99. com

* extras: mirrors. aliyun. com

* updates: mirrors. cn99. com

pkgsack time: 0. 014

正在建立升级对象:

up: Obs Init time: 0. 161

up: simple updates time: 0. 017

up: obs time: 0. 006

up: condense time: 0. 000

updates time: 0. 388

No packages marked for update

[root@ localhost ~]#

参考示例 5: 检查 yumex 软件包的依赖关系。执行以下命令:

[root@ localhost ~]# yum deplist yumex

已加载插件: fastestmirror, langpacks

Repository base - source is listed more than once in the configuration

Repository updates - source is listed more than once in the configuration

Repository extras - source is listed more than once in the configuration

Repository centosplus - source is listed more than once in the configuration

Loading mirror speeds from cached hostfile

* base: mirrors. cn99. com

* extras: mirrors. aliyun. com

* updates: mirrors. cn99. com

软件包: yumex. noarch 3. 0. 17 - 1. el7

依赖: /bin/sh

provider: bash. x86_64 4. 2. 46 - 31. el7

依赖: /usr/bin/env

provider: coreutils. x86_64 8. 22 - 23. el7

依赖: /usr/bin/python

provider: python. x86_64 2. 7. 5 - 80. el7_6

依赖: dbus - python

provider: dbus - python. x86_64 1. 1. 1 - 9. el7

provider: dbus - python. i686 1. 1. 1 - 9. el7

依赖: pexpect

provider: pexpect. noarch 2. 3 - 11. el7

依赖: polkit

provider: polkit. x86_64 0. 112 - 18. el7_6. 1

```
provider: polkit. i686 0. 112 - 18. el7_6. 1
依赖: pycairo
provider: pycairo. x86_64 1. 8. 10 - 8. el7
依赖: pygtk2 > = 2. 14
provider: pygtk2. x86_64 2. 24. 0 - 9. el7
依赖: python (abi) = 2. 7
provider: python. x86_64 2. 7. 5 - 80. el7_6
依赖: python - iniparse
provider: python - iniparse. noarch 0. 4 - 9. el7
依赖: python - kitchen
provider: python - kitchen. noarch 1. 1. 1 - 5. el7
依赖: pyxdg
provider: python2 - pyxdg. noarch 0. 25 - 8. el7
依赖: shadow - utils
provider: shadow - utils. x86_64 2 : 4. 1. 5. 1 - 25. el7_6. 1
依赖: urlgrabber
provider: python - urlgrabber. noarch 3. 10 - 9. el7
依赖: yum > = 3. 2. 23
provider: yum. noarch 3. 4. 3 - 161. el7. centos
[root@ localhost ~]#
```

参考示例6：运行交互式的 yum shell 文件。执行以下命令：

```
[root@ localhost ~]# yum shell
已加载插件：fastestmirror, langpacks
Repository base - source is listed more than once in the configuration
Repository updates - source is listed more than once in the configuration
Repository extras - source is listed more than once in the configuration
Repository centosplus - source is listed more than once in the configuration
> ls
Usage: yum [options] COMMAND
List of Commands:
check                  检查 RPM 数据库问题
check - update         检查是否有可用的软件包更新
clean                  删除缓存数据
deplist                列出软件包的依赖关系
distribution - synchronization    已同步软件包到最新可用版本
downgrade              降级软件包
erase                  从系统中移除一个或多个软件包
fs                     Acts on the filesystem data of the host, mainly for removing docs/lanuages for
                       minimal hosts.
fssnapshot             Creates filesystem snapshots, or lists/deletes current snapshots.
groups                 显示或使用组信息
```

```
help              显示用法提示
history           显示或使用事务历史
info              显示关于软件包或组的详细信息
install           向系统中安装一个或多个软件包
langavailable     Check available languages
langinfo          List languages information
langinstall       Install appropriate language packs for a language
langlist          List installed languages
langremove        Remove installed language packs for a language
list              列出一个或一组软件包
load-transaction  从文件名中加载一个已存事务
makecache         创建元数据缓存
provides          查找提供指定内容的软件包
reinstall         覆盖安装软件包
repo-pkgs         将一个源当作一个软件包组，这样就可以一次性安装/移除全部软件包
repolist          显示已配置的源
search            在软件包详细信息中搜索指定字符串
shell             运行交互式的 yum shell
swap              Simple way to swap packages, instead of using shell
update            更新系统中的一个或多个软件包
update-minimal    Works like upgrade, but goes to the 'newest' package match which fixes a problem that affects your system
updateinfo        Acts on repository update information
upgrade           更新软件包，同时考虑软件包取代关系
version           显示机器或可用的源版本
    Shell specific arguments:
      config - set config options
      repository (or repo) - enable/disable/list repositories
      transaction (or ts) - list, reset or run the transaction set
      run - run the transaction set
      exit or quit - exit the shell
>
```

执行 yum shell 后，出现交互式提示符（>），再输入 ls 命令，由于不是它指定的参数，所以出现“Shell specific arguments:”的提示并等待用户再次输入。

6.5.5　yumdownloader 命令

yumdownloader 是一个从 yum 资料库下载 RPM 的程序。使用此命令下载内核的二进制包或源代码包特别方便。

命令用法：

```
yumdownloader [options] package1 [package2...]
```

其中，options 为命令选项，package 为要下载的包名。此外 yumdownloadermingling 继承了 yum

的所有其他选项。yumdownloader 的命令选项及说明见表 6-9。

表 6-9　yumdownloader 的命令选项及说明

命令选项	选项说明
--destdir DIR	指定下载的目标目录。默认为当前目录
--urls	不是下载 RPM，而是列出要下载的 URL
--resolve	下载 RPM 时，解析依赖项并同时下载所需的包
--source	下载源代码 RPM 包，而不是下载二进制 RPM 包
--archlist = ARCH1 [, ARCH2…]	将查询限制为给定且兼容体系结构的包。有效值是 RPM/yum 已知的所有体系结构，如源 RPM 的“i386”和“src”
-h 或 --help	显示帮助信息后退出

参考示例 1：下载内核 RPM 包到指定的目录。

```
# yumdownloader --destdir /var/tmp kernel
```

参考示例 2：列出支持对称多处理系统的内核 rpm 包的 URL。

```
#yumdownloader --urls kernel kernel-smp
```

参考示例 3：下载内核源代码包。

```
#yumdownloader --source kernel
```

习　题　6

1. 简要说明包管理的特色。
2. 从 Internet 上下载 .rpm 软件包，检查其依赖关系。
3. 从 Internet 上下载 .src.rpm 源代码软件包，检查其依赖关系。
4. 用 rpm 命令查询下载软件包的基本信息。
5. 用 rpm 命令查询校验下载的软件包。
6. 安装第 1 题中下载的软件包。
7. 编译、安装第 2 题中下载的源代码软件包。
8. 在图形方式下，如何查看软件包中的文件、包所在的主页？
9. 在图形方式下，如何安装软件包？
10. 在图形方式下，如何检查软件包的依赖关系？
11. 如果软件包在安装中出现文件冲突，一般如何解决？
12. 简要说明命令行方式下和图形方式下升级一个软件包的方法。
13. 简要说明命令行方式下和图形方式下如何删除一个已经安装的软件包。
14. 用 yum 命令如何安装软件包？
15. 用 yum 命令如何升级软件包？
16. 用 yum 命令如何检查软件包依赖关系？
17. 如何添加资料库的源？
18. 用 yum 命令在虚拟机上配置共享文件夹。

第7章 进程管理

对于进程管理，站在不同的角度来看，所看到的内容是不一样的。如果站在操作系统原理的角度来看待进程管理，则是分析进程的组成、进程的状态及其转换、如何通过互斥与同步措施实现进程的并发执行、如何解决进程的死锁问题、进程调度的算法及性能、处理器如何分配来提高其利用率等。如果站在操作系统使用的角度来看待进程管理，则是用户如何启动进程、如何通过操作系统的程序接口创建进程、如何查看系统中有哪些运行的进程、如何改变进程的优先级、如何终止一个进程等等。本书是 Linux 操作系统的应用教程，所以是从操作系统应用的角度来讨论进程管理的。

7.1 进程概述

Linux 是多用户、多任务的操作系统，它允许多个用户登录系统，使用系统中的各种资源，由操作系统为每个登录用户建立相应的管理进程，并可以执行用户要求的多个程序。简单地说，每个执行中的程序就是进程，在操作系统中，有时也把进程称为任务。进程可以说是无处不在，从操作系统开始启动到出现图形用户桌面或系统终端提示符的过程中，系统中已经有了许多进程。这些进程在 Linux 系统中一般称为守护进程，它们担负运行和管理系统的职能。用户在桌面上、目录窗口中或终端提示符下运行的程序或命令也构成进程。

7.1.1 进程的概念

在早期的单用户、单任务操作系统中一直只使用程序这样的概念，那是因为在这样的系统中资源是独占的，任何时候，系统中都只有一个用户、一个执行的用户程序，人们随时可以描述出该用户程序在系统中所处的状态。但是在多用户、多任务的操作系统中，同时会有多个用户和多个执行中的程序，如果仍然沿用程序这样的概念，有时会出现无法描述某个执行中程序状态的情况。例如，系统中有一个编译程序，操作系统为了提高系统资源的利用率，让它为多个用户服务，某个时刻它从 A 点开始为甲用户编译程序，在 B 点由于访问磁盘操作而被阻塞，操作系统让编译程序为乙用户服务，假设也从 A 点开始编译，那么在这种情况下如何描述编译程序的状态呢？如果它正在 B 点等待磁盘操作，但它又正在 A 点开始为乙用户编译；如果它在 A 点编译程序，但它又确实在 B 点等待磁盘操作。因此，在多任务的情况下，如果再使用程序作为占用处理器的单位，那么已经无法满足系统日益发展的需要了。

为此，把程序与程序所处理的数据集合（即它的加工对象）结合起来考虑，引入进程的概念，当一个程序在某个数据集合上运行时就称为 Px 进程，当该程序在另一个数据集合上运行时就称为 Py 进程。这样就不再孤立地看待程序，而是把程序和它的加工对象作为一个整体来看待，以进程为单位来描述程序的运行情况。在前面编译程序的例子中，可以说编译程序在为甲用户服务时构成 P 甲进程，并在 B 点等待磁盘操作；在为乙用户服务时构成 P 乙进程，并从 A 点开始编译。对于进程，有许多种定义，其中主要有：进程是程序的一次执行；进程是能分配给处理器并在其上执行的实体等。目前对于进程比较正式的定义是：进程是程序在某个数据集合上的运行活动，是系统进行资源分配和调度的一个独立单位。从这个定义来看，任何在 Linux 系统中运行的程序都是进程。

7.1.2 进程与程序的区别

进程与程序是两个不同的概念。进程是由一个可执行的程序、该程序所需的相关数据集合和进程控制块（PCB）组成的。进程控制块是进程存在的唯一标志，PCB 中包含进程标识（PID）、处理器状态信息、进程控制信息等。操作系统通过进程控制块对进程加以管理。进程具有动态性，它是程序的一次执行活动，有一个从创建到消亡的过程，是有“生命”周期的；进程具有并发性，即不同进程的动作在时间上可以重叠，或者说在一个时间段内，系统中有多个进程是“同时”执行的；进程具有独立性，它是一个可以独立运行的基本单位，也是申请拥有资源的独立单位；进程具有异步性，即进程间以各自独立的、不可预知的速度向前推进。因此，进程与程序的主要区别是：

1）进程是程序处理数据的过程，而程序只是一组指令的有序集合。

2）进程具有动态性、并发性、独立性和异步性，而程序只是静态的代码，不具有这些特性。

3）进程与程序并非一一对应的，一个进程可能对应一个程序，也可能多个进程对应一个程序。例如，一个编译程序为多个用户程序编译，构成多个进程。

7.1.3 多任务的实现

对于单处理机的计算机系统而言，CPU 只有一个，而需要运行的进程可能有许多个。Linux 系统采用多级反馈队列实现处理机的调度，每个进程都有优先级，当它被创建时加入到相应优先级的队列中。对于实时系统进程，采用优先级和先来先服务相结合的调度算法；对于普通的用户进程，采用优先级与时间片轮转相结合的调度算法。在 Linux 系统中，一般使用优先数来表示进程的优先级。优先数越小，优先级越高。

系统将一段时间（如 1s）划分为若干个时间片段，每个时间片段称为一个时间片。每个普通用户进程在分配到的时间片内运行，运行结束，该进程就终止，系统回收所分配的资源；如果在一个时间片内还没有运行结束，则回到相应的就绪队列中排队等待下一轮的调度。因此，系统中“同时”有许多程序在执行，这些程序都在并发地执行，任一时刻只有一个程序真正占有处理器在执行。由于时间片很短，所以各个终端用户的请求都能比较快地得到系统的响应，每个用户都认为自己拥有一台独立的计算机。

7.1.4 进程的类型

在 Linux 系统中，如果从应用的角度来看待进程，则存在 3 种不同类型的进程，即交互进程、批处理进程和监控进程。每种进程都有各自的特点和属性。有的进程类型运行在前台，称为前台进程；有的运行在后台，称为后台进程；有的进程类型既可以运行在前台，也可以运行在后台。对于前台进程，它属于某一个终端 shell 创建的进程，如果使用这个终端的用户退出了该终端（例如，在终端上执行 Ctrl + C 命令，即控制台中断），则这个进程就会被终止；而后台进程也属于某一个终端 shell 创建的进程，但是除非该进程自己退出（包括正常和非正常）或者被其他进程和用户手工终止，否则即使用户进行控制台中断或退出该终端，后台进程也会一直运行，直到完成为止。在需要的情况下，前/后台的进程是可以相互转换的。

1）交互进程：它是由某种 shell 程序启动的进程，如执行一个命令。交互进程既可以在前台运行，也可以在后台运行。

2）批处理进程：这种进程和终端没有联系，但它是一个进程系列。例如，执行一个 shell 脚本程序。

3）监控进程：也称为守护进程，它是在 Linux 系统启动时运行的进程，并且运行在后台。

以上 3 种进程各有各的作用，使用场合也不相同。

7.2　进程的启动

执行一个程序或命令组合，就是启动一个或者多个进程。执行创建的那个进程称为父进程，而被创建的那个进程称为子进程。如果有多个子进程被同时创建，则它们就是兄弟进程。每个进程都有自己的进程标识号（PID），它就像人的身份证号码一样，是唯一的。Linux 系统通过 PID 来识别和调度进程。启动进程既可以手工启动，也可以调度启动。

7.2.1　手工启动

用户在系统终端输入提示符下输入命令或在图形界面下单击图标、菜单等，就是手工启动进程。如果是在终端输入提示符下通过输入命令或命令组合启动进程，则手工启动方式又可分为前台启动和后台启动；而在图形方式下通过图标或菜单启动的进程，与终端没有联系，所以没有前台与后台之分。

1. 前台启动

这是系统管理员经常使用的进程启动方式，例如，执行 ls 命令就启动了一个进程，并且在前台运行。这种启动方式由终端的 shell 程序创建进程，当被创建的子进程正在执行时，其父进程（shell 进程）处于睡眠状态，直到子进程运行结束，终端的控制权才交还给父进程。因此，在子进程执行期间，该终端不能再输入任何命令。由于绝大多数的命令执行时间很短，结果很快就能显示，所以用户可能感觉不到该进程的存在。当用户使用 ps 命令查看该进程时，它已经运行结束，也就是说该进程已经消亡了。如果用户启动的是一个执行比较费时的进程，例如：

```
[root@ localhost root]# find / -name realplay
```

在运行中通过按下 Ctrl + Z 组合键让该进程暂停，则显示：

```
[1]  +   Stopped                    find / -name realplay
You have new mail in /var/spool/mail/root
[root@ localhost root]#
```

其中，[1] 为工作编号，显示的信息表示该进程被暂停执行。这时出现终端提示符，就可以执行 ps 命令来查看 find 进程了。例如：

```
[root@ localhost root]# ps
  PID     TTY      TIME        CMD
 3250    pts/0    00:00:00    bash
 3347    pts/0    00:00:00    find
 3348    pts/0    00:00:00    ps
[root@ localhost root]#
```

当需要该进程继续执行时，输入 fg find / -name realplay 即可。

另外，如果用户在图形方式下的终端中执行图形界面的应用程序，则对于这样的进程，除非用户让其结束或由于程序执行异常而结束，否则它会一直运行。例如执行 parole 程序（可通过系统工具下的 Boxes 安装），启动了 parole 媒体播放器进程，如图 7-1 所示。

图 7-1 前台进程

2. 后台启动

有的命令执行时需要花费较多的时间才能显示结果或在实际输出设备上输出，如在整个文件系统下查找某个文件、在打印机上打印输出文件等。如果把它们放在前台执行，则当前终端在该命令执行完成前无法输入新的命令。当然，用户也可以打开或切换到新终端下继续工作。如果用户希望根据上次命令执行的结果而决定下一步的操作，则仍然愿意在当前终端下工作。因此，往往把执行耗时较多的命令放在后台运行。

如果用户要实现在后台启动进程，则只要在命令的最后加上 & 符号即可，& 符号前可以有空格，也可以没有。例如，要打印 readme 文件，在终端提示符下输入：

```
[root@ localhost root]# lp readme. txt &
[1] 2378
[root@ localhost root]#
```

从这个示例可以看到，当执行 lp readme. txt& 命令后，屏幕上显示该进程的工作编号和进程标识号，并在打印文件的同时出现了终端提示符，这样尽管打印进程还没有完成，但是用户又可以继续使用该终端了。这种启动方式也由终端的 shell 程序来创建进程，但不同的是，被创建的子进程正在执行时，其父进程并不处于睡眠状态，而是与其子进程并发执行。通过运行 ps 命令可以查看子进程的父进程。比较下面的 parole 程序在前台和后台运行时的父子进程：

```
[root@ localhost root]# parole
^Z
[1] +   已停止                  parole
[root@ localhost ~]# ps  -f
UID     PID     PPID    C    STIME    TTY     TIME        CMD
root    27260   27252   0    02:55    pts/0   00:00:00    bash
root    37338   27260   5    03:36    pts/0   00:00:00    parole
root    37400   27260   0    03:36    pts/0   00:00:00    ps  -f
```

当 parole 程序在前台运行时，按下 Ctrl + Z 组合键使其暂停运行，再执行 ps -f 命令查看进程信息。其中，PPID 域显示的是某进程的父进程的进程标识。可以看到，parole 进程（其 PID = 37338）的父进程是 bash 进程（其 PID = 27260）。现在终止前台进程，并让其在后台启动运行。

```
[root@ localhost root]# parole &
[2] 37469
[root@ localhost ~]# Parole 已经在运行，使用 -i 打开新实例

[2]  -  完成                 parole
[root@ localhost ~]# ps -f
UID     PID     PPID    C   STIME   TTY     TIME        CMD
root    27260   27252   0   02:55   pts/0   00:00:00    bash
root    37338   27260   1   03:36   pts/0   00:00:00    parole
root    37588   27260   0   03:37   pts/0   00:00:00    ps -f
```

当 parole 程序在后台运行时，按 Enter 键后出现终端提示符，直接执行 ps -f 命令来查看进程信息。可以看到，parole 进程的父进程也是 bash 进程。

在 Linux 系统中，有时通过命令的组合可以大大提高效率。用户可以把命令通过管道符组合在一起，以同时启动多个进程，例如：

```
[root@ localhost root]# ls -l | grep x | more
```

在这个示例中同时启动了 3 个进程，它们都是 shell 进程的子进程，这些进程之间是兄弟进程关系。其中，第一个进程列出当前目录下所有的文件和目录名，这些输出的信息作为第二个进程的输入，第二个进程在第一个进程的输出信息中查找包含字符串 x 的文件或目录名。同样，第二个进程产生的输出作为第三个进程的输入，第三个进程则将找到的文件或目录名分屏输出显示。

3. 前台及后台进程的切换

如果要把前台进程切换到后台以使用当前终端继续工作，可以通过执行 Linux 系统提供的 bg 命令。

命令格式：

```
bg [job_spec]
```

其中，参数 job_spec 是工作编号，是可选的。该命令的功能与在前台启动进程的命令后加上 & 符号后的功能相同。如果使用中不加工作编号，则将当前的工作移动到后台。若要查询进程的工作编号，可以按下 Ctrl + Z 组合键。

参考示例：将前台运行的 parole 进程切换到后台运行。

```
[root@ localhost root]# parole
[2]  +  已停止              parole
[root@ localhost root]# bg 2
[2]  + parole &
[root@ localhost root]#
```

在该示例中，先使 parole 进程暂停，查看它的工作编号（为 2）；然后执行 bg 2 命令，则显示将 parole 进程放到后台执行，并马上出现终端提示符。

如果要把后台进程切换到前台运行，可以通过执行 Linux 系统提供的 fg 命令。

命令格式：

```
fg [job_spec | command]
```

其中，参数 job_spec 是工作编号，command 是命令名称。如果将工作编号作为参数，可以使

用 jobs 命令查看进程的工作编号；如果将 command 作为参数，则可以使用 ps 命令来查看程序或命令的名称。

参考示例：将后台运行的 parole 进程切换到前台运行。

```
[root@ localhost root]# jobs
[2]  +   运行中                    parole &
[root@ localhost root]# fg 2
```

或者

```
[root@ localhost root]# ps
[root@ localhost root]# fg parole
```

在这个示例中，fg 命令的参数既可以使用工作编号，也可以使用命令名称。

7.2.2 调度启动

有些任务可以在特定的时间或情况下来完成。例如，不是很急的文件下载、系统维护等工作可以在系统比较空闲时做；耗费资源较多的任务可以在系统负载较轻、资源较空闲的时候来做。但是系统空闲的时刻系统管理员并不在现场，或出现系统轻负载情况时系统管理员并不知情。因此，可以事先进行调度安排以指定任务运行的时间或场合，在条件满足时系统会自动启动某些进程来完成安排好的工作。在 Linux 系统中，有几个命令可以实现调度启动。

1. at 命令

该命令用于在用户指定的时刻执行指定的命令或命令序列。指定的命令或命令序列可以从键盘输入，也可以从指定的文件读取。

命令格式：

```
at [ -V] [ -q queue] [ -f file] [ -mMldbrv] TIME
```

其中，参数 TIME 是必需的，由它指定命令或命令序列将要执行的时间或者时间与日期；其他为可选的命令选项。在 at 中执行的部分命令（如 ls、who 等），其结果不会在屏幕上输出，用户如果需要看结果，可在命令后加上重定向到文件。at 命令的命令选项及说明见表 7-1。

表 7-1 at 命令的选项及说明

命令选项	选项说明
-b	是 batch 命令的别名
-d job	将待执行的工作删除，与直接执行 atrm 指令的作用相同
-f file	从文件读取要执行的指令，而不是从标准输入中读取，即用户可以将需要执行的命令或命令序列事先编辑好，存放在文件中并指定文件的路径，由 at 命令来读取
-l	显示待执行的工作，与直接执行 atq 指令的作用相同
-m	工作完成后，将结果以 E-mail 传回
-M	工作完成后不发送 E-mail
-q queue	使用指定的队列。队列以单一英文字母来表示，其顺序是从小写的 a ~ z，再从大写的 A ~ Z。顺序越靠后，工作的优先权越高。at 的预设队列是 a 队列
-r	是 atrm 命令的别名
-v	显示将要执行命令的时间
-V	显示版本信息

at 命令使用一套相当复杂的、扩展自 POSIX. 2 标准的指定时间的方法。它可以接收 24h 计时制以 HH：MM（小时：分钟）形式指定时间。如果当天该时间已经过去，则放在第二天的该时间执行。也可以接收 12h 计时制以 HH：MM（小时：分钟）加 AM（上午）或 PM（下午）为后缀的形式指定时间。用户还可以使用 midnight（午夜）、noon（中午）或 teatime（喝茶时间，一般是下午 4 点）等比较模糊的时间词语来指定时间。

除了指定命令执行的时间外，用户还可以指定命令执行的日期。在 at 命令中指定日期时，日期参数一定要放在时间参数的后面，两者以空格字符分隔。在 Red Hat Linux 9.0 及以后的版本中，日期采用的格式主要有 YY – MM – DD（年 – 月 – 日）、MMDDYY（月日年）、MM/DD/YY（月/日/年）、DD. MM. YY（日 . 月 . 年）、month – name day（月份名称 日）或 day month – name（日 月份名称）。month – name day 或 day month – name 形式需要使用月份名称而不是数字，如 5 月 1 日表示为 May 1 或 1 May。不符合以上规格的日期输入，系统都会提示错误。

以上使用的是绝对计时制，它比较清楚与直观。用户还可以使用相对计时制来指定时间与日期。时间的指定为 now ＋count time – units。其中，now 为当前计算机系统的时间；time – units 是时间单位，可以是 minutes（分钟）、hours（小时）、days（天），或 weeks（星期）；＋count 指再过多少个时间单位，即再过几分钟、几小时和几天等。日期的指定可以直接使用 today（今天）、tomorrow（明天）等。

例如，如果需要从现在开始 3 天后的下午 4 点执行某个命令，可以输入 at 4pm ＋3days，然后在 at 提示符下输入要执行的命令。如果需要 7 月 31 日的上午 10 点执行某个命令，可以输入 at 10:00am Jul 31。如果需要在明天上午 1 点执行某个命令，可以输入 at 1am tomorrow。

有关时间与日期指定的具体内容，在/usr/share/doc/at – 3. 1. 13/timespec 文件中有详细的说明，用户可以打开查阅。为了在使用中避免不必要的日期与时间指定错误，建议采用符合大家习惯的 24h 计时法及标准日期（年 – 月 – 日）格式。

在任何情况下，超级用户都可以使用 at 命令。其他用户是否可以使用该命令取决于/etc/at. allow 和/etc/at. deny 这两个文件。如果/etc/at. allow 文件存在，则只有该文件所列举的用户才能使用 at 命令；如果/etc/at. allow 文件不存在，则检查/etc/at. deny 文件是否存在，若存在，这个文件中所列举的用户都禁止使用 at 命令；如果两个文件均不存在，那么只有超级用户才能使用 at 命令；如果两个文件都存在，但内容为空，则所有的用户都可以使用该命令。Linux 系统在默认状态下存在/etc/at. deny 文件，但其内容为空，所以系统在默认状态下是所有用户都可使用 at 命令。

如果某用户使用 su 命令切换到另一个用户下执行 at 命令，则当前用户被认为是执行用户，所有的标准错误信息和输出结果都会送给这个用户。但是，如果要求 at 命令执行完有邮件送出，则收到邮件的将是原来登录系统的用户。

参考示例 1：在 2019 年 12 月 31 日晚上 11 点 50 分查看系统中有哪些用户登录，向他们问候，并将执行的结果以 E-mail 传回。在 $ 或#提示符下输入：

```
[root@ localhost root]# at  – m 23:50 2019 – 12 – 31
```

按 Enter 键后出现 at > 提示符，继续输入要执行的命令并按 Enter 键。

```
at > who                    查看用户
at > wall Happy New Year!   发送问候信息
at > <EOT>                  按 Ctrl + D 组合键结束要执行的指令
```

系统显示信息：

```
Job 1 at 2019 – 12 – 31 23:50        此待执行命令的工作编号为 1
```

参考示例2：系统管理员预定在2019年9月15日中午12点00分添加一个名为lyrc的用户。

[root@ localhost root]# at 12:00 2019 -09 -15

按Enter键后出现at >提示符，继续输入要执行的命令并按Enter键。

at > adduser lyrc

at < EOT >　　按Ctrl + D组合键结束要执行的指令

系统显示信息：

Job 1 at 2019 -09 -15 12:00　　此待执行命令的工作编号为1

注意：这个示例中添加的用户没有密码。

与at命令相关的命令还有atq命令（显示等待执行的命令，等价于at -l）、atrm（删除等待执行的命令，等价于at -d job）命令。实际上，atq和atrm命令都是指向at命令的符号链接。

2. batch命令

batch命令可以在系统负载许可时，即系统平均负载低于0.8时，立即执行指定成批处理的命令或命令序列。指定的命令或命令序列可以从键盘输入，也可以从指定的文件读取。

命令格式：

batch [-V] [-q queue] [-f file] [-mv] [TIME]

其中，TIME为可选参数，含义及使用方法与at命令相同；其他为可选的命令选项。batch命令的选项及说明见表7-2。

表7-2 batch命令的选项及说明

命令选项	选项说明
-f file	从文件读取要执行的指令，而不是从标准输入设备上读取
-m	工作完成后，将结果以E-mail传回
-q queue	使用指定的队列。队列以单一英文字母来表示，其顺序是从小写的a~z，再从大写的A~Z。顺序越靠后，工作的优先权越高。at的预设队列是a队列
-v	显示将要执行命令的时间
-V	显示版本信息

该命令在CentOS 7 Linux中为/usr/bin目录下的shell脚本文件，在Slackware Linux中为at命令的符号链接。对使用该命令的用户的要求与at命令相同，使用方法与命令选项也与at命令类似。

参考示例1：利用batch命令打印mydoc1. txt与mydoc2. txt两个文件，batch所要执行的命令由键盘输入，在$或#提示符下输入：

[root@ localhost root]# batch

按Enter键后出现at >提示符，继续输入要执行的命令并按Enter键。

at > lpr mydoc1. txt

at > lpr mydoc2. txt　　输入所要执行的指令

at > < EOT >　　按Ctrl + D组合键结束要执行的指令

系统显示信息：

Job 5 at 2019 -10 -1 20:13

参考示例2：利用batch命令打印mydoc1. txt与mydoc2. txt两个文件，batch所要执行的命令由文件execfile读入，在$或#提示符下输入：

[root@ localhost root]# cat >execfile　　建立 execfile 文件
lpr mydoc1. txt　　从键盘输入要做的命令
lpr mydoc2. txt　　并按 Ctrl + D 组合键保存到 execfile 文件

执行 batch 命令：

[root@ localhost root]# batch -f execfile

系统显示信息：

Job 5 at 2019-10-1 20:13

at 和 batch 命令执行时自动转入后台，所以不需要加 & 符号。

3. crontab 命令

crontab 命令的功能是通过用户的 crontab 配置文件配置定时器，告诉提供定时器功能的 cron 守护进程让用户定时地执行命令或命令列表，并维护每个用户的 crontab 文件。用户在 crontab 文件中要求执行的命令被 cron 守护进程（crond 服务）激活。crond 常常在后台运行，每一分钟检查一次是否有预定的作业需要执行。

在这个版本的 cron 中，可以跨主机集群使用网络装载共享的 /var/spool/cron 守护进程，并指定在任何时候应该只有一个主机在特定目录中运行 crontab 指定的作业。

用户在 crontab 中要求执行的部分命令（如 ls、who 等）的结果不会在屏幕上输出，用户如果需要看结果，可在命令后加上重定向到文件。用户能否使用 crontab 命令的条件与 at 命令一样，取决于/etc/cron. allow 和/etc/cron. deny 这两个文件。

命令格式：

crontab [-u user] file
crontab [-u user] { -l | -r | -e | -i | -s }
crontab -n [hostname]
crontab -c

其中，-u user 为追加要修改 crontab 文件的用户名称，如果不使用此选项，crontab 将检查用户的 crontab 文件，即执行命令的人的 crontab 文件；file 即为 crontab 文件；其他为可选的命令选项。crontab 命令的选项及说明见表 7-3。

表 7-3　crontab 命令的选项及说明

命令选项	选项说明
-e	编辑该用户的定时器设置
-l	列出该用户定时器的设置
-r	删除该用户定时器的设置
-i	此选项修改 -r 选项，以在实际删除 crontab 之前提示用户输入“y /Y”响应
-s	在编辑/替换发生之前，将当前 SELinux 安全上下文字符串作为 MLS_LEVEL 设置附加到 crontab 文件
-n	只有当 cron 是用 -c 选项启动的，以启用集群支持时，此选项才相关。它用于设置集群中的主机，该主机应运行在/var/spool/cron 目录下 crontab 文件中指定的作业中。如果提供了主机名，那么执行获取主机名命令（gethostname）返回的主机名与提供的主机名匹配的主机将被选中，以便随后运行所选的 cron 作业。如果群集中没有与提供的主机名匹配的主机，或者显式指定了空主机名，则所选作业将不会运行。如果省略了主机名，则使用 gethostname 命令返回的本地主机名

（续）

命令选项	选项说明
－c	它用于查询集群中当前设置为运行目录/var/spool/cron 中 crontab 文件中指定作业的主机，如使用－n 选项设置的那样
－u <用户名>	指定要设置定时器的用户名称

crontab 文件的格式：

Minute Hour Day Moonth DayOfWeekuser－name Command1；Command2…

其中（时间部分若不用置为“＊”）的部分内容介绍如下。

Minute：为每小时的某几分钟执行指定的命令或程序。

Hour：为每一天的某几个小时执行指定的命令或程序。

Day：为每个月的某几天执行指定的命令或程序。

Moonth：为每一年的某几个月执行指定的命令或程序。

DayOfWeek：为每一周的某几天执行指定的命令或程序。

user－name：为用户名。

Command：为指定要执行的命令或程序。

建立 crontab 文件时，如果用 crontab 命令的“－e”选项，则系统默认调用 vi 编辑器并检查基本语法错误，文件将以登录用户名保存在/var/spool/cron 目录下并自动装载指定运行的命令，用户也可以通过修改 VISUAL 环境变量来指定默认的编辑器；如果用户自己用编辑器编辑并命名 crontab 文件，则系统不会检查基本语法错误，并需要用户自己装载指定运行的命令。对于不同的 Linux 版本，部分语法会有差别。

参考示例1：用户自己编辑一个 cronset 配置文件，用 crontab 命令实现每个小时的第30min 时自动检查登录系统的用户并保存到 mysyslog 日志文件中。

$ vi cronset

用 vi 编辑器编辑名为 cronset 的文件，输入以下内容后保存并退出。

30 ＊ ＊ ＊ ＊ who > >/root/mysyslog

$ crontab cronset

$ crontab －l

系统显示：

30 ＊ ＊ ＊ ＊ who > >/root/mysyslog

以上信息说明配置文件装载成功，每小时的第30min 时会自动执行设置的命令，并将结果附加重定向到 root 目录下的 mysyslog 文件。

参考示例2：用 crontab －e 命令建立 crontab 文件，在每天的24点时删除系统当前目录下所有的.bak 文件，并将/home 目录下的所有文件备份为 mybackup 文件。

crontab －e

系统调用 vi 编辑器，输入：

24 ＊ ＊ ＊ rm －f ＊.bak；tat －cv －f mybackup /home

保存并退出后，系统显示：

crontab：installing new crontab

以上信息说明配置文件自动装载成功，每天的24点时会自动执行设置的命令。

除了 at、batch 和 crontab 命令外，还有其他的调度启动命令，如 atd 等，其用法不再说明。

7.3 进程查看

Linux 是多用户、多任务的操作系统，系统管理员有时需要对系统中的进程进行调度和管理，例如，结束某些非正常运行的进程、改变某些进程的优先级等；要完成这些系统管理，就必须要了解系统中有哪些进程正在运行、它们使用系统资源的情况、它们的优先级如何等信息。因此需要进程查看方面的工作。

7.3.1 ps 命令

ps 命令用于查询进程的详细情况，它可以给出当前系统中指定的进程或所有进程的“快照”，即执行 ps 命令查询时刻的进程状态。Red Hat Linux 使用的 ps 命令是基于/proc 的命令版本。

命令格式：

ps [options]

其中，options 为可选的命令选项。如果不使用，则默认显示的信息包括进程标识号（PID）、终端编号（TTY）、使用 CPU 时间（TIME）以及启动进程的命令（COMMAND）信息。

该版本的 ps 命令接收几种类型的命令选项：UNIX 98 的选项可以是其中的类型之一，并且必须以单个破折号为先导；BSD 的选项也可以是其中的类型之一，并且不必以单个破折号为先导；而 GNU 的长选项则以双破折号为先导。不同类型的选项可以自由地混合使用。

当命令选项以单个破折号为先导时，可以通过设置 I_WANT_A_BROKEN_PS 环境变量来强迫 BSD 语法等价。设置 PS_PERSONALITY 环境变量可以提供更详细的控制。

ps 命令的选项很多，分为简单选择进程选项、指定选择进程选项、输出格式控制选项、输出修饰选项、信息选项和陈旧选项等几个类别。下面先列出 ps 命令的选项并说明它们的作用，再结合具体的参考示例说明常用选项的具体用法。

1. 命令选项说明

ps 命令的简单选择进程选项及说明见表 7-4。

表 7-4　ps 命令的简单选择进程选项及说明

命令选项	选项说明
-A	选择显示所有的进程
-N	反向选择显示
-a	选择显示当前终端下的所有进程，但是当前使用的 shell 进程除外（即不显示默认的 bash 进程）
-d	选择显示所有的进程，但是省略当前使用的 shell 进程
-e	选择显示所有的进程，与 -A 选项等价
T	选择显示当前终端上的所有进程
a	选择显示当前终端上的所有进程，包括其他用户的进程
g	默认状态下，显示效果与 T 选项相同
r	显示当前终端上正在运行的进程
x	显示所有进程，包括没有控制终端的进程。普通用户不能显示这些进程
--deselect	反向选择显示

ps 命令的指定选择进程选项及说明见表 7-5。

表 7-5 ps 命令的指定选择进程选项及说明

命令选项	选项说明
-C command	根据命令名选择显示进程
-G RGID	只显示属于指定组群识别码的进程，也可使用组群名
-U RUID	只显示属于指定用户识别码的进程，也可使用用户名
-g	效果与 g 选项相同
-p PID	根据指定的 PID 显示相关的进程
-s	选择属于当前 shell 的进程，以进程信号格式显示
-t [tty]	根据指定的终端号显示进程，如果终端号省略，则显示当前终端上的进程
-u [UID]	根据指定的用户 ID（也可使用用户名）显示相关进程，如果 UID 省略，则显示当前终端用户进程的详细信息
U user name	根据指定的用户名显示属于该用户的进程
p PID	显示效果与 -p 选项相同
t [tty]	显示效果与 -t 选项类似，只是增加了进程状态
--Group	显示效果与 -G 选项相同
--User	显示效果与 -U 选项相同
--group	显示效果与 -G 选项相同
--pid	显示效果与 -p 选项相同
--sid	显示效果与 -s 选项相同
--tty	显示效果与 -t 选项相同
--user	显示效果与 -U 选项相同
-123	显示效果类似于 --sid 选项，只是增加了进程状态
123	显示效果类似于 --pid 选项，只是增加了进程状态

ps 命令的输出格式控制选项及说明见表 7-6。

表 7-6 ps 命令的输出格式控制选项及说明

命令选项	选项说明
-O	用于格式输出或排序。用法类似于 -o 选项
-c	显示进程的 CLS 和 PRI 信息
-f	显示进程的 UID、PPID、C 和 STIME 信息
-j	显示进程的 PGID 和 SID 信息
-l	以详细格式显示进程的信息
-o	以用户指定的格式显示进程信息。指定显示的内容以逗号分隔
-y	该选项必须与 -l 选项连用，不显示进程的 F（Flag）信息，并以 RRS 信息取代 ADDS 信息
O	用于格式输出或排序。用法类似于 -o 选项
X	以早期的 Linux i386 注册格式显示进程信息

（续）

命令选项	选项说明
j	在 –j 选项显示的基础上增加显示 PPID、TPGID、STAT 和 UID 信息
l	以详细格式显示进程的信息。显示的内容与 –l 选项略有差别
o	以用户指定的格式显示进程信息。格式同 –o 选项
s	显示效果与 –s 选项相同
u	以用户为主的格式显示进程信息
v	以虚拟内存的格式显示进程信息
– –format	该选项显示效果与 –o 或 o 选项相同

ps 命令的输出修饰选项及说明见表 7-7。

表 7-7　ps 命令的输出修饰选项及说明

命令选项	选项说明
–H	以树形显示进程的层次
–m	显示所有的线程
–n	设置 namelist 文件
–w	以宽格式显示进程的信息
C	该选项当前保留
N	指定 namelist 文件
O	指定显示的顺序，如 s、uid、ppid 等
S	显示包括某些已中断的子进程数据
c	列出进程信息时，显示每个进程真正的指令名称，而不包括路径、参数或常驻服务的标示
e	列出进程时，显示每个进程所使用的环境变量
f	以 ASCII 字符显示树形结构，表示进程间的关系
h	不显示标题行
m	显示所有的线程。与 –m 选项相比，增加了进程的状态和命令的路径信息
n	用数字代替 USER 和 WCHAN 信息，该选项要与 –l 等选项连用
w	显示结果与 –w 选项类似，只是增加了状态信息
– –cols	设置每列的最大字符数
– –columns	该选项的效果与 – –cols 选项相同
– –cumulative	该选项的效果与 S 选项相同
– –forest	该选项的效果与 f 选项相同
– –html	HTML 转义输出
– –headers	重复显示标题行
– –no – headers	该选项的效果与 h 选项相似，列表格式稍有差异
– –lines	设置显示的行数
– –nul	未对齐的输出项用 NULL（空）代替

（续）

命令选项	选项说明
--null	该选项的效果与--nul选项相同
--rows	该选项的效果与--lines选项相同
--sortX [+|-] key [, [+|-] key [, …]]	指定显示的顺序。可以从排序键（SORT KEYS）列表中选择一个多字母键并按此排序；X代表逗号或分号分隔符；+表示按数字或字母升序排列（默认），-表示降序排列。例如，ps jax --sort=uid, -ppid, +pid
--width	该选项的效果与--cols选项相同
--zero	该选项的效果与--nul选项相同

ps命令的信息选项及说明见表7-8。

表7-8 ps命令的信息选项及说明

命令选项	选项说明
-V	显示版本信息
-L	显示所有列格式的说明
V	同-V选项
--help	显示帮助信息
--info	显示调试信息
--version	同-V选项

输出信息中标题行常见栏目的说明如下。

USER：进程所属的用户。

UID：用户标识号。

PID：进程标识号。

PPID：父进程的进程标识号。

PRI：进程的优先级别。

NI：进程的优先级数值。

ADDR：进程的地址。

%CPU：进程占用的CPU时间与总时间的百分比。

%MEM：进程占用的内存与总内存的百分比。

SIZE：进程的大小（程序、数据和栈空间），单位为KB。

WCHAN：进程休眠所在的内核函数名称。

VSZ：虚拟内存的利用率。

RSS：进程占用的物理内存的总数量，以KB为单位。

TTY：进程相关的终端号。

STAT：进程的状态，可以是以下几种。

　　D：不间断地休眠（通常为IO）。

　　R：正在运行或准备运行。

　　S：休眠状态。

　　T：陷入或停止。

Z：僵死状态。

W：没有内存驻留页可分配。

<：高优先级进程。

N：低优先级进程。

L：在内存中已有锁定的页（对于实时或定制的 I/O 进程）。

START：进程开始的时间。

TIME：进程执行的时间。

COMMAND：进程的命令行输入（即执行该命令创建的进程）。

在对输出的进程信息进行排序时，用到排序键。排序键列表见表 7-9。

表 7-9　排序键列表

短 格 式	长 格 式	说 明
c	cmd	可执行命令的简单名称
C	cmdline	完整命令行
f	flags	长格式标志
g	pgrp	进程的组群 ID
G	tpgid	控制 tty 进程组群 ID
j	cutime	累计用户时间
J	cstime	累计系统时间
k	utime	用户时间
K	stime	系统时间
m	min_flt	次要页故障（缺页）数
M	maj_flt	主要页故障（缺页）数
n	cmin_flt	累计次要页故障数
N	cmaj_flt	累计主要页故障数
o	session	会话 ID
p	pid	进程 ID
P	ppid	父进程 ID
r	rss	驻留大小
R	resident	驻留页
s	size	以 KB 为单位的内存大小
S	share	共享页的数量
t	tty	tty 次要设备号
T	start_time	进程开始的时间
U	uid	用户 ID
u	user	用户名
v	vsize	以字节为单位的虚拟内存总量
y	priority	内核时序优先级

2. 参考示例

ps 命令的选项很多，并分为几个类别，但实际上经常用到的只有 -aceflux 等几个。这里结合具体的应用示例说明 ps 命令的使用。

参考示例 1：显示当前终端用户所有进程的情况。

```
[root@ localhost root]# ps
PID      TTY      TIME       CMD
27260    pts/0    00:00:00   bash
81415    pts/0    00:00:00   ps
```

这是 ps 命令的最简单用法，但是只能显示当前终端下所有进程的 PID、TTY、TIME 和 CMD 的信息。如果增加 -a 选项，则增加显示 STAT 信息；如果增加 a 选项，则不显示当前终端的 shell 进程，即 bash 进程。

参考示例 2：显示当前登录用户进程的详细情况。

```
[root@ localhost root]#ps -u
USER PID   %CPU %MEM VSZ    RSS   TTY   STAT  START TIME COMMAND
root 25847 0.8  1.7  348912 32636 tty1  Ssl+  02:54 2:06 /usr/bin/X :0 -backgr
root 27260 0.0  0.1  116956 3416  pts/0 Ss    02:55 0:00 bash
root 81872 0.0  0.1  155360 1892  pts/0 R+    07:17 0:00 ps -u
```

使用 -u 选项，可以指定具体的用户标识号或用户名，也可以不指定。如果指定具体的用户，则以简要的形式显示该用户所有的进程；如果不指定具体用户，则显示当前终端进程（不含后台进程）的详细信息。如果需要显示所有的进程信息，可以与 aux 选项连用。

参考示例 3：使用长格式显示进程的详细信息。

```
[root@ localhost root]# ps -l
F S UID PID   PPID  C PRI NI ADDR SZ    WCHAN  TTY   TIME     CMD
4 S 0   27260 27252 0 80  0  -    29239 do_wai pts/0 00:00:00 bash
0 R 0   82282 27260 0 80  0  -    38309 -      pts/0 00:00:00 ps
```

在这个参考示例中，以长格式显示当前终端进程的详细信息，包括标志、状态、优先级、地址、大小等信息。如果 -l 与 -y 选项连用，则不显示标志并以 RSS 代替 ADDR；如果需要查看进程家族关系和优先级，也可以与 -cf 选项连用。

参考示例 4：对显示信息按 PID 正向、反向进行排序。

```
[root@ localhost root]# ps a --sort pid
PID    TTY   STAT  TIME  COMMAND
25847  tty1  Ssl+  2:08  /usr/bin/X :0 -background none -noreset -audit 4 -verbose -
27260  pts/0 Ss    0:00  bash
82471  pts/0 R+    0:00  ps a --sort pid
[root@ localhost root]# ps a -sort -pid
PID    TTY   STAT  TIME  COMMAND
82698  pts/0 R+    0:00  ps a --sort -pid
27260  pts/0 Ss    0:00  bash
25847  tty1  Ssl+  2:09  /usr/bin/X :0 -background none -noreset -audit 4 -verbose -
```

当使用 --sort 选项进行排序时，如果选项参数 key（如 pid 等）前使用 + 或省略，则输出信息按增序排列，如同参考示例 4 的前半部分；如果 key 前使用 -，则输出信息按减序排列，如同本参考示例的后半部分。

参考示例 5：与 grep 命令配合使用，查找指定的进程。

```
[root@ localhost root]# ps  -aux |  grep "httpd"
root 82872 0.0  0.0 112724  1000 pts/0  S+   07:22  0:00 grep  --color=auto "httpd"
```

选项 -aux 可以显示所有的进程信息，利用管道符连接 grep 命令可以查找符合指定条件的进程。

参考示例 6：查看非 root 用户的进程。

```
[root@ localhost root]# ps  -U root  -u root  -N
PID TTY          TIME     CMD
673 ?         00:00:03   polkitd
674 ?         00:00:00   rpcbind
676 ?         00:00:00   lsmd
678 ?         00:00:02   avahi-daemon
687 ?         00:00:00   rtkit-daemon
704 ?         00:00:16   dbus-daemon
723 ?         00:00:00   chronyd
735 ?         00:00:00   avahi-daemon
 1375 ?       00:00:00   rpc.statd
 1688 ?       00:00:00   qmgr
 3193 ?       00:00:00   dnsmasq
 7475 ?       00:00:00   colord
26216 ?       00:00:00   ibus-daemon
26221 ?       00:00:00   ibus-dconf
26225 ?       00:00:00   ibus-x11
82345 ?       00:00:00   pickup
83264 ?       00:00:00   setroubleshootd
```

选项 -N 表示反向选择，在这个示例中与 -U root -u root 选项连用，表示选择显示的是不属于 root 用户的进程。

参考示例 7：按用户指定的格式查看当前终端上的进程。

```
[root@ localhost root]# ps  -o pid, tt, user, fname, tmout, f, wchan
PID      TT      USER    COMMAND   TMOUT     F     WCHAN
27260    pts/0   root    bash        -       4     do_wait
83520    pts/0   root    ps          -       0       -
```

这个示例表明用户可以以自己需要显示的内容和排列顺序为格式来决定输出进程的信息。

参考示例 8：查看包括后台进程在内的所有进程的详细情况。

```
[root@ localhost root]# ps  -x
PID    TTY   STAT   TIME COMMAND
1      ?     S      0:10 init
2      ?     SW     0:00 [keventd]
3      ?     SW     0:04 [kapmd]
4      ?     SWN    0:00 [ksoftirqd_CPU0]
9      ?     SW     0:00 [bdflush]
5      ?     SW     0:05 [kswapd]
```

```
6     ?    SW   0:01 [kscand/DMA]
7     ?    SW   0:31 [kscand/Normal]
8     ?    SW   0:00 [kscand/HighMem]
10    ?    SW   0:02 [kupdated]
11    ?    SW   0:00 [mdrecoveryd]
19    ?    SW   0:23 [kjournald]
77    ?    SW   0:00 [khubd]
1245  ?    SW   0:00 [kjournald]
1605  ?    S    0:01 syslogd -m 0
1609  ?    S    0:00 klogd -x
1657  ?    S    0:00 /usr/sbin/zebra -d
1725  ?    S    0:00 /usr/sbin/apmd -p 10 -w 5 -W -P /etc/sysconfig/apm-sc
1762  ?    S    0:01 /usr/sbin/sshd
1776  ?    S    0:00 xinetd -stayalive -reuse -pidfile /var/run/xinetd.pid
1835  ?    S    0:03 [sendmail]
1854  ?    S    0:09 /usr/bin/spamd -d -c -a
1863  ?    S    0:03 gpm -t imps2 -m /dev/mouse
1884  ?    S    0:00 crond
1896  ?    S    0:26 cupsd
2087  ?    S    0:00 rpc.rquotad
2091  ?    SW   0:00 [nfsd]
2092  ?    SW   0:00 [nfsd]
2093  ?    SW   0:00 [nfsd]
2094  ?    SW   0:00 [nfsd]
2095  ?    SW   0:00 [nfsd]
2096  ?    SW   0:00 [nfsd]
2097  ?    SW   0:00 [nfsd]
2098  ?    SW   0:00 [nfsd]
2099  ?    SW   0:00 [lockd]
2100  ?    SW   0:00 [rpciod]
2106  ?    S    0:00 rpc.mountd
2114  ?    S    0:00 login -- root
2115  tty2 S    0:00 /sbin/mingetty tty2
2116  tty3 S    0:00 /sbin/mingetty tty3
2117  tty4 S    0:00 /sbin/mingetty tty4
2118  tty5 S    0:00 /sbin/mingetty tty5
2119  tty6 S    0:00 /sbin/mingetty tty6
2120  ?    S    0:01 [gdm-binary]
2153  ?    S    0:00 [gdm-binary]
2154  ?    S    47:46 /usr/X11R6/bin/X :0 -auth /var/gdm/:0.Xauth vt7
2163  ?    S    0:05 /usr/bin/gnome-session
```

```
2179  ?      Z   0:00 [Xsession <defunct>]
2223  ?      S   0:01 /usr/bin/ssh-agent /etc/X11/xinit/Xclients
2232  ?      S   0:04 chinput
2235  ?      S   0:03 /usr/libexec/gconfd-2 11
2237  ?      S   0:01 /usr/libexec/bonobo-activation-server --ac-activate -
2239  ?      S   0:02 gnome-settings-daemon --oaf-activate-iid=OAFIID:GNOME
2244  ?      S   0:02 [fam]
2251  ?      S   0:07 /usr/bin/metacity --sm-client-id=default1
2255  ?      S   0:17 gnome-panel --sm-client-id default2
2257  ?      S   0:15 nautilus --no-default-window --sm-client-id default3
2259  ?      S   1:37 magicdev --sm-client-id default4
2261  ?      S   0:26 eggcups --sm-client-id default6
2264  ?      S   0:03 pam-panel-icon --sm-client-id default0
2266  ?      S   21:14 /usr/bin/python /usr/bin/rhn-applet-gui --sm-client-i
2267  ?      S   0:03 /sbin/pam_timestamp_check -d root
2284  ?      S   0:01 /usr/libexec/notification-area-applet --oaf-activate-
2352  ?      S   1:51 gnome-terminal
2353  ?      S   0:00 [gnome-pty-helpe]
2354  pts/0  S   0:01 bash
2401  tty1   S   0:00 -bash
2961  pts/1  S   0:03 bash
3672  tty1   R   0:00 ps -x
```

使用 -x 选项可以查看系统中的所有进程，包括与控制终端无关的进程，如系统中的许多后台进程、其他控制终端的进程等。从参考示例 8 可以看到，init 进程总排在最前面，且进程 PID 始终为 1，它是系统中所有进程的祖先进程。

参考示例 9：显示系统的进程树。

```
[root@localhost root]# ps -ejH
```

或

```
[root@localhost root]# ps axjf
```

后者显示时没有父子进程之间的连线，由于显示的内容多，限于篇幅，这里不列出结果。

参考示例 10：显示系统中的线程信息。

```
[root@localhost root]# ps axms
```

显示的信息包含：

```
UID PID  PENDING  BLOCKED  IGNORED  CAUGHT STAT TTY  TIME  COMMAND
[root@localhost root]# ps -eLf
```

显示的信息包含：

```
UID   PID PPID   LWP   C NLWP  STIME  TTY  TIME  CMD
```

由于显示的内容多，限于篇幅，这里不列出结果。

以上这些参考示例介绍了 ps 命令中的一些常用选项和选项组合的用法，读者在使用中可以根据自己的需要选择组合使用。

7.3.2 top 命令

top 命令能够实时地显示大多数以使用 CPU 为主的进程状态信息，包括 CPU、内存的使用情况，进程的属主、PID 等信息。实际上，top 命令周期性地报告系统中这些进程状态的详细情况，它也提供一个交互界面，用户可以通过按键输入命令行命令来不断刷新当前进程状态。大多数特色功能既可以通过交互命令选择实现，也可以通过在个人或系统的配置文件中指定实现。top 命令还可以根据进程使用 CPU、内存的情况和运行时间等对进程进行排序。因此，系统管理员可以利用这个命令监视系统中的进程工作是否正常。top 命令运行界面如图 7-2 所示。

```
top - 07:31:07 up  5:12,  2 users,  load average: 0.03, 0.10, 0.13
Tasks: 241 total,   1 running, 240 sleeping,   0 stopped,   0 zombie
%Cpu(s):  0.7 us,  0.7 sy,  0.0 ni, 98.3 id,  0.2 wa,  0.0 hi,  0.0 si,  0.0 st
KiB Mem :  1863236 total,   321732 free,   796704 used,   744800 buff/cache
KiB Swap:  2097148 total,  2066532 free,    30616 used.   745764 avail Mem

   PID USER      PR  NI    VIRT    RES    SHR S  %CPU %MEM     TIME+ COMMAND
 26461 root      20   0 3777244 187648  38868 S   4.3 10.1   8:28.17 gnome-shell
 25847 root      20   0  348632  32376  10012 S   1.7  1.7   2:16.94 X
 27252 root      20   0  766248  29604  15900 S   0.7  1.6   0:28.58 gnome-terminal-
 84362 root      20   0  162120   2432   1628 R   0.3  0.1   0:00.63 top
     1 root      20   0  193804   4936   3024 S   0.0  0.3   0:20.23 systemd
     2 root      20   0       0      0      0 S   0.0  0.0   0:00.10 kthreadd
     3 root      20   0       0      0      0 S   0.0  0.0   0:00.94 ksoftirqd/0
     5 root       0 -20       0      0      0 S   0.0  0.0   0:00.00 kworker/0:0H
     7 root      rt   0       0      0      0 S   0.0  0.0   0:00.88 migration/0
     8 root      20   0       0      0      0 S   0.0  0.0   0:00.00 rcu_bh
     9 root      20   0       0      0      0 S   0.0  0.0   0:18.73 rcu_sched
    10 root       0 -20       0      0      0 S   0.0  0.0   0:00.00 lru-add-drain
    11 root      rt   0       0      0      0 S   0.0  0.0   0:00.10 watchdog/0
    12 root      rt   0       0      0      0 S   0.0  0.0   0:00.18 watchdog/1
    13 root      rt   0       0      0      0 S   0.0  0.0   0:01.41 migration/1
    14 root      20   0       0      0      0 S   0.0  0.0   0:00.93 ksoftirqd/1
    16 root       0 -20       0      0      0 S   0.0  0.0   0:00.00 kworker/1:0H
    17 root      rt   0       0      0      0 S   0.0  0.0   0:00.17 watchdog/2
    18 root      rt   0       0      0      0 S   0.0  0.0   0:00.96 migration/2
```

图 7-2　top 命令运行界面

进入 top 命令运行界面后，任何时刻按？或 H 键就会列出所有可用的命令快捷键及其用法说明；按 Q 键退出命令运行界面。默认情况下，它还显示系统平均负载、内存使用情况、进程和 CPU 状态信息。

命令格式：

top [-] [d delay] [p pid] [q] [c] [C] [S] [s] [i] [n iter] [b]

这个命令的所有选项都是可选的，大部分选项既可以在运行时作为命令选项使用，也可以在 top 命令运行中作为命令行命令使用。其中，d 选项的参数 delay 为刷新间隔时间，单位为秒；p 选项的参数 pid 为指定显示的进程标识号，如果不指定显示的进程，则动态地显示系统中以使用 CPU 为主的进程信息；n 选项的参数 iter 为更新显示重复的次数，如果该命令不使用 n 选项的 iter 参数，则它将独占前台，直到用户终止该程序为止，否则它将执行完 iter 参数指定的次数后退出。

1. top 命令选项及命令行

一般 top 命令的使用格式是：

top [-hvbcisqS] [-d delay] [-p pid] [-n iter]

各个命令选项没有先后之分。

top 命令的选项及说明见表 7-10。

表 7-10　top 命令的选项及说明

命令选项	选项说明
-b	使用批处理模式。在该模式中，top 将不接收任何交互命令，除非达到参数“n”所设置的重复次数，或被强制中断才停止。该选项可将 top 命令的输出送给其他程序或文件
-c	显示进程的命令行，而不仅仅是命令名。命令行包括命令的路径信息
-C	显示所有 CPU 的状态。该选项仅适用对称多处理机（SMP）系统
-d 间隔秒数	指定显示信息的时间间隔。可以使用 s 交互命令修改
-H	显示所有的线程
-i	忽略任何空闲进程和处于僵死状态的进程
-n 重复次数	指定重复执行的次数；次数到则执行终止
-p	仅监视指定 PID 的进程。指定的 PID 可以作为命令选项，也可以在配置文件中给出
-q	不间断地刷新显示进程信息。如果调用者是超级用户，则 top 将具有最高的运行优先级
-s	使用保密模式，消除互动模式下的潜在危机
S	使用累计模式，其效果类似 ps 指令的 -S 参数

在 top 命令运行期间，可以使用一些交互命令控制 top 命令的运行行为，有些命令选项就是交互命令，例如，c、C、H、i、S 这些选项。其他交互命令主要如下。

空格：立即更新 top 命令的显示。

Ctrl + L：清屏并重新显示。

k：终止指定的进程。

n 或#：改变显示进程的个数。

r：改变指定进程的优先数（级）。先输入指定进程的 PID，然后输入优先数。默认的优先数是 10，输入的数值大于它，则优先级降低；如果是超级用户运行 top 命令，则可以输入负数，负值会使进程的优先级高于普通的级别。

q：退出 top。

s：改变刷新的间隔秒数。

u：只显示指定用户名的进程。

f：增加显示的信息字段。

F：减少显示的信息字段。

O 或 o：改变信息字段的排列位置，大写字母对选中的字段左移，小写字母右移。

l：系统平均负载显示开关，在 on 或 off 间切换。

m：内存使用情况显示开关，在 on 或 off 间切换。

t：进程和 CPU 状态显示开关，在 on 或 off 间切换。

P：按 CPU 使用率降序排列，这是默认的排序方式。

A：按 PID 降序排列。

N：按 PID 升序排列。

T：按时间降序排列。

W：将当前的设置写入 ~/. toprc 文件。

按下O键即可查看top命令所显示的信息字段，其内容与ps命令所显示的字段基本类似。

2. 参考示例

与ps命令相比，top命令使用更方便、直观，命令的选项较少，用户的交互性也比较好。下面通过具体示例说明top命令的使用。

参考示例1：查看系统当前进程的状况。

```
[root@ localhost root]# top
top - 07:35:52 up  5:16,  2 users,  load average: 0.03, 0.07, 0.11
Tasks: 240 total,  1 running, 239 sleeping,  0 stopped,  0 zombie
%Cpu (s):  4.2 us,  2.6 sy,  0.0 ni, 93.3 id,  0.0 wa,  0.0 hi,  0.0 si,  0.0 st
KiB Mem :  1863236 total,  321296 free,  797172 used,  744768 buff/cache
KiB Swap:  2097148 total,  2066532 free,  30616 used.  745424 avail Mem

PID   USER PR  NI  VIRT    RES    SHR   S  %CPU %MEM TIME+    COMMAND
26461 root 20  0   3777244 187468 38868 S  23.8 10.1 8:34.87  gnome - shell
25847 root 20  0   348632  32376  10012 S  8.6  1.7  2:19.44  X
27252 root 20  0   766248  29604  15900 S  4.0  1.6  0:29.72  gnome - terminal -
345   root 20  0   0       0      0     S  0.3  0.0  0:12.30  xfsaild/sda3
685   root 20  0   21680   1104   944   S  0.3  0.1  0:05.77  irqbalance
689   root 20  0   90500   1848   1816  S  0.3  0.1  0:07.68  rngd
85199 root 20  0   162120  2448   1644  R  0.3  0.1  0:00.77  top
1     root 20  0   193804  4936   3024  S  0.0  0.3  0:20.51  systemd
2     root 20  0   0       0      0     S  0.0  0.0  0:00.11  kthreadd
3     root 20  0   0       0      0     S  0.0  0.0  0:00.94  ksoftirqd/0
5     root 0   -20 0       0      0     S  0.0  0.0  0:00.00  kworker/0:0H
7     root rt  0   0       0      0     S  0.0  0.0  0:00.88  migration/0
8     root 20  0   0       0      0     S  0.0  0.0  0:00.00  rcu_bh
9     root 20  0   0       0      0     S  0.0  0.0  0:18.95  rcu_sched
10    root 0   -20 0       0      0     S  0.0  0.0  0:00.00  lru - add - drain
11    root rt  0   0       0      0     S  0.0  0.0  0:00.11  watchdog/0
12    root rt  0   0       0      0     S  0.0  0.0  0:00.18  watchdog/1
13    root rt  0   0       0      0     S  0.0  0.0  0:01.42  migration/1
14    root 20  0   0       0      0     S  0.0  0.0  0:00.93  ksoftirqd/1
```

这个参考示例的显示信息中，第1行依次是当前时间、系统启动时间、当前登录系统的用户数和系统平均负载信息。第2行依次是进程总数、运行进程数、休眠进程数、停止的进程数和僵死的进程数。第3行的CPU状态依次为用户进程、系统进程、优先进程、输入/输出等待进程和空闲进程占用的百分比数等。第4行的内存使用情况依次为内存总数、空闲内存、已用内存、共享内存和缓冲内存等。第5行的交换空间使用情况依次为交换总容量、空闲数量、已使用量和可用的数量。第7行以后为各个进程的部分状态字段信息列表。

参考示例2：仅显示root用户的进程信息。

```
[root@ localhost root]# top
```

执行top命令后，按u键，当出现“Which User (Blank for All):”提示信息时，输入root，

则显示：

```
top - 07:41:27 up  5:22,   3 users,   load average: 0.12, 0.07, 0.10
Tasks: 242 total,   1 running, 241 sleeping,   0 stopped,   0 zombie
%Cpu (s):  2.2 us,  2.0 sy,  0.0 ni, 95.8 id,  0.0 wa,  0.0 hi,  0.0 si,  0.0 st
KiBMem :  1863236 total,  363020 free,  751696 used,  748520 buff/cache
KiB Swap:  2097148 total,  2066532 free,   30616 used.  790688 avail Mem
```

PID	USER	PR	NI	VIRT	RES	SHR	S	%CPU	%MEM	TIME+	COMMAND
26461	root	20	0	3777244	187680	38880	S	10.6	10.1	8:53.01	gnome-shell
25847	root	20	0	352504	36336	10012	S	4.6	2.0	2:26.31	X
27252	root	20	0	766248	29804	15936	S	2.0	1.6	0:32.97	gnome-terminal-
86405	root	20	0	162124	2448	1644	R	1.3	0.1	0:00.46	top
689	root	20	0	90500	1848	1816	S	0.7	0.1	0:08.01	rngd
1	root	20	0	193804	4936	3024	S	0.3	0.3	0:20.89	systemd
9	root	20	0	0	0	0	S	0.3	0.0	0:19.34	rcu_sched
345	root	20	0	0	0	0	S	0.3	0.0	0:12.52	xfsaild/sda3
700	root	20	0	320324	3884	3492	S	0.3	0.2	0:24.15	vmtoolsd
26625	root	20	0	714340	10004	4820	S	0.3	0.5	0:02.68	gsd-color
26726	root	20	0	567484	14008	6660	S	0.3	0.8	0:23.16	vmtoolsd
2	root	20	0	0	0	0	S	0.0	0.0	0:00.11	kthreadd
3	root	20	0	0	0	0	S	0.0	0.0	0:00.94	ksoftirqd/0
5	root	0	-20	0	0	0	S	0.0	0.0	0:00.00	kworker/0:0H
7	root	rt	0	0	0	0	S	0.0	0.0	0:00.88	migration/0
8	root	20	0	0	0	0	S	0.0	0.0	0:00.00	rcu_bh
10	root	0	-20	0	0	0	S	0.0	0.0	0:00.00	lru-add-drain
11	root	rt	0	0	0	0	S	0.0	0.0	0:00.11	watchdog/0
12	root	rt	0	0	0	0	S	0.0	0.0	0:00.18	watchdog/1
13	root	rt	0	0	0	0	S	0.0	0.0	0:01.42	migration/1

现在所看到的是 root 用户的进程信息。

参考示例 3：终止某个进程。

```
[root@localhost root]# top
```

执行 top 命令后，按 k 键，当出现“PID to kill:”信息时，输入要删除进程的进程标识号 PID。

参考示例 4：通过 top 监控系统程序的执行状况，包括内存、交换文件分区、CPU 使用率等。每秒更新一次信息，并显示每个程序的完整命令：

```
[root@localhost root]# top -c -d 1
```

这个参考示例通过命令选项 -d 指定信息的刷新时间间隔；通过 -c 指定 top 显示各个进程完整的命令行。当然，在 top 运行中也还可以再用命令行修改。

参考示例 5：让 top 显示指定进程的信息，每 5s 更新一次，更新 10 次后退出。

```
[root@localhost root]# top -d 5 -n 10 -p 18998
```

系统显示：

```
17:24:35  up  7:52,   4 users,   load average: 0.35, 0.54, 0.52
1 processes:  0 sleeping,    1 running,     0 zombie,     0 stopped
CPU states:   11.8% user     10.5% system   0.7% nice     0.0% iowait    76.8% idle
Mem:          190628k av,    183456k used,  7172k free,   0k shrd,       27628k buff
                             135828k actv,  0k in_d,      2964k in_c
Swap:         530136k av,    27776k used,   502360k free                 65428k cached

PID   USER  PRI  NI  SIZE  RSS   SHARE STAT %CPU %MEM TIME  CPU  COMMAND
18998 root  15   0   10116 9.9M  6912  R    0.9  5.3  0:03  0    realplay.bin
```

这个参考示例直接用命令选项指定显示的进程，所以 top 只显示该进程的信息。由于指定了 n 选项的参数为 10，所以在更新 10 次后将终止 top 运行。

7.4 进程调度

对于系统管理员，有时需要终止某些占用系统资源太多、运行时间很长或者已经僵死的进程。此外，有时也需要改变进程的优先级。因此，需要对进程进行调度。

7.4.1 kill 命令

如果要终止前台进程，则使用控制台中断（Ctrl + c 或 Ctrl + break）组合键即可，但是对于僵死的进程或者是后台进程，就需要使用 kill 命令来终止了。当要终止某个进程时，可以使用 top 命令的“k”键，但是最简单的方法还是使用 kill 命令。

kill 命令向指定的一个或多个进程发送指定的信号。如果没有明确地指定发送的信号，则系统默认发送 SIGTERM 信号。SIGTERM 信号将终止所有不能捕获该信号的进程。对于那些可以捕获该信号的进程，就需要使用 SIGKILL 信号了，因为该信号是不能被进程所捕获的。

在 Linux 系统中，这些信号除了有名字外，还有各自的编号。例如，SIGTERM 信号的编号为 15，而 SIGKILL 信号的编号为 9。在实际使用中常用信号编号。Linux 系统支持的信号包括：

```
1) SIGHUP            2) SIGINT            3) SIGQUIT           4) SIGILL
5) SIGTRAP           6) SIGABRT           7) SIGBUS            8) SIGFPE
9) SIGKILL           10) SIGUSR1          11) SIGSEGV          12) SIGUSR2
13) SIGPIPE          14) SIGALRM          15) SIGTERM          16) SIGCHLD
17) SIGCONT          18) SIGSTOP          19) SIGTSTP          20) SIGTTIN
21) SIGTTOU          22) SIGURG           23) SIGXCPU          24) SIGXFSZ
25) SIGVTALRM        26) SIGPROF          27) SIGWINCH         28) SIGIO
29) SIGPWR           30) SIGSYS           31) SIGRTMIN         32) SIGRTMIN+1
33) SIGRTMIN+2       34) SIGRTMIN+3       35) SIGRTMIN+4       36) SIGRTMIN+5
37) SIGRTMIN+6       38) SIGRTMIN+7       39) SIGRTMIN+8       40) SIGRTMIN+9
41) SIGRTMIN+10      42) SIGRTMIN+11      43) SIGRTMIN+12      44) SIGRTMIN+13
45) SIGRTMIN+14      46) SIGRTMIN+15      47) SIGRTMAX-14      48) SIGRTMAX-13
49) SIGRTMAX-12      50) SIGRTMAX-11      51) SIGRTMAX-10      52) SIGRTMAX-9
53) SIGRTMAX-8       54) SIGRTMAX-7       55) SIGRTMAX-6       56) SIGRTMAX-5
57) SIGRTMAX-4       58) SIGRTMAX-3       59) SIGRTMAX-2       60) SIGRTMAX-1
```

61) SIGRTMAX

其中常用的就是 9、15 号信号。

命令格式:

```
kill [ -s signal | -p ] [ -a ] [ -- ] pid ...
```

或

```
kill -l [ signal ]
```

其中，参数 pid 是必需的，它为要终止进程的进程标识号列表；其他的为可选的命令选项，s 选项的参数 signal 是信号编号。现在许多常用的 shell 已经将 kill 作为内部命令使用，-a、-p 选项和通过命令名转变为进程 pid 的方法已不采用，所以通常用 ps 命令找出要终止进程的 PID，再用 kill 命令将其终止。

kill 命令选项及说明见表 7-11。

表 7-11　kill 命令选项及说明

命令选项	选项说明
-l [signal]	列出 kill 命令使用的全部信号名称和编号。若加上信息编号参数，则只列出该信息编号的名称
-s signal	指定要发送的信号，可以是信号名称或编号。若使用信号名称，可以用全名，也可以是 SIG 后的字符串。如果 signal 为 0，则不发送信号，但仍会执行错误检查

参考示例 1：用 kill 命令删除文件查找进程。

```
[root@ localhost root]# find / -name foxy. jpg
[root@ localhost root]# ps a
    PID     TTY     STAT     TIME         CMD
    3439    pts/0   R        00:00:00     ps
    3437    tty1    R        00:00:00     vim
    3435    tty2    R        00:00:00     find / -name foxy. jpg
[root@ localhost root]# kill 3435
```

再用 ps 命令查看:

```
[root@ localhost root]# ps a
    PID     TTY     STAT     TIME         CMD
    3439    pts/0   R        00:00:00     ps
    3437    tty1    R        00:00:00     vim
```

此时可以看到 find 进程已经删除。

参考示例 2：用 kill 命令强制删除已经停止的进程。

```
[root@ localhost root]# ps -x
    PID     TTY     STAT     TIME         CMD
    912     tty1    S        00:00:00     -bash
    1074    tty1    T        00:00:00     vi
    1075    tty1    R        00:00:00     ps -x
[root@ localhost root]# kill 1074
```

再用 ps -x 查看，可以看到删除不成功。

[root@ localhost root]# kill -s 9 1074
[root@ localhost root]# ps -x

PID	TTY	STAT	TIME	CMD
912	tty1	S	00:00:00	-bash
1075	tty1	R	00:00:00	ps -x

此时再用 ps -x 查看，可以看到已经删除成功。

7.4.2 nice 与 renice 命令

这两个命令可以改变进程的优先级数值。Linux 系统支持进程优先级调度机制。系统中的每个进程都有一个 CPU 优先级数值，优先级高的进程具有优先使用 CPU 的权力。优先级数值的取值范围为 -20 ~19，其中 -20 为最高优先级，19 为最低优先级，用户进程的默认优先级数值为 0。-20 ~1 的优先级数值只能由超级用户设置。nice 命令用于以某种优先级数值启动一个进程，renice 命令用于改变一个正在运行进程的优先级数值。

命令格式：

nice [OPTION] [COMMAND [ARG] …]

其中，OPTION 为命令选项，COMMAND [ARG] …为要启动的命令和命令参数列表。如果不指定 COMMAND，则显示当前计划的优先级数值。

renice priority [[-p] pid …] [[-g] pgrp …] [[-u] user …]

其中，参数 priority 为指定要改变的优先级数值，其他为命令选项。

nice 命令选项及说明见表 7-12。

表 7-12 nice 命令选项及说明

命令选项	选项说明
-n ADJUST	设置要执行命令的优先权数值。参数 ADJUST 的默认值为 10
--help	在线帮助
--version	显示版本信息

renice 命令选项及说明见表 7-13。

表 7-13 renice 命令选项及说明

命令选项	选项说明
-n 数字	指定 renice 增加值
[-g] pgrp…	修改所有隶属于该进程组群 ID 列表的进程的优先权数值
[-p] pid…	改变隶属于该进程 ID 列表的进程的优先权数值
[-u] user …	修改所有隶属于该用户名列表的进程的优先权数值

参考示例 1：按不同的优先级数值执行程序。

[root@ localhost root]# top &

按默认优先级数值在后台执行 top 命令。

[root@ localhost root]# nice top &

使用 nice 在后台启动 top 命令。

[root@ localhost root]# nice -16 top &

按优先级数值 －16 在后台执行 top 命令。

[root@ localhost root]# nice －14 top &

按优先级数值－14 在后台执行 top 命令。

用 ps －xl 命令查看结果：

F	UID	PID	PPID	PRI	NI	VSZ	RSS	WCHAN	STAT	TTY	TIME	COMMAND
0	0	91441	27260	20	0	159360	1788	do_sig	T	pts/0	0:00	top
0	0	91502	27260	30	10	159360	1788	do_sig	TN	pts/0	0:00	top
0	0	91566	27260	36	16	159360	1788	do_sig	TN	pts/0	0:00	top
0	0	91578	27260	34	14	159360	1788	do_sig	TN	pts/0	0:00	top
0	0	91595	888	20	0	107952	616	hrtime	S	?	0:00	sleep 60
0	0	91643	27260	20	0	153236	1516	–	R+	pts/0	0:00	ps －xl

本参考示例显示的结果省略了其他进程的信息，只保留 top 进程的信息。从显示结果可以看到，系统默认的普通用户进程的优先级数值为0，采用 nice 命令启动的进程默认的优先级数值为10，指定优先级数值启动的进程为－16、－14。

参考示例2：改变正在执行进程（PID 为 1154）的优先级数值。

[root@ localhost root]# renice 9 1154

把 PID 为 1154 进程的优先级数值改为9。

注意：普通用户只能降低进程的优先级，不能提高进程的优先级。

参考示例3：把 PID 为 987 和 32 且属于 daemon 和 root 用户的所有进程的优先级数值设为 1。

[root@ localhost root]# renice ＋1 987 －u daemon root －p 32

通过执行 ps－xl 命令可看到相关进程的优先级数值都改变为 1。

习　题　7

1. 简要说明进程的概念，进程与程序的区别。
2. 简要说明 Linux 操作系统是如何实现多任务的。
3. 简要说明启动进程的几种方法。
4. 如何实现进程的前后台切换？
5. 什么情况下需要在后台启动进程？
6. 如果系统管理员需要在某个特定的时间关闭系统或发布消息，则使用什么命令？简要说明实现方法。
7. 简要说明进程查看命令 ps 和 top 在功能上的差别。
8. 使用 kill pid 不能结束该进程时，需要如何处理？
9. 在 Linux 系统中对进程的优先级是如何规定的？如何升高或降低进程的优先级？
10. 如何查看系统中的进程树？
11. 如何查看系统中线程的信息？
12. 如何获取进程的安全信息？

第 8 章　shell 编程

系统管理员经常需要编写一些配置文件和 shell 脚本文件以提高系统管理的效率，例如，成批地添加、删除用户，对系统中的文本文件进行简单处理等。嵌入式系统软件开发者或 C 程序员为了编译与调试原程序，也需要编写 shell 脚本程序。

8.1　vi 编辑器

配置文件和 shell 脚本文件等都是文本文件，需要使用文本编辑器进行编辑处理。Linux 系统中有许多种文本编辑器，其中既有字符界面的（如 vi、emacs 等），也有图形界面的［如“附件”→“文本编辑器（gedit）”等］，用户可以根据自己的喜好选择使用。但是对于学习并使用 Linux 系统的用户，一般都会学习 vi 编辑器的用法。

8.1.1　vi 简介

执行 vi 命令时，在 CentOS 7 系统中实际上执行的是 vin（Vi IMproved）程序，它是传统 vi 的增强版本，也是 Linux 系统的全屏幕交互式文本编辑器。vi 自诞生起，便以其强大的功能备受用户青睐，虽然后来的 Linux 系统中又推出了多种文本编辑器，而且就使用的方便性而言要比 vi 编辑器好，但是 vi 编辑器仍然在广泛使用，主要的原因是：第一，在有些情况下，系统中能够找到的编辑器只有 vi；第二，它的功能强大，用户一旦熟悉后，使用非常方便；第三，系统管理员使用正则表达式可以极大地提高工作效率，而学习 vi 则是掌握正则表达式的有效途径。

编辑器 vi 可以编辑各种无格式的文本文件，尤其是便于编辑原程序。它可以实现输入、查找、替换、删除和块操作等许多基本的文本操作功能，而且用户可以根据自己的需要对其进行定制，以符合自己的习惯。在 vim 中，还有一些增强的功能，如撤销多行输入，参数高亮显示，命令行编辑，支持图形方式 vi（gvim）的多窗口、多缓冲功能等。

由于 vi 是交互式的文本编辑器，没有菜单，只有命令，而且命令非常多，所以很多初学者使用不习惯，但是在掌握了它的使用诀窍后很快会喜爱上它。vi 中有 3 种工作模式：文本编辑模式、命令模式和行编辑模式。其中，文本编辑模式要工作在插入状态下，而行编辑模式实际上也是命令模式的一种，只不过它需要在命令模式下先输入“:”，然后输入命令（所以也有些书认为是两种工作模式）。用户可以根据需要，通过一些命令在这 3 种模式之间自由地切换，而大多数命令就是该操作的英文单词的第一个字母。

另外，vi 只是一个文本编辑器，它不是排版软件，所以它不能像 Word 那样可以对文档中的字体、格式和段落等属性进行编辑，这是由它的用途而决定的。用户如果需要编辑文档，可使用 Linux 系统中其他的文档编辑软件。

在 vi 中，对文本文件所做的修改将被存放到内存缓冲区中，只要用户不输入存盘命令，那么随时都可以放弃这些修改。一般情况下，文件在存盘时，vi 不会自动保存备份文件，但是在打开文件时，Linux 系统会在磁盘相关目录下自动创建扩展名为 . swp 的文件，这个文件也称为交换文件。如果由于某些原因，如编辑崩溃、系统断电或非法关机等，该文件就作为备份文件使用，用户在下次启动系统时会在自己的主目录下收到相关邮件，由用户决定是否通过命令来恢复该文件。

以上简要介绍了使用 vi 的原因、vi 的工作模式和特点。本书从系统应用的角度来说明 vi 的使用方法，对 vi 的用法不做全面的介绍。如果读者有需要，可以查阅 vi 帮助手册或者其他的参考书籍。另外，由于 vi 的版本不同，其命令格式、功能和用法会有一些差别，本书介绍的 vi（vim）是 6.1.320 版本。

8.1.2　vi 的启动与退出

要学习 vi 软件的用法，当然首先要了解如何启动它、如何在编辑完成后退出它。这也是使用某种软件的最基本操作。

1. 启动

启动 vi 编辑器实际上就是执行 vi 命令。

命令格式：

```
vi [OPTION] file...
```

其中，参数 file...是需要编辑的文本文件或文本文件列表，可以是具体的文件名，也可以是包含通配符的文件名，如 *.txt 或 *.c 等。OPTION 是可选的命令选项，了解该选项对于初学者来说难度较大，而且在多数情况下，即使不使用也没有什么影响。当用户已经熟悉 vi 时，完全可以通过在线帮助进一步学习。

当启动 vi 时，如果指定编辑的文件不存在，则 vi 将告知用户这是未命名的文件，并进入一个空白的界面，等待用户的命令；如果指定编辑的文件存在，则 vi 显示该文件的内容，并等待用户的命令。因此，无论是编辑新文件还是编辑旧文件，在启动 vi 时都处于命令模式下，用户必须使用命令才能切换到文本输入模式或行编辑模式。

2. 保存与退出

当用户完成编辑，需要退出时，可以先保存所做的修改，保存文件内容的命令为：

```
:w
```

它是一个行编辑命令。要进入行编辑模式，一定要在命令模式下先输入“:”。如果正在编辑文件的属主是用户自己，但没有写权限，可以采用强制存盘命令来保存文件内容：

```
:w!
```

在完成存盘后，vi 仍然处于命令模式下。如果需要退出 vi，则执行：

```
:q
```

如果用户对文件做了修改，且没有保存就输入退出命令，则 vi 会提示文件中已经修改的信息，以提醒用户注意保存。vi 拒绝未存盘就退出的行为，这是为了防止由于疏忽而造成的损失。如果用户对文件做了错误的修改，而不希望保存它，则就要输入强制退出的命令：

```
:q!
```

如果用户希望保存并退出，则可以输入：

```
:wq
```

如果用户同时打开多个文件并进行编辑，当都不需要保存后退出时，则可以输入：

```
:qa!
```

在 vi 中，命令是区分大小写的。使用中一定要注意，以上这些命令都是小写的。

8.1.3　学习 vi 的诀窍

之所以许多初学者对 vi 敬而远之，是因为它的命令太多且难以记忆。实际上经常使用的命令并不多，只要掌握以下几个关键点并进行适当练习，很快就可以使用 vi 了。当然，要全面、熟练地掌握 vi，还需要进一步的学习。

首先，熟记 vi 的 3 种工作模式（文本编辑模式、命令模式和行编辑模式）及其切换方式。在文本编辑模式（工作在插入状态下）下，vi 将原样接收用户从键盘上输入的字符（Esc 字符除外）；在命令模式下，主要完成光标定位，以及插入、删除、剪切、粘贴、移动、查找与修改文件内容等；在行编辑模式下，主要完成文件的存储、退出和执行 shell 命令等。当需要从文本编辑状态切换到命令状态时，只需要按 Esc 键即可。如果要进一步切换到行编辑状态，则再输入“:”即可。如果要从命令状态切换到文本编辑状态，则有许多命令，如 A、a、I、i、S、s、C、c、O 和 o 命令。如果无法马上记住这 10 个命令，则只要知道添加、插入和删除等命令都可以使 vi 由命令状态切换到文本编辑状态就可以了。另外，也可以直接按键盘上的 Insert 键进入文本编辑模式的插入状态，但是这种方式只是完成状态之间的转换，并没有上述某些命令所具有的特殊功能。在行编辑状态下，只要执行的是非退出命令，在命令执行完成后，vi 都会返回到命令状态下。3 种模式之间的转换关系如图 8-1 所示。

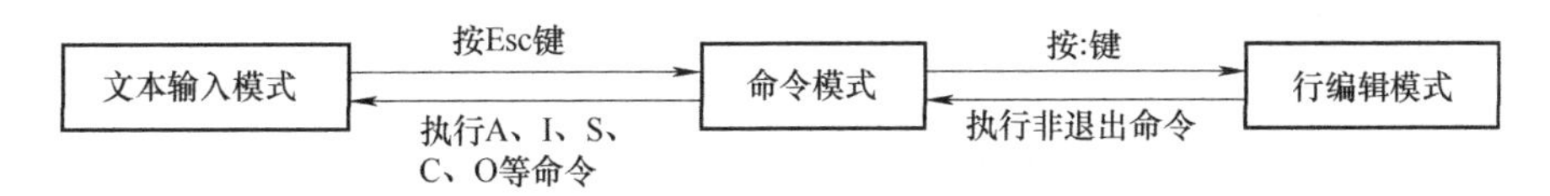

图 8-1　vi 的 3 种模式间的转换关系

其次，应该熟悉光标的基本移动方法。因为 vi 的许多命令都是与光标所在的位置相关的。这里所说的移动光标并不是通过键盘上的光标键操作的，而是使用 vi 自定义的光标键，当按一次 h、j、k 和 l 键时，将分别使光标向左移动一个字符、向下移动一行、向上移动一行和向右移动一个字符。读者可能觉得奇怪，这不是与键盘光标键操作一样吗？其实不然，它们之间的区别是：vi 定义的光标键可以与命令模式下的命令结合使用，按用户的意愿向左或向右一次移动多个字符，向上或向下移动多行，而键盘光标键的操作是没有这种效果的。另外，vi 定义的光标键只能在命令模式下使用，而键盘光标键可以在命令模式下移动，也可以在文本编辑模式下移动。vi 定义的光标键可以用图 8-2 所示的助记图来帮助记忆，使用户掌握光标移动的规律。

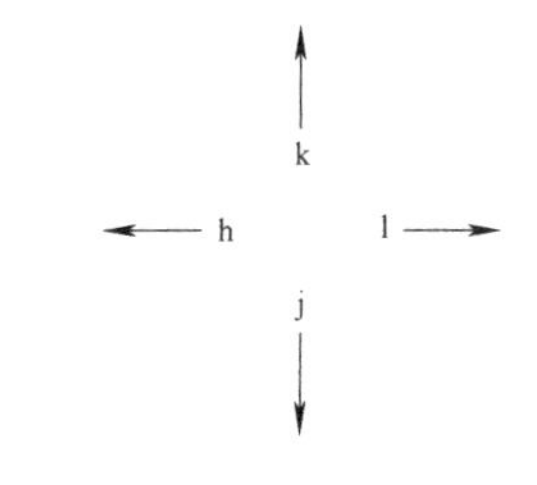

图 8-2　vi 光标键助记图

最后，掌握插入和删除等基本命令。由于 vi 的命令很多，对于初学者而言，刚开始不可能掌握也没有必要全部掌握这些命令。只要掌握了基本的插入、删除等命令，就应该立即上机练习 vi 的使用，只有通过逐步、大量的练习，才能掌握更多、更复杂的命令。

8.1.4　基本命令

在 vi 编辑器的命令模式下，命令的组成格式是 nnc。其中，字符 c 是命令；nn 是整数值，它表示该命令将重复执行 nn 次。如果不给出重复次数的 nn 值，则命令将只执行一次。例如，在命令模式下按 j 键表示光标向下移动一行，而在命令模式下输入 10j，则表示光标将向下移动 10 行。显然，这比单纯移动键盘光标键的效率要高得多。

1. 定位光标

由于文件内容的插入、删除和替换等操作都是针对光标所在的字符或行而言的，因此应该熟悉光标移动的命令和方法，并充分利用命令执行。为了提高文件编辑的效率，vi 提供了许多种类的光标定位命令。

w：将光标移动到下一个单词的第一个字符。

W：将光标移动到后面第二个单词的第一个字符。

e 或 E：将光标移动到下一个单词的最后一个字符。

b 或 B：将光标移动到前一个单词的第一个字符。

/string：向后移动光标，并使之停留在字符串 string 的第一个字符处。

? string：向前移动光标，并使之停留在字符串 string 的第一个字符处。

$：将光标移动到本行的最后一个字符上。

Ctrl + b：将光标移动到本行的第一个字符上。

其中，w 或 W 命令的差别只在于非空格分隔字符上，w 命令视非空格分隔字符为单词，而 W 命令则忽略它。当使用/string 或? string 命令时，除了光标移动到指定的位置外，还使文件中所有符合字符串 string 的地方高亮显示，因此，这两个命令也是简单的查找命令。

参考示例：将光标移动到当前单词开始的第十个单词的第一个字符上。

在命令模式下输入 10w。

2. 插入或添加

无论是插入还是添加，都是向所编辑的文件中加入新的内容，但由于插入可以在光标前或当前行前，添加可以在光标后或当前行后，所以 vi 提供了多种插入和添加命令。

i：在光标前插入字符。

I：在当前行的行头插入字符。

a：在光标后添加字符。

A：在当前行的行尾添加字符。

o：在当前行后添加新行。

O：在当前行前添加新行。

由于这 6 个命令都会使 vi 编辑器从命令模式切换到文本编辑模式下的插入状态，所以当插入或添加完成后，必须按 Esc 键返回到命令模式下。

参考示例：假设某文本文件如下。

```
nsert a disk in /dev/fd0. Any information on the disk will be lost.

Press <Enter> to continue or ^C to abort:
```

光标位于第二行单词 to 的“t”字符上，现要在第一行的行首插入字符 I。

首先，执行? on 命令，将光标移动到第一行上（不必移到行首）；然后按 I 键，光标自动转到第一行的行首，并切换到插入状态；最后输入字符“I”。当插入完成后，按 Esc 键返回命令模式下。

3. 删除

删除文本文件中的内容，可以字符、单词和行为单位进行删除，因此，也有多个删除命令。删除命令执行后，将使 vi 继续处于命令模式下。

x：删除光标所在位置的字符，且光标移动到本行的下一个字符。

X：删除光标所在位置的前一个字符，且光标停留在原来的字符上。

D：删除光标所在位置到行尾的所有字符，且光标停留在本行的行尾。

两次按 d：删除光标所在的行，且光标移动到下一行。

先按 d 后按 w：删除光标所在位置到下一个单词的第一个字符间的所有字符，且光标移动到下一个单词的第一个字符。

参考示例：假设某文本文件如下。

For example, to run a job at 4pm three days from now, you would do at 4pm + 3 days, to run a job at 10:00am on July 31, you would do at 10am Jul 31 and to run a job at 1am tomorrow.

光标位于 from 单词的 “f” 字符上，要删除光标所在位置到行尾的所有字符，在命令模式下输入 D 命令后，显示：

For example, to run a job at 4pm three days

a job at 10:00am on July 31, you would do at 10am Jul 31 and to run a job at 1am tomorrow.

可以看到，从光标原来所在位置开始到行尾的内容全部删除，光标停留在行尾的位置。

4. 查找

在文件中查找字符串时，可以向前查找，也可以向后查找，因此有两种命令，其格式为：

/expression

? expression

其中，斜杠（/）表示从当前光标位置开始向后查找，问号（?）表示从当前位置开始向前查找，expression 是正则表达式。如果正则表达式是字符串且包含 .、^、$、/、~ 等特殊字符(元字符)，则查找包含这些特殊字符的字符串时，一定要在它们每一个前面加上反斜杠（\）字符以示转义，因为这些字符在 vi 或 Linux 中有特定的含义。

当向前或向后查找到所需的字符串后，只要按 n 键，vi 将继续查找下一个字符串；如果按 N 键，则向相反的方向继续查找。

参考示例：假设某文本文件如下。

Forother users, permission to use at is determined by the files ~/yt-3.1.8 contains the exact definition of the time specification.

要查找字符串 “~/yt-3.1.8”，可在命令模式下输入 “/\ ~\/yt-3\.1\.8”。注意：在每一个特殊字符前都要使用转义字符。当找到该字符串后，整个字符串高亮显示且光标停留在字符串中的第一个字符上。

5. 修改

在 vi 编辑器中修改文本文件的内容，主要是删除指定的字符或行，并输入新的字符以替换指定的字符或行。修改的命令如下。

s：删除光标所在位置的字符，且光标移动到下一个字符上。然后进入文本编辑模式下的插入状态，等待用户输入。

S：删除光标所在的行，且光标仍在本行的行首，然后进入文本编辑模式下的插入状态，等待用户输入。

两次按 c：与 S 命令功能相同。

C 或 c $：删除光标所在位置到行尾的所有字符，且光标停留在本行的行尾，然后进入文本编辑模式下的插入状态，等待用户输入。

r：用 r 命令后输入的字符替换当前光标位置处的字符。一次只能替换一个字符。如果是相同连续的字符，可以用 nnr 命令的形式。

R：使用该命令会使 vi 进入文本编辑模式的替换状态，在屏幕的左下方显示 “REPLACE(替换)” 状态信息。在这种状态下，从当前光标所在的位置开始，新输入的字符将逐个替换原有的字符，直到用户按下 Esc 键返回到命令模式为止。

注意：s、S、C、c $ 命令是修改命令，它们与 x、X、D、d 删除命令不同的地方在于，删除字符或行后 vi 的工作模式转变，等待用户插入字符。R、r 是替换命令，此时，vi 处于文本编辑模式下的替换状态，而非插入状态，输入的新字符将覆盖旧字符，所以在输入时一定要注意是否覆盖了不该覆盖的字符。

参考示例：假设某文本文件如下。

The TERM signal will kill processes which do not catch this signal. for other processes, it may be necessary to use the KILL (9) signal, since this signal cannot be caught.

要将第一行中 for 的“f”字母由小写替换为大写，首先执行/for 命令，将光标移动到该“f”字符上，然后输入 r 命令并紧接着输入 F 字符，则替换完成。

6. 剪切与粘贴

在文本文件编辑中，经常需要将某处的一个句子或若干行文本移动/复制到本文件的其他地方，这就需要编辑器有剪切/粘贴的功能。

vi 中的缓冲区分为通用缓冲区和专用缓冲区。在一般情况下，最近一次的抽取、删除、插入和修改的内容都将存放在通用缓冲区中。利用这些缓冲区可以非常方便地实现文本内容的剪切和粘贴。

两次按 y：将光标所在行的内容复制到通用缓冲区，该命令也称为抽取。

p：取出通用缓冲区中的内容并放在光标所在位置的后面，即粘贴。

复制多行可以使用 nnyy 命令。另外，D、dd、O 等删除、插入命令也是以行为单位将处理的内容放入通用缓冲区的。

除了可以使用通用缓冲区进行剪切、粘贴外，vi 编辑器也可以使用专用缓冲区进行这些操作。专用缓冲区的名字用双引号加单个字母表示，如“a,”b 等。同样的，在命令模式下输入“ayy，是将当前行的内容复制到专用缓冲区 a 中，而输入”ap，则是将专用缓冲区中的内容粘贴到光标位置之后。在对单个文件编辑的情况下，与通用缓冲区相比，专用缓冲区没有什么优势。但是在对多个文件编辑时，从当前文件切换到下一个文件，通用缓冲区的内容会丢失，而专用缓冲区的内容却依然存在。因此，当需要同时对多个文件进行编辑时才能体现出专用缓冲区的优势。

参考示例 1：将当前行开始的 4 行内容向后移动 8 行。

在命令模式下输入 4dd8jp。

移动实际上就是复制其内容后再将内容删除，并在新位置粘贴。其中，命令 4dd 表示删除 4 行，vi 自动将这 4 行的内容保存在通用缓冲区中；命令 8j 表示将光标向后移动 8 行；命令 p 表示从通用缓冲区中取出内容，粘贴在光标位置后面。由于 dd 命令使通用缓冲区的内容以行为单位存放，当取出缓冲区的内容时，vi 将它们粘贴在当前行之后。

参考示例 2：将某文本文件中的两行复制到新位置。

在命令模式下，将光标移动到源文本行的第一行，输入 2yy。

2yy 表示从当前行开始抽取两行到通用缓冲区。将光标移动到目标行的位置后，输入 p，则完成了两行的复制。

7. 撤销操作

使用编辑器的用户都希望有撤销操作的命令，例如，在执行了删除或修改的命令后又想恢复删除或修改的内容。对于 vi 编辑器，只要在命令模式下按 u 键即可恢复。u 命令也称为恢复命令，u 是 undo 的缩写。恢复命令 u 可以消除最近多次命令的影响，例如，在添加了一些新内容后又用 dd 命令删除了文件中的一行，当第一次按 u 键时恢复删除的一行，第二次按 u 键时去掉添加的内容。

恢复命令 u 对大多数行编辑命令所产生的影响也可以消除。

8. 几个特殊命令

（1）J 命令

该命令可合并第 n 行与第 n + 1 行，使用时，将光标移动到第 n 行上并按 J 键即可。这个命令用于合并行，比直接使用键盘操作更高效。注意该命令是大写的。

（2）. 命令

该命令用于重复执行前一条操作命令，常用于重复修改或替换的操作。

（3） ~命令

该命令可改变光标所在位置字母的大小写，即大写变小写，小写变大写，并将光标移动到下一个字符上。

这几个命令简单、实用，在编辑过程中，如果使用得当，则可以大大提高编辑的效率。

8.1.5 行编辑命令

如果要执行行编辑命令，需要在命令模式下输入冒号“:”，然后输入相应的行编辑命令。除了退出 vi 命令外，行编辑命令可使 vi 仍然处于命令模式。vi 编辑器虽然是全屏幕编辑器，但也支持行编辑。vi 中的行编辑命令很多，这里仅介绍几个常用的行编辑命令。

1. 行编辑命令的地址

在学习行编辑命令前，先了解行编辑命令中的地址构成形式和含义。简单行用整数表示，字符 .（圆点）表示当前行，即光标所在行。字符 $ 表示文件的最后行。命令中一般用 n、n1、n2 等十进制数表示第几行。例如，要表示第 n1 ~ n5 行，则可用逗号分隔，规则是 n1 在逗号前，n5 在逗号之后，而且 n1 不能大于 n5，这种方法表示的是绝对地址。在 vi 中也可以采用相对地址表示，例如，+n 代表当前行后的第 n 行，-n 代表当前行前的第 n 行。还可以用 +、- 号表示算术运算。

2. 执行 shell 命令

用户在编辑文本文件的过程中，如果需要执行 shell 命令，则可以在不退出 vi 的情况下来完成操作。方法是，在 vi 的行编辑模式下执行! command_name，当该命令执行完成后，系统会提醒用户按任意键返回。例如，执行以下命令：

```
:! mount /dev/sda1 /mnt
```

该命令将执行挂载 USB 接口设备的命令，当挂载完成后，按任意键即可返回 vi 编辑器，继续文本文件的编辑工作。

3. 从文件中读取

在编辑当前文本文件时，如果需要其他文本文件的内容，则可以通过行编辑命令来导入。首先将光标移动到适当的位置，以使导入的文件内容添加到光标所在行，然后执行以下命令：

```
:r file_name
```

其中，r 为文件导入命令，file_name 为要导入文件的文件名。

4. 将指定的内容写入文件

在编辑中，如果需要把部分文件内容保存到另一个文件，则执行以下命令：

```
:n1, n5 w file_name
```

其中，n1, n5 表示将第 n1 ~ n5 行的内容保存到文件 file_name 中，如果是从当前行到倒数第三行，也可以表示为 ., $ -2。如果该文件存在，则 vi 将给出“File exists”错误信息，这时可以执行以下命令：

:n1, n5 w > >file_name

该命令采用附加重定向的方法将指定的文件内容添加到一个已经存在文件的尾部。

8.1.6 vi 的特殊选项

vi 执行时可用的选项很多，只是大多数选项对于初学者来说实用性不大，但是其中有些选项却是重要的，例如，以只读方式打开文件浏览、断电后恢复备份文件等。

1. 多文件编辑

当启动 vi 编辑器时，如果不指定一个文件，而是给出文件列表，则可以同时编辑多个文件。例如：

[root@ localhost root]# vi *.c *.txt

它可以打开当前目录下所有扩展名为 .c 和 .txt 的文件进行编辑。当编辑完一个文件并保存后，需要切换到另一个文件继续编辑时，执行行编辑命令：

:n

此时就可以切换到下一个文件编辑了，如果忘记了正在编辑文件的名称，只要执行：

:f

该命令执行后，将在屏幕的左下方显示如下信息：

"filename" line n1 – n2% – – (n3 of n4)

其中，filename 是正在编辑时文件的名称；n1 代表该文件的总行数；n2 代表当前光标行数在文件总行数中所占的百分数，该数据不是动态更新的；n3 代表当前正在编辑的是第几个文件；n4 代表打开编辑的文件总数。

每个文件退出编辑时也同样使用 q 行编辑命令；如果用户要放弃对所有打开文件的编辑，则可以执行：

:qa!

该命令强制退出对所有打开文件的编辑操作。

2. 浏览文件

如果用户担心 vi 编辑器打开的文件会由于误操作而造成文件的破坏，则可以使用 –R 选项以只读方式打开文件进行浏览。例如：

[root@ localhost root]# vi –R file_name

使用 –R 选项打开文件时，如果用户无意间对文件做了修改后退出，由于 vi 是禁止修改后不保存退出的，所以它一定会提醒用户进行存盘操作（实际上，在修改时，vi 就会提醒用户修改了只读文件）。当用户使用 w 行编辑命令保存文件时，即使用户对该文件有写的权限，vi 也将告知用户该文件是只读的，并拒绝存盘要求，这样用户就只能使用 q! 命令强制退出，从而避免了由于误操作造成的文件破坏。

3. 恢复备份文件

如果正在编辑的文件因遭遇停电或非正常关机而中断，则用户不必担心未保存的文件内容丢失，Linux 系统会在磁盘相关目录下自动创建一个扩展名为 .swp 的文件，该文件就作为备份文件。用户在下次启动系统时会在自己的主目录下收到相关邮件，告知用户可以从备份文件中恢复因中断而丢失的文件内容。恢复命令为：

[root@ localhost root]# vi –r file_name

其中，–r 为恢复文件的命令选项，file_name 为要恢复的文件名。如果用户不知道是否存在备份文件，可以执行：

[root@ localhost root]# vi -r

此时，vi 将在系统的相关目录下查找扩展名为 .swp 的文件，并将查找结果告知用户。

8.2 shell 概述

学习 Linux 操作系统时，可能经常听到别人说起 shell 命令的解释功能，看到系统中某些目录下有许多 shell 脚本程序。那么，shell 到底是什么？它在 Linux 操作系统中扮演什么角色？它是如何工作的？它与程序设计有何关系？在学习 shell 编程之前，先简单地介绍一些有关 shell 的基本概念。

8.2.1 shell 的概念

shell 的英文原意是“壳”，这个词形象地说明了它所处的位置和所扮演的角色。在 Linux 操作系统中，shell 就是一组介于用户与 Linux 系统内核之间的系统程序。但是与其他系统应用程序不同的是，一旦用户登录系统，shell 就被系统装入内存，并一直运行到用户退出系统为止，而一般的系统应用程序是在需要时才调入内存执行，任务完成后立即退出内存。shell 就像包裹在系统内核外的“壳”，在命令模式下，用户必须通过它才能与 Linux 系统交互，所以 shell 是用户与 Linux 内核之间的接口。

由于用户在命令模式下发出的所有命令都必须通过 shell 与内核的交互才能完成，因此 shell 是一个命令解释程序，其作用相当于 MS-DOS 的 command. com 程序。作为命令解释器，它能解释并处理用户在系统提示符后输入的命令，并将命令运行的结果返回给用户。它还具有控制流原语、参数传递、变量和字符串替换等特征。

在 Linux 系统中，有些命令是集成在 shell 程序内部的，如切换当前工作目录的 cd 命令等，它们就像 MS-DOS 下的内部命令。而有些命令则是以独立的可执行程序存在，并放置于系统中某个目录下的，如显示当前目录下文件与目录信息的 ls 命令等，它们就像 MS-DOS 下的外部命令。无论用户输入的是何种命令，都必须由 shell 程序进行解释，并传送给系统内核执行。当用户输入命令时，shell 程序首先检查该命令是否是集成在 shell 内部的命令。如果是，则通过系统内核中相应的系统功能调用执行；如果不是，则检查该命令是否是独立的可执行应用程序。这里的应用程序可以是 Linux 系统提供的各种公用程序，如 ls、cp 等，也可以是用户购买或自己开发的程序，如 realplay 等。shell 将根据系统提供的搜索路径（保存在 PATH 环境变量中）在相应的磁盘目录中查找这些应用程序。如果找到，则将其装入内存，地址通过系统调用传递给系统内核后即可执行；如果没有找到，则返回一个错误信息，表示该命令不存在。

shell 既可以接收来自终端的命令，也可以从普通文件中读取命令，因此可以把命令过程存储起来形成 shell 程序（shell 脚本文件），供以后使用。shell 脚本文件可以简单到只有一条命令，但 shell 本身又是一种可编程的程序设计语言，一种几乎支持高级语言所有的程序结构且简单、易学的高级语言。作为程序设计语言，它可以由命令设置返回码，可以修改命令的运行环境，还可以使用 while、for、if、then、else、case 等流程控制语句以及函数、矩阵，所以 shell 脚本程序也可以是非常复杂的程序。

目前，各种版本的 Linux 系统都支持多种 shell 程序，例如，CentOS 7 提供的 shell 有 sh、bash (GNU Bourne-Again shell)、csh、tcsh 等，其种类比 Red Hat Linux 9.0 中的要少。每种 shell 各有自己的特点。尽管 shell 有这么多的种类，但常用的有 bash、csh 和 tcsh。现在，许多版本的 Linux 系统一般以 bash 作为系统默认的 shell。

8.2.2　启动与退出 shell

在 Linux 系统中，要求系统管理员在为每个用户建立用户账户时指定一种 shell 类型和用户起始目录。如果不指定，则系统默认使用 bash，并使用用户名为起始目录名。登录后，这个指定的 shell 就是系统为该用户分配的 shell，该指定的 shell 类型被存放在系统的口令文件/etc/passwd 中。用户如果不想使用系统默认的或原来指定的 shell，也可以从控制台调用其他的 shell。因此，启动 shell 有两种方式。

1. 登录时启动

在 Linux 系统引导过程中，首先，系统内核被加载到内存并进行自解压，然后开始运行并掌握控制权，它将完成对外围设备的检测，并加载相应的驱动程序；接着安装根文件系统，如果文件系统安装失败，则系统挂起，否则 Linux 操作系统内核调度系统的第一个进程：init 进程。init 进程运行时将读取系统引导配置文件/etc/inittab 中的信息，查询终端的各个端口及其特征，当发现有活动的终端时，调用 getty 进程。当 getty 进程接收了用户输入的用户名和口令后，调用 login 程序。该程序将扫描/et/passwd 文件和/etc/shadow 文件，检查其中是否存在匹配的用户名和口令。如果用户名和口令都匹配，则根据指定的 shell 类型启动相应的 shell 程序，并进入该用户起始目录。如果以图形界面方式启动，则控制权交给系统桌面进程；如果以字符界面方式启动，则控制权交给默认或指定的 shell 进程（执行中的 shell 程序）。

随后，在控制台终端或图形界面下的终端中，shell 进程将读取/etc/profile 文件和用户主目录下的 .bash_profile 文件（隐含），用来配置共用环境和用户个人环境，并在终端屏幕上显示系统提示符 $ 或#（超级用户）。

2. 交互式启动

如果用户不满意系统默认的或原来指定的 shell 类型，可以在/etc/psaawd 文件中进行修改，但是这种方法需要重新启动 Linux 系统才能生效。实际上，在命令行状态下可以通过执行命令的交互方式启动所需要的 shell 程序。例如：

```
[root@ localhost root]# csh        #在 bash 下启动 csh
[root@ localhost  ~ ]# tcsh        #在 csh 下启动 tcsh
# sh                               #在 tcsh 下启动 sh
sh -2.05b# bash                    #在 sh 下启动 bash
[root@ localhost root]# ps
PID TTY        TIME CMD
18685 pts/0    00:00:00 bash
18726 pts/0    00:00:00 csh
18786 pts/0    00:00:00 tcsh
18802 pts/0    00:00:00 sh
18803 pts/0    00:00:00 bash
18845 pts/0    00:00:00 ps
[root@ localhost root]#
```

当采用这种方式启动不同的 shell 时，系统实际上是在原来的 shell 进程下调用新的 shell 程序，因此是 shell 程序的嵌套调用。执行 ps 命令即可看到这些 shell 进程信息。

3. 退出 shell

当用户要退出 shell 程序时，可以通过输入 exit 命令实现。如果是在控制台终端下，则退出当前 shell 程序后，系统又回到控制台终端的 login（登录）界面；如果是在图形界面的终端下，则退出后系统自动关闭该终端。但是如果用户采用了交互式启动 shell，由于是 shell 程序的嵌套调用，所以执行 exit 命令时返回到上一级的 shell 程序下。

8.2.3 shell 与子进程

在 Linux 系统中，一个程序（或命令）的执行被称为进程，而且不同的进程对应不同的整数，称为进程号（process ID，缩写为 PID）。从进程启动直到进程终止的整个生存期之间，进程号都保持不变。系统中存在许多系统进程和用户进程，这些进程间的关系是树形的，有父进程、子进程和唯一的一个 init 根进程。

一个进程可以用 fork( )系统调用生成自己的子进程，而原来的进程称为父进程。同样，子进程也可用 fork( )调用再生成自己的子进程。系统中会形成一棵进程树。根进程的进程号为 1，其作用是启动 Linux 系统，包括为每个终端生成一个 getty 进程、启动网络服务的各种守护进程等。

当用户登录时，系统将根据 passwd 文件为用户启动一个 shell 进程，该进程就是用户的命令解释器，这里称为命令解释进程。在命令行状态下，每当用户输入一条命令请求执行时，命令解释进程将用 fork( )系统调用创建一个子进程。该子进程用来执行用户输入的命令，而这时的命令解释进程本身却处于睡眠状态。处于睡眠状态的进程是不使用任何计算机资源的，等到用户输入的命令执行完毕后，Linux 系统才会唤醒用户的命令解释进程，只有到这个时候，命令解释进程才给出输入提示符，继续接收、处理用户输入的命令。

8.3 shell 的功能

Linux 操作系统提供了多种 shell，不管用户使用的是哪一种 shell，都有一个共同的目的，就是为 Linux 系统提供用户界面。shell 具有以下一些特性。

1）命令行解释。

2）保留字。

3）通配符。

4）访问和处理程序及命令。

5）文件处理：输入/输出重定向和管道。

6）命令组合。

7）命令替换。

8）变量维护。

9）环境设置。

10）shell 编程。

8.3.1 命令行解释

当用户登录到系统时，如果系统设置的运行级不处于 5 级，则系统将启动一个被称为交互式的特殊的 shell。用户会看到一个 shell 状态，一般是 $ 号或#号。在这种状态下，用户的输入将被作为命令由 shell 加以解释。该状态下的输入通常也被称为命令行。

常见的命令行格式：

```
command  argument
```

其中，command 为 Linux 的命令或者是 shell 程序；argument 是传递给该命令或 shell 程序的参数。命令名和第一个命令参数选项之间以及各个参数选项之间一般有分隔字符。shell 为内核所做的工作之一就是去除那些不必要的分隔字符，一般分隔字符包括空格（spacebar）、水平制表符（tab）和换行符。例如：

```
[root@ localhost root]# ls -a -l
```

当用户输入的参数中包含多余的分隔字符时，shell 能识别并去除，在该示例中使之等效为 ls -a -l或 ls -al 命令。

8.3.2　保留字

对 shell 具有特殊意义的字称为保留字。例如，shell 编程中的 do、done、for、if、then 等。保留字随 shell 版本的不同而不同。

8.3.3　通配符

所有的 shell 种类都支持通配符，用户可以在文件名或文件扩展名中使用通配符来描述文件。常用的通配符及含义如下。

*：匹配任何不以圆点（·）开头、不含斜线（/）的字符串，包括空字符串。

?：匹配任何不以圆点（·）开头或不是斜线（/）的单个字符。

[.,-,!]：按照范围、列表或不匹配等形式匹配指定的字符。

参考示例：

ls *：列出当前目录下的所有文件、目录及该目录中的文件，文件名以 . 开头的隐含文件除外，因为 * 不匹配这类字符串。

ls z?? txt：列出当前目录下以 z 字符开始、以 txt 字符串结束、中间为任意两个字符的所有文件，如 z0. txt、z1. txt 等。

ls [a. c] *：列出当前目录下所有以 a 或 c 字符开头的文件、目录及该目录中的文件。该命令实际上与 ls [a,c] * 命令等价。

ls [! a-t] *：列出当前目录下所有不以 a ~ t 字符开头的文件、目录及该目录中的文件。

注意：由于?、*、[ ] 等字符是 shell 的通配符，有特殊意义，因此当要使用这些字符本身时，要在它前面加上“ \ ”转义字符。同样，对于转义字符“ \ ”本身及其他对 shell 有意义的字符，使用时也是如此。

参考示例：

ls a\? . c：列出当前目录下名为 a? . c 的文件。

8.3.4　访问和处理程序及命令

当命令输入时，shell 将读取系统环境变量 PATH 的内容。这些内容中包含可执行文件的目录列表。shell 将在这些目录中寻找该命令，然后将实际的文件名传递给 Linux 系统内核。

参考示例：了解 ls 命令的执行过程。

首先查看系统环境变量 PATH 的内容：

```
[root@ localhost root]# echo $ PATH
```

显示结果：

```
/usr/kerberos/sbin:/usr/kerberos/bin:/zxj:/usr/local/sbin:
/usr/local/bin:/sbin:/bin:/usr/sbin:/usr/bin:/usr/X11R6/bin:/root/bin
```

然后进入/bin 目录，并查看该目录下的文件：

[root@ localhost root]# cd /bin

[root@ localhost bin]# ls -l l*

列出/bin 目录下所有以 l 字符开头的文件，可以看到：

```
-rwxr-xr-x   1 root   root      10780 2003-02-19  link
-rwsr-xr-x   1 root   root    1045464 2003-11-26  linuxconf
-rwxr-xr-x   1 root   root      22204 2003-02-19  ln
-rwxr-xr-x   1 root   root      77752 2003-01-31  loadkeys
-rwxr-xr-x   1 root   root      19964 2003-02-25  login
-rwxr-xr-x   1 root   root      67668 2003-02-19  ls
```

当输入 ls 命令时，shell 从 PATH 变量中读到的内容有/bin 目录，而该目录下有 ls 命令，所以 shell 就能找到该命令，并将文件名 ls 传递给系统内核执行。

8.3.5 文件处理：输入/输出重定向和管道

一般情况下，默认的标准输入设备是键盘、标准输出设备是显示器（终端）。但是 shell 的输入/输出重定向功能使用户能从文件或其他命令的输出中获得信息（输入重定向），也允许用户将结果或错误信息存入指定的文件中（输出重定向）。与输入/输出重定向有关的字符包括 | 、<、>、>>等。

1. 管道符 |

管道符“ | ”可以将一个命令的输出作为另一个命令的输入。

使用格式：

command1 arguments | command2 arguments | …

参考示例：

[root@ localhost bin]# ls | grep zxj

执行该命令时，shell 将首先执行 ls 命令，并将 ls 的输出传递给 grep 命令。由于 grep 命令的功能是查找内容包含指定表达式或字符串（zxj）的文件，因此，这个包含管道符的命令将显示当前目录中所有文件名包含 zxj 字符串的文件。

2. 输入重定向符 <

输入重定向符的功能是使命令从给定的文件中读取数据。

使用格式：

command arguments < file_name

参考示例 1：

[root@ localhost bin]# mail dns@ cernet. edu. cn < letter

该参考示例将文件 letter 的内容以电子邮件（E-mail）的形式发送给名称为 dns 的用户。

参考示例 2：

[root@ localhost bin]# wc -l <temp. txt

该参考示例将文件 temp. txt 作为 wc 命令的输入，统计文件中的行数。

3. 输出重定向符 >

输出重定向符的功能是使命令的输出存入指定的文件。

使用格式：

command arguments > file_name

参考示例：

[root@ localhost bin]# who > userlog

该参考示例把命令 who 的输出重定向到文件 userlog 中。

4. 输出附加重定向符 > >

输出附加重定向符的功能是将命令输出的内容附加到指定文件的末尾。当使用输出重定向时，如果指定的文件存在，则原文件中的内容将被新输入的内容覆盖。如果用户希望保留原来的文件内容并在此基础上添加新的内容，则可以采用输出附加重定向符。

使用格式：

command arguments > > file_name

参考示例：

[root@ localhost bin]# ls > > filelist

该参考示例可把当前目录中的文件、目录名附（添）加到文件 filelist 的末尾。

注意：采用输出重定向或输出附加重定向时，如果指定的文件不存在，则系统会自动建立它；而采用输入重定向时，如果指定的文件名不存在，则输入重定向命令就不能成功地执行，这时 shell 会给出错误信息：No such file or directory。

8.3.6　命令组合

在 Linux 系统中，可以通过命令表的形式将若干命令组合使用以提高效率。命令表中的命令通过分隔符分隔各个命令并确定命令执行的条件。各分隔符及含义如下。

;：表示按顺序执行命令。

&&：表示根据条件（true）执行其后面的命令。

||：表示根据条件（false）执行其后面的命令。

&：表示该符号前面的命令在后台执行。

参考示例 1：

[root@ localhost bin]# ls;who;ps

该命令组合表示 3 个命令顺序执行，等价于分别执行 3 条命令。

参考示例 2：

[root@ localhost bin]# ls *.txt ~ &&rm -f *.txt ~

该命令组合表示如果在当前目录下找到 .txt ~（备份）文件，则强制删除；如果找不到这些文件，则删除命令不会执行。

命令表的执行还可以有另外有两种形式：{命令表;} 和（命令表）。两者的区别如下：第一，前者由当前 shell 来执行命令表，不产生新的子进程，后者由当前 shell 产生新的子进程来执行命令表；第二，前者的命令表与前“{”和后“}”之间要有空格（大多数 shell 的要求），后者的命令表与前“（”和后“）”之间可以没有空格；第三，前者最后一个命令后有“;”字符；而后者可以没有。

参考示例 3：

[root@ localhost bin]# { cd /root;ls -l; }

[root@ localhost root]#

该命令表由当前 shell 执行，先进入/root 目录，然后执行 ls -l 命令。命令表执行完毕后，当前目录已经改变为 root 目录。

参考示例 4：

[root@ localhost bin]# (cd /root;ls -l;)

```
[root@ localhost bin]#
```

该命令表由当前 shell 产生的新子进程来执行。当命令表执行完毕后，子进程消亡，而父进程的当前路径没有改变。

思考：以下两个命令表执行后都输出重定向到文件，它们有何不同？

```
[root@ localhost root]# (date;who) > userlog
[root@ localhost root]# date;who > userlog
```

8.3.7 命令替换

命令替换是指将一个命令的输出作为另外一个命令的参数，而不是作为另外一个命令的输入。这是与重定向不同的地方。

使用格式：

```
command1 `command2 [arguments]`
```

其中，参数 arguments 是可选的。当一个字符串被括在两个重音号“`”之间时，shell 将该字符串作为命令来解释执行，因此，shell 首先解释执行 command2 [arguments]，并将它的输出作为 command1 的参数。这里“`”是重音号（也称为反向单引号），如果误用为单引号，则 shell 无法识别。

参考示例 1：

```
[root@ localhost root]# cp `ls *.txt` zxj
```

该参考示例先列出当前目录下的所有 .txt 文件并将它们作为 cp 命令的参数之一（源文件），然后复制到当前目录下名为 zxj 的目标目录中。

参考示例 2：

```
[root@ localhost bin]# cd `echo $HOME`
[root@ localhost root]#
```

系统环境变量 HOME 中存放的内容是用户起始目录信息，变量前的字符“$”表示引用该变量的内容，echo 命令可显示变量的值，所以执行后进入用户的起始目录。

说明：在 shell 编程中，命令替换功能经常用于对变量的赋值。

8.3.8 变量维护

变量是用户存放以后要使用到的数据的地方。shell 程序可以维护变量，即给变量赋值、修改变量原有的值或将变量的值传递给当前环境。

使用格式：

Variable（变量名）=value（值）

变量有系统定义的与用户自定义的。一般，系统变量采用全部大写字母的变量名，如 PATH、HOME 等。变量命名的规则与其他高级语言类似。对变量赋值时无须说明变量的类型，因此可以直接将字符、字符串或数值（整数或小数）赋给变量。

参考示例：

```
HOME=/home/zxj
```

该参考示例将起始目录设置为/home/zxj 目录，则以后使用时，HOME 这个变量的值就是 /home/zxj。需要修改时只要重新赋值即可。

当需要使用变量（也称为引用变量）时，只要在变量前加 $ 符号即可。例如，echo $PATH 显示系统中可执行文件的路径。

为了使一个变量对于子进程可用，需要将变量的值传递给当前环境，这可以用 export 命令来实现。export 命令也是 shell 程序的一个内部命令，例如，执行 export HOME 命令。

8.3.9　环境设置

当用户成功地登录系统时就执行了一个默认的或指定的 shell 程序，该 shell 进程会为登录的用户创建一个特定的环境，包括系统指定的环境变量的值、系统启动时的用户使用环境以及 shell 启动时所需要的选项等，以便用户能更有效地使用系统。

1. 环境变量

当 Linux 系统安装完成后，在/etc 目录下，系统会自动创建一个 profile 文件，该文件说明了系统环境变量的配置情况。每当新创建一个用户账户时，系统也会在该用户的起始目录（超级用户为 root）中自动创建一个 . bash_profile 隐含文件（默认采用 bash 时），该文件说明了用户个人的环境变量配置情况。在 login 进程完成登录检查、启动 shell 时，可从这两个文件中读取系统环境变量和用户个人环境变量的配置信息。用户可以用文本编辑器打开这两个文件并修改配置信息。

root 用户起始目录中的 . bash_profile 文件内容为：

```
# . bash_profile
# Get the aliases and functions    从 . bashrc 文件中读取命令别名和功能设置

if [  -f  ~/. bashrc  ]; then
      .  ~/. bashrc
fi
#如果用户起始目录下的 . bashrc 文件存在，则解释执行该文件。其中，执行 .  ~/. bashrc
#命令等价于执行 sh  ~/. bashrc 命令

# User specific environment and startup programs   用户指定的环境和起始程序

PATH = $ PATH: $ HOME/bin        #在系统路径的基础上添加用户起始目录下的 bin 目录，以
                                 存放用户的可执行文件
BASH_ENV = $ HOME/. bashrc       #设置 BASH 环境变量，普通用户的 . bashrc 文件没
                                 有该语句
USERNAME = "  root"              #设置用户名变量，普通用户的 . bashrc 文件没有
                                 该语句

export USERNAME BASH_ENV PATH #向当前环境传递 3 个变量的值
```

2. 启动文件

启动文件位于用户的起始目录下，用来定制系统的启动环境。但是建立用户时，若指定不同的 shell 程序，则 CentOS 7 系统启动时所用的文件是相同的。例如，使用 bash、sh、tcsh、csh 时，都使用 . bashrc 文件。

root 用户起始目录中的 . bash 文件内容为：

```
# . bashrc
```

```
# User specific aliases and functions 用户指定的命令别名和功能

alias rm='rm -i'     #把指令名称 rm -i 设置为 rm 别名，即删除前先询问用户
alias cp='cp -i'     #把指令名称 cp -i 设置为 cp 别名，即复制覆盖同名文件前先询问用户
alias mv='mv -i'     #把指令名称 mv -i 设置为 mv 别名，即移动覆盖同名文件前先询问用户

# Source global definitions      原始文件全局定义
if [ -f /etc/bashrc ]; then
    . /etc/bashrc
fi
#如果/etc 目录下的 bashrc 文件存在，则执行该文件
```

用户可以用任意一个文本编辑器打开该文件进行编辑，在文件中适当的位置上设置命令的别名，以定制适合自己需要的系统启动环境，也可以根据需要添加其他的变量。

3. 启动选项

由于 shell 本身就是命令，所以无论是从/etc/passwd 文件启动，还是从命令行启动，它都可以带选项。但是不同的 shell，其命令选项和基本格式可能存在差别，在确定选用合适的 shell 后，用户可以根据需要指定一些选项作为 shell 程序的启动参数。对于 bash，其启动格式如下：

bash [option] [file]

其中，option 为 bash 命令的选项，有多个选项可供选择，例如，-i 选项表示该 shell 是交互式的。其他的选项及用途可以通过执行 man bash 查看。

8.4 常用 shell

Linux 下有许多种 shell，每种都有自己的特点。常用的 shell 有 bash、tcsh 和 csh，一般以 bash 作为默认的 shell。

8.4.1 常用 shell 简介

bash 程序设计者是免费软件基金会的 Brian Fox 和凯斯西部保留地大学的 Chet Ramey。bash 是一个与 sh 兼容的从标准输入设备或文件读取命令并执行的命令语言解释程序，是 sh 的扩展版本。它包括了许多 ksh 和 csh 中优秀的特性，既是一种用法灵活、功能强大的编程界面，也是一个使用方便、界面友好的用户接口。

tcsh 最初的程序设计者是 William Joy，以后又有几十人加入并对其进行功能扩充。tcsh 是一种与伯克利 UNIX C shell（即 csh）完全兼容的增强型版本。它是一种既可用于交互式登录命令解释的 shell，也是一种用于编写脚本命令处理程序的 shell。它的特色是：具有命令行编辑器、可编程的字填充、拼写错误检查、命令历史记录、作业控制等功能和类似于 C 语言的语法结构。

8.4.2 bash 的特色

作为 Linux 系统默认的命令解释程序，bash 有着自己的特色。充分利用这些特色功能可以达到事半功倍的效果。这些特色主要如下。

1. 命令行自动补齐

在 Linux 的字符终端中，当要切换目录或复制、移动、删除文件时，如果文件或目录名很长，则输入是非常枯燥和费时的。例如，当前目录下有一个文件和三个目录：

a. out　　mail/　　games/　　linuxconf/

一般情况下，用户要切换到 linuxconf 目录时会输入：

[root@ localhost root]# cd linuxconf

当目录名更长，或包含大小写字母和数字等字符时，输入更加麻烦。有了命令行自动补齐功能后，要进入 linuxconf 子目录，则只要输入以下命令：

[root@ localhost root]# cd l <Tab>

此时可进入该目录。

因此，在 bash 下输入命令时，通常不必输入完整的命令，只要输入命令的头几个字符，然后按下 Tab 键即可补齐未输入的字符。至于需要输入几个字符，则要看当前目录下是否有同样前缀的文件或目录名。如果当前目录下还有与输入的字符有相同前缀的文件或目录名，则计算机发出蜂鸣声，提醒用户没有足够的信息来补齐命令，如果用户再次按下 Tab 键，则系统列出具有相同前缀的文件或目录。例如，某个目录下存在 3 个以 w 字符开头的文件，当用户输入：

[root@ localhost root]# ls -l w <Tab>

系统不会完成命令自动补齐，而是发出蜂鸣声，表示还需要输入其他的字符来唯一确定文件名，当再次按下 Tab 键时，系统列出：

[root@ localhost root]# wmwu - ftpd - current. tar. gzwxy. txt

这时，如果用户输入的下一个字符是 u，则命令自动补齐，显示 wu - ftpd - current. tar. gz 文件的详细信息。如果当前目录下还有一个名为 wu - ftpd - current 的目录，则用户在输入了 wu 后，按下 Tab 键时自动补齐到 wu - ftpd - current，然后发出蜂鸣声，等待用户输入下一个字符。

这个功能对于使用长名称的命令、目录、文件名特别省时、方便，而对于短名称的则未必能省时间。特别是在忘记命令、目录或文件全名时，只要记得第一个字符，即可方便地获取全名。例如，用户需要执行 XFree86 命令，却忘记命令全名，如果记得第一字符为大写的 X，则只要输入以下命令：

[root@ localhost root]# X <Tab>

系统将列出所有以大写的 X 开始的命令名，用户只需要再输入：

[root@ localhost root]# XF <Tab>

此时就会自动补齐该命令，回车即可执行。

2. 命令历史记录

对于一些刚刚用过的命令，如果马上又要使用，则重新输入实在是一件麻烦的事情。而 bash 具有记忆命令历史记录的功能，即 bash 可以记录一定数目以前输入过的命令。记忆命令历史记录的多少是由 shell 变量 HISTSIZE 的值确定的，默认情况下该值为 1000，用户可以通过执行以下命令来查看命令记录的条数：

[root@ localhost root]# echo $ HISTSIZE

如果用户对该变量默认的值不满意，可以使用对 HISTSIZE 变量直接赋值的方法修改其大小，或者通过编辑/etc/profile 文件中的 HISTSIZE 变量修改。当该值改小时，前面的命令记录丢失。用户无须刻意关注命令历史记录的形成，在 bash 中是自动记录曾经使用过的命令的。

bash 将输入的命令记录保存在一个文本文件中，当用户登录时，系统会读取该文件的信息，在内存中形成命令历史列表供用户使用。系统默认将命令历史记录保存在名为 . bash_history 的文本文件中，该文件是隐含文件，通常存放在用户起始（主）目录中。该文件名可以使用 HISTFILE 变量进行设置，设置方法就是用新文件名字符串（注意路径）对其赋值。

调用命令历史记录最为简单的方法就是使用上、下光标键。按一下向上光标键，最后输入的命令将出现在命令行上，再按则倒数第二条命令出现，以此类推。当通过光标键调出命令时，用户按 Enter 键即可立即使用。如果需要修改命令，则可以通过按左、右光标键使光标在命令行上左右移动，并结合 Backspace 键和其他键删除或插入字符来实现。如果要显示和修改命令的历史记录文件，则可以通过 bash 的内部命令 history 和 fc 来完成。注意，虽然系统保存的 ~/. bash_history 文件是纯文本格式的，但直接对其编辑后，如果系统没有重新启动是不能生效的，仍然需要使用 history 命令导入。

（1） history 命令

history 命令有多种使用格式。在用它显示和修改命令的历史记录文件时，可以根据不同的需求使用不同的命令格式。

命令格式 1：

```
history [n]
```

其中，参数 n 是可选的，为一个整数值，表示列出最近使用的 n 条命令记录。如果该参数省略，则列出所有使用过的命令记录。该命令格式会自动对所列出的命令记录加以编号，若要执行其中的某一条命令，只要输入“!”并加上命令编号即可。history 命令是 bash 的内部命令。

参考示例 1：列出最近使用过的 5 条命令记录。

```
[root@ localhost root]# history 5
```

系统显示：

```
1000   man history
1001   man history > history. txt
1002   clear
1003   ls
1004   history 5
```

如果需要执行其中的命令，则可以采用“!”加命令编号的形式，例如：

```
[root@ localhost root]# ! 1002
```

此时执行了清屏操作。

命令格式 2：

```
history -c
```

其中，-c 为命令选项，表示要清除内存中命令历史列表中所有的命令记录。当带有 -c 选项的命令执行后，再使用上、下光标键，则无法调出使用过的历史命令，而内存中修改后的命令历史列表将在系统注销或关闭时写入 . bash_history 文件。

命令格式 3：

```
history -d offset
```

其中，-d 为命令选项；offset 为选项参数，它是一个整数值，使用该选项表示在命令历史列表中删除选项参数指定偏移位置的命令记录。因此，使用带 offset 选项的命令前，需要知道要删除命令记录的编号。

参考示例 2：删除命令历史记录列表中编号为 7 的命令。

```
[root@ localhost root]# history -d 7
```

此时，修改的内容在系统注销或关闭时才从内存写入 . bash_history 文件。

命令格式 4：

```
history -anrw [filename]
```

其中，filename 为可选参数，默认表示 .bash_history 文件，其他为命令选项。

history 命令选项及含义见表 8-1。

表 8-1　history 命令选项及含义

命令选项	选项含义
-a	向 .bash_history 文件中添加当前命令历史列表。实际上是在系统注销或关闭时才从内存写入，但也可以使用带 -w 选项的命令立即写入
-n	将 .bash_history 文件中的命令历史记录导入当前命令历史列表中，但是必须指定 .bash_history 文件名参数
-r	省略 filename 文件名参数时，默认读取 .bash_history 文件中的命令历史记录，并将它们作为当前命令历史列表
-w	将当前命令历史列表写到 .bash_history 文件中，并覆盖该文件中原有的内容

参考示例 3：将当前命令历史列表马上添加到 .bash_history 文件中。

```
[root@localhost root]# history -w
```

参考示例 4：清除当前命令历史列表，再从 .bash_history 文件中导入。

```
[root@localhost root]# history -c
```

这时，按下上、下光标键查看有没有历史命令?

```
[root@localhost root]# history -r
```

或

```
[root@localhost root]# history -n .bash_history
```

这时，再按下上、下光标键查看有没有历史命令?

命令格式 5：

```
history -p arg [arg ...]
```

其中，-p 为命令选项，arg...为选项参数列表。执行这种格式的命令时，将执行选项参数 arg 列表以替代 history 命令的执行，执行结果显示在标准输出上。命令和执行结果都不保存在历史记录列表中。选项参数列表是由反向单引号括起来的命令或命令表达式。

参考示例 5：执行 ls -al 命令，但命令和执行结果都不保留在历史记录列表中。

```
[root@localhost root]# history -p 'ls -al'
```

此时只是在标准输出上显示 ls -al 命令执行的结果。

命令格式 6：

```
history -s arg [arg ...]
```

其中，-s 为命令选项，arg...为选项参数列表。执行这种格式的命令时，将执行选项参数 arg 列表以替代 history 命令的执行，执行结果不显示在标准输出上，而是添加到历史记录列表中。选项参数列表是由反向单引号括起来的命令或命令表达式。

参考示例 6：

```
[root@localhost root]# history -s 'ps'
```

执行后，标准输出上没有任何信息显示，但选项参数 ps 命令的执行结果会保存在历史记录列表中。

（2）fc 命令

与 history 命令功能相似的是 fc 命令，但它能通过指定或默认的编辑器编辑历史记录列表，并在退出编辑器时自动执行历史记录列表中的所有命令。如果不指定编辑器，则系统默认为 vi 编辑器。该命令也有两种格式。

命令格式 1：

fc [-e ename] [-nlr] [first] [last]

其中，可选参数 first 表示要执行的第一条命令，last 表示要执行的最后一条命令，其他为可选的命令选项。如果不带任何选项，则编辑最后执行的一条命令，且退出时自动执行。fc 命令是 bash 的内部命令。

fc 命令选项及含义见表 8-2。

表 8-2 fc 命令选项及含义

命令选项	选项含义
-e ename	指定编辑器，选项参数 ename 为指定的编辑器名
-l	如果该选项与参数 first 和 last 连用，则列出第一条与最后一条命令之间的所有命令；如果带参数 -n，则列出最后使用的 n 条命令；如果不带参数，则只列出最后执行过的 16 条命令。该选项不编辑命令记录
-r	如果该选项与参数 first 和 last 连用，则以逆序在编辑器中列出第一条与最后一条命令之间的所有命令。如果不带参数，则只列出最后执行过的一条命令。用户在编辑器中可以编辑命令，在保存及退出时将自动执行
-n	该选项与 -l 连用时不显示命令编号

参考示例 1：用 vi 编辑器编辑第 1 ~ 5 条命令，并成批执行。

[root@ localhost root]# fc -e vi 1 5

在 vi 编辑器中可以编辑这些命令，当退出 vi 时，它们会自动被执行。

参考示例 2：列出从第 5 条开始的所有执行过的命令。

[root@ localhost root]# fc -l 5

参考示例 3：以逆序在编辑器中列出第 10 ~ 20 条命令。

[root@ localhost root]# fc -r 10 20

在 vi 编辑器中编辑后，退出时以逆序自动执行这些命令。

命令格式 2：

fc -s [pat = rep] [cmd]

其中，-s 为命令选项，可选参数 cmd 为历史记录列表中存在的命令名或命令编号。如果 cmd 在历史记录列表中不存在，则显示错误信息；如果不带 cmd 参数，则执行最后一次执行过的命令。可选参数 pat = rep 要与 alias（别名）命令配合使用。

参考示例 4：假设历史记录列表中 cp tem. txt /root/program/try1 命令的编号为 23，用 fc 命令执行。

[root@ localhost root]# fc -s 23

当某个命令很长且需要重复执行时，这样做可以带来方便。另外，这个命令本身并不保存进历史命令列表中，这会减少许多重复的命令记录。

参考示例 5：希望参考示例 4 进一步简化，使其用一个字符和命令编号即可重复执行历史记录列表中的某个命令，或用一个字符即可重复执行最后输入的命令。

```
[root@ localhost root]# alias "r = fc  - s"
[root@ localhost root]# r 40
```

用 fc - s 命令指定其别名为 r，则 r 后所带的数字 40 为历史记录列表中的命令编号（也可以用命令名）。如果 r 后不带数字，则相当于执行 fc - s 命令。

3. 为命令起别名

有些用户习惯于某种操作系统的命令，因此初学 Linux 时总感觉别扭，bash 可以为用户提供很好的个性化服务。用户可以用 alias 命令把自己不习惯的命令名设置成自己熟悉的命令别名。另外，也可以为一些难记、很长的命令设置别名。例如，可以将 Linux 下一些常用的命令设置成与 MS-DOS 所对应的命令。

命令格式：

```
alias [ - p] [name [ = value] ...]
```

其中，参数 name 为别名；value 为要设置别名的命令；- p 为命令选项，功能为显示当前系统中的所有别名设置，从这个功能看，不用该选项的结果也是一样的。在设置别名时，等号两边不能有空格。如果要设置别名的命令带有命令选项或参数，由于它们本身需要空格分隔，因此 name [= value] 需要用单引号或双引号括起。alias 命令是 bash 的内部命令。

参考示例 1：将 ls | more、mkdir、rmdir 和 rm - rf 命令设置成 MS-DOS 下的命令名。

```
[root@ localhost root]# alias 'dir/p = ls | more'
[root@ localhost root]# alias md = mkdir
[root@ localhost root]# alias rd = rmdir
[root@ localhost root]# alias 'deltree = rm  - fr'
```

注意：等号两边不能有空格，命令带选项或参数的要用引号。

参考示例 2：查看参考示例 1 别名设置的结果。

```
[root@ localhost root]# alias
```

该命令与 alias - p 命令的执行结果是等价的。执行后显示如下：

```
alias cp = 'cp  - i'
alias egrep = 'egrep  - - color = auto'
alias fgrep = 'fgrep  - - color = auto'
alias grep = 'grep  - - color = auto'
alias l. = 'ls  - d . *  - - color = auto'
alias ll = 'ls  - l  - - color = auto'
alias ls = 'ls  - - color = auto'
alias mv = 'mv  - i'
alias rm = 'rm  - i'
alias which = 'alias  |  /usr/bin/which  - - tty - only  - - read - alias  - - show - dot
 - - show - tilde'
```

从显示结果可以看到，除参考示例 1 设置的别名外，还有一些别名设置是系统安排的。若用户希望 dir/p、md、rd 和 deltree 命令与 MS-DOS 下的分屏显示当前目录下的文件命令、建立命令、删除目录命令和删除目录树命令完全相同，可以按如下设置：

```
alias cp = 'cp  - i'
alias deltree = 'rm  - fr'
alias dir/p = 'ls | more'
```

alias l. = 'ls - d . * - - color = tty'

alias ll = 'ls - l - - color = tty'

alias ls = 'ls - - color = tty'

alias mc = '. /usr/share/mc/bin/mc - wrapper. sh'

alias md = 'mkdir'

alias mv = 'mv - i'

alias rd = 'rmdir'

alias rm = 'rm - i'

alias vi = 'vim'

alias which = 'alias | /usr/bin/which - - tty - only - - read - alias - - show - dot - - show - tilde'

总之，用户可以根据自己的需要来定制适合自己的、更加个性化的环境。

如果需要取消已经设置的别名，则使用 unalias 命令。

命令格式：

unalias [- a] [name...]

其中，参数 name...为已经设置的命令别名列表； - a 为命令选项，表示要取消系统中所有已设置的命令别名。

当前设置的命令别名只在本次登录时有效，如果希望每次登录时所设置的别名都有效，则需要把 alias name [= value] 命令写入 . bashrc 或/etc/profile 文件。

4. 系统提示符

在字符终端中，光标前的字符就是系统提示符。bash 有两级系统提示符，第一级出现在等待用户输入命令时，默认情况下，普通用户为“ $ ”提示符、超级用户为“#”提示符。在 bash 中，为了更好地让用户了解自己在系统中所处的位置，特意在提示符前加上用户和位置信息。这些内容被保存在系统环境变量 PS1 中，可以通过 echo 命令来显示，例如：

[root@ localhost root]# echo $ PS1

系统显示提示符的格式及字符如下：

[\u@ \h \w]\ $

其中，\ u 代表用户，即登录系统时的用户名；\ h 代表主机；\ w 代表当前用户所处的位置，即当前工作目录名。这些字符是 bash 提示符的特殊字符，根据登录的用户身份和起始目录显示不同的内容，这是系统启动时通过读取/etc/bashrc 脚本文件来完成的，对于超级用户，显示为 [root@ localhost root]#。bash 提示符的常用特殊字符及含义见表 8-3。

表 8-3　bash 提示符的常用特殊字符及含义

特殊字符	字符含义
\!	显示该命令的历史编号
\#	显示当前命令的命令编号
\ $	显示一个“ $ ”符号
\\	显示一个“ \ ”反斜杠符号
\d	显示系统当前日期
\h	显示运行该 shell 的主机名

（续）

特殊字符	字符含义
\n	输出一个换行符，这将使提示符跨行
\nnn	显示对应数 nnn 的八进制值的字符
\s	显示正在运行的 shell 名称
\t	显示当前系统时间
\u	显示当前用户的用户名
\W	显示当前工作目录基准名
\w	显示当前工作目录

在 Linux 系统中，提示符也可以更改，以适应用户个性化的需要。更改提示符的方法很简单，若要更改第一级提示符，只要使用新的提示符对环境变量 PS1 赋值就可以了。

参考示例 1：用 Enter：字符串作为第一级提示符。

```
[root@ localhost root]# PS1 = "[ \u@ \h \w]Enter :"
```

系统提示符将更改为：

```
[root@ localhost  ~ ]Enter :
```

注意：如果只对 PS1 赋提示符，则更改后丢失用户名和位置信息，因此在新提示符 Enter 前面加上 [\ u \ h \ w]，因为它包含空格，所以需要用单引号或双引号括起。

bash 的第二级提示符是当 bash 为了执行某个命令需要用户输入更多信息时显示的。例如，当执行 at 命令时，需要用户输入具体执行的命令等信息。默认情况下，第二级提示符为 >，这个提示符保存在系统环境变量 PS2 中，用户也可以通过执行 echo $ PS2 查看。如果不满意，可以更改 PS2 变量的值，更改的方法与更改 PS1 一样。

用户可以根据自己的喜好选择各级提示符，例如第一级提示符可以用系统日期、时间或日期与时间的组合来作为提示符等。

参考示例 2：用系统当前的日期和时间作为第一级提示符。

```
[root@ localhost root]# PS1 = "[ \u\h \W] \d \t#"
```

系统提示符将可能更改为：

```
[root@ localhost root]Sat May 26 01:45:30#
```

在这种情况下，每当用户执行完一次命令后，系统提示符都将根据系统当前的日期和时间进行更新；如果登录时的“会话”为中文，则在控制台终端中，日期显示为乱码。

5. 设置功能键

bash 吸收了 csh 和 tcsh 的许多优秀特性，它也有设置功能键（绑定键）的功能，即按键绑定某种功能。如果功能键运用得当，则可以大大提高用户在编辑器和终端窗口中操作的效率。实际上，bash 中已经预定义了许多功能键，这些功能键主要用在终端窗口中进行操作。常用的功能键如下。

Beginning - of - line（^A）：将光标移动到命令行头。

Backward - char（^B）：将光标后退（左移）一个字符。

Backward - word（Alt + B）：将光标后退（左移）一个词。

End - of - line（^E）：将光标移动到命令行尾。

Forward - char（^F）：将光标前进（右移）一个字符。

Forward - word（Alt + F）：将光标前进（右移）一个词。

Backward – delete – char（^H）：删除光标左边的一个字符。

Kill – line（^K）：删除光标右边的所有字符。

Clear – screen（^L）：清除终端窗口屏幕。

Down – history（^N）：调出命令历史列表中的下一条命令。

Up – history（^P）：调出命令历史列表中的上一条命令。

Kill – whole – line（^U）：删除当前行上的所有字符。

使用时，这些字母键不分大小写，但是在图形界面的终端窗口中，由于 Alt 键已经分配给窗口菜单的快捷键使用，所以其功能受到限制。

用户也可以根据自己的实际需要使用 bash 的内部命令 bind 来定义属于自己的功能键。在 bash 中，bind 有多种命令格式。

命令格式：

bind [– m keymap] [– lpsvPSV]

其中，keymap 是 – m 命令选项的参数，表示按键配置。虽然所有的命令选项都是可选的，但是不带任何选项的 bind 命令没有作用。

bind 命令格式 1 的选项及含义见表 8-4。

表 8-4 bind 命令格式 1 的选项及含义

命令选项	选项含义
– m keymap	指定按键配置。系统可以接收的 keymap 名称有 emacs、emacs – stan – dard、emacs – meta、emacs – ctlx、vi、vi – move、vi – command 和 vi – insert。默认的按键配置为 emacs
– l	列出所有读行功能的名称
– p	显示读行功能名并组合成可重读的方式
– s	显示绑定到宏或字符串的功能键，如果没有设置，则显示为空
– v	以可重读方式列出当前读行变量名和值
– P	列出当前读行功能和绑定的功能键
– V	列出当前读行变量名和值

bind 命令的其他格式：

bind [– m keymap] [– q function] [– u function] [– r keyseq]

bind [– m keymap] – f filename

bind [– m keymap] – x keyseq:shell – command

bind [– m keymap] keyseq:function – name

bind readline – command

8.5 shell 程序设计

shell 程序设计就是根据程序设计的 3 种基本结构和 shell 程序的语法规则来编写 shell 脚本程序的。

8.5.1 shell 程序的基本结构

shell 程序是由语句构成的，语句可以是 shell 命令，例如，echo 命令显示字符串或变量的内容，clear 命令清除屏幕等；也可以是各种流程控制语句，如 test 测试语句，if 条件分支语句，while、until 或 for 循环语句等；还可以是注释语句。

除了系统提供的一些变量外，用户在 shell 程序中可以根据需要自己定义变量或函数，以提高程序的复用性和可读性。与其他程序设计语言类似，shell 程序也有顺序、分支、循环 3 种典型的基本结构，但 shell 程序是解释执行的程序。

在 shell 程序中，从“#”字符后到行尾的内容均为注释内容，shell 程序在执行过程中将忽略所有注释内容。如果“#”字符出现在引号或别的有特殊意义的地方，它就不是注释内容的标记符。因此，建议将注释内容单独占一行或若干行，并确保各注释行的第一个非空格、非制表符（Tab）为“#”字符。

由于 shell 和 C shell 在许多方面有差异，为使 shell 程序既适合于标准 shell，又适合于 C shell 用户，shell 程序的第一行最好为：

```
#! /bin/sh -
```

对于使用标准 shell 的用户而言，它是注释行；对于使用 C shell 的用户而言，它将通知 C shell 按标准 shell 的模式来理解该 shell 程序。

要学好 shell 编程，就要了解 shell 程序的基本结构和编程技巧，这可以通过阅读 Linux 系统所提供的 shell 程序来实现。一般在/etc 和/usr/bin 等目录中有许多 shell 程序。另外，在学习 shell 程序设计的过程中，一定要自己动手编写程序并上机调试。

程序用法：

```
./程序名参数
```

下面是一个 shell 程序示例，它实现的功能是计算小于 12 的阶乘。

shell 程序示例：

```
#! /bin/sh -
if test  $# -eq 0
then
          echo "Missing arguments"
else if test  $ 1  -gt 12
then
          echo "Argument too big!"
          exit
else
          i = $ 1
          j =1
          while test  $ i  -ne 0
          do
                    j ='expr  $ j \*  $ i'
                    i ='expr  $ i  -  1'
          done
          echo  $ j
          fi
fi
```

8.5.2 shell 程序的编辑与运行

要学习 shell 程序设计，首先必需了解如何编辑 shell 源程序和如何运行 shell 源程序。

1. 编辑

编辑 shell 源程序可以使用 Linux 下的任意一种文本编辑器，字符界面下常用 vi 编辑程序，图形界面下常用 gedit 编辑程序。当然，在 Linux 系统中还有许多其他种类的编辑软件，用户可以根据自己的喜好来选择使用。

2. 运行

运行 shell 程序可以有 3 种方法。第一种方法：不需要把编辑好的 shell 文件权限设置为可执行；第二、三种方法：都需要把编辑好的 shell 文件权限设置为可执行。

字符界面下设置可执行权限的命令为 chmod + x filename。

在图形界面下用鼠标右键单击文件，在弹出的快捷菜单中选择“属性”命令，再选择“权限”选项卡进行设置。

这里假设文件 prog 是 shell 程序，并存在于当前目录下。

第一种方法：采用启动 shell 的 sh 命令。即在当前目录下输入 sh prog，按 Enter 键即可。

第二种方法：首先修改文件的可执行权限，然后在当前目录下输入 ./prog，按 Enter 键即可执行。

第三种方法：首先修改文件的可执行权限，然后把当前目录添加到搜索路径（.bash_profile 文件）中，最后在任意目录下输入 prog，按 Enter 键即可执行。

说明：第三种方法中把当前目录添加到搜索路径中的做法，实际上不是一种好的、规范的方法，因为 Linux 的文件系统是层次式的，是对文件进行分类管理的，即不同的文件放在不同的目录里。例如，所有的可执行文件都是放在 bin 目录或 sbin 目录下的。

每添加一个新用户，Linux 都会在/home 目录下添加一个与用户登录名相同的目录，以便该用户可以存放属于自己的文件，HOME 变量存有该目录名。通过分析 .bash_profile 文件，可以看到该文件中有如下一行：

```
PATH = $ PATH: $ HOME/bin
```

因此，用户只要在自己的主目录下建立一个/bin 目录，并把编辑好的 shell 文件存在该目录下即可。

8.5.3 shell 命令的构成

shell 程序的语句可以是 shell 命令，命令又可以分为简单命令、命令组合和命令清单。它们既可以用在命令行方式下从键盘直接输入，又可以用在 shell 程序中。

1. 简单命令

这种命令实际上就是单个可执行文件的名称和参数，在这种命令中可以使用输入/输出的重定向功能。

2. 命令组合

命令组合由简单命令和 shell 控制命令组合而成。命令实际上是将简单命令用某种方式将输入、输出连接起来，大多数情况是使用管道。shell 可分别创建进程去处理管道前后的命令。这种命令的返回码是管道中最后一个被执行的简单命令的返回码。

参考示例：

```
[root@ localhost root]# ls | wc -l
```

3. 命令清单

这种特殊的清单是由分号（;）、与号（&）、and - if（&&）号、or - if（||）号分隔的一个或多个命令列表。

1）对于使用分号分隔的各个命令，shell 按先后顺序执行。这种有先后顺序的执行方式称为异步执行方式。

2）shell 将与号（&）前面的那条命令在后台执行。由于与号前后的命令是同时被执行的，所以，这种执行方式也称为同步执行方式。

参考示例：

```
[root@ localhost root]# find / -name "test" > findout
```

当文件系统很大时，文件查找比较费时，则可以执行以下命令：

```
[root@ localhost root]# Ctrl - z
[root@ localhost root]# bg
```

上述作业控制等价于：

```
[root@ localhost root]# find / -name "test" > findout&
```

3）&& 号的语法格式为：

命令 1&& 命令 2&&…&& 命令 n

执行时，shell 首先执行第一条命令。如果该命令成功执行，即返回值为 0，那么转而执行第二条命令，以此类推。如果某条命令执行失败，则后面的命令也就不执行了。最后的状态也是最后一条被执行命令的退出状态。这可以用 if 语句条件为“真”的嵌套来实现。

4）||号的语法格式为：

命令 1||命令 2||…||命令 n

执行时，shell 首先执行第一条命令。如果该命令执行不成功，那么转而执行第二条命令，以此类推。如果某条命令执行成功，则后面的命令也就不执行了。最后的状态也是最后一条被执行命令的退出状态。这可以用 if 语句条件为“假”的嵌套来实现。

8.5.4 变量

对于任何程序设计语言来说，变量都是非常重要的。例如，程序设计语言必须提供流程控制语句，而流程控制语句不但需要对变量的值进行判断，而且还需要对变量进行操作。

1. 用户变量与赋值

在 shell 程序中，用户可以将任何一个无空格的字符串作为一个用户变量，而且不必预先声明就可以用等号对用户变量赋值，但是有两点需要注意（bash 下）：

1）等号前后均不能有空格。

2）当需要将一个包含空格的字符串赋给用户变量时，可应用单引号将该字符串括起来。

参考示例：

```
OS = Linux
Programmer = 'zhang xiao jin'
Number = 15
```

通过以上示例可以看到，由于 shell 用户变量不需要预先声明（类型定义），所以对用户变量既可以赋字符、字符串，也可以赋数值。

赋值后，如果要改变用户变量的值，则只要再赋值一次即可；如果要把它变成只读变量，则可用 readonly 命令来修改。例如：

readonly OS

此时，OS 用户变量变成只读了。

用等号给用户变量赋一个确定的值是最直接的赋值方法，然而，一些用户变量的值可能与运行该程序的环境相关，程序设计者不可能预先为它赋值。为了解决这类问题，shell 提供了另外两种赋值方式。

1）从标准输入设备读入用户变量的值。

这是由 read 命令来实现的。具体用法为：

read 用户变量名

当 shell 程序执行到该行时，将等待用户从键盘输入内容。当用户按下 Enter 键时，shell 把输入的内容赋给用户变量。

2）将一个命令执行后输出的内容赋给指定的变量。

具体用法为：

用户变量 = '命令'

该语句将首先执行反向单引号之间的命令，然后将其执行后输出的内容赋给该用户变量。在这种赋值方式中，等号前后同样不能有空格，而且必须用反向单引号（即重音号）把命令括起来。

参考示例：

current_time = 'date'

此时，用户变量 current_time 中的内容为系统当前的日期和时间。

2. 引用变量与 echo 命令

给变量赋值的主要目的是用它来进行运算，为此，首先需要学习如何引用（访问）一个变量的值。

在 shell 语言中，对所有变量（用户变量、环境变量、位置变量、内部变量）的引用方法都是一样的，只要在变量前加“ $ ”符号就意味着是引用变量。

如果要在屏幕上显示字符、字符串或变量的内容，则可以使用 echo 命令。

命令用法：

echo [–ne] ["显示的信息" 或 $ 变量]

在 shell 程序中适当、灵活地使用 echo 命令，不但可以显示需要的信息，而且也便于调试程序。

echo 命令常用的选项及含义见表 8-5。

表 8-5　echo 命令常用的选项及含义

命令选项	选项含义
–n	显示后并不自动换行
–e	若字符串中出现以下字符，则特别处理，不将它当一般文字输出 \a：发出警告声 \b：删除前一个字符 \c：最后不加上换行符号 \f：换行但光标仍停留在原来的位置 \n：换行且光标移至行首 \r：光标移至行首，但不换行 \t：插入 Tab \\：插入 \ 字符 \nnn：插入 nnn（八进制）所代表的 ASCII 字符

3. 环境变量与设置

环境变量是用户环境变量的简称。前面讲到的 HOME、PATH、HISTSIZE、PS1 和 PS2 等，都是常常用到的环境变量，查看所有的环境变量可以用 set 命令。

在 bash 下，环境变量的赋值也用等号，且规则同用户变量。但是，有些环境变量的赋值是需要技巧的。例如，要把/root/xj 目录临时添加到搜索路径中（若不修改配置文件），应该怎么做？

也许有人认为用以下赋值语句即可实现：

```
PATH =/root/xj
```

是否可以呢？在执行这个赋值语句前首先用 set 命令查看环境变量中涉及搜索路径的内容。当然，也可用 echo $ PATH 命令来查看。有关搜索路径的信息如下：

```
PATH =/usr/kerberos/sbin:/usr/kerberos/bin:/zxj:/usr/local/sbin: /usr/local/bin:
      /sbin:/bin:/usr/sbin:/usr/bin:/usr/X11R6/bin:/root/bin
```

执行 PATH =/root/xj 赋值语句后，再查看搜索路径信息，显示结果为：

```
PATH =/root/xj
```

此时可以看到，系统中原有设置的搜索路径已经被破坏，这会导致 Linux 命令和 shell 程序由于找不到正确的路径而无法正常执行。

那么问题出在哪里呢？从以上的执行结果可以知道，这样的赋值命令不是添加信息，而是覆盖。如果先执行 PATH ='echo $ PATH':/root/xj，再查看搜索路径，则显示为：

```
PATH =/usr/kerberos/sbin:/usr/kerberos/bin:/zxj:/usr/local/sbin:/usr/local/bin:
      /sbin:/bin:/usr/sbin:/usr/bin:/usr/X11R6/bin:/root/bin:/root/xj
```

这时可以看到，新内容添加到原有的搜索路径中。这是因为 shell 先执行一对反向单引号中显示系统路径信息的命令，然后将其后的信息添加到原有的路径信息中。

4. 位置变量与相关命令

shell 中有一种特殊的变量，称为位置变量。位置变量用于存放那些传递给命令行上的 shell 程序或 shell 脚本函数的参数。这些变量是数字 0 ~ 9，shell 将命令行中的参数依次赋给变量 1，2，…，9，将命令（程序）名赋给变量 0。这种位置变量的功能与 MS-DOS 操作系统中位置变量的功能是类似的。

这些变量是 shell 保留的，只有/bin/bash（CentOS 7 版本默认的 shell，不同的 shell 下也可能是 sh、csh、tcsh）程序才能给它们赋值。虽然用户不能简单地用等号给它们赋值，但是可以用 set 命令来赋值。

假设某个 shell 程序名为 test，带 3 个参数，则 shell 解释执行时位置变量 0 的内容为 test，位置变量 1 的内容为参数 1，以此类推。

（1）shift 命令

shift 命令的功能是使第一个命令行参数无效，并将位置变量 2 的值移给位置变量 1，将位置变量 3 的值移给位置变量 2，…，将位置变量 10 的值移给位置变量 9。该命令不会改变位置变量 0 的值。

命令用法：

```
shift [n]
```

其中，n 为非负的整数且小于或等于命令行参数的个数，它表示移动的位数。如果不指定 n 的值，则系统默认 n 为 1。

参考示例：编写一个测试 shift 命令的程序，以测试其功能。设编写的程序名为 testshift，程序内容为：

```
echo $1 $2 $3
shift
echo $1 $2 $3
shift
echo $1 $2 $3
```

将该程序存放在用户主目录下的 bin 目录中，并在设置可执行的权限后输入以下内容：

```
[root@ localhost root]# testshift X Y Z
```

显示结果为：

```
X Y Z
Y Z
Z
```

输入的 X、Y、Z 是命令行参数，显示结果中的第一行是命令行参数移动前的 3 个参数值，X、Y、Z 分别对应位置变量 1、2、3；第二行是命令行参数移动一次后的结果，位置变量 1 中的内容被位置变量 2 中的内容取代，而位置变量 2 中的内容被位置变量 3 中的内容取代；第三行是命令行参数移动两次后的结果。

（2） set 命令

set 命令可以显示变量及其值，设置或还原 shell 的属性，设置位置变量的值。

命令用法：

```
set [ -option][arg...]
```

其中，option 为命令选项、arg...为参数列表。如果不带任何选项或参数，则将显示目前系统中所有的变量名称和变量值；如果指定命令选项，则可以设置或还原 shell 的属性。此处仅介绍设置位置变量的值。

参考示例：编写一个测试 set 命令的程序，以测试其设置位置变量的功能。

设编写的程序名为 testset，程序内容为：

```
echo $1 $2 $3
set X Y Z
echo $1 $2 $3
```

将该程序存放在用户主目录下的 bin 目录中，并在设置可执行的权限后输入以下内容：

```
[root@ localhost root]# testset x y z
```

显示结果为：

```
x y z
X Y Z
```

程序执行时所带的命令行参数是小写的 x、y、z，程序执行中用大写的 X、Y、Z 重新设置了 3 个位置变量，所以第一行显示的是小写的字母，而第二行显示的是大写的字母。

5. 其他 shell 变量

在 shell 程序设计中经常使用的其他 shell 变量介绍如下。

（1） #变量

该变量存放传递给 shell 程序命令行参数的个数。

参考示例：编写一个测试命令行参数个数的程序，显示输入的命令行参数个数。

设编写的程序名为 testpar_num，程序内容为：

```
echo $#
```

将该程序存放在用户主目录下的 bin 目录中，并在设置可执行的权限后输入以下内容：

```
[root@localhost root]# testpar_num x y z
```

显示结果为：

```
3
```

表示输入的命令行参数是 3 个。

（2）? 变量

该变量存放 shell 程序中最后一条命令的返回码。在 Linux 系统中，每条命令执行完后都会返回一个值，这个值称为返回码，一般，执行成功时返回 0，执行不成功时返回非 0 的值。shell 程序的最终返回码是最后一条被执行命令的返回码。

参考示例：在 testset 程序中测试每条命令的返回码和最终的返回码。

程序 testset 修改为：

```
echo $1 $2 $3
echo $?
set X Y Z
echo $?
echo $1 $2 $3
echo $?
```

执行 testset x y z 后显示：

```
x y z
0
0
X Y Z
0
```

每条命令执行成功后都会返回一个 0 并存放在? 变量中，最后一条命令的返回码是最终的返回码。

（3）*（或@）变量

该变量存放所有输入的命令行参数，并且每个参数之间用空格分隔。在 Linux 系统中使用 * 或@ 变量是等价的。

参考示例：修改 testpar_num 程序，以显示输入的所有命令行参数。

程序 testpar_num 修改为：

```
echo $#
echo $*
```

执行 testpar_num x y z 后显示：

```
3
x y z
```

6. shell 变量综合应用参考示例

编写一个名为 test 的 shell 程序，其内容如下：

```
#! /bin/sh -
#Test file for variables in shell
#
```

```
OS = 'CentOS 7'
programmer = 'zhang xiao jin'
clear
echo $ OS System,Programmed by $ programmer
echo Home Directory: $ HOME
echo The command line is:
echo $ 0 $ *
echo Before shift operation
echo Number of arguments = $ #
echo All the arguments: $ *
echo \ $ 0 = $ 0,\ $ 1 = $ 1,\ $ 2 = $ 2
shift
echo After one shift operation
echo Number of arguments = $ #
echo All the arguments: $ *
echo \ $ 0 = $ 0,\ $ 1 = $ 1,\ $ 2 = $ 2
```

执行 test 5 6 7 8 9 后的显示结果为：

```
CentOS 7 System,Programmed by zhang xiao jin
Home Directory:/root
The command line is:
/root/bin/test 5 6 7 8 9
Before shift operation
Number of arguments =5
All the arguments:5 6 7 8 9
 $ 0 =/root/bin/test, $ 1 =5, $ 2 =6
After one shift operation
Number of arguments =4
All the arguments:6 7 8 9
 $ 0 =/root/bin/test, $ 1 =6, $ 2 =7
```

读者可根据所介绍的 shell 变量知识，自行分析程序运行的结果。

8.5.5 shell 特殊字符屏蔽

shell 中的某些特殊字符具有特殊的含义，如 $ 、\ 、| 等。当这些字符要作为一般字符使用时，要让 shell 知道以便不再解释成特殊字符使用，这就是屏蔽的基本含义。常用屏蔽形式有 " ^ "、'和 \ 。

在用户变量中介绍过对其赋值的问题，当需要将一个包含空格的字符串赋给用户变量时，应该用单引号将该字符串括起来。单引号的屏蔽功能是最强的。在一般情况下用双引号来实现的，也可以用单引号实现，但是也有特殊的情况，当变量的值中含有其他变量时，就只能使用双引号。例如：

```
c_path = "The current path is $ PATH"
```

这个语句可对变量 c_path 赋值，目的是存放系统当前的路径信息。当执行 echo $ c_path 语句或命令时，屏幕上将显示：

The current path is /usr/local/sbin:/usr/local/bin:/sbin:/bin:/usr/sbin:/usr/bin:/usr/X11R6/bin

但是，如果采用单引号：

```
c_path = ' The current path is $ PATH'
```

则执行 echo $ c_path 时，将显示：

The current path is $ PATH

此时，单引号中的所有内容被原样输出，shell 对其中的环境变量 PATH 也不进行解释了。

\ （反斜杠）也是屏蔽特殊字符的常用形式，前面讲过它是转义字符，常用于屏蔽单个特殊的字符，如 “ $ ” “ * ” “?” 等字符。

参考示例 1：设有 3 个变量 A、B 和 C，分别对 A、B 变量赋值后再做乘法运算，结果保存在变量 C 中并显示。

实现的程序语句为：

```
A =4
B =5
C ='expr $ A \* $ B'
echo $ C
```

由于 “ * ” 在 Linux 系统中是通配符，因此，它作为乘法符号使用时需要将其转义系统才能识别。另外，在 shell 程序设计中，算术运算必须以关键字 expr 开始。

参考示例 2：为变量赋以美元为单位的商品价格并显示。

实现的程序语句为：

```
price = \ $ 50.00
echo $ price
```

屏幕上显示的是 $ 50.00。如果在 “ $ ” 符号前不加转义字符 “ \ ”，则 shell 将 “ $ ” 视为对位置变量 5 的引用。如果该变量的值为空，则显示的将是 0.00。

8.5.6 流程控制语句

shell 的流程控制语句与 C 语言的流程控制语句非常类似，熟悉 C 语言的读者只要注意它们的具体语法区别就可以了。

shell 的种类很多，这里以 bash 为例，但要注意如果选择不同的 shell，则语法的格式是不同的，即在某种 shell 下编写的程序即使没有任何语法错误，在另一种 shell 环境下也可能是无法执行的。

在具体介绍语法时，用粗体字表示关键字，用斜体字表示具体的语句实体。

1. 逻辑表达式与 test 语句

在分支语句中需要根据（逻辑）表达式的值决定执行哪个语句，在循环语句中也需要根据（逻辑）表达式的值决定是否循环。shell 提供字符串比较、整数比较、文件属性判定和逻辑运算符，这些运算符可以组成简单的字符串比较、整数比较、文件属性判定和逻辑表达式，例如，"string1" = "string2"、$ A -lt 10 等。如果简单的表达式还不足以解决问题，则可以用逻辑运算符连接简单表达式以组成更为复杂的逻辑表达式，例如，当需要判定某个变量的整数值是否介于两数之间时，就可以使用 $ A -gt 10 -a $ A -lt 20 这样的逻辑表达式。

因此，逻辑表达式就是由逻辑运算符连接简单表达式组成的运算式。在 shell 中，-a、-o

和！分别表示逻辑的与、或、非运算。系统默认它们的优先级为非运算最高，与运算次之，或运算最低。当然、可以用圆括号（优先级最高）改变运算的顺序，但圆括号属于特殊字符，在使用中一定要在其前面加转义字符“\”。

（1）test 语句

每个 shell 命令或程序执行后都会有一个返回码，如果执行成功则返回码为 0（即 $? 为零），也称为“零”出口状态；如果执行不成功则返回码为非 0（即 $? 不为零），也称为“非零”的出口状态。test 语句是 shell 程序设计中测试表达式或逻辑表达式最常用的语句。

命令用法：

test expression 或 [expression]

其中，expression 是被测试的表达式或逻辑表达式。第一种用法必须显式指定 test 语句的关键字；第二种用法采用一对方括号代替 test 语句，但表达式前后与方括号之间必须要有空格。

如果测试结果为真，则 test 语句的返回码为 0，否则返回码为非 0。test 语句可用于对各种运算符组成的表达式或逻辑表达式进行测试，也常常用于程序调试过程中检查程序运行的结果。

（2）运算符组成的表达式及说明

用运算符组成表达式，实际上就是运算符的用法。

1）字符串比较运算符。用于判定字符串长度是否为 0 或两个字符串是否相等。字符串比较运算符的用法及说明见表 8-6。

表 8-6　字符串比较运算符的用法及说明

运算符用法	说　明
String1 = String2	如果字符串 String1 与 String2 相等，表达式为真，否则为假
String1 ! = String2	如果字符串 String1 与 String2 不等，表达式为真，否则为假
String	如果字符串 String 为空，表达式为真，否则为假
-n String	如果字符串 String 的长度为非 0，表达式为真，否则为假
-z String	如果字符串 String 的长度为 0，表达式为真，否则为假

2）整数比较运算符。用于比较两个整数的大小或是否相等。整数比较运算符的用法及说明见表 8-7。

表 8-7　整数比较运算符的用法及说明

运算符用法	说　明
Num1 -eq Num2	如果整数 Num1 与 Num2 相等，表达式为真，否则为假
Num1 -ne Num2	如果整数 Num1 与 Num2 不等，表达式为真，否则为假
Num1 -gt Num2	如果整数 Num1 大于 Num2，表达式为真，否则为假
Num1 -ge Num2	如果整数 Num1 大于或等于 Num2，表达式为真，否则为假
Num1 -lt Num2	如果整数 Num1 小于 Num2，表达式为真，否则为假
Num1 -le Num2	如果整数 Num1 小于或等于 Num2，表达式为真，否则为假

3）文件属性判定运算符。用于判定文件是否存在或文件的类型。文件属性判定运算符的用法及说明见表 8-8。

表 8-8　文件属性判定运算符的用法及说明

运算符用法	说　明
-b fname	如果文件 fname 存在且为块设备，表达式为真，否则为假
-c fname	如果文件 fname 存在且为字符设备，表达式为真，否则为假
-d fname	如果文件 fname 是一个目录，表达式为真，否则为假
-e fname	如果文件 fname 存在，表达式为真，否则为假
-f fname	如果文件 fname 存在且为普通文件，表达式为真，否则为假
-h fname 或 -Lfname	如果文件 fname 存在且为一个符号链接文件，表达式为真，否则为假
-p fname	如果文件 fname 存在且为命名的管道文件，表达式为真，否则为假
-s fname	如果文件 fname 存在且长度不为 0，表达式为真，否则为假
-r fname	如果文件 fname 存在且为可读的，表达式为真，否则为假
-w fname	如果文件 fname 存在且为可写的，表达式为真，否则为假
-x fname	如果文件 fname 存在且为可执行的，表达式为真，否则为假

由于 Linux 将设备视为文件，所以可以用文件属性运算符判别是设备文件、块设备还是字符设备文件。还有其他的文件属性判定运算符，这里仅列出部分常用的运算符。对于其他的运算符，读者可以执行 man test 命令查阅它们的用法。

4）逻辑运算符。用于表达式的与、或、非（取反）操作，可组成逻辑表达式。逻辑运算符的用法及说明见表 8-9。

表 8-9　逻辑运算符的用法及说明

运算符用法	说　明
! Expr	如果表达式 Expr 为假，逻辑表达式为真，否则为假
Expr1 -a Expr2	如果表达式 Expr1 和 Expr2 同时为真，逻辑表达式为真，否则为假
Expr1 -o Expr2	如果表达式 Expr1 或 Expr2 有一个为真，逻辑表达式为真，否则为假

（3）运算符用法的注意点

1）任何运算符的前后都必须有一个空格。

2）如果使用 shell 变量值作为字符串 String 的值，当变量的值中包含空格字符时，需要给 $ 变量加上双引号。因为 shell 在处理变量时，遇到双引号将保留其内容，而省略双引号将过滤掉空格。使用 shell 变量值时建议对 $ 变量加上双引号。

2. if 分支语句

if 分支语句执行时，先用 test 语句测试表达式或逻辑表达式的值，并根据测试的结果决定下一步要执行的命令。

（1）语法格式

if 分支语句有 3 种格式，每种格式又有多种等价的写法。

第一种是简单格式：

if（**test** *expression*）**then**
　　commands

```
fi
```

或写为：

```
if [ expression ]; then
    commands
fi
```

也可写为：

```
if [ expression ]
then
    commands
fi
```

说明：

1）*expression* 一般是表达式或逻辑表达式，如果是命令或命令组合的返回码，不必用 test 语句。

2）圆括号可以省略，但在 *expression* 后要加上分号“;”。

3）如果 then 不换行，则方括号后的分号“;”不能省略，也不能用空格代替，否则 then 必须换行。

4）*commands* 是要执行的命令列表。

5）**if** 语句的结束一定要有结束标志 **fi**，它是 **if** 的倒写。

第二种是完整格式：

```
if (test expression) then
    commands_true
else
    commands_false
fi
```

或写为：

```
if [expression ]; then
    commands_true
else
    commands_false
fi
```

也可写为：

```
if [expression ]
then
    commands_true
else
    commands_false
fi
```

说明：

1）*expression* 是表达式、逻辑表达式、命令或命令组合的返回码。当它为“真”时，执行 *commands_true* 部分的所有命令，否则执行 *commands_false* 部分的所有命令。

2）当 *expression* 为“假”时不需要执行，可以省去 **else** 和 *commands_false* 部分，即变为简单

格式。

3）其他说明同简单格式。

第三种是连用（嵌套）格式：

```
if (test expression1) then
    commands1
elif (test expression2) then
    commands2
else
    commands3
fi
```

或写为：

```
if [ expression1 ]; then
    commands1
elif [ expression2 ]; then
    commands2
else
    commands3
fi
```

也可写为：

```
if [ expression1 ]
then
    commands1
elif [ expression2 ]
then
    commands2
else
    commands3
fi
```

说明：

1）*expression*1 和 *expression*2 的含义与其他 if 格式相同。当 *expression*1 为“真”时，执行 *commands*1 部分的所有命令，然后直接执行 **fi** 后的语句；当 *expression*1 为“假”且 *expression*2 为“真”时，执行 *commands*2 部分的所有命令，然后直接执行 **fi** 后的语句；当 **if** 和所有 **elif** 的逻辑表达式均不成立时，才执行 **else** 分支中 *commands*3 部分的语句。

2）**elif** 是 **else if** 的缩写，其他说明同 **if…then…else**（完整格式）语句。

3）该语法允许有多个 **elif** 分支，等价于 **if…then…else** 语句嵌套。

（2）参考示例

下面通过几个具体参考示例说明 if 语句的用法。

参考示例 1：编写一个名为 iffile 的程序，它执行时判断/bin 目录下的 date 文件是否存在。

程序代码：

```
#! /bin/sh -
fname = /bin/date
```

```
if (test -f "$ fname") then
    echo"exist"
fi
```

说明：在 shell 程序中经常需要判断所处理的文件是否存在。本程序采用 if 语句的简单格式来测试 date 文件，如果存在，则显示相关信息，否则退出 if 语句。

参考示例 2：编写一个名为 greet 的问候程序，它执行时能根据系统当前的时间向用户输出问候信息。设从 24 ~ 12 点为时段 1，12 ~ 18 点为时段 2，18 ~ 24 点为时段 3。

程序代码：

```
#! /bin/sh -
hour ='date | cut -c 10 -11'
if test "$ hour" -ge 0 -a "$ hour" -le 11; then
    echo "Good morning!"
    elif test "$ hour" -ge 12 -a "$ hour" -le 17; then
        echo "Good afternoon!"
    else
        echo "Good evening!"
fi
```

说明：

1）第一个有效语句是将命令执行的结果赋给 hour 变量，所以用反向单引号。

2）用 cut 命令从 date 命令的输出中切割出“小时”信息；这里的“-c 10-11”选项表示只切割 10、11 列。

3）这个程序使用了 if 连用格式，也可以使用 if 完整格式的嵌套形式。

参考示例 3：编写一个名为 ifuser 的程序，它以用户名作为执行时的命令行参数，判断该用户是否已经在系统中登录，并给出相关信息。

程序代码：

```
#! /bin/sh -
if test $# -ne 1 then
    echo "Incorrect number of arguments"
    echo "Usage: ifuser username"
else
    user = $ 1
        if who | grep -q $ user ; then
        echo $ 1 "user is logged on. "
        exit 0
        else
        echo $ 1 "user is not logged on. "
        exit 1
        fi
fi
```

说明：

1）由于 who | grep $ user 不是表达式，而是命令组合，所以不需要 test 语句测试；如果命

令组合执行成功，即找到指定的用户名，则返回码为 0，否则为非 0。

2）在这个程序中使用了 grep 字符串搜索命令和“｜”管道命令。

3）用 grep 命令的 -q 选项来禁止显示搜索到的信息。

4）该程序还使用了 exit 命令，以终止 shell 程序的执行。exit 0 表示程序终止后返回 0 值，而 exit 1 表示程序终止后返回非 0 值。

3. case 语句

用 case 语句可以方便地实现多分支。虽然用 if 语句完整格式的嵌套形式也可以实现多分支，但那样做程序的可读性比较差，执行的效率也低，还容易人为地引入错误。

（1）语法格式

```
case string in
        pattern_1) commands1;;
        pattern_2) commands2;;
           …
        pattern_N) commandsN;;
                *) commands;;
esac
```

该语句与 C 语言的多分支语句的形式类似，但功能更强大。其含义是根据 string 的值决定执行哪一分支的命令列表。若 string 与第 i 个模式 pattern_i 匹配，则执行 commandsi 部分的命令列表，然后执行 **esac** 后的语句。如果没有匹配项，则执行 * 项后的命令列表。

说明：

1）case 语句的结束标志是 esac（case 倒写）。

2）各分支语句之间用两个分号分隔。

3）模式 pattern_1 到 pattern_N 可以使用通配符。

（2）参考示例

下面通过几个具体参考示例说明 case 语句的用法。

参考示例 1：编写一个名为 month 的程序，执行时将用户输入的数字作为命令行参数，程序将数字转换成英语的月份单词并输出。

程序代码：

```
#! /bin/sh -
if test $# -ne 1
then
    echo "Usage: month digit"
    exit 1
fi
case $1 in
    1) echo January;;
    2) echo Feburary;;
    3) echo March;;
    4) echo April;;
    5) echo May;;
    6) echo June;;
```

```
    7) echo July;;
    8) echo August;;
    9) echo september;;
    10) echo October;;
    11) echo November;;
    12) echo December;;
     *) echo"Bad argument,nust in range 1 --12" exit 2;;
esac
```

说明：

1）程序执行时先检查用户是否输入了命令行参数，如果没有，则显示用法提示信息。

2）如果命令行参数是数字 1～12，则转换成对应的单词输出，否则显示参数错误信息并以非 0 返回码退出。

参考示例 2：编写一个名为 iden 的程序，执行时由用户从键盘输入字符，程序判定字符的类别。

程序代码：

```
#! /bin/sh -
echo -n Please input a char:
read x
case $ x in
   [0-9]) echo "digit";;
   [a-z]) echo "lowercase letter";;
   [A-Z]) echo "uppercase letter";;
         ?) echo "special character";;
        *) echo "Please type a single character" exit 2 ;;
esac
```

说明：

1）由 read 命令实现键盘输入并向变量赋值。

2）case 语句中的模式用到通配符。[0-9] 表示匹配数字，[a-z] 表示匹配小写字母，[A-Z] 表示匹配大写字母，? 表示匹配特殊字符。

参考示例 3：编写一个名为 menu 的程序，实现简单的弹出式菜单功能。用户能根据显示的菜单项从键盘选择对应的命令。

程序代码：

```
#! /bin/sh -
clear
echo "-------------------------MENU-------------------------"
echo
echo "1. Find files modified in last 24 hours"
echo "2. The free disk space"
echo "3. Space consumed by this user"
echo "4. Exit"
echo
```

```
echo -n "Select:"
read choice
case $ choice in
    1)find $ HOME -mtime -1 -print;;
    2)df;;
    3)du -s $ HOME;;
    4)exit;;
    *)echo "Invalid option"
esac
```

说明：

1）本程序菜单的第一项用于显示/home 目录下的最近 24h 内所有修改过的文件。命令中的 -1 参数是数字“1”，表示一天（24h）。第二项用于检查磁盘空间。第三项用于显示/home 目录下文件的大小，命令中的 -s 选项是为了仅显示总计。第四项用于退出程序。

2）为了使程序美观，用 echo -n 实现输入的选择数字不换行。

3）输入的数字不在 1～4 范围内时，显示无效的选项信息。

4. for 循环语句

在 shell 程序设计中，for 语句格式与其他高级程序设计语言的 for 语句格式相比差别较大。使用 for 循环语句可以实现按指定的次数执行命令列表。

（1）语法格式：

```
for loop_index in arg_lists
do
    commands
done
```

或

```
for loop_index in arg_lists; do
    commands
done
```

其中，*loop_index* 是循环变量，*arg_lists* 是参数列表，do 和 done 之间的部分为循环体，*commands* 是在循环体中要执行的命令列表。该语句将 *arg_lists*（参数列表）中的每个参数依次赋给循环变量 *loop_index*，并依次执行循环体中的语句 *commands*。在循环体中，对循环变量 *loop_index* 的引用形式与其他变量相同。

说明：

1）该循环语句的“初值”“终值”和“步长”均由 *arg_lists* 参数列表设定；如果在 in 后列出 n 个参数，则循环体将执行 n 次。

2）如果 do 不换行，则在其前面必须加“;”分号。

3）for 循环语句中的参数列表允许使用通配符。

4）如果 for 循环语句中不列出循环变量的取值表，即省略 in 和 arg_lists 时，循环变量 *loop_index* 的取值是命令行参数 $ 1、$ 2 等。

（2）参考示例

下面通过几个示例来说明 for 循环语句的具体用法。

参考示例 1：编写一个名为 chname 的程序，将当前目录下所有的 . txt 文件更名为 . doc 文件。

程序代码:

```
#! /bin/sh -
for file in *.txt
do
    leftname='basename $file.txt'
    mv $file $leftname.doc
done
```

说明:

1）Linux 系统中不支持 mv *.txt *.doc 这样的更名命令形式，如果需要将文件成批地更名，最好编写一个 shell 脚本文件。

2）在 for 语句的参数列表中使用了“*”通配符。

3）程序中用到了 basename 命令，该命令从随后的文件名中剥去指定的扩展名。

参考示例 2：编写一个名为 showarg 的程序，执行时输入命令行参数并显示这些参数。

程序代码:

```
#! /bin/sh -
if test $# -eq 0
then
    echo "Usage: showarg argument_list"
    exit 1
fi
for i
do
    echo $i
done
```

说明:

1）如果程序执行时没有输入命令行参数，则提示用法并以非 0 返回码退出。

2）该程序的 for 循环语句没有参数列表，所以将命令行参数逐个赋给循环变量 i，并在循环体中逐个显示。

参考示例 3：编写一个名为 ninenine 的程序，在屏幕上输出九九乘法表。

程序代码:

```
#! /bin/sh -
for i in 1 2 3 4 5 6 7 8 9
do
    for j in 1 2 3 4 5 6 7 8 9
    do
        echo -ne 'expr $i \* $j' "\t"
        if ( test $j -eq 9 ) then
            echo
        fi
    done
done
```

说明：

1）该程序输出的是大九九的乘法表。

2）九九乘法表需要两重循环，所以使用 for 语句的嵌套。

3）为了显示工整，在第一个 echo 命令中使用了格式输出并插入退格字符。

5. while 循环语句

在 shell 程序设计中，while 循环语句是最常用的循环控制语句，它与分支语句等结合使用可以实现许多功能。

（1）语法格式

```
while（test expression）
do
    commands
done
```

或

```
while [ expression ]
do
    commands
done
```

或

```
while [ expression ]; do
    commands
done
```

该语句中，*expression* 是表达式、逻辑表达式或命令执行后的返回码。shell 执行到该循环语句时，先检测 *expression* 的值，若该值为“真”，则执行循环体部分的 *commands* 命令列表，然后继续检测 *expression* 的值；若 *expression* 的值为“假”，则终止循环并执行 done 后面的语句。

说明：

1）语法格式中的圆括号可以省略，而方括号不能省且与 *expression* 间必须有空格。

2）如果 do 不换行，则在其前面必须加“；”分号。

3）这是一种“当”型循环语句，如果 *expression* 在第一次检测时为“假”，则循环体一次都不会被执行。

4）在循环体内一定要有能修改表达式值的语句，否则会造成死循环。

（2）参考示例

下面通过几个示例来说明 while 循环语句的具体用法。

参考示例 1：编写一个名为 putnum 的程序，在屏幕上输出从 10～1 的数字。

程序代码：

```
#! /bin/sh -
count = 10
while test $ count - gt 0
do
    echo $ count
    count = 'expr $ count - 1'
done
```

说明：count 是循环变量，每循环一次，该变量的值减 1。当该值为 0 时，循环结束。

参考示例 2：编写一个名为 testshift 的程序，显示所有传递给程序的命令行参数及编号。

程序代码：

```
#! /bin/sh -
if test -z "$*"; then
    echo "Usage:testshift arg1 arg2 ..."
fi
i=1
while [ -n "$*" ]
do
    echo "parameter number $i $1"
    shift
    i='expr $i\ +1'
done
```

说明：

1）用户如果没有输入命令行参数，则存放命令行参数的变量 * 的字符串长度为 0，程序显示信息提示用户注意用法。

2）由于命令行参数用空格分隔，$ * 的值是包含空格的字符串，所以需要用双引号将其括起来。

参考示例 3：编写一个名为 menu 的程序，除非用户选择退出项，否则每个菜单命令执行后用户按任意键即可实现清屏操作并重新显示菜单。

程序代码：

```
#! /bin/sh -
while true
do
     clear
     echo "--------------------------MENU--------------------------"
     echo
     echo "1. Find files modified in last 24 hours"
     echo "2. The free disk space"
     echo "3. Space consumed by this user"
     echo "4. Exit"
     echo
     echo -n "Select:"
     read choice
     case $choice in
         1)find $HOME -mtime -1 -print;;
         2)df;;
         3)du -s $HOME;;
         4)exit;;
        *)echo "Invalid option"
```

```
        esac
        echo "Press Enter return MENU!"
      read answer
    done
```

说明：

1）本程序在 case 语句参考示例 3 的基础上增加了 while 循环控制。

2）程序中，while 语句表达式的值设为永“真”，则用户只有在选择“退出”选项后才能退出程序。

3）增加一个变量 answer 并通过键盘读值，以便等待用户按 Enter 键后返回菜单。

6. until 循环语句

另一个循环语句是 until，它也是一种常用的循环控制语句。until 语句对编写等待特殊事件发生的程序特别有用。

（1）语法格式

until （**test** *expression*）
do
　　commands
done

或

until [*expression*]
do
　　commands
done

在该语句中，*expression* 是表达式、逻辑表达式或命令执行后的返回码。until 语句和 while 语句在语法和功能上非常类似，都需要反复检测 *expression* 的值以决定是否执行循环体部分的 *commands* 命令列表。until 语句与 while 语句不同的是，在 until 语句中，只有当 *expression* 的值为“假”时才执行 *commands*，一旦 *expression* 的值为“真”，就执行 done 后面的语句。

说明：

1）这也是一种“当”型循环语句，如果 expression 在第一次检测时为“真”，则循环体一次都不会被执行。其他使用规则与 while 语句一样。

2）只要注意到循环条件的不同，它完全可以使用 while 语句替换。

（2）参考示例

下面通过两个示例来说明 until 循环语句的具体用法。

参考示例 1：编写一个名为 athwart 的程序，执行时将输入的命令行参数逆序输出。

程序代码：

```
#! /bin/sh -
if test $# -lt 1
then
    echo "Usage: athwart arg1 arg2 ..."
else
    until test $# -le 0
    do
```

```
            args = "$ 1  $ args"
            shift
        done
        echo  $ args
    fi
```

说明：

1）当有命令行参数输入时，测试表达式 $ # – le 0 的返回值为“假”，所以执行循环体；当所有命令行参数都移位完后，表达式测试为“真”，则结束循环。

2）循环体内的两个语句完成命令行参数的逆序操作。

参考示例 2：编写一个名为 chuser 的程序，执行中每隔 5min 检查指定的用户是否登录系统，用户名从命令行输入；如果指定的用户已经登录，则显示相关信息。

程序代码：

```
#! /bin/sh  -
if test  $ #  – ne 1
then
    echo " Usage: chuser username"
else
    user = "$ 1"
    until who |grep "$ user" >/dev/null
    do
        sleep 300
    done
    echo "$ user has logged on!"
fi
```

说明：

1）如果没有从命令行输入用户名，则测试 $ # – ne 1 为“真”，显示用法提示信息。

2）程序中，until 语句的 expression（循环条件）是 who | grep“$ user”命令执行的返回码，如果没有找到指定的用户名，返回码为非 0（为“假”），则用 sleep 命令暂停执行程序 5min；找到后，返回码为 0（为“真”），则终止循环并显示该用户已经登录的信息。

3）采用重定向到/dev/null 空文件的目的是不显示查找到的用户其他信息。

7. break 语句

在循环语句中，只要循环表达式满足条件，循环将一直进行。而有些时候，当循环体内执行的语句满足某种条件时，希望终止循环的执行，这可以用 shell 中的 break 语句实现。

（1）语法格式

break [n]

其中，n 为可选的命令选项，表示循环的层数。

该语句实现从 for、while 和 until 这 3 种循环语句中退出。当执行 break 语句时，退出当前的循环层，并执行当前循环层 done 之后的命令。如果指定可选项 n，则退出 n 层的循环，n 的值必须大于或等于 1（默认值为 1）。如果 n 的值大于循环层数，则退出所有的循环。

（2）参考示例

编写一个名为 mini99 的程序，在屏幕上输出小九九乘法表。

程序代码：

```
#! /bin/sh -
for i in 1 2 3 4 5 6 7 8 9
do
    for j in 1 2 3 4 5 6 7 8 9
    do
        if (test $ j -le $ i ) then
            echo -ne 'expr $ i\ * $ j' "\t"
        else
            echo
            break
        fi
    done
done
```

执行结果：

```
1
2   4
3   6   9
4   8   12  16
5   10  15  20  25
6   12  18  24  30  36
7   14  21  28  35  42  49
8   16  24  32  40  48  56  64
9   18  27  36  45  54  63  72  81
```

说明：

当内层循环体中 if 语句的表达式测试为“假”时，输出换行并退出内层循环，执行外层 for 循环语句。

8. continue 语句

与 break 语句类似，continue 语句也是用于控制循环执行的。与 break 语句不同的是，当命令选项 n=1 时，它并不退出循环层，而是不执行 continue 语句和 done 之间的语句，但接着进行本层循环检测，并决定是否需要进行下一次的循环。

（1）语法格式

continue [n]

其中，命令可选项 n 的含义是跳过本层 n 次 continue 和 done 之间语句执行，n 的值必须大于或等于 1（默认值为 1）。如果 n 的值大于本层循环次数，则退到顶层循环。同样，continue 语句也用在 for、while 和 until 这 3 种循环语句中，目的是当循环体内的某个条件满足或不满足时结束本次循环。

（2）参考示例

编写一个名为 puteven 的程序，在屏幕上输出 0 到指定数之间的所有偶数。

程序代码：

```
#! /bin/sh -
```

```
echo -n Please input the number:
read num
i=1
while test $ i -le $ num
do
    if test 'expr $ i \% 2' -ne 0
    then
        i='expr $ i\ +1'
        continue
    fi
    echo $ i
    i='expr $ i\ +1'
done
```

说明：

1）从键盘输入指定的数并保存在 num 变量中。

2）在循环体内将循环变量的值做“模”2 操作，判定是否为偶数。如果不是偶数，则只修改循环变量的值并结束本次循环，重新检测循环表达式，否则显示它并修改循环变量的值。如此继续，直到循环结束。

3）本示例说明 continue 语句的用法，也可以不用 continue 语句，而用 if…then…else 语句，其结果是一样的。例如：

```
#! /bin/sh -
echo -n Please input the number:
read num
i=1
while test $ i  -le $ num
do
    if test 'expr $ i\% 2' -ne 0
    then
        i='expr $ i\ +1'
    else
        echo $ i
        i='expr $ i\ +1'
    fi
done
```

8.5.7 函数

在 shell 中，允许用户定义自己的函数，以使程序的可读性更好，代码更紧凑。函数是一组命令的集合。

1. 函数语法

```
func_name ()
{
```

```
    commands
}
```

其中，*func_name* 是被定义的函数名，圆括号是函数的标志，大括号分别表示函数体中命令列表 *commands* 的开始和结束，命令列表 *commands* 是由命令和 shell 语句构成的。

2. 函数调用

调用 shell 函数时只需给出函数名即可（函数名后不能带括号）。其格式为：

```
func_name [par1, par2...]
```

其中，par 为传递给函数的参数，这些参数也将被视为位置参数。

3. 参考示例

编写一个名为 factorial 的程序，从中定义阶乘函数 jc，在程序中递归调用它计算阶乘。

程序代码：

```
#! /bin/sh -
if test $# -ne 1
then
    echo "Usage: factorial argument"
    exit 1
fi
i = $1
x = $1
jc()
{
    i ='expr $i -1'
    x ='expr $x\* $i'
    if test $i -ne 1
    then
        jc
    fi
}
jc
echo $x
```

说明：

1）程序中定义的函数 jc 没有参数，在函数中自己调用自己以实现阶乘的计算。

2）由于数据类型的限制，本程序可以计算到 20 的阶乘。

8.6　模式扫描与处理语言 awk

awk 是一种解释型的程序设计语言，也是命令名。它在信息处理方面有着强大的功能，尤其适合进行文档的修改、配对、抽取、统计和形成各种格式的输出等操作。其处理的效率甚至比 C 语言还高，而代码量却很少。

awk 是根据它的原始设计者的姓氏的第一个字母命名的，其姓名为 Alfred V. Aho、Peter J. Weinberger、Brian W. kernighan。目前，在 CentOS 7 版本下使用的是 gawk，它是 GNU 所改

进的 awk，包含了 awk 的所有功能。下面的参考示例所用的待处理文件名为 awk_test，其内容如下：

NAME	English	Math	Physics	chem
liuDH	100	98	97	67
zhouRF	98	100	76	84
wangQ	90	79	80	98
guoFC	99	56	78	50
zhangXY	87	87	45	75
chenWW	89	96	65	74

8.6.1　awk 语言的基本概念

awk 程序或命令的输入项是指定的待处理文件或标准的输入设备，输入的读取单位被称为“记录”。

1. awk 中的记录与域

awk 将输入的数据分解成记录，默认的记录分隔符是换行符“\n”，即每行一条记录；每个记录又分解为若干个域，默认的域分隔符是空格或制表符（Tab）。用户也可以定义自己的记录和域的分隔符，这可以通过对内部变量 RS 与 FS 的赋值来实现。

在 awk 语言中，以 $0 表示当前整条记录，以 $1 表示其第一个域，以 $2 表示其第二个域，以此类推。NF 是一个内部变量，无论有多少个域，$NF 都可以用来表示一条记录的最后一个域。

2. awk 程序的结构与运行

每个 awk 语句都可以归结为是由一系列的模式与动作构成的，其格式为：

```
pattern {action}
```

其中，pattern 是待匹配的模式，可以是关系表达式、正则表达式、特殊的模式 BEGIN 与 END 等；action 是一组动作，即当读入的数据与 pattern 匹配时所执行的语句或语句序列。awk 支持省略方式，当 pattern 为空时，可匹配任何模式；当 action 为空时，执行默认动作 {print $0}，即显示当前记录。

awk 语言在语法上与 C 语言很相近，这是因为它的许多结构来自于 C 语言。以“#”开始的语句表示注释语句；用“;”分隔语句（有些版本可省略分号，而用空格或换行符），一行可以是一条语句，也可以是多条语句；用“\”表示续行，有些版本也支持以“,”续行。

当写好一个名为 myprog 的 awk 程序时，可以用如下方式运行：

```
$ awk -f myprog [file_list]
```

其中，file_list 是待处理的文件列表，以空格分隔，用户也可以通过输入重定向来输入文件列表中的文件；若不指定文件列表，则从标准输入设备读取数据；awk 程序也可以在添加可执行属性后直接执行。

当 awk 程序的内容简单到只有一两条语句时，也可以将 awk 语句在命令行或 shell 脚本程序中执行：

```
$ awk 'pattern {action}' [file_list]
```

注意：以这种方式运行时，pattern {action} 一定要用单引号括起，否则会出现语法错误。

无论 awk 是从文件还是从标准输入设备读取数据，每次都是读入一个记录，然后比较它是否与第一个模式匹配。如果匹配，则执行指定的动作；如果不匹配，则继续与后续的模式比较是否匹配。当所有的模式都比较完后，再读入下一条记录。如此重复，直到所有的输入数据全部处理结束。

由于 awk 也是命令，所以也有自己的命令选项和参数。加入这些选项和参数后，awk 可以实现更多的功能，例如，-F 选项可以指定域的分隔符等。限于篇幅，这里不再介绍，读者可以通过执行 awk -help 或 man awk 命令查阅。

参考示例：一个 awk_test 文件包含了部分学生的部分课程成绩，请输出与 NAME 域相匹配字符串的所有记录。

输入命令：

```
$ awk '$1=="guoFC" {print $0}' awk_test
```

输出显示：

```
guoFC    99    56    78    50
```

8.6.2 awk 的模式

awk 语言提供的模式（pattern），可以使用户方便地描述待加工的数据，包括关系表达式、正则表达式、BEGIN 与 END、逗号与模式范围、逻辑运算与模式组合、条件运算与模式组合、空（即 pattern 省略）。

1. 关系表达式

有 6 个关系运算符，分别是小于（<）、小于或等于（<=）、等于（==）、不等于（!=）、大于（>）、大于或等于（>=），由它们构成关系表达式，其用法与 C 语言一样。

参考示例：输出 awk_test 文件中 Math 成绩大于或等于 80 分的记录。

输入命令：

```
$ awk '$3>=80' awk_test
```

此时将列出文件中所有 Math 成绩大于 80 分的记录，此处 action 省略。

2. 正则表达式

当要加工数据的提取方式比较复杂时，使用关系表达式就无能为力了。awk 提供了正则表达式来解决，它是一种描述字符串的方法。一个正则表达式用一对斜线（“//”）括起。最简单的正则表达式是用斜线括起的字符串。正则表达式之间的运算符只有两个，它们是匹配（~）和不匹配（!~）运算符，awk 能将它们两边的任意字符串和变量解释为正则表达式。

正则表达式能识别具有特殊含义的字符（元字符）和来自 C 语言的转义字符。

常用的元字符及其介绍见表 8-10。

表 8-10　常用的元字符及其介绍

元　字　符	功　　能	表　达　式	含　　义
^	匹配字符串头的记录	/^a/	匹配以小写字母 a 开头的记录
$	匹配字符串尾的记录	$1~/^C...$/	匹配第 1 个域中以大写字母 C 开头的且只包含 6 个字符的记录
.	匹配任意的单个字符的记录	$2~/9./	匹配第 2 个域中以数字 9 开始且第 2 个为任意字符的记录

（续）

元　字　符	功　　能	表　达　式	含　　义
[ ]	方括号内是一组字符集合，它匹配包含其中的任何一个字符的记录	$ 1 ~/[abc]/	匹配第 1 个域中包含 a、b、c 中任何一个字符的记录
	若方括号内的第一个字符为“^”，则表示补集，匹配不包含其中任何字符（^除外）的记录	/zhou[^A – ES – Z]/	匹配大写字母 F ~ R 中的任何一个字符的记录
	若方括号内使用“ – ”，表示匹配从该符号左边到右边的所有的字符	$ 1 ~/^[a – h]/	匹配第 1 个域中以 a ~ h（包含 a、h）小写字母开头的记录

注意：当要用到斜线、反斜线和以上的元字符本身时前面要加“ \ ”转义。

参考示例 1：将 awk_test 文件第 1 个域中包含 c、l、e 中任意一个字符的记录输出。

执行命令：

```
$ awk '$ 1 ~/[cle]' awk_test
```

参考示例 2：本主机名为 myhost1，某些用户以 telnet myhost1 命令从远程登录，请打印出这些远程登录的用户信息。

输入命令：

```
$ who | awk '$ 6 ~/^\(m/'
```

此时将 who 命令的输出作为 awk 命令的输入，匹配第 6 个域中以（m 开始的记录。

输出显示：

```
xj        pts/3        Jul 22 22:53 (myhost1)
```

参考示例 3：用 ps – ax 命令和 awk 语句输出系统中处于运行和僵死状态的进程。

输入命令：

```
$ ps – ax | awk '$ 3 ~/[^A – QS – Y]/'
```

当用 ps – ax 命令时，状态信息位于第 3 个域，运行态标记为 R、僵死态标记为 Z。

输出可能显示：

```
2073 ?        R      14:33 /usr/X11R6/bin/X :0  – auth /var/gdm/:0. Xauth vt7
2124 ?        Z      0:00 [Xsession <defunct>]
3479 pts/1    R      0:00 ps  – ax
```

以上 3 个参考示例中都省略了 action，即默认为 print $ 0。

3. BEGIN 与 END

BEGIN 和 END 是两个特殊的模式。BEGIN 是在 awk 还未读入任何记录前先要匹配并执行其对应的动作，这个动作通常用来设置变量或打印标题等；而 END 是在读入所有记录后匹配并执行其对应的动作，这个动作通常用于统计数据或输出处理结果。下面通过一个示例说明这两个特殊模式的用法。

参考示例：编写一个名为 prog. awk 的 awk 程序文件，将/etc/passwd 文件中用户 ID 大于或等于 500 的用户信息（用户名、用户 ID、工作目录、登录 shell）输出，并打印表头和统计此类用户的数量。

程序代码：

```
BEGIN { FS = ":"
    printf "%8s %8s %16s %16s",\
    "UserName","User ID","Directory","Login shell" }
    $3 >=500 { printf "\n%8s %8s %16s %16s", $1, $3, $6, $7; sum = sum +1 }
    END{ printf "\nNumber of User: %d\n",sum }
```

注意：这个程序中用 BEGIN 模式所对应的动作对域分隔符变量赋值（“:”）并打印表头；利用用户定义的变量 sum 统计符合要求的记录；用 END 模式所对应的动作来输出统计信息。

执行命令：

```
$ awk -f prog.awk/etc/passwd
```

输出可能显示：

```
UserName    User ID    Directory     Login shell
nfsnobody   65534      /var/lib/nfs  /sbin/nologin
zxj         500        /home/zxj     /bin/bash
xj          501        /home/xj      /bin/bash
lyrc        502        /home/lyrc    /bin/bash
my2         503        /home/my2     /bin/bash
Number of User: 5
```

4. 逗号与模式范围

在 awk 语言中，用逗号分隔的两个模式构成一个模式范围，表示为：

```
pattern1, pattern2 {action}
```

它表示对于 pattern1 与 pattern2 之间（含 pattern1 和 pattern2）的所有记录都执行 action 所规定的动作。

参考示例：将 awk_test 文件中 RF 与 FC 字符串之间（包含 RF 和 FC）的所有记录输出。

输入命令：

```
$ awk '/RF/,/FC/' awk_test
```

输出显示：

```
zhouRF   98   100   76   84
wangQ    90   79    80   98
guoFC    99   56    78   50
```

5. 逻辑运算与模式组合

当需要同时对记录中的多个域进行处理时，可以用圆括号和逻辑运算符将简单的表达式组合成一个复合模式，以达到精确处理数据的目的。

在 awk 语言中，提供的逻辑运算符有与（&&）、或（||）、非（!）。它们的优先级、运算顺序等都与 C 语言一样。

参考示例：为 awk_test 文件中 Math 与 Physics 的分数大于或等于 90 的记录加上标题并输出。

输入命令：

```
$ awk 'BEGIN{} $3 >=90 && $4 >=90' awk_test
```

输出显示：

```
NAME     English   Math   Physics   chem
liuDH    100       98     97        67
```

6. 条件运算与模式组合

这种模式与 C 语言中的?操作符一样，它表示为：

pattern1 ? pattern2 :pattern3

其含义是首先判断 pattern1，如果为真，则 pattern2 会被求值且它的值变成整个表达式的值，否则 pattern3 会被求值且它的值变成整个表达式的值。

参考示例：在 awk l _test 文件中，若 English 的分数大于或等于 90，则输出 Math 也大于或等于 90 的记录，否则输出 Physics 大于或等于 80 的记录。

输入命令：

```
$ awk '$ 2 > =90 ? $ 3 >90: $ 4 >80' awk_test
```

输出显示：

```
NAME      English    Math    Physics    chem
liuDH     100        98      97         67
zhouRF    98         100     76         84
```

8.6.3 awk 的动作

动作定义了如何对数据进行加工处理，即当模式匹配后对所匹配的记录执行的操作语句。动作语句由一对花括号 { } 括起。在 awk 语言中，最常用的动作就是显示和赋值，此外还有算术运算、函数、串操作、流程控制和输入/输出等。

1. 变量与数组

变量包含 3 类：域变量、内部变量和用户变量。8.6.2 小节所用的 $ 0、$ 1、$ 2 等就是域变量，其含义及用法这里不再说明。

（1）内部变量

awk 语言提供了许多内部变量，这里只介绍部分常用的内部变量，见表 8-11。

表 8-11 部分常用的内部变量

变 量 名	含 义	默 认 值
ARGC	命令行中的参数个数	—
ARGV	命令行参数所构成的数组	—
FILENAME	当前输入文件名	—
FNR	当前文件中的当前记录号	—
FS	记录中域的分隔符	空格或 Tab
NF	当前记录所包含域的数目	—
NR	当前已读取的记录数	—
OFMT	数的输出格式	%.6g
OFS	输出结果中的域间分隔符	空格
ORS	输出结果中的记录分隔符	换行符
RS	输入数据中的记录分隔符	换行符
RSTART	由函数 match（）匹配的第一个字符索引	—
RLENGTH	由函数 match（）匹配的串的长度	—
SUBSEP	下标分隔符	\ 034

（2）用户变量

由于 awk 语言是解释型的程序设计语言，所以用户变量不需要先定义，直接使用即可。

（3）数组

与用户变量一样，awk 提供的一维数组和数组元素也不需要先定义，直接使用即可。数组的下标既可以是数字，也可以是字符串。

参考示例 1：编写一个名为 prog2. awk 的 awk 程序，求 awk_test 文件中 liuDH、guoFC 的平均分并输出，要求用数组统计分数并用名字做数组下标。

程序代码：

```
BEGIN { I=0;J=0 }
/liuDH/{ total["liuDH"] = $2+$3+$4+$5; I+=4 }
/guoFC/{ total["guoFC"] = $2+$3+$4+$5; J+=4 }
END {print "Average of liuDH:",total["liuDH"]/I
        print "Average of guoFC:",total["guoFC"]/J }
```

执行命令：

```
$ awk -f prog2. awk awk_test
```

输出显示：

```
Average of liuDH: 90.5
Average of guoFC: 70.75
```

参考示例 2：编写一个名为 prog3. awk 的 awk 程序，求 awk_test 文件中 Math 课程各个分数段的人数并输出，要求用数组统计分数并用数字做数组下标。

程序代码：

```
/[0-9]/ &&
$3>=90 { fraction[1]++ }
$3>=80 && $3<90 { fraction[2]++ }
$3>=70 && $3<80 { fraction[3]++ }
$3>=60 && $3<70 { fraction[4]++ }
$3<60 { fraction[5]++ }
END {print "Number of people above 90:",fraction[1]
      print "Number of people in [80,90):",fraction[2]
      print "Number of people in [70,80):",fraction[3]
      print "Number of people in [60,70):",fraction[4]
      print "Number of people below 60:",fraction[5] }
```

执行命令：

```
$ awk -f prog3. awk awk_test
```

输出显示：

```
Number of people above 90: 3
Number of people in [80, 90): 1
Number of people in [70, 80): 1
Number of people in [60, 70):
Number of people below 60: 1
```

2. 算术运算

awk 语言能进行整数和浮点数的算术运算，并且以浮点数的形式完成。它包含的运算符有赋值运算（：=）、加（+）、减（-）、乘（*）、除（/）、取余（%）、幂运算（^）等。同样，支持增量运算符（++ 和 --），也识别简写运算符（+=、-=、*=、/=、%=和^=）。这些运算的规则及优先级都与 C 语言一样。

此外，awk 语言还提供一些与 C 语言类似的内置常用数学函数，常用数学函数见表 8-12。

表 8-12　常用数学函数

函　　数	功　　能
atan2(y,x)	返回 y/x 的反正切值，值域为［-Π，Π］
cos(x)	返回 x 的余弦值，x 的单位应为弧度
exp(x)	返回 x 的幂函数值
int(x)	返回 x 的整数部分
log(x)	返回 x 的自然对数（即 ln），x 应为正数
rand()	产生（0，1）内平均分布的随机数
sin(x)	返回 x 的正弦值，x 的单位应为弧度
sqrt(x)	返回 x 的平方根，x 应为非负
srand(x)	将随机数发生器 rand()的种子置为 x

参考示例：用 awk 命令产生 5 个 0 ~ 100 之间的随机整数。

执行命令：

```
$ awk 'BEGIN { for(i=1;i<=5;i++) Print int(101*rand())}'
```

3. 串操作与串函数

用双引号括起来的若干字符构成一个字符串常量，简称为串。在 awk 语言中用正则表达式描述串更方便、灵活。可以通过对字符串常量、变量、数组元素、函数和其他表达式的串接及组合来创建一个新串，也可以通过分解、替换等操作将一个串变为多个或一个新串。这种串的变换过程称为串操作。

为了方便串操作，awk 语言提供了一些常用的内置串函数。为了便于说明串函数的功能，以 a 表示数组，l 和 p 表示整数，r 表示正则表达式，s 和 t 表示字符串。部分常用的串函数见表 8-13。

表 8-13　部分常用的串函数

串 函 数	功　　能
gsub(r,s)	将当前记录中的所有 r 替换成 s，并返回替换数
gsub(r,s,t)	将 t 中的所有 r 替换成 s，并返回替换数
index(s,t)	返回 s 中 t 出现的位置，未出现返回 0
length(s)	返回 s 的长度
match(s,r)	返回 s 中 r 出现的位置，未出现返回 0；它总是与最左侧、最长的串匹配
split(s,a)	用域分隔符将 s 分成若干个子段，并将这些子段依次存入数组 a 中
split(s,a,r)	用 r 作为 s 的子段分隔符，并将这些子段依次存入数组 a 中

（续）

串　函　数	功　　能
sprintf(frm,list)	返回按 frm 格式的用 list 生成的新串
sub(r,s)	将当前记录中的第一个 r 替换成 s，返回被替换的字符数
sub(r,s,t)	将 t 中的第一个 r 替换成 s，并返回被替换的字符数
substr(s,p)	返回从位置 p 开始到 s 末尾的串
substr(s,p,l)	返回 s 中从位置 p 开始，长度为 l 的子串
tolower(s)	将 s 中的大写字母改为小写并返回
toupper(s)	将 s 中的小写字母改为大写并返回

参考示例 1：将字符串“axbycz”中满足正则表达式/［abc］/要求的内容替换成“xyz”，并查看替换数。

执行命令：

```
$ awk 'BEGIN{print gsub(/[abc]/,"xyz","axbycz")}'
```

命令执行后显示替换了 3 个字符。

参考示例 2：返回字符串“This is a test”中从位置 11 开始的长度为 4 的子串。

```
$ awk 'BEGIN{ print substr("This is a test",11,4)}'
```

命令执行后显示“test”子串。

4. 串与数的转换

变量和表达式既可以是数，也可以是串。awk 语言能根据上下文确定它读取的是数值还是串值，并进行自动的转换。在 awk 语言中，未被初始化的变量值为数值 0 或空串“”，但是不存在的域变量只有串值“”。下面通过若干示例语句说明这种转换。串与数的转换示例语句见表 8-14。

表 8-14　串与数的转换示例语句

awk 语句	说　　明
Temp += $3	由于做算术运算，所以 Temp 和 $3 都取数值
print $1" --" $2	由于是串接，所以 $1 和 $2 都取串值
x = y	x 将成为 y 的类型
$1 == $2	当 $1、$2 都是数值时按数值比较，否则强制转换成串后再比较
Num""	由于是与空串进行串接，所以会将 Num 强制转换成串
Str + 0	由于做算术运算，所以会将 Str 强制转换成数值

5. 控制语句

在 awk 语言中，提供了一些控制语句，利用它们可以在动作中更加方便地处理数据。这些控制语句有 if - else、while、do - while、for、break、continue 等，它们的语法规则和使用注意事项与 C 语言基本一样。此外，还有一些同名但功能不同的语句（如 delete 语句），或同名且功能相近但用法不同的语句（如 exit 语句），或同名但有另一种用法的语句（如 for 语句）。

在 awk 语言中，for 循环语句还有另一种形式，它非常适合于存取数组中的各个元素，其语法格式为：

```
for (var in array)
    statement
```

该语句中 in 是关键字，var 是循环变量，每次从数组 array 中取一个元素赋给 var，循环体 statement 执行一次，循环次数取决于数组元素的个数。

在 awk 语言中，exit 语句是同名且功能相近但用法不同的语句。其语法格式为：

```
exit [expression]
    {statements}
```

执行该语句时不但废弃对当前记录的处理，而且也不再继续读入新的记录，此时，如果 awk 程序中有 END 动作，则执行该动作，然后退出；如果 awk 程序中没有 END 动作，则立即退出。

在 awk 语言中，delete 语句是同名但功能不同的语句。其语法格式为：

```
delete array [index]
```

此时将删除数组 array 中下标为 index 的元素。

```
delete array
```

此时将删除数组 array。

6. 自定义函数

许多 Linux 版本中的 awk 语言都允许用户自己定义函数。函数的定义可以放在 awk 程序的任何地方，但有些版本规定它必须出现在调用该函数的所有语句之前。调用自定义函数与调用内置函数的方法一样。

自定义函数的格式：

```
function name (parameter_list) {
    statements}
```

其中，**function** 为关键字，name 为函数名，parameter_list 为参数列表，参数间以逗号分隔，statements 为 awk 的语句。

参考示例：在 prog4. awk 程序中自定义一个名为 myqsum 的函数，实现二次方和的计算。

程序代码：

```
BEGIN{i=2;j=3;print "Quadratic_sum =", myqsum (i, j)}
function myqsum (x, y)
{
    Quadratic_sum = x * x + y * y
    return Quadratic_sum
}
```

执行命令：

```
$ awk -f prog4. awk
```

结果将显示 Quadratic_sum = 13。

8. 6. 4 awk 的应用实例

1. 应用实例 1

用 awk 语言编写一个名为 prog5. awk 的程序，实现让超级用户或具有权限的系统管理员检查系统中的哪些用户没有口令，哪些用户具有相同的用户号，并输出他们的用户名，以及相关的没有口令的用户信息和用户号相同的用户信息。这个检查是通过对/etc/passwd 文件的信息处理来完成的。

程序代码：

```
BEGIN {uid[void] = ""}                #告诉 awk，uid 是一个数组
```

```
{
    dup = 0                          #未给出任何模式，因此任何记录都是匹配的
    split( $ 0,fields,":")           #用“:”分解为若干个域并存入数组 fields 中
    if(fields[2] = = "")             #检查用户是否没有口令
    {
        if(fields[5] = = "")         #检查用户全名是否为空
            print fields[1] "has no passwd. "
        else
            print fields[1] " ("fields[5]") has no passwd. "
    }
    for(name in uid)                 #用 for 循环检查存储用户号的 uid 数组
    {
        if(uid[name] = =fields[3])#判断用户号是否与其他用户的相同
        {
            print fields[1] "has the sname UID as "name ":UID = "uid[name]
            dup =1                   #相同，dup 置 1
        }
    }
    if(! dup)                        #将新用户号加入数组 uid 中
    {
        uid[fields[1]] =fields[3]
    }
}
```

执行程序：

```
$ awk -f prog5. awk/etc/passwd
```

2. 应用实例 2

用 awk 语言编写一个名为 prog6. awk 的程序，实现从键盘上输入一段英文语句，以 Ctrl + d 结束输入后统计每个单词出现的频度并以逆序排列显示。

程序代码：

```
{
    for (w =1;w < =NF;w ++ )
        count[ $ w]++
}
END{
        for(w in count)
        print count[w],w | "sort -nr"
    }
```

执行程序：

```
$ awk -f prog6. awk
```

习　题　8

1. 练习 vi 编辑器的使用并熟练掌握。

2. 简要说明 shell 的功能。常用的 shell 有哪些？

3. 查看系统 PATH 环境变量，了解可执行文件的路径信息。

4. 如何实现用系统当前日期和时间作为第一级提示符？

5. 如何实现用 alias 命令将 cp 命令设置别名为 copy？

6. 简要说明 shell 程序的结构。

7. 简要说明运行 shell 脚本程序的几种方法。

8. 如果希望编写的脚本程序在任何一个目录下都能直接执行（输入程序名后按 Enter 键），则应该如何处理？

9. 命令清单由哪些符号连接命令或命令列表？使用它有何好处？

10. 将字符串赋给变量时需要注意哪些问题？

11. 变量的赋值方式有几种？各用在哪些场合？

12. 写出几个与命令行参数有关的变量，并简要说明如何引用。

13. 以下 shell 脚本文件存在什么错误？

```
echo whatmonth is this?
read $ month
echo $ month is as good a month as any.
```

14. 正则表达式/[cle]/与/cle/有何区别？

15. 指定域的分隔符有几种方式？它们分别如何使用？

16. 编写一个 shell 程序，输出 1～10 的二次方和三次方对照表。

17. 编写一个名为 reverse 的 shell 程序，将输入的若干个命令行参数以逆序输出。

18. 用其他循环语句编程实现第 17 题的功能。

19. 简要说明 break、continue 和 exit 语句的区别。

20. 编写一个 shell 脚本程序，它能根据输入的命令行参数采取不同的动作：如果是目录，则列出该目录中的文件；如果是可执行的文件，则用 shell 执行；如果是可读的文件，则分屏显示其内容。

21. 编写一个求二次方和求三次方的函数，在 shell 程序中调用它实现第 16 题的功能。

22. 编写一个弹出式菜单的 shell 程序并实现其简单的菜单功能，效果如图 8-3 所示。

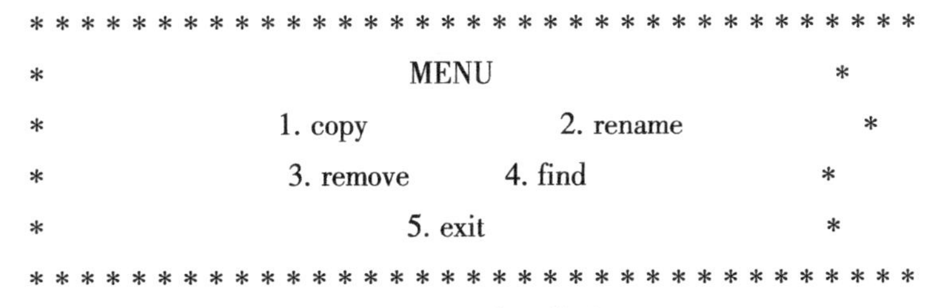

图 8-3　习题 22 效果

用户按下数字 1，则提示用户输入源文件名和目的文件名后执行复制操作；输入数字 2，则提示用户输入要更名的文件名或目录名后执行更名操作；输入数字 3 和 4 分别执行删除和查找操作；输入数字 5，则退出该菜单 shell 程序的执行。

23. 建立一个班级通讯录文件，输入每个同学的姓名、学号、电话、宿舍号、住址等信息，再设计一个脚本（shell）程序，要求能实现以下功能：

1）在屏幕上显示当前所有同学的记录；

2）在屏幕上显示当前所有同学（经过格式化和排序的）的记录；

3）只在屏幕上显示姓名和学号；

4）只在屏幕上显示（经过格式化和排序的）姓名和学号；

5）查询并显示特定同学的记录；

6）往通讯录文件里增加新的用户记录；

7）从通讯录文件里删除某个用户记录。

24. 在 shell 程序中使用 awk 语言实现第 23 题的功能。

第 9 章　网 络 应 用

Linux 系统自诞生之日起就与 Internet 有着密切的关系：一方面，Linux 的开发者和使用者通过 Internet 交流信息，不断地促进 Linux 的发展和壮大；另一方面，Linux 系统本身又可以用于构建各种连接到 Internet 的网络。

Linux 作为开放、免费的操作系统，以其良好的多任务性、稳定性和安全性在网络服务器领域占有越来越大的市场份额。目前，Linux 操作系统已大量应用于企业的邮件服务器、Web 服务器和网络安全服务器。有理由相信，随着 Linux 系统的不断改进与完善，在其他功能服务器的应用也会越来越多。

9.1　网络应用基础

9.1.1　计算机网络的概念

计算机网络是以信息交换、资源共享或协同工作为目的，由各自具有自主功能而又通过各种通信手段相互连接的计算机组成的复合系统。现代计算机网络由通信子网和资源子网组成。通信子网由接口报文处理机（IMP，即交换机或路由器等网络设备）通过通信线路相互连接，负责完成资源子网中计算机之间的数据通信任务；资源子网中的计算机通过通信子网互联，它们运行用户应用程序，向网络用户提供可共享的软/硬件资源。

协议是相互通信的计算机之间应该共同遵守的一个约定。根据此约定，彼此间才能理解传送信息的内容、识别信息的表示形式和各种环境下的应答信号。协议按功能分为若干层次。在计算机网络中，如何划分层次以及各层采用的协议总和构成网络的体系结构。

位于不同网络体系结构中的计算机，由于协议划分的层次不同，它们之间是不能互联通信的，这就造成了由许许多多的计算机网络组成的资源孤岛，影响了更大范围内的系统资源共享和信息的交流。国际标准化组织（International Standards Organization，ISO）于 20 世纪 80 年代颁布了称为开放系统互联参考模型（Open System Interconnection Basic Reference Model，OSI/RM）的国际标准 ISO 7498。该开放系统互联参考模型打破了过去只能由同种计算机互联的限制。

各个资源子网中的计算机并非都是同构的，即它们可能存在硬件体系结构和软件操作系统上的差异。但是当有了统一的网络体系结构标准后，只要计算机遵循相同的国际标准化协议，就能使不同的计算机方便地互联在一起。

1. OSI 参考模型

OSI 参考模型按计算机网络通信的组织和实现分为 7 个层次，每层都规定了各自的功能，各层的具体协议由其他国际标准给出，它们都属于 OSI 基本标准集。各层协议共同构成一个完整的协议栈。OSI/RM 的层次结构如图 9-1 所示。

在 OSI 参考模型的层次结构中，资源子网中的主机包含 7 层，而通信子网中的 IMP 可以为两层（物理层、数据链路层）或 3 层（物理层、数据链路层和网络层）。对等层之间依据各自的协议进行虚通信，在物理介质上才进行实通信。位于资源子网的发送方主机在发送信息时，将信息逐层向下传递并加上相应的控制信息，通过物理介质传递到接收方主机；接收方主机在收到信息后逐层向上传递并去除相应的控制信息，最后传给应用层进程。各层的主要功能介绍如下。

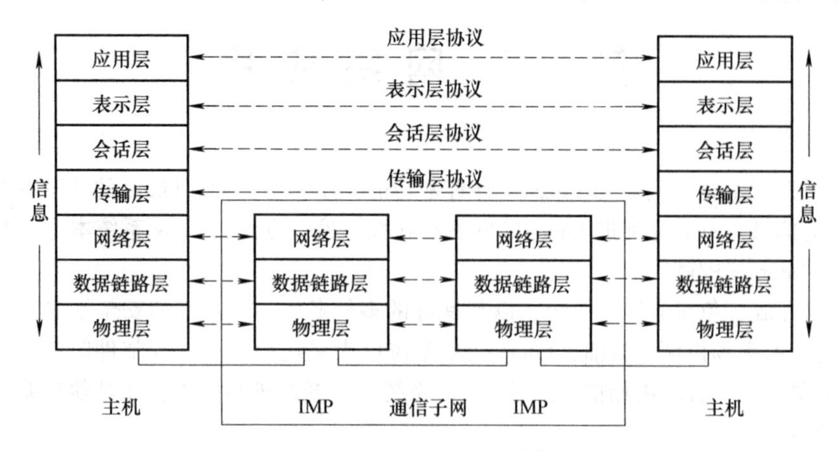

图 9-1　OSI/RM 层次结构

（1）物理层

该层可实现在通信线路的物理介质上传输二进制信息。它规定了物理链路的机械特性（如连接器的形状、大小、针数或孔数以及排列方式等）、电气特性（如信号电平、阻抗、负载要求、传输速率和连接距离等）、功能特性（如接地线、数据线、控制线和定时线等）、规程特性（如信号线之间的相互关系、动作顺序及维护测试操作等）。

（2）数据链路层

原始的物理连接在传输数据时，容易受到外界干扰而导致数据错误。数据链路层的主要功能就是将原始的物理连接改造成无差错的数据链路，通过数据错误检测、信息确认和反馈重发等手段实现数据的正确传输。另外，该层还要将物理层的二进制信息组合成数据帧以及信息传输的流量控制。

（3）网络层

网络层的主要功能就是确定信息从某台源主机传送给另一台目标主机时的路径选择，即网络路由（Routing）。此外，它还要完成数据的分组和组装、拥塞控制，以及处理异构网络间信息寻址方式和分组长度的不同，完成不同协议之间的转换。

（4）传输层

传输层是主机到主机的层次。传输层的主要功能是提供从发送端到接收端透明优化的数据传输服务，以及处理端到端之间数据传输的差错恢复和流量控制。此外，该层还要根据信息吞吐量或传输费用情况，采用分流或复用技术，负责建立网络连接，在信息传输完成后拆除网络连接。

（5）会话层

会话层是进程到进程的层次。会话层的主要功能是负责处理不同主机上各种进程间的会话，即不同主机进程之间的对话，包括会话的建立、控制和关闭。相应提供的服务包括交互控制（如会话方式是半双工还是全双工）、同步控制（如在传输的数据流中插入同步点，一旦发生传输错误，则从同步点再开始传输）、异常报告（如发生本层不可处理的错误向上层报告）。

（6）表示层

表示层的主要功能是在计算机内部的数据表示形式与网络通信中采用的标准表示形式之间转换。表示层关心的是数据的格式，而不是数据的含义，只要能完成不同数据格式之间的转换即可。它主要涉及以下几个方面：传输数据的格式、解释规则、控制信息、表示层错误处理、各种数据类型和数据结构的表示方法、数据编码和转换、数据加密与压缩等。

(7) 应用层

应用层的主要功能是为用户应用程序提供网络服务，包括事务服务、文件传输、远程作业、电子邮件、网络管理等。此外，应用层还要识别并保证通信双方的可用性，负责协同工作的应用程序之间的同步，保证数据完整性控制等。

2. TCP/IP 参考模型

美国国防部高级研究计划局（ARPA）提出的 ARPAnet 最终发展成了 Internet。Internet 不是一个单一的网络，而是网际网，是由许多网络互联而成的。它导致新的网络协议族 TCP/IP 的出现。虽然 TCP/IP 协议族不是 OSI 标准，但却是目前最流行的商业化协议，也是事实上的国际工业标准。有了 TCP/IP 协议族后，出现了 TCP/IP 参考模型。到现在为止，TCP/IP 协议族共有 6 个版本，它的网络层 IP 一般称为 IPv4；版本 5 虽然是基于 OSI 模型提出的，但由于层次变化大，预期的代价高，因而没有形成标准；版本 6 对网络层的几个协议做了改动，它的网络层 IP 一般称为 IPv6。

与 OSI 参考模型一样，TCP/IP 参考模型也是层次结构，它与 OSI 参考模型的对应关系如图 9-2所示。

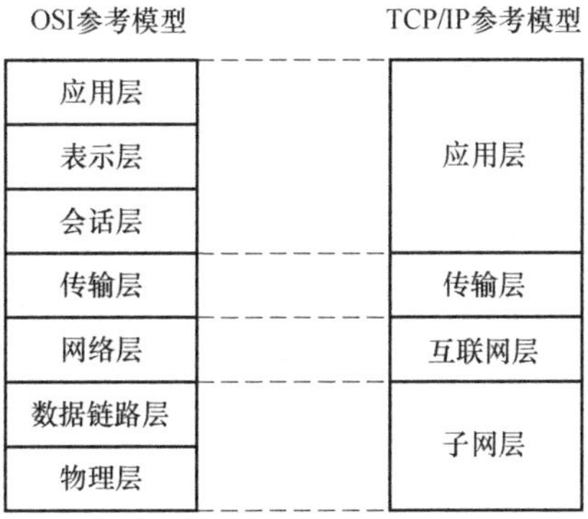

OSI参考模型	TCP/IP参考模型
应用层	应用层
表示层	
会话层	
传输层	传输层
网络层	互联网层
数据链路层	子网层
物理层	

图 9-2 TCP/IP 参考模型与 OSI 参考模型的对应关系

TCP/IP 参考模型分为 4 个层次，从上到下分别是应用层、传输层、互联网层和子网层。应用层包含的主要协议有 SMTP、FTP、DNS 和 TELNET 等；传输层包含的主要协议有 TCP 和 UDP；互联网层包含的主要协议有 IP、ARP、RIP 和 ICMP 等；子网层并没有具体规定运行的协议，任何一种通信子网，只要其上的服务可以支持 IP，都可以接入 Internet，并通过它互联。各层的主要功能介绍如下。

(1) 子网层

子网层位于 TCP/IP 参考模型的最底层，它对应于 OSI 参考模型的物理层、数据链路层和网络层低层部分。该层负责通过网络发送和接收 IP 数据报，理解主机接入网络时所使用的各种协议，如以太网、令牌环网或分组交换网协议等。

(2) 互联网层

互联网层位于 TCP/IP 参考模型的第三层，它对应于 OSI 参考模型的网络层高层部分。该层主要负责处理来自传输层的分组发送请求（如将分组添加报头组装成数据报，选择发送路径等），处理接收的数据报（如对收到的数据报检查目的地址，并根据是要转发还是提交上层进行相应的处理），处理互联的路径、流量控制和拥塞控制问题。该层的 IP 是一种不可靠、无连接的数据报传输服务协议，它无法保证传输的数据报不丢失、不破坏、不重复或不乱序。

（3）传输层

传输层位于 TCP/IP 参考模型的第二层，它对应于 OSI 参考模型的传输层。该层主要负责互联网络中源主机与目标主机的对等实体之间的通信。这种通信可以是基于连接的，也可以是基于无连接的。这两种通信之间的区别在于是否跟踪数据，是否确保数据发送到目标。该层的两个主要协议是传输控制协议（TCP）和用户数据报协议（UDP）：前者是基于连接的，能提供可靠的数据传输；而后者是基于无连接的，不能确保数据传输的正确性。

（4）应用层

应用层位于 TCP/IP 参考模型的第一层，它对应于 OSI 参考模型的应用层。在 TCP/IP 参考模型中，对 OSI 参考模型的表示层和会话层没有对应的协议。该层的主要功能是为用户应用程序提供网络服务，它包含了所有的高层协议。

9.1.2　IP 地址、端口与域名系统

Internet 上的每个主机或路由器都有一个 32 位的地址，该地址唯一标识了这台主机或路由器，这个地址就是 IP 地址。通常，IP 地址采用点分十进制表示，即 IP 地址写成 4 个十进制数，相互之间用小数点分隔，每个十进制数（0～255）表示 IP 地址的一个字节。例如，32 位十六进制地址 0XC0A8010A 可以写为 192.168.1.10。

有了 IP 地址，Internet 上的路由器会分析各个数据包，并根据 IP 地址进行路由选择，因此把数据包顺利地传送到目的主机是没有问题的。但是，计算机系统中有许多进程正在同时运行，目的主机要把接收到的数据包传送给哪一个进程是个问题，引入端口机制便可解决。比如，把 IP 地址看成一个大单元房的地址，那么该单元房内的每个房间就可以看成一个端口。计算机操作系统会根据通信协议，对那些与外界通信有交流需求的进程分配协议端口（Protocol Port）。每个协议端口都有一个编号，由一个正整数标识，称为端口号，例如，21 为 FTP 服务的端口号，80 为 HTTP 服务的端口号等。当目的主机接收到数据包后，根据报文控制信息中的目的端口号把数据转发至该端口，而与此端口相对应的那个进程将会收到数据。

虽然 IP 地址作为网络设备的唯一标识，可以确保将 IP 分组从源主机发送到目标主机，但是对于普通用户而言，要访问 Internet 上庞大的主机资源，IP 地址实在太多，而且难以记忆。为了解决这个问题，在 Internet 中一般为每台主机指定一个容易记忆的名字，这个名字就称为域名。域代表网络上的群体或组织，而域名是域的名字。

1. IP 地址格式

每个 IP 地址都由网络号和主机号组成，其中，网络号标识主机所在的网络，而主机号标识该网络中的主机。32 位的 IP 地址有 5 种格式，即 A、B、C、D、E 这 5 类地址，它们的格式如图 9-3所示。

每类地址都规定了网络号和主机号的位数，因此，也就规定了每类地址中网络的个数和每个网络中主机的台数，这样地址分类可以适应不同网络规模的需求。由于 D 类地址仅用于定义多点广播或多播地址，而 E 类地址保留供将来使用，所以实际网络只使用 A、B、C 这 3 类地址。

另外，在这 3 类地址中并不是所有的地址都可以使用，有些网络号或主机号为全 0 或全 1 的地址具有特殊意义，因此必须保留，而不能分配给主机或路由器使用，这些 IP 地址如图 9-4 所示。

（1）A 类地址

特点：二进制地址的第一位为 0，适用于网络数少而主机数多的场合。

网络地址数：126。

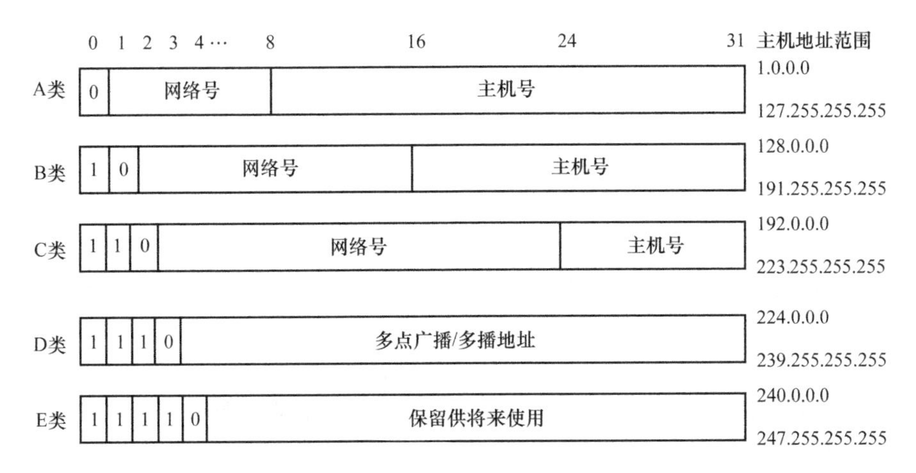

图 9-3 IP 地址格式

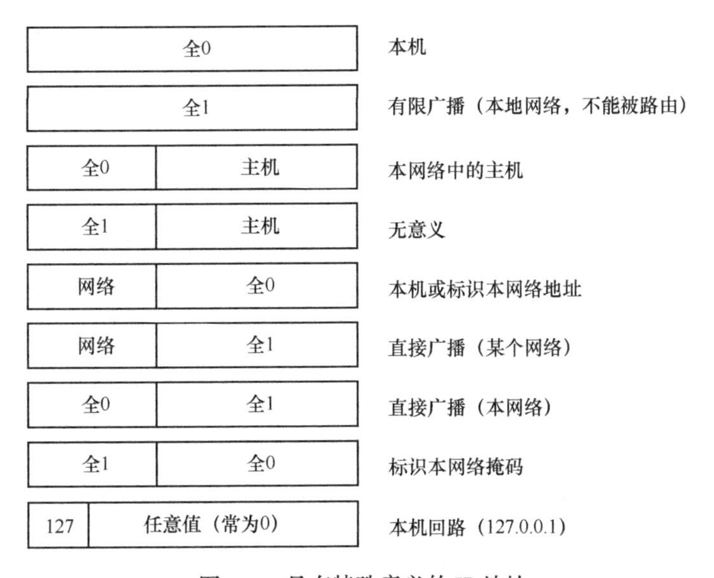

图 9-4 具有特殊意义的 IP 地址

网络主机数：16777214。

主机总数：2113928964。

由以上内容可见，A 类地址适用于有大量主机的大型网络，但是一个组织一般没有如此多的主机，因此可能造成许多 IP 地址的浪费。

（2）B 类地址

特点：二进制地址的前两位为 10，适用于网络数与主机数都较多的场合。

网络地址数：16382。

网络主机数：65534。

主机总数：1073577988。

B 类 IP 地址适用于一些国际性的大公司与政府组织机构，但与 A 类地址存在的问题类似，一个组织较少有 65534 台的主机，因此也存在 IP 地址浪费的问题。

（3）C 类地址

特点：二进制地址的前两位为 11，第三位为 0，适用于网络数多而主机数少的场合。

网络地址数：2097150。

网络主机数：254。

主机总数：532676100。

C 类地址适合于大多数的单位或组织使用。

2. 域名系统

域名系统（Domain Name System，DNS）是一种按群体或组织划分层次结构的网络设备命名服务系统。域名系统采用层次结构，将 Internet 划分为多个顶级域，并为每个顶级域规定了通用的顶级域名。顶级域按性质和地域来划分。以性质划分的顶级域有 . com（商业组织）、. edu（教育机构）、. gov（政府部门）、. mil（军事部门）、. net（网络支持中心）、. org（非营利性组织）、. int（国际组织）等，这些顶级域由全球统一的几个机构进行管理和解析，这类域名也称为国际域名。以地域划分的顶级域有 . cn（中国）、. jp（日本）、. au（澳大利亚）、. uk（英国）、fr（法国）、. ca（加拿大）等，它主要根据国家和地区来划分，由各地域指定机构管理和解析。. cn 下的这类域名通常称为国内域名。

各个顶级域管理机构为它们所管理的域分配二级域名，并将二级域名的管理权限授予其下属的管理机构。中国互联网信息中心（CNNIC）负责管理我国的顶级域，我国也是根据性质和地域来划分二级域名的。

（1）Internet 域名规则

由于 Internet 采用树形层次结构的命名方法，所以任何一个连接到 Internet 的主机都有一个唯一的域名。在 Internet 上，主机域名的排列规则是低层域名在前，它们所属的高层域名在后。主机域名的一般格式为：

……. 四级域名 . 三级域名 . 二级域名 . 顶级域名

（2）DNS 的功能

数据在网络上传输时使用的还是数字格式的 IP 地址，所以在传送数据前要将域名转换成相应的 IP 地址。另外，为了便于阅读系统日志及进行安全管理，有时也需要将 IP 地址转换成域名。DNS 主要有以下两个功能。

1）正向解析。将域名转换成数字格式的 IP 地址，以便网络应用程序能正确地找到要连接的目标主机。

2）反向解析。将数字格式的 IP 地址转换成域名，以便于阅读系统日志文件或限制连接来源的权限。

9.1.3　子网与超网

随着局域网数量和连接 Internet 的需求飞速增长，早期 Internet 的编址方案已经无法满足人们的需要。例如，一个单位在早期主机数量较少时分配到的是 C 类地址，但是当其主机超过 254 台时，就需要申请 B 类地址，而 B 类地址比 C 类地址少得多，显然无法满足大量单位的需求，而且当主机数远小于 65534 时会造成许多 IP 地址的浪费。另外，分配的 IP 地址越多，全球路由表就变得越大，网络路由器的工作效率就越低。为了解决这些问题，人们提出了子网和超网的概念。

1. 子网

所谓子网（Subnetting），就是将一个大的网络划分成若干个较小的网络。每个小网络称为子网，每个子网都有自己的子网地址。这实际上是将由网络号和主机号组成的 A、B、C 类地址的二层结构改造成三层结构，即划分子网后各类的 IP 地址由网络号、子网号和主机号组成。同一个子网中的主机必须使用相同的子网号，而子网号也不允许是全0或全1。子网技术对外部的Internet而言是透明的，只有本地的路由器才知道子网的存在，因此，Internet中的路由器不会转发那些目的地址为子网IP地址的分组，而用户却可以更加方便、灵活地分配IP地址空间。

（1）子网掩码

当一个分组到达Internet上的路由器时，路由器必须确定该分组要转发到哪个路由器或网络，因此必须确定网络号，掩码就是要达到从IP地址中区分网络号的目的。如果不划分子网，则掩码称为网络掩码。根据网络掩码的规则，IP地址中用二进制表示的网络号置1，主机号置0，所以A类地址的网络掩码点分十进制表示是255.0.0.0，B类地址的网络掩码是255.255.0.0，C类地址的网络掩码是255.255.255.0。这些网络掩码也可以简洁地用连续多少个1来表示，分别记为/8、/16、/24。如果划分子网，则掩码称为子网掩码。它除了区分网络号外还要能区分出子网号，以便将分组转发到目的子网。IP规定：IP地址中用二进制表示的网络号和子网号置1，主机号置0。

例如，一个B类地址的网络分为8个子网，则由原16位的主机号让出前3位作为子网号，主机号用13位表示。根据子网掩码的规则，该子网掩码的二进制表示是11111111.11111111.11100000.00000000，其中带有下画线的部分对应子网号，该子网掩码的十进制表示是255.255.224.0或简记为/19。

（2）掩码运算

掩码运算就是从IP地址中获取网络号和子网号，具体的操作是将IP地址与掩码按位做“逻辑与”运算。例如，一个B类地址的网络分为8个子网，某IP地址为155.223.48.7，子网掩码为255.255.224.0，经过掩码运算得到这个IP地址的网络地址是155.223.32.0，该网络地址的网络号为155.223，子网号为1，具体运算过程如下所示。

IP地址：155.223.48.7　　10011011.11011111.00110000.00000111

子网掩码：255.255.224.0　　11111111.11111111.11100000.00000000

网络地址：155.223.32.0　　10011011.11011111.00100000.00000000

如果不划分子网，则网络掩码为255.255.0.0，经过掩码运算后得到的网络地址为155.223.0.0，网络号就是155.223。

2. 超网

在Internet中，C类地址的网络数多达两百多万个，而主机地址数太少；B类地址的主机数太多，而网络数很少。因此，在实际应用中提出了无类路由技术（Classless Inter - Domain Routing，CIDR）。该技术抛弃了IP地址类的边界，ISP（Internet服务提供商）在分配地址时给用户一组连续（2^n）的C类地址（或者地址块），子网掩码可以把小的网络归并成一个大的网络。

因此，所谓超网（Supernetting），就是将若干个连续的C类网络合并成一个较大的逻辑网络。例如，某单位需要2000个IP地址，如果为其分配一个B类地址，则造成大量地址空间的浪费；而分配8个连续的C类地址，即可合并成一个满足需要的较大网络。假设分配的8个连续C类地址如下：

192.16.128.0　（11000000.00010000.10000000.00000000）　C类地址1

192.16.129.0　（11000000.00010000.10000001.00000000）　C类地址2

192.16.130.0　（11000000.00010000.10000010.00000000）　C类地址3

192.16.131.0　（11000000.00010000.10000011.00000000）　C类地址4

192.16.132.0　（11000000.00010000.10000100.00000000）　C类地址5

192.16.133.0　（11000000.00010000.10000101.00000000）　C类地址6

192. 16. 134. 0　（11000000. 00010000. 10000110. 00000000）　C 类地址 7

192. 16. 135. 0　（11000000. 00010000. 10000111. 00000000）　C 类地址 8

由于是连续的 8 个 C 类地址，所以前 21 位是完全相同的，即 11000000. 00010000. 10000，这相当于将 32 位的 IP 地址分成 21 位的网络部分和 11 位的主机部分，这 8 个 C 类地址可以用超网地址表示：

192. 16. 128. 0　（11000000. 00111100. 10000000. 00000000）　超网地址

该超网的掩码表示为：

255. 255. 248. 0　（11111111. 11111111. 11111000. 00000000）　超网掩码

对于外部 Internet 路由器，只知道该单位的超网地址，而在该单位内部，可以根据实际需要划分内部的若干子网，这样主干路由器上的路由表变得简洁，路由效率大大提高。

9. 2　网络配置文件与配置方法

在 Linux 系统中，各种网络服务功能与网络配置文件和配置方法有很大的关系，因此必须了解网络配置文件的内容和网络配置的方法。

9. 2. 1　网络配置文件

网络配置文件有许多类型，包括服务器的网络配置文件和基本的网络配置文件等。这里仅介绍基本的网络配置文件。

1. /etc/hosts 文件

/etc/hosts 文件也称为主机表，它的作用是为用户提供简单、直接的主机名称到 IP 地址之间的转换。用户在访问网络上的某台主机时可以直接使用 IP 地址，也可以使用主机名称，但使用主机名称时必须将它翻译成计算机能真正识别的 IP 地址。利用/etc/hosts 文件可以实现一种比较简单的名字解析方法。用户也可以使用域名服务器来完成主机名称到 IP 地址的转换。在/etc/hosts 文件中，至少要有 127. 0. 0. 1 localhost. localdomain 这一行，这也是系统安装后的默认配置。如果用户需要使用主机名称访问服务器或其他主机，可以在该文件中添加若干 IP 地址和对应的主机名称列表，每一行的格式如下：

IP 地址　　主机名全称　　主机别名

其中，第一列为要访问主机的 IP 地址，第二列为该主机的全名，第三列为该主机的别名。各列之间用空格或 Tab 键分隔。以#字符开头的行为注释行。

修改后的/etc/hosts 文件可能如下：

```
# Do not remove the following line, or various programs
# that require network functionality will fail.


127.0.0.1         localhost.localdomain     localhost
#local host
192.168.248.10    zxj.mju.edu.cn            zxj
#other hosts
192.168.1.10      foo.mydomain.org          foo
192.168.1.13      bar.mydomain.org          bar
216.234.231.5     master.debian.org         master
```

205.230.163.103　www.opensource.org

/etc/hosts 文件是纯文本文件，任何一个文本编辑器都可以打开它，但只有超级用户和系统管理员才有修改权限（写权）。

在目前的计算机系统中，即使主机表已经被 DNS 取代，但它在以下几种情况下仍有广泛的应用。

（1）系统引导

大多数系统包含一张小容量的主机表，该表保存了本地网络上一些重要主机的名称与 IP 地址的映射关系。例如，在系统引导过程而 DNS 还未运行时，就需要用到主机表。

（2）NIS（Network Information System，网络信息系统）

使用 NIS 的站点利用主机表作为 NIS 主机数据库的输入。即使 NIS 可以使用 DNS，但大多数 NIS 站点仍然使用带有所有本地主机条目的主机表做备份。

（3）孤立节点

孤立网络上的小站点仍然使用主机表代替 DNS。如果本地信息很少改变，并且网络没有与 Internet 连接，则 DNS 几乎没有什么优势。

2. /etc/host.conf 文件

/etc/host.conf 文件是解析配置文件，它的作用是告诉计算机系统将如何进行名字解析，因此，该文件包含指向解析库的配置信息。文件的每行应该包含一个配置关键字，其后是配置信息。这些关键字可以是 order、trim、multi、nospoof、Spoofalert 和 reorder。下面介绍这些关键字的含义。

（1）order（排序）

这个关键字指出怎样执行主机查找。它后面跟一种或多种查找方法，并由逗号分隔。正确的方法是 bind，hosts，nis。

（2）trim（裁减）

这个关键字可以出现多次，关键字后跟以点开头的唯一的域名。如果设置，解析库将通过 DNS 自动从被解析的任何主机名尾部裁减出域名。这样做的目的是使用本地主机和域。说明：裁减不会影响通过 NIS 搜集的主机名或 hosts 文件。应注意确保第一个主机名对 hosts 文件中的每个条目是完全合格的，同样适用本地安装。

（3）multi（多地址）

这个关键字后的正确值是 on 或 off。如果该值设置为 on，则解析库将对一台出现在/etc/hosts 文件中的主机返回所有正确的 IP 地址（即允许/etc/hosts 文件中的主机有多个 IP 地址），而不是一个 IP 地址。该值默认的设置为 off，因为站点大的 hosts 文件可能造成稳定性丢失。

（4）nospoof（非欺骗）

这个关键字后的正确值是 on 或 off。如果设置为 on，则解析库将试图防止主机名欺骗以增强 rlogin 和 rsh 的安全性。它工作过程如下：在执行一个主机地址查找操作后，解析库将对该地址再执行一个主机名查找操作，如果两个主机名不匹配，则查询失败。

（5）Spoofalert（欺骗警告）

如果这个关键字和 nospoof 关键字后跟的值都设置为 on，则解析库将通过系统日志程序记录查询失败警告信息。该默认值为 off。

（6）reorder（重排序）

这个关键字后的正确值是 on 或 off。如果设置为 on，则解析库将试图重新排序主机地址，以便当 gethostbyname 命令执行时本地主机地址（例如，在相同子网内）列在第一位。该关键字可在所有查找方式中使用，默认值为 off。

系统安装完成后初始的/etc/host. conf 文件为：

multi on

3. /etc/hosts. allow 与/etc/hosts. deny 文件

一般情况下，服务器及主机允许同一网段的主机进行远程访问，例如，使用 rlogin、telnet 命令实现远程登录，使用 ftp 命令传输文件等。如果需要限制某些主机的远程访问或只允许某些主机的远程访问，则需要配置这两个文件以达到此目的。因此，这两个文件也称为访问控制文件。etc/hosts. allow 文件描述了那些被允许连接的主机（IP 地址或主机名）或主机范围；etc/hosts. deny 文件描述了那些被禁止连接的主机或主机范围。在以下所介绍的内容中，凡是出现 daemon 字符串的表示网络守护进程名，如 in. tftpd、in. telnet 等；出现 client 字符串的表示请求服务的主机名称或 IP 地址。

（1）访问控制策略

当主机收到来自另一台主机发出的连接请求时，Linux 系统将根据以下访问控制策略检查该连接请求是否允许。

1）如果连接请求的 IP 地址存在于/etc/hosts. allow 文件中或属于该文件指定的 IP 范围，则访问允许，否则检查/etc/hosts. deny 文件。

2）如果连接请求的 IP 地址存在于/etc/hosts. deny 文件中或属于该文件指定的 IP 范围，则访问禁止，否则访问允许。

换句话说，如果发出连接请求的某个 IP 既在 etc/hosts. allow 文件中，也在 etc/hosts. deny 文件中，则访问允许；如果发出连接请求的某个 IP 不在 etc/hosts. allow 文件中，而在 etc/hosts. deny 文件中，则访问禁止；如果发出连接请求的某个 IP 既不在 etc/hosts. allow 文件中，也不在 etc/hosts. deny 文件中，则访问允许。

（2）访问控制文件的构成

每个访问控制文件都由访问控制语言构成，它可以为空或为包含访问控制语言的多个文本行。Linux 系统根据访问控制策略搜索访问控制文件，当在文本行中找到匹配条件的 IP 或搜索完成时自动终止。

在文本行中，如果遇到换行字符（反斜线“\”），则系统处理时忽略。它表示为了便于阅读而分割长行。

如果是空行或以“#”字符开始的行，则系统处理时同样忽略。它表示为了便于阅读而插入注释或空行。

所有其他文本行必须符合以下格式：

daemon_list ：client_list [：shel_command]

其中，daemon_list 表示一个或多个网络守护进程名或通配符的列表；client_list 表示一个或多个请求服务的主机名、IP 地址、访问控制语言的模式或通配符的列表；[：shell_command] 表示可选的 shell 命令选项。它们之间用“：”分隔。还有其他更为复杂的格式，如果有需要，可以在终端提示符下使用 man hosts. allow 或 man hosts. deny 命令查看这些格式的用法。

（3）访问控制语言的模式

访问控制文件中的访问控制语言模式如下。

1）以“.”字符开始的字符串。如果某个主机名的最后部分与指定的模式匹配，则该主机属于匹配的范畴。例如，模式为“. class. stu”的字符串匹配所有名为“x. x. class. stu”的主机。

2）以“.”字符结束的字符串。如果某个主机 IP 地址前面的数字域与指定的模式匹配，则该主机属于匹配的范畴。例如，模式为“192.168.”的字符串匹配所有名为“192.168.x.x”的主机。

3）形如n.n.n.n/m.m.m.m（网络地址/网络掩码）的表达式。如果一个属于IPv4的主机IP地址和网络掩码进行按位“与”运算后，其结果等于网络地址，则该主机属于匹配的范畴。例如，模式为“192.168.72.0/255.255.254.0”的表达式与所有 IP 地址在“192.168.72.0”~“192.168.72.255”范围内的主机匹配。

4）IPv6 的 IP 地址采用 8 组 4 位十六进制数（即 28 位二进制数）表示，组间采用冒号分隔。一组中的前几个 0 可以取消，如 0123 可以写为 123；一组或多组全 0 可以用“::”代替，但“::”在一个地址中只能出现一次。对于 IPv6 而言，模式可以是形如［n:n:n:n:n:n:n:n］/m（网络地址/前缀长度）的表达式。如果一个属于 IPv6 的主机 IP 地址，其前缀长度与模式中的前缀长度相等，则该主机属于匹配的范畴。例如，模式为“［3ffe:505:2:1::］/64”的表达式与所有 IP 地址在“3ffe:505:2:1::”~“3ffe:505:2:1:ffff:ffff:ffff:ffff”范围内的主机匹配。

5）通配符“*”和“?”可用于匹配主机名或 IP 地址。这种匹配模式不能用于以网络地址/网络掩码关联的匹配模式中。匹配的主机名以“.”开始，匹配的 IP 地址以“.”结束。

在访问控制文件中还可以使用其他的模式，例如，以“/”字符开始的字符串，具体用法可以查阅相关的文件。

（4）访问控制语言的通配符

访问控制语言支持显式的通配符。

1）ALL。通用通配符，总是匹配。如果用在 daemon_list 域，表示匹配所有的守护进程；如果用在 client_list 域，表示匹配所有请求服务的主机。

2）LOCAL。匹配任何名称中不包含点“.”字符的本地域主机。

在访问控制语言中还包含其他的通配符，如 UNKNOWN、KNOWN 等，有关它们的具体用法可查阅相关的文件。

（5）访问控制语言的运算符

访问控制语言的运算符是 EXCEPT，这个关键字的含义是“例外”。该运算符使用的形式是“list_1 EXCEPT list_2”，表示匹配除了 list_2 外的 list_1 中的一切。EXCEPT 运算符可以用在 daemon_list 域和 client_list 域中。

EXCEPT 运算符也可以嵌套使用，如“a EXCEPT b EXCEPT c”表达式，系统执行时将其解析为“（a EXCEPT（b EXCEPT c））”。

（6）参考示例

访问控制文件的配置比较复杂，本书仅介绍部分常用的内容。下面通过一些具体示例说明访问控制文件的用法（CentOS 7 必须已经安装过以下这些服务软件包）。

1）允许“192.168.248.x”网段主机的所有服务请求，拒绝其他网段主机的服务请求。实现方法如下。

```
在/etc/hosts.allow 文件中加入如下一行：
    ALL:192.168.248.
在/etc/hosts.deny 文件中加入如下一行：
    ALL:ALL
```

网络守护进程域（daemon_list）使用通配符 ALL，表示允许或禁止所有的服务，但由于两个文件中都存在 ALL，所以允许所有的服务。虽然 etc/hosts. deny 文件中的请求服务主机域（client_list）为 ALL，但在 etc/hosts. allow 文件中指定了允许访问的网段，所以该网段的主机可以访问，而其他网段的主机则禁止访问。需要注意的是在 248 后必须加上“.”。

2）只允许“192. 168. 248. x”网段主机的 telnet 服务请求，拒绝该网段的其他服务，也拒绝其他网段的服务请求。

实现方法如下。

在/etc/hosts. allow 文件中加入如下一行：

```
in. telnetd:192. 168. 248.
```

在/etc/hosts. deny 文件中加入如下一行：

```
ALL:ALL
```

要在 CentOS 7 中查看 telnet 服务的名称，可以进入/usr/lib/systemd/system 目录，用编辑器打开该目录下的 telnet@. servicetelnet 文件，其内容可能为：

```
[Unit]
Description = Telnet Server
After = local - fs. target
[Service]
ExecStart = - /usr/sbin/in. telnetd
StandardInput = socket
```

从中可以看到 telnet 服务的名称为 in. telnetd。同样，要查看某个服务的名称，就打开相应的文件。

3）禁止所有网段的 FTP 服务，允许其他服务。实现方法如下。

在/etc/hosts. allow 文件中加入如下一行：

```
ALL EXCEPT vsftpd:ALL
```

在/etc/hosts. deny 文件中加入如下一行：

```
ALL:ALL
```

这里的 FTP 服务是由 Linux 发行版提供的，使用前需先开启。要查看 FTP 服务的名称，可以进入/usr/lib/systemd/system 目录，用编辑器打开该目录下的 vsftpd@. service 文件进行查看。

如果需要禁止 FTP 和 telnet 服务而开放其他的服务，则/etc/hosts. deny 文件保持不变，而/etc/hosts. allow文件可以修改为：

```
ALL EXCEPT vsftpd in. telnetd:ALL
```

4. /etc/resolv. conf 文件

这是一个解析配置文件，它记录了本机使用的主 DNS 服务器、第 2 DNS 服务器、第 3 DNS 服务器的 IP 地址和域名搜索路径。Linux 系统为了提高可靠性，控制一个域的域名服务器往往不止一个。同样，每个主机为了提高可靠性，也设置多个域名服务器的 IP 地址。系统将按照用户指定的顺序逐个查询，直到找到为止。一个实际的 etc/resolv. conf 文件内容可能如下：

```
# /etc/resolv. conf
nameserver 192. 168. 248. 1
nameserver 192. 168. 248. 31
nameserver 192. 168. 248. 51
search mju. edu. cn
```

其中，nameserver 和 search 为关键字，必须在每行的开头出现，其他的关键字还有 domain

等。该文件的第1~3有效行为3个DNS服务器的IP地址，第4有效行为指定的域名搜索路径。默认的域名搜索路径是本地主机域名。

5. /etc/protocols 文件

这是一个简单的ASCII文件，它描述了一个TCP/IP子系统支持的协议列表。Linux系统使用该文件去识别主机使用的协议，并通过它完成协议与协议号之间的映射。协议名和协议号是由DNN网络信息中心指定的，用户不要随便修改这个文件，因为这样可能导致IP数据包不正确，Linux系统会自动维护更新该文件。文件中的每一行描述一个协议，每行包含3个域和以"#"开始的协议注释，其格式是：

```
protocol    number    aliases ...
```

其中，protocol是协议名称，如ip、tcp或udp；number是将出现在IP头中的协议号；aliases是协议别名。

每个域之间用空格或Tab字符分隔。空行将被忽略，如果在一行中包含"#"字符，则该字符和其后的内容也将被忽略。下面是一个实际文件的部分内容：

```
# /etc/protocols:
# $ Id: protocols,v 1.11 2011/05/03 14:45:40 ovasik Exp $
#
# Internet (IP) protocols
#
#    from: @(#)protocols    5.1 (Berkeley) 4/17/89
#
# Updated for NetBSD based on RFC 1340, Assigned Numbers (July 1992).
# Last IANA update included dated 2011-05-03
#
# See also http://www.iana.org/assignments/protocol-numbers
ip  0    IP        # internet protocol, pseudo protocol number
hopopt   0    HOPOPT        # hop-by-hop options for ipv6
icmp 1   ICMP      # internet control message protocol
igmp 2   IGMP      # internet group management protocol
ggp 3    GGP       # gateway-gateway protocol
ipv4 4   IPv4      # IPv4 encapsulation
st  5    ST        # ST datagram mode
tcp  6   TCP       # transmission control protocol
cbt  7   CBT       # CBT, Tony Ballardie <A.Ballardie@cs.ucl.ac.uk>
egp  8   EGP       # exterior gateway protocol
igp  9   IGP       # any private interior gateway (Cisco: for IGRP)
bbn-rcc  10   BBN-RCC-MON      # BBN RCC Monitoring
nvp 11   NVP-II         # Network Voice Protocol
pup 12   PUP       # PARC universal packet protocol
                                  ...
mobility-header  135   Mobility-Header         # Mobility Header
udplite  136   UDPLite
```

```
mpls - in - ip   137   MPLS - in - IP
manet   138   manet          # MANET Protocols
hip   139   HIP          # Host Identity Protocol
shim6   140   Shim6          # Shim6 Protocol
wesp 141   WESP          # Wrapped Encapsulating Security Payload
rohc 142   ROHC          # Robust Header Compression
#   143 - 252 Unassigned                              [IANA]
#   253      Use for experimentation and testing       [RFC3692]
#   254      Use for experimentation and testing       [RFC3692]
#   255              Reserved                          [IANA]
```

以第 1 个有效行为例，它说明 ip 是本机使用的协议之一。该协议的协议号为 0，协议别名是 IP。

6. /etc/services 文件

这是一个简单的 ASCII 文件，它定义了各种服务使用的 TCP/UDP 协议端口号和协议类型。Linux 系统中的每个网络应用程序都要查看该文件以获取端口号和协议。用户不需要修改这个文件，它通常由安装和启动网络服务的程序来维护。在该文件中，每一行描述一项服务，每行包含 3 个域和以“#”开始的服务注释，其格式是：

```
service - name   port/protocol   [aliases ...]
```

其中，service - name 为网络服务名称；port 为使用该服务的端口号（十进制表示）；protocol 为使用的协议类型，该域应该与 protocols 文件中的项匹配，典型值是 tcp 和 udp；Aliases 表示服务的别名，该域为可选的。

第 2 个域的网络端口号与使用的协议类型之间用一个斜杠分开。每个域之间用空格或 Tab 字符分隔。空行将被忽略，如果一行中包含“#”字符，则该字符和其后的内容也将被忽略。下面是一个实际文件的部分内容：

```
# /etc/services:
# $ Id: services,v 1.55 2013/04/14 ovasik Exp $
#
# Network services, Internet style
# IANA services version: last updated 2013 - 04 - 10
#
# Note that it is presently the policy of IANA to assign a single well - known
# port number for both TCP and UDP; hence, most entries here have two entries
# even if the protocol doesn't support UDP operations.
# Updated from RFC 1700, "Assigned Numbers" (October 1994).   Not all ports
# are included, only the more common ones.
#
# The latest IANA port assignments can be gotten from
#       http://www.iana.org/assignments/port - numbers
# The Well Known Ports are those from 0 through 1023.
# The Registered Ports are those from 1024 through 49151
# The Dynamic and/or Private Ports are those from 49152 through 65535
```

```
#
# Each line describes one service, and is of the form:
#
# service-name  port/protocol  [aliases ...]  [# comment]
                              ...
discard         9/tcp         sink null
discard         9/udp         sink null
systat          11/tcp        users
systat          11/udp        users
daytime         13/tcp
daytime         13/udp
qotd            17/tcp        quote
qotd            17/udp        quote
msp             18/tcp                      # message send protocol (historic)
msp             18/udp                      # message send protocol (historic)
chargen         19/tcp        ttytst source
chargen         19/udp        ttytst source
ftp-data        20/tcp
ftp-data        20/udp
# 21 is registered to ftp, but also used by fsp
ftp             21/tcp
ftp             21/udp        fsp fspd
ssh             22/tcp                      # The Secure Shell (SSH) Protocol
ssh             22/udp                      # The Secure Shell (SSH) Protocol
telnet          23/tcp
telnet          23/udp
                              ...
blp5            48129/tcp                   # Bloomberg locator
blp5            48129/udp                   # Bloomberg locator
com-bardac-dw   48556/tcp                   # com-bardac-dw
com-bardac-dw   48556/udp                   # com-bardac-dw
iqobject        48619/tcp                   # iqobject
iqobject        48619/udp                   # iqobject
matahari        49000/tcp                   # Matahari Broker
```

以第1个有效行为例，这个服务是一个丢弃服务，它表示任何发送到该服务端口的数据包都将被丢弃，它的服务名为discard，使用的端口号为9，使用的协议类型是TCP，该服务的别名为sink和null。

9.2.2 网络基本配置

网络要能正常工作，首先必须正确地配置。

网络基本配置可以在Linux系统安装时进行，也可以在系统安装完成后运行终端命令来完成，或在图形界面下运行网络配置程序来完成。

1. 系统安装中配置

若要在 CentOS 7 安装中配置网络，可选择“NETWORK & HOST NAME（网络与主机名）”选项，如图 9-5 所示。

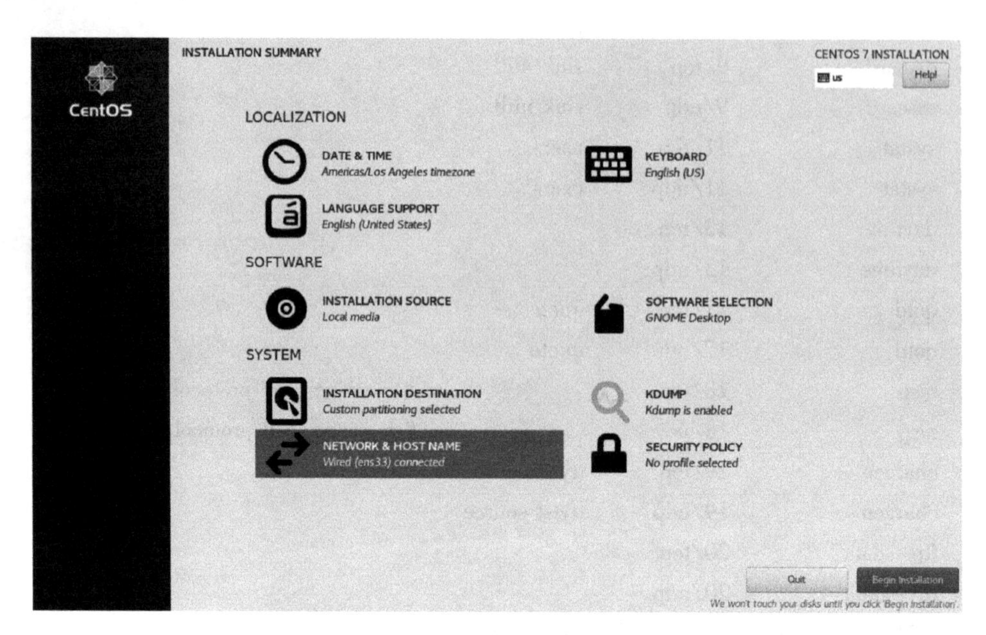

图 9-5 选择“NETWORK & HOST NAME”选项

此时进入网络配置界面，即可指导用户完成网络基本配置，如图 9-6 所示。

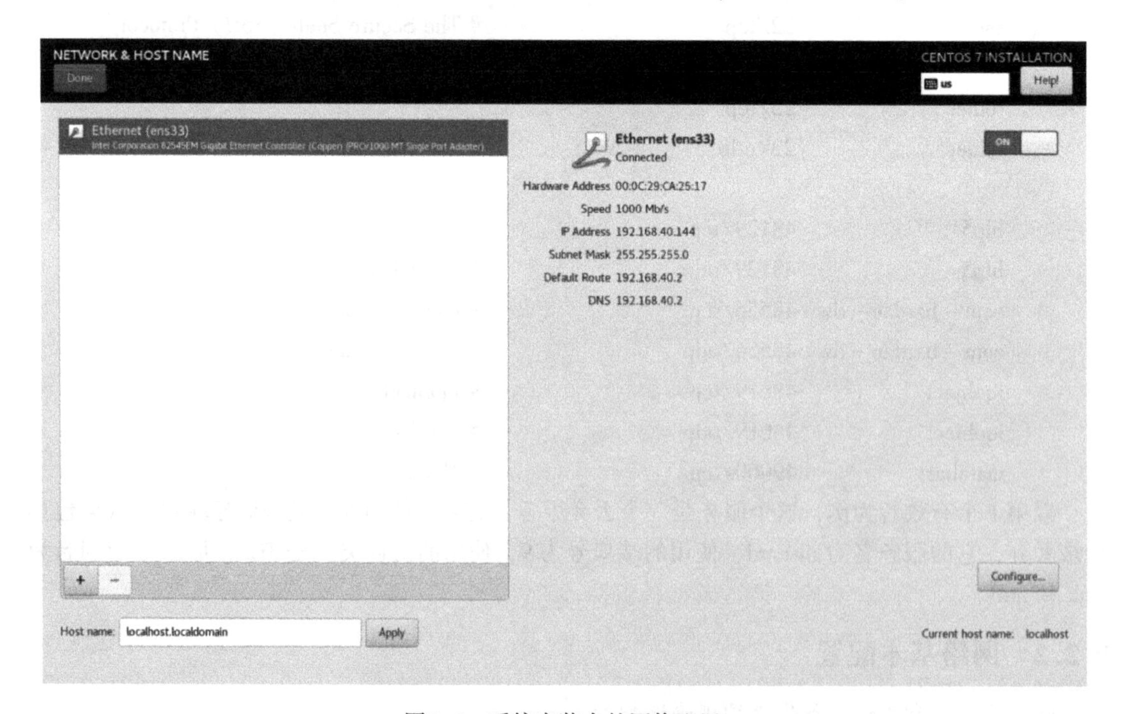

图 9-6 系统安装中的网络配置

所有检测到的网络设备都会显示在“Ethernet（以太网）”选项卡中。第一个网卡的设备名为ens33，第二个网卡的设备名则为ens3x，以此类推。该设备名称表示它是以太网设备。以太网配置界面上还显示了检测到的网卡MAC地址、网络传输速度、IP地址、子网掩码、默认的路由地址和DNS地址等。用户可以通过单击图9-6中的“Configure”按钮来修改这些基本信息，如图9-7所示。此外，在这个安装界面中，用户还可以手动设置主机名。至此就完成了Linux系统中最基本的TCP/IP配置。

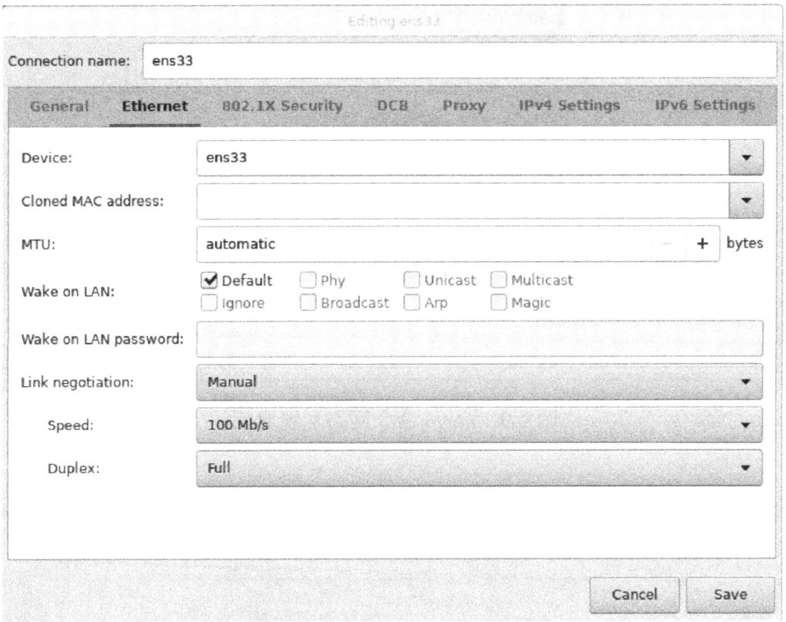

图9-7　以太网配置界面

2. 系统安装后配置

在系统安装完成后，也可以进行网络的配置。在这种情况下，既可以在终端字符界面配置，也可以在图形界面配置。

（1）字符界面

在字符界面下可以使用几个常用的命令进行网络配置。

1）用nmtui命令配置。该命令用于控制网络管理器（网络管理的守护进程），以实现网络的配置。它运行后的界面如图9-8所示。

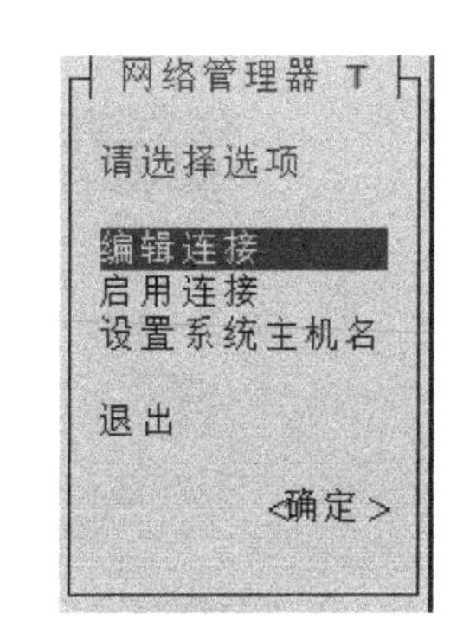

图9-8　nmtui命令运行后的界面

用户可以配置主机名、连接方式、MAC地址、IPv4或IPv6的IP地址、网关地址、DNS服务器和搜索域等网络信息，如图9-9所示。配置完成后单击“确定”按钮即可。

2）用ifconfig命令配置。该命令的配置方法参见9.3.2小节。

（2）图形界面

在图形界面下配置网络方便、直观。它不但有网络的基本配置应用程序，也有高层协议的配置应用程序。

选择“应用程序”→“系统设置”→“网络”菜单命令，运行后的网络程序界面如图9-10所示。单击“有线连接”下的“打开”开关右边的设置按钮，即可打开设置界面，如图9-11所示。

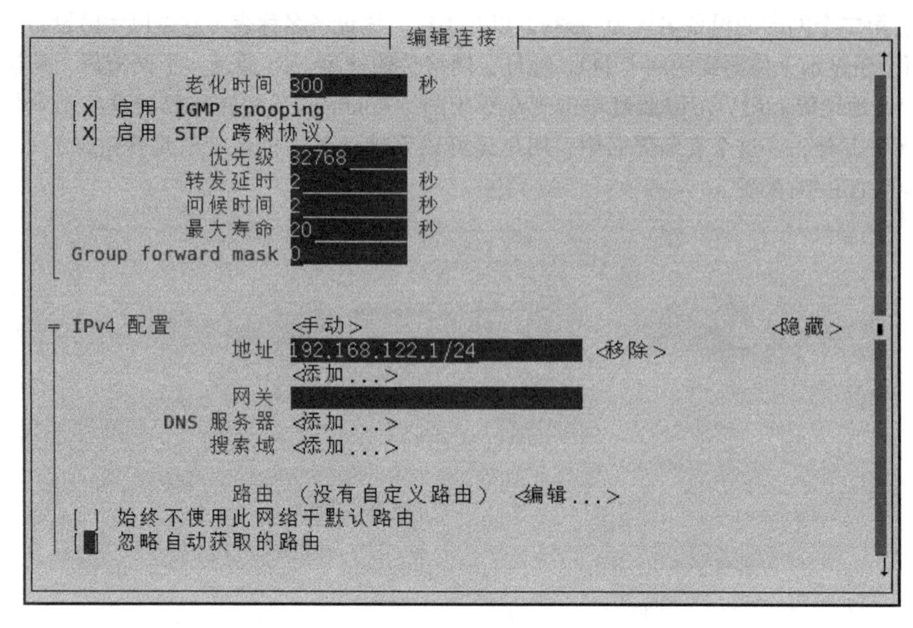

图 9-9　nmtui 命令网络配置界面

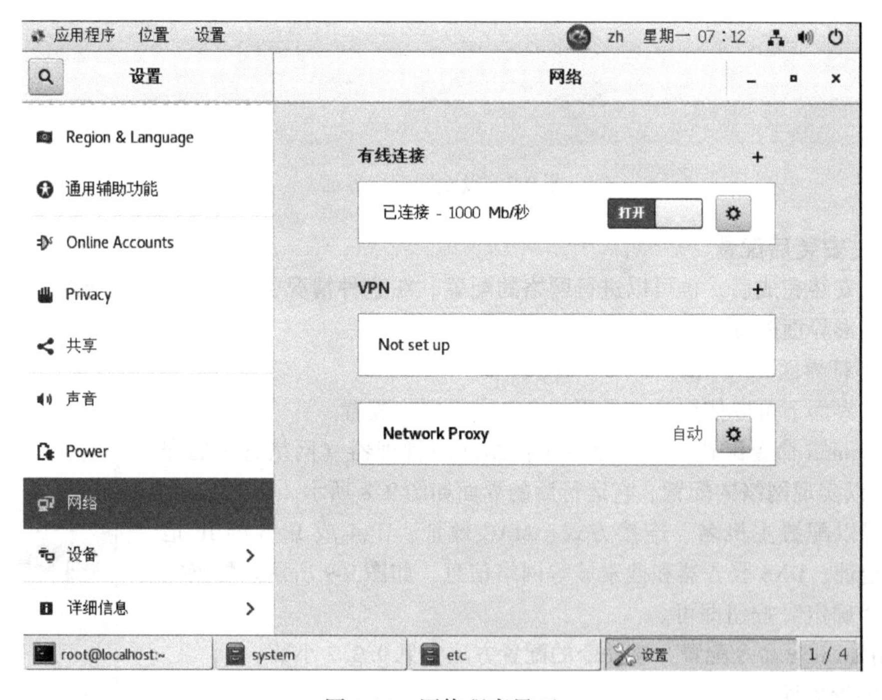

图 9-10　网络程序界面

在“详细信息”选项卡中可以看到计算机中网络的链路速度、IPv4 地址、IPv6 地址、路由地址、DNS 地址，以及是否自动连接、是否对其他用户可用等信息。如果需要重新配置，则选择其他几个选项卡进行设置即可，当设置完成后单击“应用”按钮，这些配置信息将被保存。

图 9-11 网络程序设置界面

9.3 常用网络操作命令

Linux 系统中有许多网络操作命令。熟练掌握常用的网络操作命令，对网络的使用和维护都会带来极大的便利。

9.3.1 ping 命令

执行 ping 命令可以测试本机与网络中其他计算机的联通性，因此，在组网中常常使用该命令排除网络故障。ping 命令使用 ICMP 向目标地址发送 ECHO – REQUEST 数据包，如果网络是联通的，则可以接收到目标地址主机发回的响应 ECHO – REQUEST 的数据包，否则表示目标地址不可达。

命令格式：

```
ping [ -LRUbdfnqrvVaAB46]  [ -c count]  [ -i interval]  [ -l preload]
     [ -p pattern]  [ -s packetsize]  [ -t ttl]  [ -w deadline]
     [ -F flowlabel]  [ -I interface][ -M hint]  [ -Q tos]  [ -S sndbuf]
     [ -T timestamp option] [ -W timeout]  [ hop ...]  destination
```

其中，参数 destination 是必需的，它可以是主机名或 IP 地址；其他的为命令选项。ping 命令选项及说明见表 9-1。

表 9-1　ping 命令选项及说明

命令选项	选项说明
-4	仅用于 IPv4
-6	仅用于 IPv6
-a	可听见的 ping 操作。即当 ping 通时，蜂鸣器发出“嘀嘀”声
-A	自适应的 ping 操作
-b	允许 ping 一个广播地址
-c count	指定发送数据包的次数，如果不指定，系统默认一直发送
-d	设置 Socket 的 SO_DEBUG 选项
-f	“洪水”ping。它为极限检测，即快速、大量地向目标地址发送数据包，每秒可达数百次，以便统计数据包的丢失和错误率。每发出一个数据包就显示一个“.”符号。由于该选项会对网络造成严重负担，所以只有超级用户或系统管理员可用
-i interval	设置发送数据包的时间间隔。默认情况下，每隔 1s 发送一次数据包，并等待目标主机的响应，使用 -f 选项时，时间间隔为 0。只有超级用户有权设为小于 0.2s
-I interface address	设置源地址到指定的接口地址。该选项参数 interface address 可以是数字 IP 地址或设备名。当 ping IPv6 连接的本地地址时，要求使用该选项
-l preload	如果该选项参数 preload 被指定，则 ping 命令不等响应就发送多个数据包。对于该选项参数，只有超级用户有权设置超过 3 的值
-L	抑制多播包的回送。该选项仅应用于 ping 的目标是多播地址
-n	只输出数值，不尝试寻找主机地址的符号名称
-p pattern	可以指定发送填充达到 16B 的数据包。这对于诊断网络中的数据依赖问题很有用
-Q tos	设置服务质量。选项参数 tos 可以是十进制数或十六进制数
-q	除了开始和完成的相关信息外，不显示命令的执行过程
-R	记录路由过程。在 ECHO - REQUEST 中加上 RECORD_ROUTE 功能，显示路由过程。注意：IP 文件头只能容纳 9 个路由信息，而且许多主机会忽略或放弃该项功能
-r	忽略通常的路由表，直接将数据包发送到附加接口上的一个主机，如果该主机不在本局域网内，则回送错误信息
-s packetsize	指定发送数据的大小。默认是 56B，还要加上 8B 的 ICMP 文件头，构成 64B 的数据包
-S sndbuf	设置 socket 发送缓冲区。如果不指定，则缓冲区的大小不超过一个数据包
-t ttl	设置 IP 数据包生存时间 TTL（Time - to - Live）的大小
-T timestamp option	设置特殊的 IP 时间戳
-v	显示详细的输出信息
-V	显示版本信息，并退出
-w deadline	指定发送数据包的个数，发完指定的数据包个数后退出
-W timeout	设置响应等待时间，以秒为单位

参考示例 1：设本机的 IP 地址为 192.168.248.10，发送 7 个包检查本机的网络连接情况。

```
[root@ zxj root]# ping 192.168.248.10  -c 7
PING 192.168.248.10 (192.168.248.10) 56(84) bytes of data.
64 bytes from 192.168.248.10: icmp_seq = 1 ttl = 64 time = 3.74 ms
```

```
64 bytes from 192.168.248.10: icmp_seq=2 ttl=64 time=0.095 ms
64 bytes from 192.168.248.10: icmp_seq=3 ttl=64 time=6.80 ms
64 bytes from 192.168.248.10: icmp_seq=4 ttl=64 time=0.096 ms
64 bytes from 192.168.248.10: icmp_seq=5 ttl=64 time=6.99 ms
64 bytes from 192.168.248.10: icmp_seq=6 ttl=64 time=0.668 ms
64 bytes from 192.168.248.10: icmp_seq=7 ttl=64 time=0.085 ms

--- 192.168.248.10 ping statistics ---
7 packets transmitted, 7 received, 0% packet loss, time 6144ms
rtt min/avg/max/mdev = 0.085/2.640/6.992/2.949 ms
```

该参考示例测试本机网络设备是否正常工作。如果显示结果与上面类似，则表示本机的网络设备基本正常，否则，TCP/IP的基本配置存在问题。在Linux中，与Windows系统不同的是ping命令会不断地向目标地址发送数据包，如果没有使用 -c 选项，则只能使用控制台中断，即按Ctrl+C组合键可终止数据包的发送。

在ping命令的返回信息中，64bytes表示数据包的大小，其中，实际数据为56B，数据包头为8B；icmp_seq为传输数据包的序列号；ttl表示数据包在被丢弃前所能经历的路由器的最大数目，不同的Linux版本，该默认值可能不同；time为发出数据包到收到目标主机响应的数据包所经过的时间，一般不超过400ms。最后给出的是统计信息，包括发送了多少个数据包、收到了多少个数据包、丢失包的百分数、传送时间，以及time的最小值、平均值、最大值和算术平均差。

参考示例2：设某主机的IP地址为192.168.248.11，检查与该主机的网络连接情况。

```
[root@zxj root]# ping 192.168.248.11
```

如果连接正常，则ping命令返回的信息与参考示例1类似，但是如果返回显示的信息类似于如下形式，则表示目标主机不存在或网络连接不通。

```
PING 192.168.248.11 (192.168.248.11) 56(84) bytes of data.
From 192.168.248.11 icmp_seq=1 Destination Host Unreachable
From 192.168.248.11 icmp_seq=2 Destination Host Unreachable
From 192.168.248.11 icmp_seq=3 Destination Host Unreachable
From 192.168.248.11 icmp_seq=4 Destination Host Unreachable
From 192.168.248.11 icmp_seq=5 Destination Host Unreachable
From 192.168.248.11 icmp_seq=6 Destination Host Unreachable

--- 192.168.248.11 ping statistics ---
9 packets transmitted, 0 received, +6 errors, 100% packet loss, time 8124ms, pipe 3
```

从返回信息的统计结果可以看到发送了9个数据包，收到的数据包为0个，发送的数据包100%丢失，目标主机不可达。

参考示例3：检测本地网络上所有连接的主机，即ping本地网络的广播地址。

```
[root@zxj root]# ping -b 192.168.248.255
PING 192.168.248.255 (192.168.248.255) 56(84) bytes of data.
64 bytes from 192.168.248.10: icmp_seq=1 ttl=64 time=0.158 ms
64 bytes from 192.168.248.11: icmp_seq=1 ttl=64 time=10.3 ms (DUP!)
64 bytes from 192.168.248.10: icmp_seq=2 ttl=64 time=0.103 ms
```

```
64 bytes from 192.168.248.11: icmp_seq=2 ttl=64 time=1.82 ms (DUP!)
64 bytes from 192.168.248.10: icmp_seq=3 ttl=64 time=0.666 ms
64 bytes from 192.168.248.11: icmp_seq=3 ttl=64 time=3.12 ms (DUP!)
64 bytes from 192.168.248.10: icmp_seq=4 ttl=64 time=0.108 ms
64 bytes from 192.168.248.11: icmp_seq=4 ttl=64 time=1.56 ms (DUP!)
64 bytes from 192.168.248.10: icmp_seq=5 ttl=64 time=0.089 ms
64 bytes from 192.168.248.11: icmp_seq=5 ttl=64 time=10.2 ms (DUP!)

--- 192.168.248.255 ping statistics ---
5 packets transmitted, 5 received, +5 duplicates, 0% packet loss, time 4033ms
rtt min/avg/max/mdev = 0.089/2.823/10.309/3.853 ms
```

如果用户 ping 的是广播地址而又没有使用 -b 选项，系统会提示相关的信息。当 ping 本地网络的广播地址时，会向网络中所有的主机发送数据包，而对于联通的主机，则会收到响应的数据包。

参考示例 4：检测 zxj.mju.edu.cn 主机的网络功能是否正常。要求发送的数据包为 5 次，每次间隔为 10s，数据包的生存时间为 64，数据包的大小为 512B。

```
[root@zxj root]# ping -c 5 -i10 -s 504 -t 64 zxj.mju.edu.cn
PING zxj.mju.edu.cn (192.168.248.15) 504(532) bytes of data.
512 bytes from zxj.mju.edu.cn (192.168.248.15): icmp_seq=1 ttl=64 time=0.120 ms
512 bytes from zxj.mju.edu.cn (192.168.248.15): icmp_seq=2 ttl=64 time=0.124 ms
512 bytes from zxj.mju.edu.cn (192.168.248.15): icmp_seq=3 ttl=64 time=0.127 ms
512 bytes from zxj.mju.edu.cn (192.168.248.15): icmp_seq=4 ttl=64 time=0.104 ms
512 bytes from zxj.mju.edu.cn (192.168.248.15): icmp_seq=5 ttl=64 time=0.139 ms
--- zxj.mju.edu.cn ping statistics ---
5 packets transmitted, 5 received, 0% packet loss, time 40041ms
rtt min/avg/max/mdev = 0.104/0.122/0.139/0.018 ms
```

从显示返回的结果可以看出该主机的网络功能是正常的。用户有时为了检测网络的性能，可以指定大尺寸的数据包来检查网络情况。

9.3.2　ifconfig 命令

在 Windows 系统中，大家都很熟悉 ipconfig 命令，它可以显示主机的网络配置信息，也可以对网络设备进行配置。在 Linux 系统中，相应的命令就是 ifconfig。

执行 ifconfig 命令可以查看本地主机的网络配置信息，也可以用于配置网络硬件接口、IP 地址、网络掩码、网关地址和广播地址等。

命令格式：

```
ifconfig [-v] [-a] [-s] [interface]
ifconfig [-v] interface [aftype] options | address ...
```

命令说明：

ifconfig 命令通常用于配置内核驻留的网络接口。它用于在系统启动时建立接口。之后，它只是在调试时或系统微调时才需要。

如果不带任何选项参数执行 ifconfig 命令，则显示当前系统中可用的网络接口状态。如果指定一个接口参数（如ens33等），则只显示该网络接口的状态；如果使用 -a 参数，则显示所有接口的状态，包括那些关闭的接口。命令中的其他选项参数为配置接口模式。

如果接口名称后的第一个参数被看作所支持的地址家族名，那么地址家族将用于译码和显示所有的协议地址。当前支持的地址家族包括 inet（TCP/IP，默认的）、inet6（IPv6）、ax25（AMPR Packet Radio）、ddp（Appletalk Phase 2）、ipx（Novell IPX）和 netrom（AMPR Packet radio）。

ifconfig 命令选项及说明见表 9-2。

表 9-2　ifconfig 命令选项及说明

命令选项	选项说明
-v	对某些错误信息更详细地显示
-a	显示当前可用的所有接口，即使接口关闭
-s	显示一个简短列表（类似 netstat -i 命令）
interface	接口名称。通常设备名后跟数字，例如，ensxx 表示某个以太网接口（网卡）
up	将指定的网络接口标记为打开状态
down	将指定的网络接口标记为关闭状态
[-] arp	在指定的接口上激活或禁止使用地址解析协议（ARP）。当选项不带 - 符号时为激活，否则为禁止
[-] promisc	对指定的接口选择允许或禁止使用 promiscuous 模式。如果选择允许，则该接口将接收网络上的所有数据包
[-] allmulti	对指定的接口选择允许或禁止使用多播模式。如果选择允许，则该接口将接收网络上的所有多播数据包
metric N	设置接口的路由选择次数
mtu N	设置网络接口的最大传输单位（MTU）。以字节为单位
dstaddr addr	为点到点连接（如 PPP）设置远程 IP 地址。这个选项的关键字现在用 pointtopoint 代替
netmask addr	对指定的网络接口设置网络掩码。默认使用 A、B 和 C 类的网络掩码，但可以设置为任意值
add addr/prefixlen	设置网络接口的 IPv6 地址
del addr/prefixlen	删除网络接口的 IPv6 地址
tunnel aa. bb. cc. dd	建立一个新的 IPv4 与 IPv6 之间的隧道通信地址
irq addr	设置中断地址，但并非所有的设备都能动态地改变中断地址设置
io_addr addr	设置设备 I/O 空间的起始地址
mem_start addr	设置设备共享内存的起始地址。只有少数网络设备需要该设置
media type	设置网络设备的介质类型。并非所有的网络设备都可以使用该选项设置。常见的介质类型有 10base2、10baseT、100baseT、AUI 和 auto 等
[-] broadcast [addr]	如果选项后给出地址参数，则为网络接口设置协议广播地址，否则为接口设置或清除 IFF_BROADCAST 标记
hw class address	设置网络设备的类型和硬件地址。当前支持的硬件类型有 ether、ax25、ARCnet 和 netrom。一般，网络设备在出厂前已经设置好网络地址，很少需要改动
multicast	为网络接口设置多播标记
address	指定网络设备的 IP 地址

参考示例1：显示计算机上的网络接口。

```
[root@ zxj root]# ifconfig
ens33: flags = 4163 < UP,BROADCAST,RUNNING,MULTICAST >    mtu 1500
    inet 192.168.40.137   netmask 255.255.255.0   broadcast 192.168.40.255
    inet6 fe80::285c:f889:761f:1bd2   prefixlen 64   scopeid 0x20 < link >
    ether 00:0c:29:a0:3b:61   txqueuelen 1000   (Ethernet)
    RX packets 11042   bytes 10283958 (9.8 MiB)
    RX errors 0   dropped 0   overruns 0   frame 0
    TX packets 8344   bytes 997006 (973.6 KiB)
    TX errors 0   dropped 0 overruns 0   carrier 0   collisions 0

lo: flags = 73 < UP,LOOPBACK,RUNNING >    mtu 65536
    inet 127.0.0.1   netmask 255.0.0.0
    inet6 ::1   prefixlen 128   scopeid 0x10 < host >
    loop   txqueuelen 1000   (Local Loopback)
    RX packets 395171   bytes 33194776 (31.6 MiB)
    RX errors 0   dropped 0   overruns 0   frame 0
    TX packets 395171   bytes 33194776 (31.6 MiB)
    TX errors 0   dropped 0 overruns 0   carrier 0   collisions 0

virbr0: flags = 4099 < UP,BROADCAST,MULTICAST >    mtu 1500
    inet 192.168.122.1   netmask 255.255.255.0   broadcast 192.168.122.255
    ether 52:54:00:33:69:f3   txqueuelen 1000   (Ethernet)
    RX packets 0   bytes 0 (0.0 B)
    RX errors 0   dropped 0   overruns 0   frame 0
    TX packets 0   bytes 0 (0.0 B)
    TX errors 0   dropped 0 overruns 0   carrier 0   collisions 0
```

其中，ens33 为主机的一个物理网卡设备，lo 为本机的回路设备，virbr0 为虚拟网卡设备。如果计算机中还有其他网卡且未处于激活状态，则需要使用 -a 参数才能查看它们的状态。

参考示例2：将 ens33 网卡的 IP 地址设置为 192.168.248.21，并查看设置结果。

```
[root@ zxj root]# ifconfig ens33 192.168.248.21
[root@ zxj root]# ifconfig ens33
ens33: flags = 4163 < UP,BROADCAST,RUNNING,MULTICAST >    mtu 1500
    inet 192.168.248.21   netmask 255.255.255.0   broadcast 192.168.40.255
    inet6 fe80::285c:f889:761f:1bd2   prefixlen 64   scopeid 0x20 < link >
    ether 00:0c:29:a0:3b:61   txqueuelen 1000   (Ethernet)
    RX packets 11042   bytes 10283958 (9.8 MiB)
    RX errors 0   dropped 0   overruns 0   frame 0
    TX packets 8387   bytes 1003797 (980.2 KiB)
    TX errors 0   dropped 0 overruns 0   carrier 0   collisions 0
```

参考示例3:为 ens33 设置网络掩码和广播地址,并查看设置结果。

```
[root@ zxj root]# ifconfig ens33 netmask 255.255.255.224 broadcast
                              192.168.244.254
[root@ zxj root]# ifconfig ens33
ens33: flags=4163<UP,BROADCAST,RUNNING,MULTICAST>  mtu 1500
    inet 192.168.248.21  netmask 255.255.255.224  broadcast 192.168.244.254
    inet6 fe80::285c:f889:761f:1bd2  prefixlen 64  scopeid 0x20<link>
    ether 00:0c:29:a0:3b:61  txqueuelen 1000  (Ethernet)
    RX packets 11057  bytes 10285041 (9.8 MiB)
    RX errors 0  dropped 0  overruns 0  frame 0
    TX packets 8481  bytes 1018414 (994.5 KiB)
    TX errors 0  dropped 0 overruns 0  carrier 0  collisions 0
```

9.3.3 netstat 命令

在 Linux 系统中，执行 netstat 命令可以获取各种各样的网络连接和状态信息，因此常常使用该命令来检测 TCP/IP 网络配置的正确性。

命令格式：

```
netstat [address_family_options] [--tcp|-t] [--udp|-u] [--raw|-w]
[--listening|-l] [--all|-a] [--numeric|-n]
[--numeric-hosts][--numeric-ports]
[--numeric-ports] [--symbolic|-N] [--extend|-e[--extend|-e]]
[--timers|-o] [--program|-p] [--verbose|-v] [--continuous|-c] [delay]

netstat {--route|-r} [address_family_options]
[--extend|-e[--extend|-e]] [--verbose|-v] [--numeric|-n]
[--numeric-hosts][--numeric-ports][--numeric-ports] [--continuous|-c]
[delay]

netstat {--interfaces|-i} [iface] [--all|-a] [--extend|-e[--extend|-e]]
[--verbose|-v] [--program|-p] [--numeric|-n]
[--numeric-hosts][--numeric-ports][--numeric-ports] [--continuous|-c]
[delay]

netstat {--groups|-g} [--numeric|-n] [--numeric-hosts][--
numeric-ports][--numeric-ports] [--continuous|-c] [delay]

netstat {--masquerade|-M} [--extend|-e] [--numeric|-n]
[--numeric-hosts][--numeric-ports][--numeric-ports] [--continuous|-c]
[delay]

netstat {--statistics|-s} [--tcp|-t] [--udp|-u] [--raw|-w] [delay]
```

netstat {--version|-V}

netstat {--help|-h}

地址家族选项(address_family_options):

[--protocol={inet,unix,ipx,ax25,netrom,ddp}[,...]]　　[--unix|-x]

[--inet|--ip][--ax25][--ipx][--netrom][--ddp]

命令说明:

执行 netstat 命令，输出 Linux 网络系统的信息，该信息的格式类型受命令的第一个参数（带一对“{}”）控制，具体如下。

1）无第一参数：这是默认模式，netstat 命令显示开放 sockets 列表信息。如果不指定任何地址家族，则所有已配置地址家族的活动 sockets 都将被输出。

2）第一参数为 --route 或 -r：显示内核路由表。

3）第一参数为 --groups 或 -g：对于 IPv4 和 IPv6 显示多播组成员信息。

4）第一参数为 --interface=iface 或 -i：显示所有网络或指定网络的接口信息。

5）第一参数为 --masquerade 或 -M：显示伪装连接的列表。

6）第一参数为 --statistics 或 -s：显示每个协议的概要统计信息。

netstat 命令选项及说明见表 9-3。

表 9-3　netstat 命令选项及说明

命令选项	选项说明
--verbose 或 -v	显示详细信息。尤其是显示一些未配置地址家族的有用信息
--numeric 或 -n	以数字式的地址代替主机名称、端口和用户名，显示网络连接情况
--numeric-hosts	显示数字式的主机地址，但不影响端口和用户名
--numeric-ports	显示数字式的端口号，但不影响主机或用户名
--numeric-users	显示数字式的用户 ID 号，但不影响主机或端口名
--protocol=family 或 -A	为显示的连接指定地址家族。地址家族的关键字以逗号分隔，关键字包括 inet、unix、ipx、ax25、netrom 和 ddp。地址家族中的 inet 包括 RAW、UDP 和 TCP 套接字（Socket）
-c 或 --continuous	持续显示网络状态
-c seconds	按指定秒数的间隔持续显示网络状态
-e 或 --extend	显示网络其他相关信息
-o 或 --timers	显示计时器
-p 或 --program	显示使用 Socket 的 PID 和程序名称
-l 或 --listening	只显示监听的 Socket（默认选项）
-a 或 --all	显示所有连接的 Socket（包括监听和非监听的）。--interfaces 选项显示非标记的接口
-F	显示来自 FIB 的路由信息（这是默认值）
-C	显示来自路由 cache 的路由信息
-t	显示 TCP 的连接情况
-u	显示 UDP 的连接情况
-w	显示 RAW 协议的连接情况

参考示例1：显示网络的基本信息。

```
[root@ zxj root]# netstat
Active Internet connections (w/o servers)
Proto Recv - Q Send - Q Local Address           Foreign Address         State
Active UNIX domain sockets (w/o servers)
Proto RefCnt Flags       Type       State         I - Node   Path
unix  2      [ ]         DGRAM                    21321      /run/systemd/shutdownd
unix  3      [ ]         DGRAM                    8554       /run/systemd/notify
                                    …
unix  25     [ ]         DGRAM                    8569       /dev/log
unix  3      [ ]         STREAM     CONNECTED     1227316
unix  3      [ ]         STREAM     CONNECTED     1173495
unix  3      [ ]         STREAM     CONNECTED     81599
unix  3      [ ]         STREAM     CONNECTED     44607
unix  3      [ ]         STREAM     CONNECTED     44577
                                    …
unix  3      [ ]         STREAM     CONNECTED     78360
unix  2      [ ]         DGRAM                    1098797
unix  2      [ ]         DGRAM                    81135
unix  3      [ ]         STREAM     CONNECTED     78375
                                    …
unix  3      [ ]         STREAM     CONNECTED     37952
unix  3      [ ]         STREAM     CONNECTED     76795
unix  3      [ ]         STREAM     CONNECTED     1225617
```

参考示例1仅节选了部分输出信息。由不带选项参数的netstat命令的输出结果可以看到，它为每一个通信端口显示一行信息。信息分为两类，其中，一类是激活的接口连接（Active Internet Connections），采用的格式为：

```
Proto    Recv - Q    Send - Q    Local Address    Foreign Address    State
```

其中各项信息的含义如下。

1）Proto：套接字采用的通信协议，如TCP、UDP等。

2）Recv - Q：接收队列的长度（以字节为单位）。

3）Send - Q：发送队列的长度（以字节为单位）。

4）Local Address：本地主机套接字的地址和端口号。除非指定了 - -numeric选项，否则套接字地址被确定为规范的主机名，端口号被翻译为相应的服务名。

5）Foreign Address：远程主机套接字的地址和端口号。

6）State：套接字的连接状态。由于只有TCP是面向连接的，因此只有使用TCP的端口有状态信息。通常状态信息可能是以下之一。

① ESTABLISHED：套接字已经建立连接。

② SYN_SENT：主动建立连接。

③ SYN_RECV：来自网络的连接请求已经被接收。

④ FIN_WAIT1：套接字关闭，停止连接。

⑤ FIN_WAIT2：关闭连接并等待远程主机的停止请求。
⑥ TIME_WAIT：套接字关闭句柄后仍然在等待。
⑦ CLOSED：套接字关闭（不再使用）。
⑧ CLOSE_WAIT：远程主机关闭，等待套接字关闭。
⑨ LAST_ACK：远程主机关闭，套接字关闭，等待确认。
⑩ LISTEN：套接字监听到达的连接请求。
⑪ CLOSING：两边的套接字均关闭，但还没有完成所有的数据传送。
⑫ UNKNOWN：未知的套接字状态。
另一类是激活的 UNIX 守护套接字（Active UNIX domain sockets）。采用的格式为：

Proto　　RefCnt　　Flags　　Type　　State　　I – Node　　Path

其中各项信息的含义如下。
1）Proto：套接字采用的通信协议（UNIX）。
2）RefCnt：参考计数。
3）Flags：这个标志显示的是 SO_ACCEPTON、SO_WAITDATA（W）或 SO_NOSPACE（N）。
4）Type：套接字访问的几种类型。类型有如下几种。
① SOCK_DGRAM：套接字使用的数据包（面向无连接的）模式。
② SOCK_STREAM：套接字使用的流（面向连接的）模式。
③ SOCK_RAW：套接字使用的原始模式。
④ SOCK_RDM：可靠传递信息服务。
⑤ SOCK_SEQPACKET：有序数据包的套接字。
⑥ SOCK_PACKET：原始接口访问模式的套接字。
⑦ UNKNOWN：未知的类型。
5）State：通常状态信息，可能是以下之一。
① FREE：套接字未被分配。
② LISTENING：套接字正在监听连接请求。
③ CONNECTING：套接字正在建立连接。
④ CONNECTED：套接字已经建立连接。
⑤ DISCONNECTING：套接字正在释放连接。
⑥ (empty)：该套接字未与其他套接字建立连接。
⑦ UNKNOWN：决不会发生的状态。
6）I – Node：i 节点号。
7）Path：连接到套接字相应进程的路径名。
参考示例 2：显示网络接口信息。

```
[root@ zxj root]# netstat  – i
Kernel Interface table
Iface    MTU    RX – OK RX – ERR RX – DRP RX – OVR    TX – OK TX – ERR TX – DRP TX – OVR Flg
ens33    1500    11069    0    0    0    8653    0    0    0    BMRU
lo    65536    395171    0    0    0    395171    0    0    0    LRU
virbr0    1500    0    0    0    0    0    0    0    0    BMU
```

该命令的第一参数为 – i，所以显示所有网络接口信息。

参考示例3：显示内核路由表信息。

[root@ zxj root]# netstat -r

```
Kernel IP routing table
Destination     Gateway         Genmask         Flags   MSS Window  irtt Iface
default         gateway         0.0.0.0         UG          0 0     0 ens33
192.168.40.0    0.0.0.0         255.255.255.0   U           0 0     0 ens33
192.168.40.96   0.0.0.0         255.255.255.224 U           0 0     0 ens33
192.168.122.0   0.0.0.0         255.255.255.0   U           0 0     0 virbr0
```

该命令的第一参数为-r，所以显示内核路由表的信息。

参考示例4：只显示监听的Socket的工作情况。

[root@ zxj root]# netstat -l

```
Active Internet connections (only servers)
Proto Recv-Q Send-Q Local Address           Foreign Address         State
tcp        0      0 0.0.0.0:sunrpc          0.0.0.0:*               LISTEN
tcp        0      0 0.0.0.0:x11             0.0.0.0:*               LISTEN
tcp        0      0 localhost.locald:domain 0.0.0.0:*               LISTEN
tcp        0      0 0.0.0.0:ssh             0.0.0.0:*               LISTEN
tcp        0      0 localhost:ipp           0.0.0.0:*               LISTEN
tcp        0      0 localhost:smtp          0.0.0.0:*               LISTEN
tcp6       0      0 [::]:sunrpc             [::]:*                  LISTEN
tcp6       0      0 [::]:x11                [::]:*                  LISTEN
tcp6       0      0 [::]:ssh                [::]:*                  LISTEN
tcp6       0      0 localhost:ipp           [::]:*                  LISTEN
tcp6       0      0 localhost:smtp          [::]:*                  LISTEN
udp        0      0 0.0.0.0:981             0.0.0.0:*
udp        0      0 0.0.0.0:59438           0.0.0.0:*
udp        0      0 localhost.locald:domain 0.0.0.0:*
udp        0      0 0.0.0.0:bootps          0.0.0.0:*
udp        0      0 0.0.0.0:bootpc          0.0.0.0:*
udp        0      0 0.0.0.0:sunrpc          0.0.0.0:*
udp        0      0 0.0.0.0:mdns            0.0.0.0:*
udp        0      0 localhost:323           0.0.0.0:*
udp6       0      0 [::]:981                [::]:*
udp6       0      0 [::]:sunrpc             [::]:*
udp6       0      0 localhost:323           [::]:*
raw6       0      0 [::]:ipv6-icmp          [::]:*                  7
Active UNIX domain sockets (only servers)
Proto RefCnt Flags       Type       State         I-Node   Path
unix  2      [ ACC ]     STREAM     LISTENING     21268    /run/systemd/private
unix  2      [ ACC ]     STREAM     LISTENING     44957    @/tmp/.X11-unix/X0
unix  2      [ ACC ]     STREAM     LISTENING     76197    @/tmp/dbus-qVD1s2uetv
```

unix　2　[ACC]　STREAM　LISTENING　44582　private/tlsmgr
unix　2　[ACC]　STREAM　LISTENING　1292096

…

9.4　telnet 服务配置

由于远程登录的安全问题，CentOS 7 默认有 telnet 服务包，但不安装 telnet 的服务。在 Linux 系统安装后可以直接用 yum 命令下载 telnet 服务包和 xinetd 服务包并安装，即可实现 telnet 的功能。

1）检查本地是否安装了 telnet 服务，如图 9-12 所示。

```
[root@localhost ~]# telnet 192.168.40.132
bash: telnet: command not found...
```

图 9-12　检查是否安装了 telnet 服务

如果命令没找到，说明没有，可以检查本地是否存在 telnet 服务包，如图 9-13 所示。

```
[root@localhost ~]# yum -y list|grep telnet
telnet.x86_64                          1:0.17-64.el7            base
telnet-server.x86_64                   1:0.17-64.el7            base
[root@localhost ~]# yum -y list|grep xinetd
xinetd.x86_64                          2:2.3.15-13.el7          base
[root@localhost ~]# _
```

图 9-13　检查本地是否存在 telnet 服务包

如果输入 rpm –y list | grep telnet 和 rpm –y list | grep xinetd 命令后没有输出，则本地没有该软件包。

2）用以下命令安装 telnet 相关的包。即使本地没有这些软件包，yum 命令也会从相关的站点查找这些软件包并安装。

yum –y install telnet

#yum –y install telnet – server

#yum –y install xinetd

安装过程如图 9-14 ~ 图 9-16 所示。

```
================================================================================
 Package          Arch          Version              Repository          Size
================================================================================
Installing:
 telnet           x86_64        1:0.17-64.el7        base                64 k

Transaction Summary
================================================================================
Install  1 Package

Total download size: 64 k
Installed size: 113 k
Downloading packages:
warning: /var/cache/yum/x86_64/7/base/packages/telnet-0.17-64.el7.x86_64.rpm: Header V3 RSA/SHA256 S
ignature, key ID f4a80eb5: NOKEY
Public key for telnet-0.17-64.el7.x86_64.rpm is not installed
telnet-0.17-64.el7.x86_64.rpm                                    |  64 kB  00:00:00
Retrieving key from file:///etc/pki/rpm-gpg/RPM-GPG-KEY-CentOS-7
Importing GPG key 0xF4A80EB5:
 Userid     : "CentOS-7 Key (CentOS 7 Official Signing Key) <security@centos.org>"
 Fingerprint: 6341 ab27 53d7 8a78 a7c2 7bb1 24c6 a8a7 f4a8 0eb5
 Package    : centos-release-7-6.1810.2.el7.centos.x86_64 (@anaconda)
 From       : /etc/pki/rpm-gpg/RPM-GPG-KEY-CentOS-7
Running transaction check
Running transaction test
Transaction test succeeded
Running transaction
  Installing : 1:telnet-0.17-64.el7.x86_64                                  1/1
  Verifying  : 1:telnet-0.17-64.el7.x86_64                                  1/1

Installed:
  telnet.x86_64 1:0.17-64.el7

Complete!
[root@localhost ~]#
```

图 9-14　安装 telnet 包

```
 * updates: mirrors.163.com
base                                                                    | 3.6 kB  00:00:00
extras                                                                  | 3.4 kB  00:00:00
updates                                                                 | 3.4 kB  00:00:00
Resolving Dependencies
--> Running transaction check
---> Package telnet-server.x86_64 1:0.17-64.el7 will be installed
--> Finished Dependency Resolution

Dependencies Resolved

===============================================================================================
 Package               Arch              Version                  Repository          Size
===============================================================================================
Installing:
 telnet-server         x86_64            1:0.17-64.el7            base                41 k

Transaction Summary
===============================================================================================
Install  1 Package

Total download size: 41 k
Installed size: 55 k
Downloading packages:
telnet-server-0.17-64.el7.x86_64.rpm                                    |  41 kB  00:00:00
Running transaction check
Running transaction test
Transaction test succeeded
Running transaction
  Installing : 1:telnet-server-0.17-64.el7.x86_64                                      1/1
  Verifying  : 1:telnet-server-0.17-64.el7.x86_64                                      1/1

Installed:
  telnet-server.x86_64 1:0.17-64.el7

Complete!
[root@localhost ~]#
```

图 9-15　安装 telnet – server 包

```
Loading mirror speeds from cached hostfile
 * base: mirrors.aliyun.com
 * extras: mirrors.aliyun.com
 * updates: mirrors.163.com
Resolving Dependencies
--> Running transaction check
---> Package xinetd.x86_64 2:2.3.15-13.el7 will be installed
--> Finished Dependency Resolution

Dependencies Resolved

===============================================================================================
 Package            Arch            Version                   Repository              Size
===============================================================================================
Installing:
 xinetd             x86_64          2:2.3.15-13.el7           base                   128 k

Transaction Summary
===============================================================================================
Install  1 Package

Total download size: 128 k
Installed size: 261 k
Downloading packages:
xinetd-2.3.15-13.el7.x86_64.rpm                                          | 128 kB  00:00:00
Running transaction check
Running transaction test
Transaction test succeeded
Running transaction
  Installing : 2:xinetd-2.3.15-13.el7.x86_64                                            1/1
  Verifying  : 2:xinetd-2.3.15-13.el7.x86_64                                            1/1

Installed:
  xinetd.x86_64 2:2.3.15-13.el7

Complete!
[root@localhost ~]#
```

图 9-16　安装 xinetd 包

3）当 telnet – server 和 xinetd 服务包安装完成后，其 telnet 和 xinetd 服务默认是禁用的，这时输入 telnet 命令连接主机仍然显示找不到命令，所以需要允许 telnet 和 xinetd 服务。

systemctl enable telnet. socket

systemctl enable xinetd. service

4）执行以下命令，开启 telnet 和 xinetd 服务。

systemctl start telnet. socket

systemctl start xinetd

至此，telnet 命令已经可以使用了。登录某台主机，输入用户名和密码后进入远程计算机的终端，如图 9-17 所示。其他有关安全的问题不在本书讨论。

```
[root@localhost ~]# telnet 192.168.122.1
Trying 192.168.122.1...
Connected to 192.168.122.1.
Escape character is '^]'.

Kernel 3.10.0-957.el7.x86_64 on an x86_64
localhost login: zxj
Password:
Last login: Sun Aug 18 08:05:57 on :0
[zxj@localhost ~]$
```

图 9-17　用 telnet 登录另一台计算机

9.5　rlogin 服务配置

由于传输过程不加密，所以 CentOS 7 默认不安装 rlogin 的服务器端，但安装后可以直接用 yum 命令下载 rsh 服务包并安装，即可实现 rlogin 的功能。

1）检查本地是否存在 rsh 安装包，如图 9-18 所示。

如果输入 rpm -qa | grep rsh 命令后没有输出，则本地没有，否则本地已经有该软件包。

2）用 yum -y install rsh 命令安装 rsh 包，即使本地没有该软件包，yum 命令也会从相关的站点查找该软件包并安装，如图 9-19 所示。

```
[root@localhost ~]# rpm -qa|grep rsh
rsh-0.17-79.el7.x86_64
rsh-server-0.17-79.el7.x86_64
[root@localhost ~]#
```

图 9-18　检查本地是否存在 rsh 安装包

```
[root@localhost ~]# yum -y install rsh
已加载插件：fastestmirror, langpacks
Loading mirror speeds from cached hostfile
 * base: centos.ustc.edu.cn
 * extras: mirrors.tuna.tsinghua.edu.cn
 * updates: mirrors.163.com
base                                                  | 3.6 kB  00:00:00
extras                                                | 3.4 kB  00:00:00
updates                                               | 3.4 kB  00:00:00
正在解决依赖关系
--> 正在检查事务
---> 软件包 rsh.x86_64.0.0.17-79.el7 将被 安装
--> 解决依赖关系完成

依赖关系解决

================================================================================
 Package        架构           版本                  源               大小
================================================================================
正在安装:
 rsh            x86_64         0.17-79.el7           base             55 k

事务概要
================================================================================
```

图 9-19　安装 rsh 包

3）用 yum -y install rsh-server 命令安装 rsh-server 包，如图 9-20 所示。

```
[root@localhost ~]# yum -y install rsh-server
已加载插件：fastestmirror, langpacks
Loading mirror speeds from cached hostfile
 * base: centos.ustc.edu.cn
 * extras: mirrors.tuna.tsinghua.edu.cn
 * updates: mirrors.163.com
正在解决依赖关系
--> 正在检查事务
---> 软件包 rsh-server.x86_64.0.0.17-79.el7 将被 安装
--> 解决依赖关系完成

依赖关系解决

================================================================================
 Package              架构              版本                 源            大小
================================================================================
正在安装:
 rsh-server           x86_64            0.17-79.el7          base          50 k

事务概要
================================================================================
安装  1 软件包

总下载量：50 k
安装大小：74 k
Downloading packages:
```

图 9-20 安装 rsh-server 包

4）如果安装过 xinetd 软件包，则显示界面如图 9-21 所示，否则安装它。

```
[root@localhost ~]# yum -y install xinetd
已加载插件：fastestmirror, langpacks
Loading mirror speeds from cached hostfile
 * base: centos.ustc.edu.cn
 * extras: mirrors.tuna.tsinghua.edu.cn
 * updates: mirrors.163.com
软件包 2:xinetd-2.3.15-13.el7.x86_64 已安装并且是最新版本
无须任何处理
[root@localhost ~]#
```

图 9-21 安装过 xinetd 软件包的界面

5）打开 rlogin 服务。检查/etc/xinetd.d 目录下是否有 rlogin 文件，如果没有，则用文本编辑器创建一个，内容如下：

```
# default: on
# description: The rlogin server serves rlogin sessions; it uses /
#       unencrypted username/password pairs for authentication.
service rlogin
{
        flags           = REUSE
        socket_type     = stream
        wait            = no
        user            = root
        server          = /usr/sbin/in.rlogind
        log_on_failure  += USERID
        disable         = no   默认是 yes,默认不开启 rlogin 服务
}
```

确保 disable = no，并保存退出。

6）重新启动 xinetd 进程，以启动 rlogin 服务。因为 rlogin 是由 xinetd 进程管理的，所以只要 xinetd 这个服务重新启动，就可以重新读取/etc/xinetd. d 目录下的配置文件，进而启动刚才配置的 rlogin 服务。

xinetd 和 rlogin 服务安装完成后默认是禁用的，需要开启，如图 9-22 所示。

#systemctl enable xinetd. service

如果解除了 xinetd 的禁用，上面这句不用执行。

#systemctl enable rlogin. socket

```
Created symlink from /etc/systemd/system/sockets.target.wants/telnet.socket to /
usr/lib/systemd/system/telnet.socket.
```

图 9-22　解除 rlogin 的禁用

7）启动 xinetd 和 rlogin 服务。

#systemctl start rlogin. socket

#systemctl start xinetd

8）查看 rlogin 是否正常启动，是否处于监听状态，如图 9-23 所示。

netstat –aln | grep 23

```
[root@localhost ~]# netstat -aln| grep 23
tcp6       0      0 :::23                   :::*                    LISTEN
udp        0      0 127.0.0.1:323           0.0.0.0:*
udp6       0      0 ::1:323                 :::*
unix  3      [ ]         STREAM     CONNECTED     88237    @/tmp/dbus-nlXSr88B
unix  3      [ ]         DGRAM                    22331
unix  3      [ ]         DGRAM                    22332
unix  2      [ ]         DGRAM                    22317
```

图 9-23　查看 rlogin 是否处于监听状态

至此，rlogin 服务已经可以使用了，登录某台主机，如图 9-24 所示。其他有关安全的问题不在本书讨论。

```
[root@localhost ~]# rlogin 192.168.122.1
rlogind: Host address mismatch.
Password:
Last login: Tue Aug 13 12:13:43 from localhost
[root@localhost ~]# █
```

图 9-24　用 rlogin 登录另一台计算机

9.6　tftp 服务配置

tftp 服务在嵌入式系统开发中用于连接目标板与宿主机。目标板通过 TFTP 服务器从宿主机下载程序与数据。CentOS 7 默认不安装 tftp 服务，但在系统（CentOS）安装后可以直接用 yum 命令。

1）检查本地是否存在 tftp 包，如图 9-25 所示。

如果输入 rpm –y list | grep tftp 命令后没有输出，则本地没有，否则本地已经有该软件包。

2）用 yum –y install tftp 命令安装 tftp 包，再用 yum – y install tftp – server 命令安装 tflp – server 包，即使本地没有这些软件包，yum 命令也会从相关的站点查找该软件包并安装，如图 9-26 和图 9-27 所示。

```
[root@localhost ~]# yum -y list|grep tftp
syslinux-tftpboot.noarch                    4.05-15.el7             base
tftp.x86_64                                 5.2-22.el7              base
tftp-server.x86_64                          5.2-22.el7              base
[root@localhost ~]# _
```

图 9-25　检查本地是否存在 tftp 包

```
Package              架构              版本                 源              大小
正在安装:
 tftp                x86_64            5.2-22.el7           base            38 k
事务概要
安装  1 软件包

总下载量：38 k
安装大小：52 k
Downloading packages:
tftp-5.2-22.el7.x86_64.rpm                                  |  38 kB  00:00:00
Running transaction check
Running transaction test
Transaction test succeeded
Running transaction
  正在安装    : tftp-5.2-22.el7.x86_64                                         1/1
  验证中      : tftp-5.2-22.el7.x86_64                                         1/1

已安装:
  tftp.x86_64 0:5.2-22.el7

完毕！
[root@localhost ~]#
```

图 9-26　安装 tftp 包

```
Package              架构              版本                 源              大小
正在安装:
 tftp-server         x86_64            5.2-22.el7           base            47 k
事务概要
安装  1 软件包

总下载量：47 k
安装大小：64 k
Downloading packages:
tftp-server-5.2-22.el7.x86_64.rpm                           |  47 kB  00:00:00
Running transaction check
Running transaction test
Transaction test succeeded
Running transaction
  正在安装    : tftp-server-5.2-22.el7.x86_64                                  1/1
  验证中      : tftp-server-5.2-22.el7.x86_64                                  1/1

已安装:
  tftp-server.x86_64 0:5.2-22.el7

完毕！
[root@localhost ~]#
```

图 9-27　安装 tftp - server 包

3）如果安装过 xinetd 软件包，则显示界面如图 9-28 所示，否则安装它。

4）执行如下命令，允许 tftp 服务（如果 xinetd 允许过，则不需要再做，否则 xinetd 服务也要允许）。

#systemctl enable tftp

```
[root@localhost ~]# yum -y install xinetd
已加载插件：fastestmirror, langpacks
Loading mirror speeds from cached hostfile
 * base: centos.ustc.edu.cn
 * extras: mirrors.tuna.tsinghua.edu.cn
 * updates: mirrors.163.com
软件包 2:xinetd-2.3.15-13.el7.x86_64 已安装并且是最新版本
无须任何处理
[root@localhost ~]# 
```

图 9-28　安装 xinetd 软件包

该命令创建一个 tftp. socket 的符号链接（软链接）。

5）执行如下命令，启动 tftp 服务（如果 xinetd 启动过，则不需要再做，否则 xinetd 服务也要启动）。

```
#systemctl start tftp. socket
```

至此，tftp 服务已经配置完成，可以测试 TFTP 服务器是否可用。一般在宿主机上自己执行 tftp 命令即可检查，其步骤为：

1）执行 cp /etc/inittab /var/lib/tftpboot（复制 inittab 文件到/tftpboot 目录下）。

2）执行 tftp 192. 168. 10. 25（宿主机的 IP 地址）。

3）在提示符 tftp > 下输入 get inittab。

如果执行后没有信息显示，并且马上回到提示符 tftp > 下，就表示 TFTP 服务器已经配置成功，在当前目录下就会有刚刚下载的 inittab 文件。

如果出现的信息为 Timed out 或无法出现提示符 tftp >，则表示 tftp 下载没有成功，可以用下列命令查看 tftp 服务是否开通。

```
# netstat -a|grep tftp
```

如果 TFTP 服务器没有配置成功，则按以上步骤重新配置。

习　题　9

1. 简要说明 A、B、C 这 3 类地址的网络个数和每个网络中的主机台数。
2. 简要说明网络掩码的作用。
3. 简要说明子网与超网的概念。
4. 写出几个常用的网络配置文件名，分别用文本编辑器打开这些文件并阅读。
5. 配置相关的文件，实现允许“192. 168. 100. x”网段主机的所有服务请求，拒绝其他网段主机的服务请求。
6. 配置相关的文件，实现禁止所有网段的 FTP 服务，允许其他服务。
7. 在 Linux 系统中，与 ipconfig 命令（Windows 系统下）功能类似的命令是什么？如何使用？
8. 在自己的计算机上手动设置网卡的 IP 地址并激活。
9. 写出几个常用的网络操作命令，并说明它们的用法。
10. 登录到网络中的某台计算机，用 ftp 命令上传和下载文件。
11. 如何配置 telnet 服务？
12. 如何配置 rlogin 服务？
13. 如何配置 tftp 服务？
14. 查询 ip 命令的用法。

第 10 章　常用服务器的构建与配置

服务器（Server），也称伺服器，是管理资源并为用户提供服务的计算机软件，通常分为文件服务器、数据库服务器、DNS 服务器和 Web 服务器等。运行以上软件的计算机或计算机系统也被称为服务器。

10.1　FTP 服务器

文件传输是指用户通过网络从远程计算机上下载或上传文件。例如，用户在网络上找到自己需要的资料、免费的软件等，可以下载它们到本地计算机的磁盘上；或者有一些文件需要发给其他主机的用户，这时可以将这些文件上传到指定的计算机。FTP 便是从事文件传输的有效工具。

10.1.1　FTP 基本原理

FTP 是由它所使用的网络协议来命名的，即文件传输协议（File Transfer Protocol）；它是 Internet上的一个主要功能，其主要作用就是将文件从一台计算机传递到另一台计算机。FTP 是一种客户机/服务器（Client/Server）模式的应用，在客户机和服务器之间使用 TCP 建立连接。FTP 的组成及结构如图 10-1 所示。

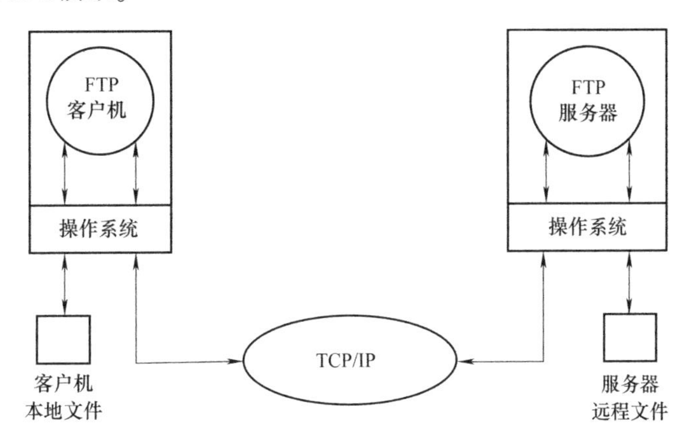

图 10-1　FTP 组成及结构

在 FTP 系统中，客户机与服务器之间建立的是双重连接，即一个是控制连接，另一个是数据连接。服务器的守护进程在 21 号端口监听是否有客户机的连接请求，如果有连接请求，则服务器的守护进程将创建一个子进程（即服务器的控制进程），与客户机的控制进程建立起控制连接，该进程等待来自客户机的命令，而服务器的守护进程则继续监听 21 号端口是否有新的连接请求到来。如果客户机在控制连接上向服务器的控制进程发出传送数据的命令，则将在服务器上建立一个服务器的数据传输进程，并向客户机请求建立数据连接，当该连接成功建立后通过它来传输数据。当数据传输完成后，数据传输进程自动消亡，服务器控制进程等待新的数据传输命令或终止连接的命令。

从图 10-1 可以看到，不管两台计算机所处的位置如何，也不管两台计算机硬件的体系结构和软件的操作系统有何不同，只要它们都遵循 FTP，并且都能连接到 Internet，那么就可以使用 FTP 来传输文件。

10.1.2　FTP 服务器的安装与配置文件

在安装 CentOS 7 Linux 操作系统时，若未选择相应的 ftp 软件包，则可以在系统启动后执行 yum 命令进行安装，执行的命令为：

#yum　-y install vsftpd

若安装过，则执行该命令时的显示界面如图 10-2 所示。

```
[root@localhost ~]# yum -y install vsftpd
已加载插件：fastestmirror, langpacks
Loading mirror speeds from cached hostfile
 * base: mirrors.aliyun.com
 * extras: mirrors.aliyun.com
 * updates: mirrors.aliyun.com
base                                                          | 3.6 kB  00:00:00
extras                                                        | 2.9 kB  00:00:00
updates                                                       | 2.9 kB  00:00:00
updates/7/x86_64/primary_db                                   | 1.1 MB  00:00:00
软件包 vsftpd-3.0.2-25.el7.x86_64 已安装并且是最新版本
无须任何处理
[root@localhost ~]# █
```

图 10-2　安装过 vsftpd 的显示界面

接着用 yum 命令安装 ftp 软件包，执行的命令为：

#yum　-y install ftp

若未安装过，则执行该命令时的显示界面如图 10-3 所示。

```
================================================================================
 Package           架构             版本                  源               大小
================================================================================
正在安装:
 ftp               x86_64           0.17-67.el7           base             61 k

事务概要
================================================================================
安装  1 软件包

总下载量：61 k
安装大小：96 k
Downloading packages:
ftp-0.17-67.el7.x86_64.rpm                                    |  61 kB  00:00:00
Running transaction check
Running transaction test
Transaction test succeeded
Running transaction
  正在安装    : ftp-0.17-67.el7.x86_64                                       1/1
  验证中      : ftp-0.17-67.el7.x86_64                                       1/1

已安装:
  ftp.x86_64 0:0.17-67.el7

完毕！
```

图 10-3　正在安装 FTP 的显示界面

系统的 FTP 服务是 vsftpd，其安装时的日志文件保存在/var/log 目录的 yum. log 文件中。用户如果需要对 FTP 的服务进行配置，可以修改/etc/vsftpd 目录下的 vsftpd. conf、ftpusers 和 user_list 文件来实现。如果用户安装了其他的 FTP 服务器软件，如 wu－ftpd 等，也有相应类似的配置文件。

1. vsftpd. conf 文件

这个文件中有许多配置项被注释（用#字符），用户如果需要可以打开，但有些选项关系到系统的安全，在确定打开前一定要仔细阅读其说明。该文件主要内容如下：

```
anonymous_enable = YES                    #允许匿名登录
local_enable = YES                        #允许本地用户登录
write_enable = YES                        #允许执行 FTP 的写命令
local_umask = 022                         #本地掩码设置为 022
#anon_upload_enable = YES                 #本注释取消，则允许匿名登录用户上传文件
#anon_mkdir_write_enable = YES            #本注释取消，则允许匿名登录用户创建目录
dirmessage_enable = YES                   #当远程登录用户进入某些目录时发送消息
xferlog_enable = YES                      #允许上传与下载
connect_from_port_20 = YES                #允许 ftp - data 使用 20 端口
#chown_uploads = YES                      #本注释取消，则允许不同的用户有权匿名上传
                                          #文件
#chown_username = whoever
#xferlog_file = /var/log/vsftpd. log      #本注释取消，则允许覆盖默认目录下的日志文件
xferlog_std_format = YES                  #允许以 xferlog 格式保存日志文件
#idle_session_timeout = 600               #本注释取消，则默认空闲会话超时值为 600
#data_connection_timeout = 120            #本注释取消，则默认数据连接超时值为 120
#nopriv_user = ftpsecure                  #本注释取消，则 FTP 服务器可以作为一个完全隔
                                          #离和没有特权的用户
#async_abor_enable = YES                  #本注释取消，则允许异步 ABOR 请求
#ascii_upload_enable = YES                #本注释取消，则允许 ascii 上传
#ascii_download_enable = YES              #本注释取消，则允许 ascii 下载
#ftpd_banner = Welcome to blah FTP service.     #本注释取消，则显示指定的登录欢迎
                                                #信息
#deny_email_enable = YES                  #本注释取消，则允许指定一个匿名 E - mail 地址
                                          #文件
# 默认禁止 E - mail 地址文件
#banned_email_file = /etc/vsftpd. banned_emails
#chroot_list_enable = YES                 #本注释取消，则允许列表文件中的用户使用
                                          #chroot 命令
# 默认的列表文件
#chroot_list_file = /etc/vsftpd. chroot_list
#ls_recurse_enable = YES                  #本注释取消，则允许在 ls 命令中使用 - R 选项

pam_service_name = vsftpd                 #FTP 服务器名
userlist_enable = YES                     #允许使用 userlist 文件
listen = YES                              #允许监听
tcp_wrappers = YES                        #允许由 inetd 生成的服务提供增强的安全性，当该
                                          #项启用时，即等于 yes 时，vsftp 服务器会检查
```

```
                                        # /etc/hosts. allow 和/etc/hosts. deny 文件中的设置，
                                        #以确定是否让发起请求的主机连接到 FTP 服务
                                        #器，相当于起到简单的访问控制列表的作用
```

文件中的 local_umask 项决定了在 FTP 状态下目录和文件被创建时得到的初始权限，也就是说，当 umask = 022 时，新建的目录权限是 755（777 - 022），文件的权限是 644（666 - 022）。

2. ftpusers 文件

这个文件列出了不能以 FTP 方式登录服务器的用户名列表，其内容可能如下：

```
# Users that are not allowed to login via ftp
root
bin
daemon
adm
lp
sync
shutdown
halt
mail
news
uucp
operator
games
nobody
```

为了系统的安全，不允许 root 用户与系统内置的账号作为 FTP 的登录用户。尤其是用 root 用户账号直接登录，可能会使远程用户通过口令尝试的方式登录到服务器，则服务器的安全性堪忧。另外，FTP 传送的是没有经过加密的口令，这可能导致不法用户通过网络监听工具软件窃取口令。

3. user_list 文件

该文件的内容如下：

```
# vsftpd userlist
# If userlist_deny = NO, only allow users in this file
# If userlist_deny = YES (default), never allow users in this file, and
# do not even prompt for a password.
# Note that the default vsftpd pam config also checks /etc/vsftpd. ftpusers
# for users that are denied.
root
bin
daemon
adm
lp
sync
shutdown
```

halt
mail
news
uucp
operator
games
nobody

这个文件的内容与 ftpusers 文件的内容一样，但是在使用时的区别在于，当 userlist_enable（在 vsftpd. conf 文件中）选项为 YES 时，如果一个用户名在 user_list 文件中，而同时 userlist_deny 选项为“YES”（默认选项），则该用户将不能够登录 FTP 服务器，甚至连输入密码的提示信息都没有，直接被 FTP 服务器拒绝。

而如果一个用户名在 ftpusers 文件中，同时 userlist_deny 选项为“YES”，则该用户在试图登录 FTP 服务器时，将能看到输入密码的提示，但即使正确输入密码也不能登录 FTP 服务器。

参考示例：假定 FTP 服务已开启，在本机以 root 身份登录 FTP 服务器。

执行命令：

```
[root@ myhost1 root]# ftp localhost
```

系统显示：

```
Trying ::1...
Connected to localhost (::1).
220 (vsFTPd 3.0.2)
Name (localhost:root): 127.0.0.1
331 Please specify the password.
Password:
530 Login incorrect.
Login failed.
ftp >
```

从显示结果可以看到，以 root 身份登录时，由于其用户名的 userlist_enable 选项为“YES”，同时 root 也在 ftpusers 文件中，且 userlist_deny 选项为“YES”，则权限禁止，连输入密码的提示信息都没有，直接导致登录失败。

userlist_deny 选项和 user_list 文件一起使用，能够有效地阻止 root 等系统用户登录 FTP 服务器，从而保证了 FTP 服务器的分级安全性。

10.1.3 FTP 服务的启动

当 Linux 系统安装完成并启动时，一般，系统为了节省内存和提高启动速度，默认情况下，FTP 服务是没有启动的。如果需要使用 FTP，则必须首先启动 FTP 服务。在 Linux 系统的发行套件中，FTP 服务的名称是 vsftpd，如果用户不全部安装所有的 Linux 软件包，则可能需要使用安装光盘或 ISO 软件重新安装该服务。用户也可以从网络上下载其他的 FTP 软件，如 wu - ftpd、bftpd 等。如果用户已经安装了 vsftpd 服务，则可以有两种不同的方法来启动或停止它。

1. 设置自启动方式

在终端窗口的字符界面下，输入 setup 命令，利用上下光标键选择 System Services 菜单项并按 Enter 键，找到 vsftpd 服务项并选择。当下次系统启动时，vsftpd 服务将自动被运行。

2. 命令行启动或停止

如果需要马上启动该服务，也可以不重新启动系统，只要执行服务启动命令即可。

```
[root@ localhost root]# systemctl restart vsftpd. service
```

正常情况下，系统没有信息显示。

如果需要停止该服务，只要执行停止命令即可。例如：

```
[root@ localhost root]# systemctl stop vsftpd. service
```

同样，正常情况下，系统没有信息显示。

10.1.4　文件传输命令及用法

FTP 服务启动后就可以进行文件传输了，虽然文件传输命令和用法随着操作系统的不同而不同，但基本的命令结构对各种机器都是大同小异的。本小节结合参考示例说明文件传输命令的格式和具体用法。

1. ftp 命令

该命令是 Internet 上的文件传输程序。在字符终端窗口的命令行提示符下输入 ftp 命令、选项或参数后，即可进入 FTP 模式，并出现 ftp 提示符（>）。

命令格式：

```
ftp [ -pingvd] [host]
```

或

```
pftp [ -ingvd] [host]
```

其中，ftp 或 pftp 为命令名称；参数 host 为要连接服务器端的 IP 地址或主机名称；其他的是命令选项，这些选项可以在命令行中指定，也可以在命令解释程序中指定。ftp 命令选项及说明见表 10-1。

表 10-1　ftp 命令选项及说明

命令选项	选项说明
-p	数据传输采用被动模式
-i	在多文件传输中，关闭交互模式的提示信息
-n	不使用自动登录。ftp 在启动时会从 . netrc 文件中读取信息，试图自动登录指定的远程计算机系统；如果该文件不存在，ftp 会放弃自动登录，并询问用户账户名称和口令
-g	禁止本地主机文件名支持特殊字符的扩充特性
-v	显示 ftp 命令执行的详细过程
-d	允许进行调试

进入 FTP 模式后，可以使用的命令有：

```
!          debug        mdir       sendport   site
$          dir          mget       put        size
account    disconnect   mkdir      pwd        status
append     exit         mls        quit       struct
ascii      form         mode       quote      system
bell       get          modtime    recv       sunique
binary     glob         mput       reget      tenex
```

```
bye          hash        newer       rstatus     tick
case         help        nmap        rhelp       trace
cd           idle        nlist       rename      type
cdup         image       ntrans      reset       user
chmod        lcd         open        restart     umask
close        ls          prompt      rmdir       verbose
cr           macdef      passive     runique     ?
delete       mdelete     proxy       send
```

其中，许多命令与命令行模式下的命令相同。如果忘记了这些命令名称，则在 FTP 模式下的任何时候输入？命令即可显示。

2. 参考示例

参考示例 1：登录到 IP 地址为 192.168.122.1 的主机，准备进行文件传输。

```
[root@ localhost /]# ftp 192.168.122.1
Connected to 192.168.122.1 (192.168.122.1).
220 (vsFTPd 3.0.2)
Name (192.168.122.1:root): zxj
331 Please specify the password.
Password:
230 Login successful.
Remote system type is UNIX.
Using binary mode to transfer files.
ftp >
```

以上显示的信息中，要求用户输入所登录到主机的用户名和口令，其中斜体字并带下画线的部分为用户输入的信息（下文同此）；登录成功后显示 ftp 提示符（ > ）。

参考示例 2：列出登录主机用户目录中的内容。

```
ftp > ls
227 Entering Passive Mode (192,168,122,1,46,223).
150 Here comes the directory listing.
-rw-r--r--    1     0       0          162 Oct 02 15:22 xj
drwxr-xr-x    2     1000    1000         6 Aug 15 11:01 下载
drwxr-xr-x    2     1000    1000         6 Aug 15 11:01 公共
drwxr-xr-x    2     1000    1000         6 Aug 15 11:01 图片
drwxr-xr-x    2     1000    1000         6 Aug 15 11:01 文档
drwxr-xr-x    2     1000    1000         6 Aug 15 11:01 桌面
drwxr-xr-x    2     1000    1000         6 Aug 15 11:01 模板
drwxr-xr-x    2     1000    1000         6 Aug 15 11:01 视频
drwxr-xr-x    2     1000    1000         6 Aug 15 11:01 音乐
226 Directory send OK.
ftp >
```

在 ftp 提示符下，输入 ls 命令即可列出所登录用户目录中的文件，与一般 ls 命令不同的是，其以长格式显示目录中的文件信息。

参考示例 3：从所登录的主机用户目录中下载文件。

```
ftp > get xj xjt
local: xjt remote: xj
227 Entering Passive Mode (192,168,122,1,162,96).
150 Opening BINARY mode data connection for xj (162 bytes).
226 Transfer complete.
162 bytes received in 9.9e-05 secs (1636.36 Kbytes/sec)
ftp >
```

从远程主机的 zxj 用户目录中下载 xj 源文件到本地主机的当前目录，并以 xjt 目标文件名保存；如果不指定目标文件名，则以源文件同名保存。在下载完成时显示传输的信息量、所花费的时间和平均传输速度。

参考示例 4：向所登录的主机用户目录中上传文件。

```
ftp > put yum.doc
local: yum.doc remote: yum.doc
227 Entering Passive Mode (192,168,122,1,154,134).
150 Ok to send data.
226 Transfer complete.
58152 bytes sent in 0.00267 secs (21755.33 Kbytes/sec)
ftp >
```

向远程主机的 zxj 用户目录中上传 yum.doc 源文件，由于没有指定远程主机的目标文件名，所以仍以同名文件保存。同样，在上传完成时显示相关的信息。

参考示例 5：向远程主机上传大文件。

```
ftp > hash
Hash mark printing on (1024 bytes/hash mark).
ftp > put NTFS-3G_1@170545.exe
local: NTFS-3G_1@170545.exe remote: NTFS-3G_1@170545.exe
227 Entering Passive Mode (192, 168, 122, 1, 102, 151).
150 Ok to send data.
########################################################################
################################################################################
################################################################################
################################################################################
################################################################################
################################################################################
################################################################################
################################################################################
################################################################################
################################################################################
################################################################################
################################################################################
################################################################################
```

```
###########
226 Transfer complete.
1121488 bytes sent in 0.0284 secs (39445.96 Kbytes/sec)
ftp >
```

当传输大文件时，所花费的时间较长，一般需要显示文件传输的进度。在这种情况下可以使用 hash 命令，以便在文件传输过程中用“#”显示传输的进度。本例是向远程主机上传一个 NTFS - 3G_1@170545. exe 软件。

参考示例 6：匿名登录远程主机并准备文件传输。

```
[root@ zxj root]# ftp 192.168.122.1
Connected to 192.168.122.1 (192.168.122.1).
220 (vsFTPd 3.0.2)
Name (192.168.122.1:root): anonymous
331 Please specify the password.
Password:                    #注意：此处直接按 Enter 键
230 Login successful.
Remote system type is UNIX.
Using binary mode to transfer files.
ftp >
```

Internet 上广泛使用的公共文件传输服务就是“匿名”（anonymous）文件传输服务。采用“匿名”文件传输时，一般会在服务器上指定一个公共目录，CentOS 7 默认是在/var/ftp 下的 pub 目录。“匿名”文件传输允许任何被允许建立 TCP 连接的用户远程访问公共目录中的文件，而其他目录是禁止访问的。这个功能可以让用户从网络上发布开发的软件或收集共享软件给其他用户下载使用。

参考示例 7：在匿名登录下，查看“匿名”文件传输的公共目录。

```
ftp > ls
227 Entering Passive Mode (192,168,122,1,84,118).
150 Here comes the directory listing.
drwxr - xr - x    2 0        0                6 Oct 30   2018 pub
226 Directory send OK.
ftp >
```

在匿名登录远程主机后，执行 ls 命令，显示服务器上的公共目录。

参考示例 8：切换到公共目录中并查看该目录中的文件。

```
ftp > cd pub
250 Directory successfully changed.
ftp > ls
227 Entering Passive Mode (192,168,122,1,216,109).
150 Here comes the directory listing.
- rwxrwxrwx    1 0        0            232 Aug 20 08:02 grub
- rwxrwxrwx    1 0        0          17763 Aug 18 13:02 xfs. doc
226 Directory send OK.
ftp >
```

此时可以执行 cd 命令来切换到公共目录。

参考示例 9：通过匿名文件传输下载文件。

ftp > *get grub*

local: grub remote: grub

227 Entering Passive Mode (192,168,122,1,51,65).

150 Opening BINARY mode data connection for grub (232 bytes).

226 Transfer complete.

232 bytes received in 0.00092 secs (252.17 Kbytes/sec)

ftp >

在匿名文件传输下，只能从公共目录下载文件，而禁止从其他目录下载。

参考示例 10：将 grub 文件以 grub.bak 上传。

ftp > *put grub grub.bak*

local: grub remote: grub.bak

227 Entering Passive Mode (192,168,122,1,114,191).

550 Permission denied.

ftp >

本参考示例是要将/var/ftp/pub 目录中的 grub 文件以 grub.bak 上传到远程主机的公共目录中（“匿名”文件传输），但从显示的信息可以看到，在“匿名”文件传输下是禁止文件上传的。

以上 10 个参考示例说明了 FTP 服务器的基本用法。当 FTP 服务器配置完成后检查 CentOS 7 的防火墙端口号是否为 21。在 CentOS 7 的 Firefox 浏览器中输入：

ftp://192.168.122.1

此时即可通过浏览器看到 pub 目录，如图 10-4 所示。单击 pub 选项即可进入目录。

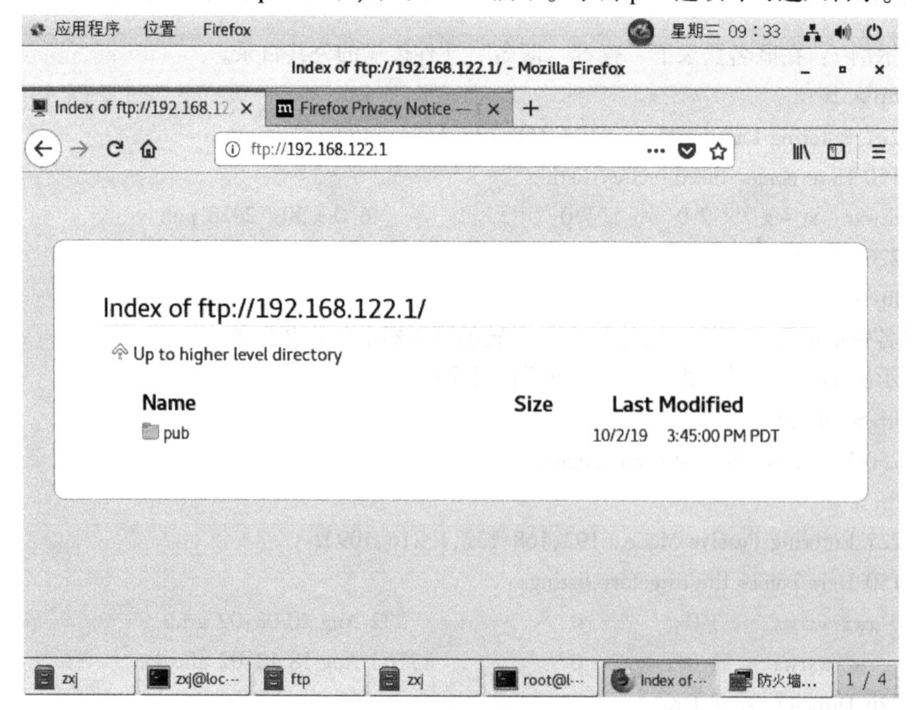

图 10-4　在浏览器中查看 pub 目录

10.2 Web 服务器

通常，Web 服务器也称为 WWW（World Wild Web）服务器，它采用浏览器/服务器（Browser/Server）结构。当 Web 用户通过浏览器（客户端）连到服务器并发出 HTTP 文件请求时，Web 服务器将处理该请求，并将文件发送到该浏览器上。浏览器对 HTTP 文件进行处理，将其中的视频、声音和图片等多媒体文件从服务器上取回并显示。WWW 是 Internet 上发展起来的服务，也是发展最快和目前应用最广泛的服务。正是因为有了 WWW 工具，才使得 Internet 迅速发展，且用户数量飞速增长。

Linux 是借助某种 Web 服务器软件来实现 Web 服务的，常用的是 Apache 服务器软件。据统计，Internet 上有半数以上的 WWW 服务器使用 Apache 软件。

10.2.1 Web 服务基本原理

虽然 Linux 的 Web 服务器有很多种，但它们的基本原理是相同的，如图 10-5 所示。用户在 URL 中输入网址后按 Enter 键，或者单击网址链接等，浏览器随即获取了该事件。浏览器与服务端程序建立起 TCP 连接，将用户的事件按照 HTTP 格式打包成数据包，并按照 TCP 将数据包通过互联网发往服务端程序。服务端程序收包后，以 HTTP 格式解包并解析数据，再按提供的文件或处理的数据进行分类处理，之后将结果装入服务端缓冲区。服务端程序按照 HTTP 格式将缓冲区的数据打包，服务器通过互联网将数据包发送到客户端。浏览器收包后，以 HTTP 格式解包并解析，最后在浏览器页面上展示 HTTP 文件。

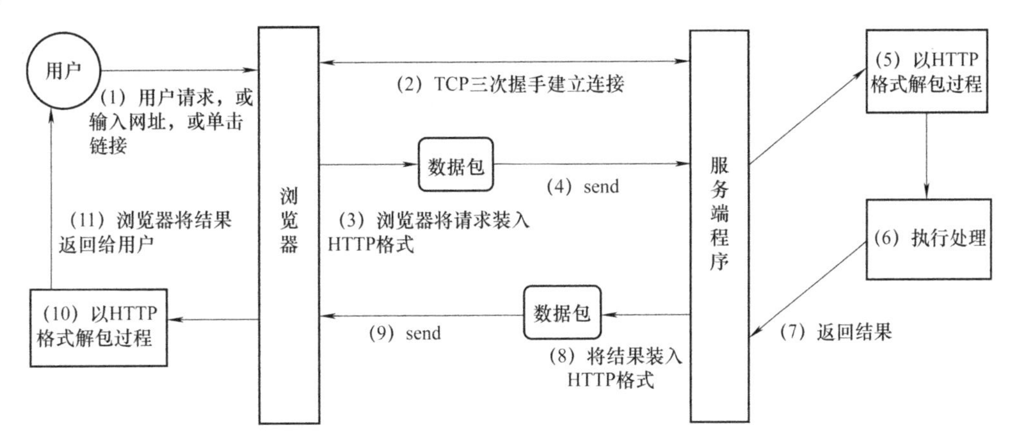

图 10-5 Web 服务基本原理

10.2.2 Web 服务器的安装与配置文件

在安装 CentOS 7 Linux 操作系统时，若未选择相应的 Web 服务器软件包，则可以在系统启动后执行 yum 命令进行安装，执行的命令为：

```
#yum -y install httpd
```

用户也可以在图形方式下安装，选择“应用程序”→“系统工具”→“软件”命令，进入的界面如图 10-6 所示。选中“Apache HTTP Server”软件包，再单击“应用更改”按钮即可安装。

系统会自动检查软件包的依赖关系。

系统的 Web 服务是 httpd. service，当安装成功后，在/var 目录下将会新建子目录，例如，/var/www/html为默认网站的根（root）目录。在/etc 目录下也会新建一个 httpd 目录及相应的子目录，其中，/etc/httpd/conf/httpd. conf 为主配置文件。这个文件中有许多配置项被注释（用#字符），用户如果需要可以打开，但有些选项关系到系统的安全，在确定打开前一定要仔细阅读说明。

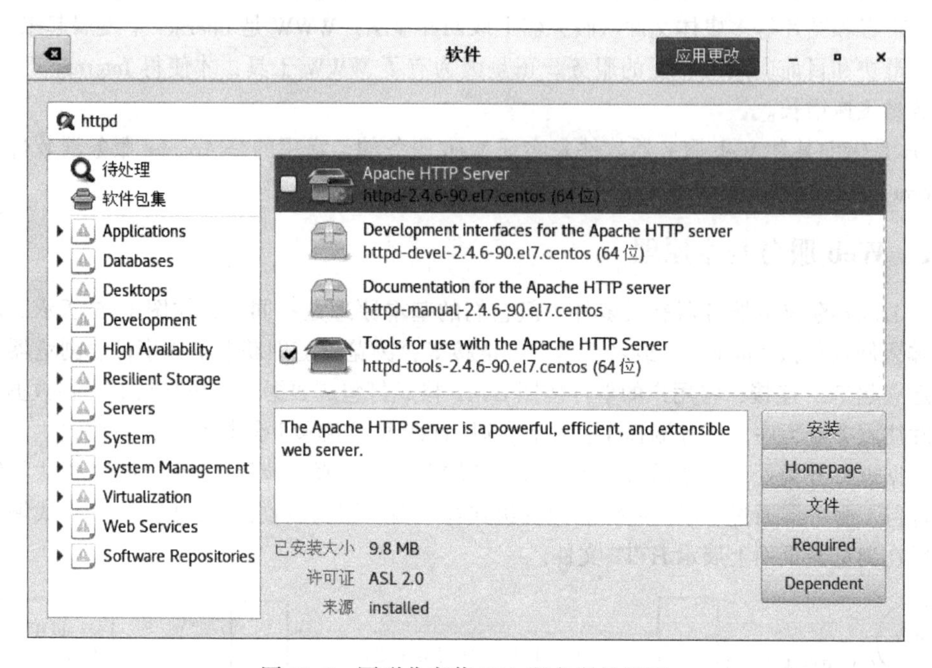

图 10-6　图形化安装 Web 服务器的界面

主配置文件主要内容如下：

```
ServerRoot "/etc/httpd"                    # 存放 Web 服务配置文件的目录
Listen 80                                  # Apache 服务侦听端口号
Include conf. modules. d/ * . conf         # 存放 Apache 服务模块的目录和文件
User apache                                # Apache 子进程的用户
Group apache                               # Apache 子进程的组
ServerAdmin root@ localhost                # 设置 Apache 服务管理员邮件地址

#ServerName www. example. com:80

#拒绝访问服务器的整个文件系统，须显式地指定允许访问的 Web 内容
<Directory / >
    AllowOverride none
    Require all denied
</Directory >
DocumentRoot "/var/www/html"               #网站默认的根目录
                                           #放宽对/var/www 中内容的访问
```

```
<Directory "/var/www">
    AllowOverride None               # None 表示不重写 .htaccess 文件，而 all 表示允许
    Require all granted          # granted 表示允许所有访问，denied 表示拒绝所有访问
</Directory>
    <Directory "/var/www/html">        # 网站容器开始标识

Options Indexes FollowSymLinks
# 找不到主页时，以目录的方式呈现，并允许链接到网站根目录以外

    AllowOverride None
    Require all granted
</Directory>                          # 容器结束

#定义主页文件，当访问到网站目录时，如果有定义的主页文件，网站会自动访问
<IfModule dir_module>
    DirectoryIndex index.html
</IfModule>
<Files ".ht*">
    Require all denied
</Files>
ErrorLog "logs/error_log"              #错误日志目录及文件
LogLevel warn                          #日志级警告

<IfModule log_config_module>
    #日志格式
    LogFormat "%h %l %u %t \"%r\" %>s %b \"%{Referer}i\" \"%{User-Agent}i
\"" combined
    LogFormat "%h %l %u %t \"%r\" %>s %b" common

<IfModule logio_module>
      LogFormat "%h %l %u %t \"%r\" %>s %b \"%{Referer}i\" \"%{User-Agent}
i\" %I %O" combinedio
     </IfModule>
    CustomLog "logs/access_log" combined          #日志/访问日志总计
   </IfModule>

<IfModule alias_module>

    ScriptAlias /cgi-bin/ "/var/www/cgi-bin/"      #服务器脚本目录

</IfModule>
```

```
<Directory "/var/www/cgi-bin">
    AllowOverride None
    Options None
    Require all granted
</Directory>

<IfModule mime_module>

    #类型配置文件
    TypesConfig /etc/mime.types


  # AddType 允许用户添加或覆盖 TypesConfig 中为特定文件类型指定的 MIME 配置文件
  AddDefaultCharset UTF-8                # 网页文件的字符编码

 <IfModule mime_magic_module>
   MIMEMagicFile conf/magic
 </IfModule>
#EnableMMAP off
EnableSendfile on                      #允许发送文件
IncludeOptional conf.d/*.conf          #配置选项目录及文件
```

10.2.3　Web 服务的启动

当 Linux 系统安装完成并启动时，默认情况下，Web 服务是没有启动的。如果需要使用 Web，则必须首先启动 Web 服务。在 Linux 系统的发行套件中，Web 服务的名称是 httpd.service。如果用户没有安装 Linux 的服务器模组软件包，则需要使用安装光盘或 ISO 软件重新安装该服务。如果用户已经安装了 httpd.service 服务，则可以有两种不同的方法来启动或停止。

1. 设置自启动方式

在终端窗口的字符界面下，输入 setup 命令，利用上下光标键选择 System Services 菜单项并按 Enter 键，找到 httpd.service 服务项并选择。当下次系统启动时，Web 服务将自动被运行。

2. 命令行启动或停止

如果需要马上启动该服务，不需要重新启动系统，只要执行服务启动命令即可。例如：

```
[root@ localhost root]# systemctl enable htppd.service
[root@ localhost root]# systemctl restart htppd.service
```

正常情况下，系统没有信息显示。

如果需要停止该服务，只要执行停止命令即可。例如：

```
[root@ localhost root]# systemctl stop htppd.service
```

同样，正常情况下，系统没有信息显示。

可以执行 lsof 命令，查看 80 端口信息，确定 httpd 服务是否启动，执行：

```
[root@ localhost ~]# lsof -i:80
COMMAND   PID   USER   FD   TYPE DEVICE SIZE/OFF NODE NAME
```

```
httpd     31144     root   4u  IPv6 355879     0t0  TCP *:http (LISTEN)
httpd     31145 apache     4u  IPv6 355879     0t0  TCP *:http (LISTEN)
httpd     31146 apache     4u  IPv6 355879     0t0  TCP *:http (LISTEN)
httpd     31147 apache     4u  IPv6 355879     0t0  TCP *:http (LISTEN)
httpd     31148 apache     4u  IPv6 355879     0t0  TCP *:http (LISTEN)
httpd     31149 apache     4u  IPv6 355879     0t0  TCP *:http (LISTEN)
httpd     33206 apache     4u  IPv6 355879     0t0  TCP *:http (LISTEN)
httpd     40386 apache     4u  IPv6 355879     0t0  TCP *:http (LISTEN)
httpd     40425 apache     4u  IPv6 355879     0t0  TCP *:http (LISTEN)
httpd     40426 apache     4u  IPv6 355879     0t0  TCP *:http (LISTEN)
```

当配置及启动完成后，可以先测试Apache服务器，打开Firefox浏览器，在URL中输入http：//192.168.122.1（本书所用的IP地址），尽管此时还没有在/var/www/html目录中存放任何网页文件，但仍可显示Apache的测试界面，如图10-7所示。

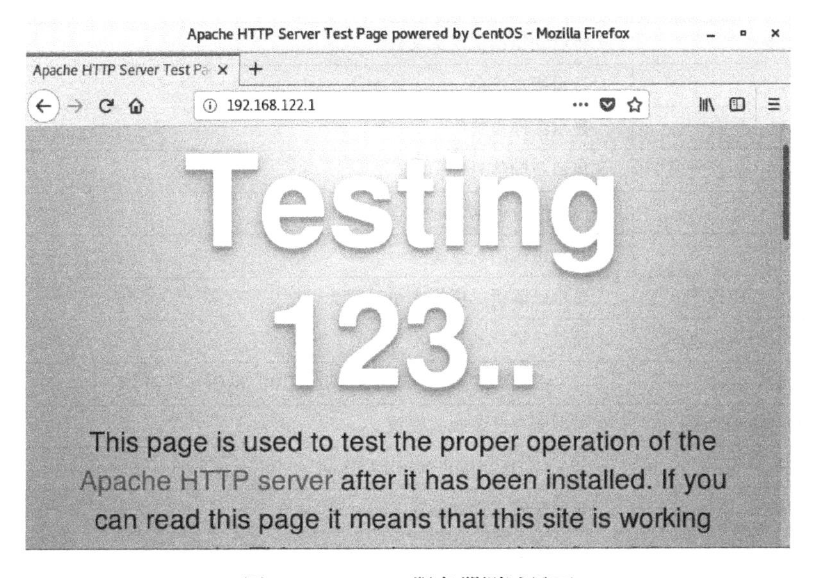

图10-7 Apache服务器测试界面

10.2.4 Web服务命令及用法

在Linux系统中，Web服务的命令是httpd，它是Apache超文本传输协议（HTTP）服务器程序。它被作为独立的守护进程运行。通常，httpd不应直接调用，而应在基于UNIX的系统上通过apachectl命令调用。

1. httpd命令

该命令可以启动Apache服务器的服务，这个功能可以被systemctl命令代替。该命令也可以设置服务的配置选项，这个功能可以通过直接修改/etc/httpd/conf/httpd.conf文件实现。若没有指定任何选项、参数，则httpd会去读取/etc/httpd/conf/httpd.conf文件，并根据文件中的设定来启动服务器。

命令格式：

httpd [-D name] [-d directory] [-f file]

[- C "directive"] [- c "directive"]
[- k start | restart | graceful | graceful - stop | stop]
[- v] [- V] [- h] [- l] [- L] [- t] [- T] [- S] [- X]

其中，httpd 为命令名称；- 后的字母为选项，其后的为选项参数。httpd 命令选项及说明见表10-2。

表 10-2　httpd 命令选项及说明

命令选项	选项说明
- D name	指定要传入配置文件（ <IfDefine name> 区段）的参数
- d directory	指定服务器根目录，默认为/etc/httpd 目录
- f file	自定义的配置文件，而不是用默认的
- C "directive"	读取配置文件之前先处理指令
- c "directive"	读取配置文件之后再处理指令
- e level	显示启动错误级别
- E file	将启动错误记录到文件
- v	显示版本信息
- V	显示编译设置
- h	显示帮助信息
- l	显示服务器编译时包含的模块
- L	列出可用的配置指令
- t - D DUMP_VHOSTS	显示已解析的虚拟主机设置
- t - D DUMP_RUN_CFG	显示已解析的运行设置
- S	与 - t - D DUMP_VHOSTS - D DUMP_RUN_CFG 同义
- t - D DUMP_MODULES	显示所有已装载的模块
- M	与 - t - D DUMP_MODULES 同义
- t	测试配置文件的语法
- T	在没有 DocumentRoot (s) 检查的情况下开始
- X	进入调试模式

2. 参考示例

参考示例 1：测试 Apache 服务器的配置文件是否正确。

```
[root@ localhost ~]# httpd -t
AH00558: httpd: Could not reliably determine the server's fully qualified domain name, using localhost.localdomain. Set the 'ServerName' directive globally to suppress this message
Syntax OK
```

命令执行后，显示使用 localhost.localdomain 无法可靠地确定服务器的标准域名。这是因为配置文件中 ServerName 被注释，而其他语法正确。

参考示例 2：显示服务器编译设置。

```
[root@ localhost ~]# httpd -V
Server version: Apache/2.4.6 (CentOS)
Server built:   Aug  8 2019 11:41:18
```

```
Server's Module Magic Number: 20120211:24
Server loaded:  APR 1.4.8, APR - UTIL 1.5.2
Compiled using: APR 1.4.8, APR - UTIL 1.5.2
Architecture:   64 - bit
Server MPM:       prefork
  threaded:       no
    forked:       yes (variable process count)
Server compiled with...
 - D APR_HAS_SENDFILE
 - D APR_HAS_MMAP
 - D APR_HAVE_IPV6 (IPv4 - mapped addresses enabled)
 - D APR_USE_SYSVSEM_SERIALIZE
 - D APR_USE_PTHREAD_SERIALIZE
 - D SINGLE_LISTEN_UNSERIALIZED_ACCEPT
 - D APR_HAS_OTHER_CHILD
 - D AP_HAVE_RELIABLE_PIPED_LOGS
 - D DYNAMIC_MODULE_LIMIT = 256
 - D HTTPD_ROOT = "/etc/httpd"
 - D SUEXEC_BIN = "/usr/sbin/suexec"
 - D DEFAULT_PIDLOG = "/run/httpd/httpd.pid"
 - D DEFAULT_SCOREBOARD = "logs/apache_runtime_status"
 - D DEFAULT_ERRORLOG = "logs/error_log"
 - D AP_TYPES_CONFIG_FILE = "conf/mime.types"
 - D SERVER_CONFIG_FILE = "conf/httpd.conf"
```

命令执行后，显示服务器版本、模块、编译器、架构以及编译的选项和参数等。

参考示例3：编写一个静态网页文件 index. html，测试 Apache 服务器基本性能。

编写的 index. html 文件：

```
<html>
    <head>
        <title>标题字体与文本字体</title>
    </head>
    <body>
        <h1>1 号标题字体</h1>
        <h2>2 号标题字体</h2>
        <h3>3 号标题字体</h3>
        <h4>4 号标题字体</h4>
        <h5 align = "center">5 号标题字体(居中)</h5>
        <font face = "黑体" size = 3>黑体 3 号字体</font>
        <i>
            <u>
                <font face = "仿宋体" size = 4>仿宋体 4 号文字(倾斜、下画线)
```

```
</font>
            </u>
        </i>
        <font faxe = "宋体" size = 5 color = ff0000 > 宋体 5 号红色文字 </font>
    </body>
</html>
```

保存文件时应注意，字符代码选择 UTF－8，这是 httpd. conf 文件默认的字符代码，否则网页显示的可能是乱码。

打开浏览器，在 URL 中输入 http：//192. 168. 122. 1，结果如图 10-8 所示。

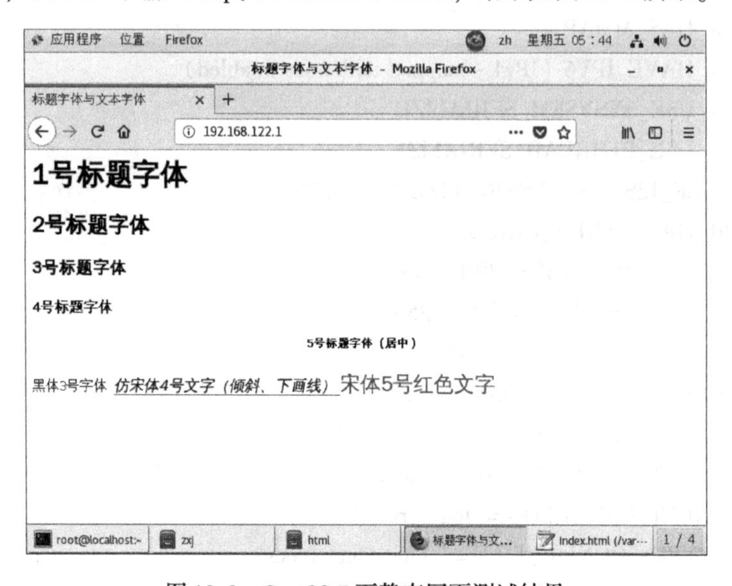

图 10-8　CentOS 7 下静态网页测试结果

若要在 Windows 下访问 Web 服务器，则需要配置防火墙。这里只是测试，所以执行如下命令暂时关闭防火墙：

```
#systemctl stop firewalld
```

在 Windows 7 下打开浏览器，在 URL 中输入 192. 168. 10. 102，结果如图 10-9 所示。

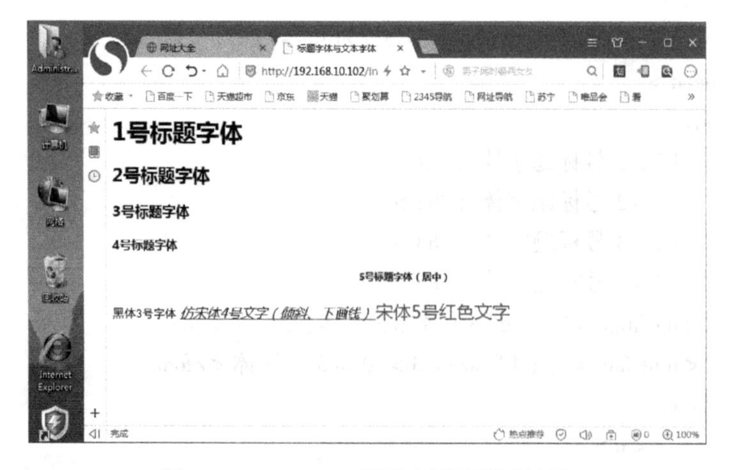

图 10-9　Windows 7 下静态网页测试结果

以上对于在 CentOS 7 下搭建 Web 服务器（Apache）做了简单的介绍，由于实际使用的是动态的网页，这涉及 Apache、PHP5、MySQL 等服务器的安装与配置，限于篇幅，本章不做详细的介绍。

10.3　DNS

由于 IP 地址难以记忆，所以为网络中的每台主机指定一个用户容易记忆的名字，这个名字就称为域名（也称为主机名）。域名服务器（Domain Name Server，DNS）的主要功能就是将用户容易记忆的域名转换为计算机使用的 IP 地址，或将 IP 地址翻译为域名。

10.3.1　DNS 服务基本原理

整个互联网上的 DNS 采用树形层次结构，树上的每个节点都有一个名称，即“域”，每层用“.”分隔。在互联网中，域名的根（.）通常被省略。互联网域名系统结构示意图如图 10-10 所示。

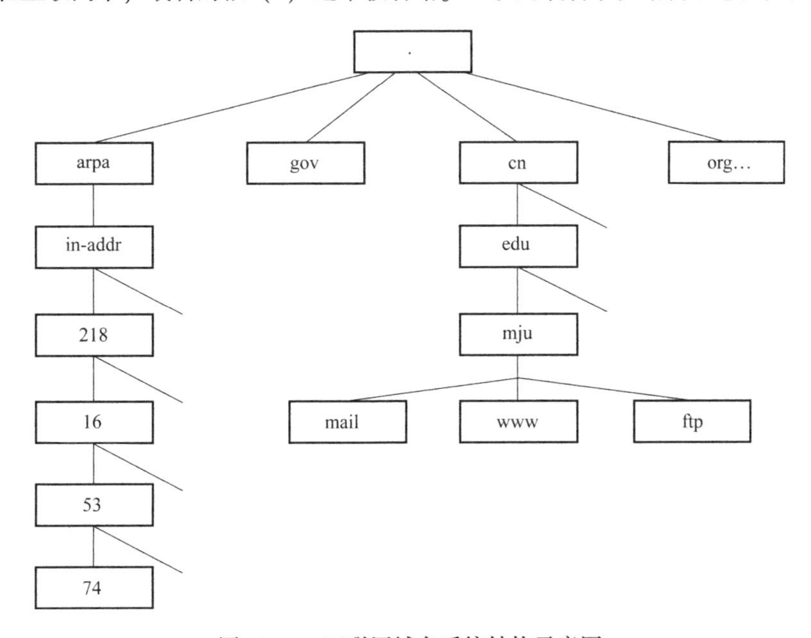

图 10-10　互联网域名系统结构示意图

图 10-10 中左边的分支“. arpa. in – addr. XXX”用于反向域名解析，即将 IP 地址翻译为域名。

如果一个网络不与互联网相连，则可以任意设置 DNS，否则必须遵循互联网有关规则，即要向上层的域名服务器申请使用的域名，不然即使能连接上互联网也无法正确转换出域名。

10.3.2　DNS 服务器的安装与配置文件

在安装 CentOS 7 Linux 操作系统时，若未选择相应的 DNS 软件包，则可以在系统启动后执行 yum 命令进行安装，执行的命令为：

```
#yum  -y install bind bind –libs bind –utils
```

这个命令会将指定的 bind 软件包都进行安装，并自动检查依赖关系和自动更新依赖包。

系统的 DNS 服务是 named. service，当安装成功后，在/var、/run 和/etc 目录下将会新建名为

named 的子目录，存放配置的数据文件；在/etc 目录下也会新建一个名为 named. conf 的主配置文件。

```
//named. conf 配置文件
options {
    //域名解析数据文件目录
    listen - on port 53 { 127. 0. 0. 1; };
    listen - on - v6 port 53 { ::1; };
    directory       "/var/named";
    dump - file       "/var/named/data/cache_dump. db";
    statistics - file "/var/named/data/named_stats. txt";
    memstatistics - file "/var/named/data/named_mem_stats. txt";
    recursing - file   "/var/named/data/named. recursing";
    secroots - file    "/var/named/data/named. secroots";
    allow - query       { localhost; };

    //缓存服务器区
    recursion yes;

    dnssec - enable yes;
    dnssec - validation yes;

    /* Path to ISC DLV key */
    bindkeys - file "/etc/named. root. key";

    managed - keys - directory "/var/named/dynamic";

    pid - file "/run/named/named. pid";
    session - keyfile "/run/named/session. key";
};

logging {
        channel default_debug {
                file "data/named. run";
                severity dynamic;
        };
};

zone ". " IN {
    type hint;
    file "named. ca";           //缓存服务器数据文件
};
```

```
include "/etc/named.rfc1912.zones";
include "/etc/named.root.key";
```

1）将以上文件中的两个语句按如下内容修改后保存：

① 将“listen - on port 53 { 127.0.0.1; };”修改为“listen - on port 53 { any; };”。

② 将“allow - query { localhost; };”修改为“allow - query { any; };”。

2）打开/etc/named.rfc1912.zones 文件，参照其格式修改，以便添加 DNS 正反向解析规则：

```
// 添加的正向解析
zone "nsmytest.com" IN {
        type master;
        file "nsmytest.com.zone";
        allow - update { none; };
};
```

正向解析的目的是将名字翻译为 IP 地址。上述代码是定义一个域名为 ns_mytest.com 的解析区域，域名解析数据存放在/var/named/ ns_mytest.com.zone 文件中。

```
// 添加的反向解析
zone "40.168.192.in - addr.arpa" IN {
        type master;
        file "192.168.40.zone";
        allow - update { none; };
};
```

反向解析的目的是将 IP 地址翻译为名字。上述代码是定义一个用于反向域名解析的 10.168.192.in - addr.arpa 区，域名解析数据存放在/var/named/ 192.168.10.zone 文件中。

3）参照/var/named/named.localhost 文件的格式，在同目录下创建 nsmytest.com.zone 文件。

```
$ TTL 1000
@       IN SOA ns. ns_mytest.com. admin. ns_mytest.com. (
                4 1000 1000 2000 2000)
        IN NS ns
ns      IN A   192.168.40.134
www     IN A   192.168.40.135
mail    IN A   192.168.40.136
```

4）参照/var/named/named.loopback 文件的格式，在同目录下创建 192.168.40.zone 文件。

```
$ TTL 1000
@       IN      SOA     ns. nsmytest.com. admin. nsmytest.com. (
                        4 1000 1000 2000 2000)
          IN      NS      ns. nsmytest.com.
134     IN      PTR     ns. nsmytest.com.
135     IN      PTR     www. nsmytest.com.
136     IN      PTR     mail. nsmytest.com.
```

注意 nsmytest.com.zone 和 192.168.40.zone 文件的格式，第一行为数据包生命周期。@ 表示当前域，等价于“0.0.127.in - addr.arpa”；IN 表示互联网；SOA 是主服务器域名解析数据文件中必须设置的授权记录；4 表示本文件的版本号，第一个 1000 表示更新时间，第二个 1000 表示重试时间，第一个 2000 是指定的终止时间，第二个 2000 是无法从文件内找到所请求域名时缓存一条命名错误的时间（这些时间只是测试时指定的，便于较快响应，具体应用时需根据网络设置）；A 用于正向解析时指定域名与 IP 地址的对应关系，PTR 用于反向解析时指定 IP 地址与名字的对应关系。以上这些都属于资源记录，更详细的资源记录说明请参阅相关文档。

文件开头依次定义了 DNS 名、DNS 管理员邮件地址。特别提醒，DNS 和邮件地址的最后必须有一个“.”。

5）修改文件权限，执行命令：

```
#chmod 777 nsmytest.com.zone 192.168.40.zone
```

10.3.3 DNS 服务的启动

当 Linux 系统安装完成并启动时，默认情况下 DNS 服务是没有启动的。如果需要使用 DNS，则必须首先启动 DNS 服务。在 Linux 系统的发行套件中，DNS 服务的名称是 named.service。如果用户没有安装 Linux 的服务器模组软件包，则需要使用安装光盘或 ISO 软件重新安装该服务。如果用户已经安装了 named.service 服务，则可以有两种不同的方法来启动或停止。

1. 设置自启动方式

在终端窗口的字符界面下，输入 setup 命令，利用上下光标键选择 System Services 菜单项并按 Enter 键，找到 named.service 服务项并选中。当下次系统启动时，DNS 服务将自动被运行。

2. 命令行启动或停止

如果需要马上启动该服务，不需要重新启动系统，只要执行服务启动命令即可。

```
[root@ localhost root]# systemctl enable named.service
[root@ localhost root]# systemctl restart named.service
```

正常情况下，系统没有信息显示。

如果需要停止该服务，只要执行停止命令即可。例如：

```
[root@ localhost root]# systemctl stop named.service
```

同样，正常情况下，系统没有信息显示。

可以执行 systemctl 命令，查看 named.service 服务是否启动，执行：

```
#systemctl status named.service
```

结果显示：

```
● named.service - Berkeley Internet Name Domain (DNS)
  Loaded: loaded (/usr/lib/systemd/system/named.service; enabled; vendor preset: disabled)
  Active: active (running) since 六 2019-10-05 03:47:48 PDT; 1min 15s ago
  Process: 6965 ExecStart=/usr/sbin/named -u named -c ${NAMEDCONF} $OPTIONS
(code=exited, status=0/SUCCESS)
 Process: 6701 ExecStartPre=/bin/bash -c if [ ! "$DISABLE_ZONE_CHECKING" == 
"yes" ]; then /usr/sbin/named-checkconf -z "$NAMEDCONF"; else echo "Checking of zone files is 
disabled"; fi (code=exited, status=0/SUCCESS)
 Main PID: 7054 (named)
    Tasks: 7
  CGroup: /system.slice/named.service
```

```
        └─7054 /usr/sbin/named -u named -c /etc/named.conf
10月 05 03:47:48 localhost.localdomain named[7054]: network unreachable resolving ...3
10月 05 03:47:48 localhost.localdomain named[7054]: network unreachable resolving ...3
10月 05 03:47:48 localhost.localdomain named[7054]: network unreachable resolving ...3
10月 05 03:47:48 localhost.localdomain named[7054]: network unreachable resolving ...3
10月 05 03:47:48 localhost.localdomain systemd[1]: Started Berkeley Internet Name ....
10月 05 03:47:48 localhost.localdomain named[7054]: network unreachable resolving ...3
10月 05 03:47:48 localhost.localdomain named[7054]: network unreachable resolving ...3
10月 05 03:47:48 localhost.localdomain named[7054]: managed-keys-zone: Key 20326 f...d
10月 05 03:47:49 localhost.localdomain named[7054]: resolver priming query complete
10月 05 03:47:49 localhost.localdomain named[7054]: listening on IPv4 interface vi...3
Hint: Some lines were ellipsized, use -l to show in full.
```

从显示的结果可以看出，named服务处于活动状态，在运行中。

10.3.4 DNS服务命令及用法

在Linux系统中，DNS服务的命令是nslookup，它是用于查询Internet域名服务器的程序。Nslookup有两种模式：交互模式和非交互模式。交互模式允许用户查询名称服务器以获取各种主机和域的信息，或打印域中的主机列表。非交互模式仅用于打印主机或域的名称和请求的信息。

1. nslookup命令

在以下情况下进入交互模式：

1）没有提供参数时（将使用默认名称服务器）。

2）当第一个参数是连字符（-），第二个参数是名称服务器的主机名或Internet地址时。

以上两种情况下会出现ftp提示符（>），等待用户输入命令。

当将要查找的主机的名称或Internet地址作为第一个参数时，将使用非交互模式。第二个参数指定域名服务器的主机名或地址。

命令用法：

```
nslookup [-option] [name | -] [server]
```

本命令的选项较少，常用的有-query、-timeout、-version等。交互式nslookup常用命令及说明见表10-3。

表10-3 交互式nslookup常用命令及说明

命令名称	命令说明
host [server]	使用当前默认服务器（如果指定）查找主机信息。如果主机是Internet地址，并且查询类型是A或PTR，则返回主机名。如果host是一个名称，并且没有尾随时间，则使用搜索列表来限定名称。要查找不在当前域中的主机，需要在名称后加上句点
srver domain	设置服务器，domain为服务器IP
lserver domain	将默认服务器更改为domain；lserver使用初始服务器查找有关域的信息，而server使用当前默认服务器
exit	退出nslookup

（续）

命令名称	命令说明	
set keyword [=value]	此命令用于更改影响查找的状态信息。有效的关键字介绍如下	
	all	显示要设置的常用选项的当前值，还显示有关当前默认服务器和主机的信息
	class = value	设置类（IN、CH、HS 和 ANY）的值。默认为 IN（the Internet class）
	domain = name	设置搜索列表
	port = value	设置 TCP/UDP 域名服务器端口号。默认端口号为 53
	type = value	设置信息查询的类型，默认为 A（正向）
	retry = number	设置重试次数
	timeout = number	设置超时值

在实际应用中，更多地是使用非交互模式。

2. 参考示例

参考示例 1：在 CentOS 7 下测试（正向、反向）本章配置的 DNS 服务器，结果如图10-11所示。

```
[root@localhost ~]# nslookup ns.nsmytest.com 192.168.40.134
Server:         192.168.40.134
Address:        192.168.40.134#53

Name:    ns.nsmytest.com
Address: 192.168.122.134

[root@localhost ~]# nslookup 192.168.40.134 192.168.40.134
134.40.168.192.in-addr.arpa      name = ns.nsmytest.com.
```

图 10-11　CentOS 7 下测试 DNS 服务器的结果

参考示例 2：在 Windows 7 下测试（正向、反向）本章配置的 DNS 服务器，结果如图 10-12 所示。在 Windows 操作系统下也有 nslookup 命令，其功能是一样的，只是在交互模式命令上有一些差别。

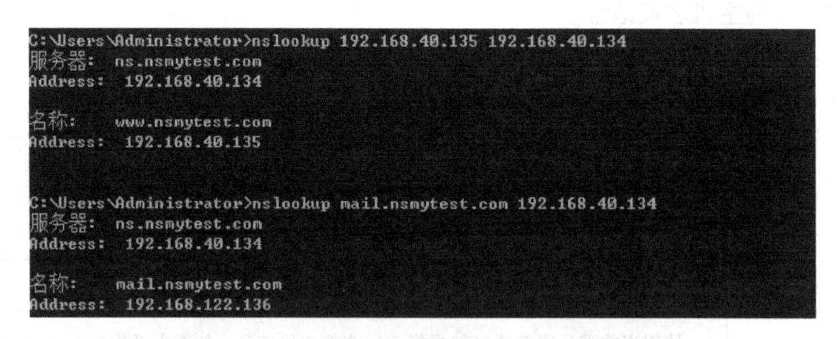

图 10-12　Windows 7 下测试 DNS 服务器的结果

注意：在 Windows 下测试需要关闭防火墙，如果只是测试，可以暂时关闭防火墙；如果是实际应用，则要配置防火墙的规则。

参考示例 3：以交互模式设置服务器。

```
[root@ localhost ~]# nslookup
> server 192. 168. 40. 135
Default server: 192. 168. 40. 135
```

```
Address: 192.168.40.135#53
```

参考示例4：以交互模式查询要设置的常用选项的当前值。

```
[root@ localhost ~]# nslookup
> set all
Default server: 192.168.40.135
Address: 192.168.40.135#53

Set options:
  novc            nodebug          nod2
  search          recurse
  timeout = 0          retry = 3   port = 53      ndots = 1
  querytype = A              class = IN
  srchlist = localdomain
>
```

以上通过几个参考示例简要说明了DNS的配置、测试和使用方法，更多的使用细节需要在应用中不断地学习。

10.4 Samba服务器

在实际使用的微型计算机中，存在大量的Windows操作系统用户。Samba服务器就是使Linux操作系统的机器与Windows操作系统的机器互相交换信息的工具，因此可以将Samba服务器看成局域网上的文件服务器，如图10-13所示。

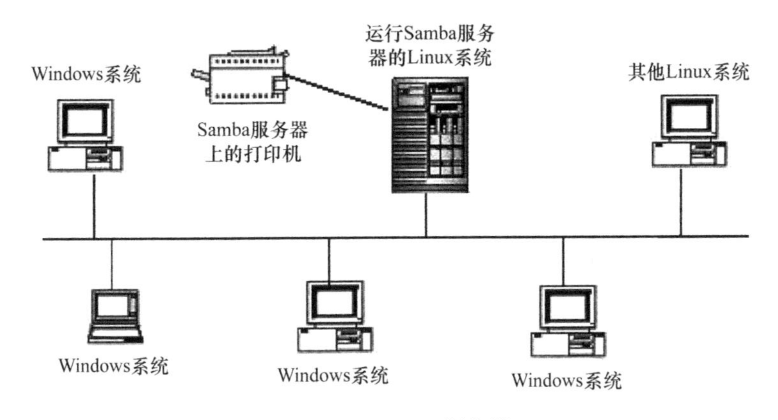

图10-13 Samba服务器

10.4.1 Samba服务基本原理

Samba服务的基本原理是，在TCP/IP上运行NetBIOS（Network Basic Input/Output System）和SMB（Server Message Block）协议，在Windows操作系统中，默认情况下在安装TCP/IP后会自动安装NetBIOS协议，SMB协议可以实现OS/2、Windows、Linux操作系统计算机之间的文件共享和打印机共享。在Samba服务的支持下，Linux机器在Windows系统中看起来就像一台Windows机器，Windows的用户可以通过合适的授权访问到Linux机器，实现从Linux文件系统中复制文件、打印输出文件等任务。

10.4.2　Samba 服务器的安装与配置文件

在安装 CentOS 7 Linux 操作系统时，若未选择相应的 Samba 服务器软件包，则可以在系统启动后执行 yum 命令进行安装，执行的命令为：

```
#yum  -y install samba
```

这个命令会将指定的 Samba 软件包进行安装，并自动检查依赖关系和自动更新依赖包，如图 10-14所示。

```
已安装:
  samba.x86_64 0:4.9.1-6.el7

作为依赖被安装:
  pytalloc.x86_64 0:2.1.14-1.el7            samba-common-tools.x86_64 0:4.9.1-6.el7
  samba-libs.x86_64 0:4.9.1-6.el7

作为依赖被升级:
  libsmbclient.x86_64 0:4.9.1-6.el7          libtalloc.x86_64 0:2.1.14-1.el7
  libtevent.x86_64 0:0.9.37-1.el7            libwbclient.x86_64 0:4.9.1-6.el7
  samba-client.x86_64 0:4.9.1-6.el7          samba-client-libs.x86_64 0:4.9.1-6.el7
  samba-common.noarch 0:4.9.1-6.el7          samba-common-libs.x86_64 0:4.9.1-6.el7

完毕!
```

图 10-14　安装 Samba 软件包

系统的 Samba 服务是 smb. service，当安装成功后，在/etc 等目录下将会新建名为 samba 的子目录，存放配置的数据文件，在/etc/samba 目录下主要有一个名为 smb. conf 的主配置文件和一个名为 smb. conf. example 的配置示例文件。可以打开 smb. conf. example 配置示例文件，以其为参考进行设置。例如，修改为如下代码。

```
# See smb. conf. example for a more detailed config file or
# read the smb. conf manpage.
# Run 'testparm' to verify the config is correct after
# you modified it.
[global]              #全局设置段
     workgroup  =  WORKGROUP
     security  =  user
     passdb backend  =  tdbsam
     printing  =  cups
     printcap name  =  cups
     load printers  =  yes
     cups options  =  raw

[mysamba]             #可读写、继承访问列表的共享目录段
     comment  =  Home Directories
     path =/samba
     browseable  =  yes
     writable = yes
```

```
    printable = no
    inherit acls = Yes

[pubshare]          #只读的共享目录段
    comment = Share All
    path = /pubshare
    browseable = yes
    public = yes
    writable = no
    printable = no
```

运行 testparm 命令以测试配置文件的正确性，如果运行后显示：

```
rlimit_max: increasing rlimit_max (1024) to minimum Windows limit (16384)
Registered MSG_REQ_POOL_USAGE
Registered MSG_REQ_DMALLOC_MARK and LOG_CHANGED
Load smb config files from /etc/samba/smb.conf
rlimit_max: increasing rlimit_max (1024) to minimum Windows limit (16384)
Processing section "[samba]"
Processing section "[pubshare]"
Loaded services file OK.
Server role: ROLE_STANDALONE
```

此时表示配置文件正确，否则会有错误提示。

接着添加用户 samba，并添加它在服务器的密码：

```
#useradd samba
# smbpasswd -a samba
```

然后创建共享目录并进行设置：

```
#mkdir /samba
#mkdir /pubshare
#chmod 777 /samba /pubshare
```

10.4.3 Samba 服务的启动

当 Linux 系统安装完成并启动时，默认情况下，Samba 服务是没有启动的。如果需要使用 Samba，则必须首先启动 Samba 服务。在 Linux 系统的发行套件中，Samba 服务的名称是 smb.service，如果用户没有安装 Linux 的服务器模组软件包，则需要使用安装光盘或 ISO 软件重新安装该服务。如果用户已经安装了 smb.service 服务，则可以有两种不同的方法来启动或停止它。

1. 设置自启动方式

在终端窗口的字符界面下输入 setup 命令，利用上下光标键选择 System Services 菜单项并按 Enter 键，找到 smb.service 服务项并选中。当下次系统启动时，smb 服务将自动被运行。

2. 命令行启动或停止

如果需要马上启动该服务，不需要重新启动系统，只要执行服务启动命令即可。例如：

```
[root@ localhost root]# systemctl enable smb.service
```

```
[root@ localhost root]# systemctl restart smb. service
```

正常情况下，系统没有信息显示。

如果需要停止该服务，只要执行停止命令即可。例如：

```
[root@ localhost root]# systemctl stop smb. service
```

同样，正常情况下，系统没有信息显示。

可以执行 systemctl 命令，查看 smb. service 服务是否启动，执行：

```
#systemctl status smb. service
```

结果显示：

```
● smb. service - Samba SMB Daemon
  Loaded: loaded (/usr/lib/systemd/system/smb. service; enabled; vendor preset: disabled)
  Active: active (running) since 二 2019-10-08 00:37:12 PDT; 18min ago
    Docs: man:smbd(8)
          man:samba(7)
          man:smb. conf(5)
Main PID: 24953 (smbd)
  Status: "smbd: ready to serve connections..."
   Tasks: 5
  CGroup: /system. slice/smb. service
          ├─24953 /usr/sbin/smbd --foreground --no-process-group
          ├─24955 /usr/sbin/smbd --foreground --no-process-group
          ├─24956 /usr/sbin/smbd --foreground --no-process-group
          ├─24963 /usr/sbin/smbd --foreground --no-process-group
          └─24965 /usr/sbin/smbd --foreground --no-process-group

10月 08 00:37:12 localhost. localdomain systemd[1]: Starting Samba SMB Daemon...
10月 08 00:37:12 localhost. localdomain smbd[24953]: [2019/10/08
00:37:12. 206425,  ...)
10月 08 00:37:12 localhost. localdomain smbd[24953]:   daemon_ready:
STATUS = daemon ...s
10月 08 00: 37: 12 localhost. localdomain systemd [1]: Started Samba SMB Daemon.
Hint: Some lines were ellipsized, use -l to show in full.
```

从显示的结果可以看出，smb 服务处于活动状态，在运行中。

在测试 smb 服务前，先关闭防火墙和禁用 SELinux，而在实际应用中要根据它们的规则进行配置，这里仅仅是关闭和禁用。

下面介绍如何在 Windows 7 下测试 Linux 系统配置的 smb 服务是否成功。

在 Windows 7 下选择“运行”菜单项，在打开的对话框中输入服务器的 IP 地址，如图 10-15 所示。

单击“确定”按钮后，如果没有问题，则打开共享连接窗口，Samba 的共享目录如图 10-16 所示。

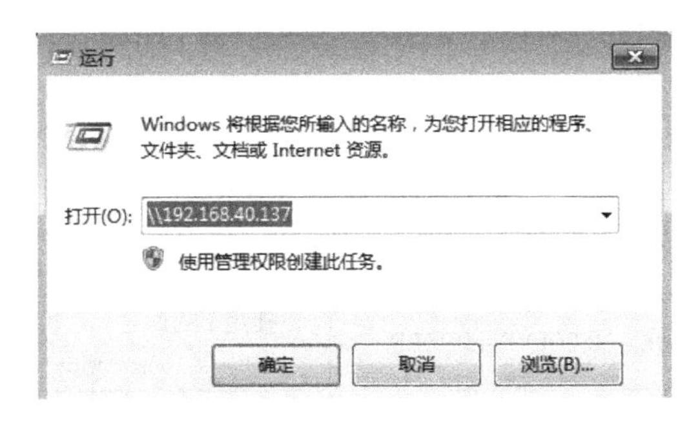

图 10-15　输入 IP 地址

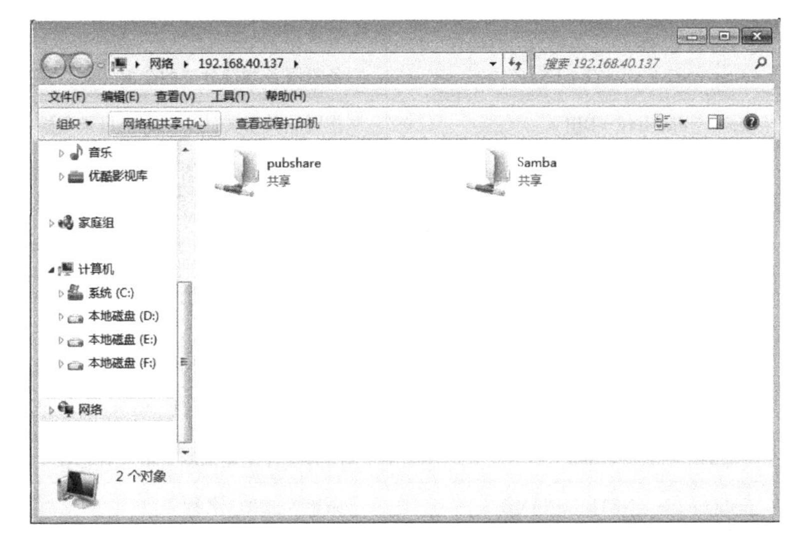

图 10-16　Samba 的共享目录

10.4.4　Samba 服务命令及用法

在 Linux 系统中，与 smb 服务有关的命令在/usr/bin 目录下，主要有 smbpasswd、smbclient、smbstatus、testparm 等，可以把它们看成使用 smb 服务的工具软件。例如，testparm 用于测试 smb. conf 文件的正确性。限于篇幅，这里仅介绍 smbclient 命令。

1. smbclient 命令

这个命令类似于 FTP 的客户端，用于访问服务器上的 SMB/CIFS 资源，可让 Linux 系统下的用户与 Windows 系统下的用户互相分享资源。

命令用法：

smbclient [options] servicename [password]

其中，servicename 是用户要在服务器上使用的服务的名称。服务名称的格式为// server / service，其中，server 是提供所需服务的 SMB / CIFS 服务器的 NetBIOS 名称，而 service 是所提供服务的名称，即共享的目录段名称（不一定是共享目录名）。请注意，所需的服务器名称不一定是服务器的 IP（DNS）主机名。所需的名称是 NetBIOS 服务器名称，该名称可能与运行该服务器的计算机的 IP 主机名相同，也可能不同。根据 smbclient 的 –R 选项或使用 smb. conf（5）文件中的名称解析顺序参数来查找服务器名称，从而允许管理员更改查找服务器名称的顺序和方法。

password 是 smb 用户的密码，可以直接输入，也可以提示后输入。

options 是常用的命令选项。

smbclient 命令选项及说明见表 10-4。

表 10-4　smbclient 命令选项及说明

命令选项	选项说明
-R，--name-resolve=NAME-RESOLVE-ORDER	使用下面的名称解析服务： lmhosts、host、wins、bcast（广播方式）
-M，--message=HOST	发送信息
-I，--ip-address=IP	用指定的 IP 地址连接
-L，--list=HOST	获取主机上可用的共享列表
-T，--tar=<c|x>IXFqgbNan	备份服务器端分享的全部文件，并打包成 .tar 文件
-D，--directory=DIR	指定从共享文件夹的哪个目录开始
-c，--command=STRING	执行以分号分隔的命令
-t，--timeout=SECONDS	设置每次操作超时值
-p，--port=PORT	指定连接的端口
-q，--quiet	禁止帮助信息
-B，--browse	使用 DNS 浏览 SMB 服务器
-?，--help	显示帮助信息
--option=name=value	用命令行设置 smb. conf 文件选项
-n，--netbiosname=NETBIOSNAME	原始 NetBIOS 名称
-U，--user=USERNAME	指定 smb 用户名，若不指定则以 USER 或 LOGNAME 环境变量作为用户名称，但登录用户未必是 SMB 的用户
-N，--no-pass	不询问密码
-e，--encrypt	加密 SMB 传输

当连接上 SMB 服务器后，系统的提示符为“smb：\ >”，输入？即可显示操作命令：

```
smb:\> ?
?            allinfo       altname         archive       backup
blocksize    cancel        case_sensitive  cd            chmod
chown        close         del             deltree       dir
du           echo          exit            get           getfacl
geteas       hardlink      help            history       iosize
lcd          link          lock            lowercase     ls
l            mask          md              mget          mkdir
more         mput          newer           notify        open
posix        posix_encrypt posix_open      posix_mkdir   posix_rmdir
posix_unlink posix_whoami  print           prompt        put
pwd          q             queue           quit          readlink
```

```
rd          recurse      reget        rename       reput
rm          rmdir        showacls     setea        setmode
scopy       stat         symlink      tar          tarmode
timeout     translate    unlock       volume       vuid
wdel        logon        listconnect  showconnect  tcon
tdis        tid          utimes       logoff       ..
!
```

注意：指定的共享目录就是 SMB 服务器端的工作目录，而登录用户的目录就是本地端的工作目录。

2. 参考示例

参考示例 1：连接到主机名为 localhost 或 IP 地址为 192.168.40.137、共享目录段名为 mysamba的 SMB 服务器。执行：

```
# smbclient //localhost/myshare
```

或

```
# smbclient //192.168.40.137/myshare
Enter WORKGROUP\root's password:
Anonymous login successful
Try "help" to get a list of possible commands.
smb: \>
```

参考示例 2：列出 SMB 服务器端工作目录中的文件。

```
#smb: \> dir
.                          D        0  Tue Oct  8 03:42:47 2019
..                         D        0  Tue Oct  8 00:19:42 2019
temp                       D        0  Tue Oct  8 01:17:20 2019
messy.html                 A      121  Thu May 21 08:43:40 2015
su.doc                     A     5242  Thu Aug 15 02:30:04 2019
temp.txt                   A       26  Tue Oct  8 03:42:47 2019

18555904 blocks of size 1024. 12950872 blocks available
```

参考示例 3：将参考示例 2 中显示的 temp.txt 文件（服务器端）复制到本地端。

```
smb: \> get temp.txt
getting file \temp.txt of size 26 as temp.txt (3.6 KiloBytes/sec) (average 1.1 KiloBytes/sec)
smb: \>
```

参考示例 4：将用户登录目录（root）下的 smb.conf 文件复制到服务器端。

```
smb: \> put smb.conf
putting file smb.conf as \smb.conf (97.8 kb/s) (average 97.8 kb/s)
smb: \> dir
  .                        D        0  Tue Oct  8 08:32:26 2019
  ..                       D        0  Tue Oct  8 08:24:20 2019
temp                       D        0  Tue Oct  8 01:17:20 2019
messy.html                 A      121  Thu May 21 08:43:40 2015
```

```
su. doc                              A          5242   Thu Aug 15 02:30:04 2019
temp. txt                            A          26   Tue Oct   8 03:42:47 2019
smb. conf                            A          601    Tue Oct   8 08:32:26 2019

18555904 blocks of size 1024.  12949560 blocks available
```

参考示例 5：假定共享目录下有 temp 目录，现指定从该目录开始访问服务器资源。

```
# smbclient  -D temp //192. 168. 40. 137/myshare
Enter WORKGROUP\root's password:
Anonymous login successful
Try "help" to get a list of possible commands.
smb: \temp\ >
```

参考示例 6：获取主机上可用的共享列表。

```
    # smbclient  -L //192. 168. 40. 137/myshare
    Enter WORKGROUP\root's password:
    Anonymous login successful

Sharename       Type        Comment
---------       ----        -------
myshare         Disk        Home Directories
pubshare        Disk        Share All
IPC $           IPC         IPC Service (Samba 4. 9. 1)
Reconnecting with SMB1 for workgroup listing.
Anonymous login successful
Server                  Comment
----------              -------
Workgroup               Master
-----------             ------
```

参考示例 7：连接 SMB 服务器，但不询问密码。

```
# smbclient  -N //192. 168. 40. 137/myshare
Anonymous login successful
Try "help" to get a list of possible commands.
smb: \ >
```

参考示例 8：指定以 samba 用户名连接 SMB 服务器。

```
# smbclient  -U samba //localhost/myshare
Enter WORKGROUP\samba's password:
Try "help" to get a list of possible commands.
smb: \ >
```

参考示例 9：从 Windows 7 下访问 SMB 服务器端的/samba/su. doc 文件，如图 10-17 所示。

参考示例 10：从 Windows 7 下访问 SMB 服务器端的/pubshare 目录（建立 temp 目录），如图 10-18所示。

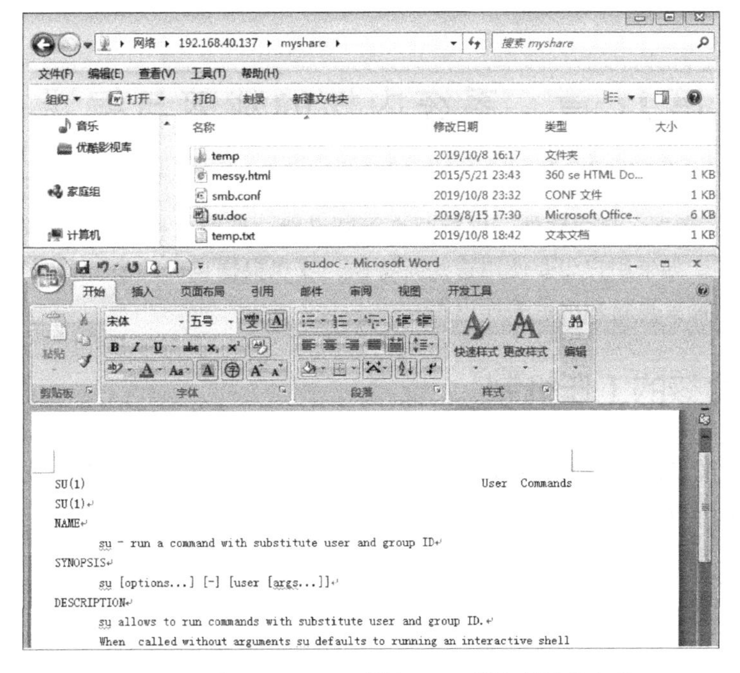

图 10-17　从 Windows 7 下访问 SMB 服务器端的文件

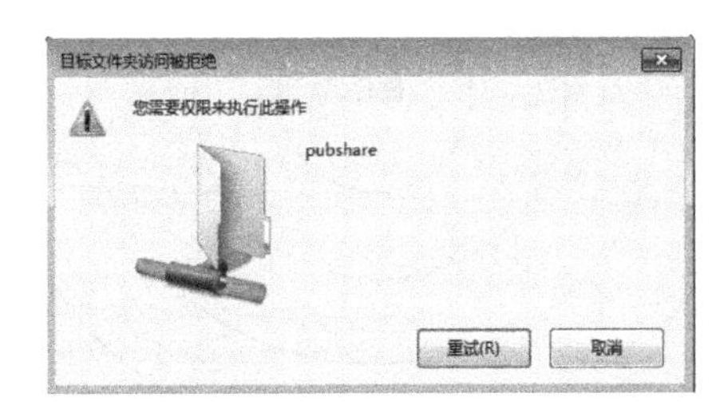

图 10-18　从 Windows 7 下访问 SMB 服务器端的目录

习　题　10

1. 如何构建 FTP 服务器？
2. 如何通过 FTP 服务器上传、下载文件？
3. FTP 服务器与 SMB 服务器的区别？
4. 如何构建 Apache 服务器？
5. 测试 Apache 服务器要注意什么？
6. 如何构建 DNS 服务器？
7. 如何对 DNS 服务器进行正向、反向测试？
8. 如何构建 Samba 服务器？
9. 如何配置 smb. con 文件？
10. 如何测试 smb. con 文件？
11. 从配置文件说明/samba 和/pubshare 共享目录的区别。
12. 在 Windows 7 下如何访问 Samba 服务器？

第 11 章　系统内核的裁剪与编译

Linux 作为一个免费、自由软件，内核版本不断升级。新的内核修订了旧内核的 Bug，并增加了许多新的特性。如果用户想要使用这些新特性，或想根据自己的系统量身定制一个更高效、更稳定的内核，就需要重新裁剪、编译内核。

11.1　系统内核的工作机制

如果说 Linux 的 shell 是用户或用户应用程序与计算机系统的接口（作业级），则 Linux 内核可以看成 shell 与硬件的接口，它们之间的关系如图 11-1 所示。

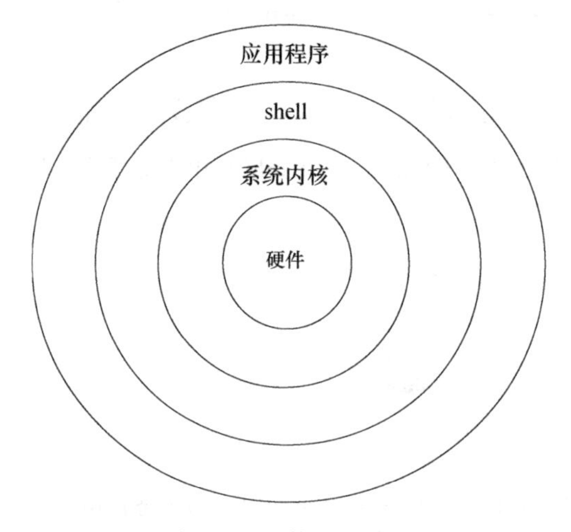

图 11-1　系统层次关系

用户通过 shell 与计算机硬件打交道，但硬件识别的是二进制代码，因此由系统内核来完成翻译与解释工作，以便于用户与硬件通信。

系统内核的一些核心函数文件在/usr/share 目录下的各个子目录里。其中主要有 doc/libxml2 - devel - 2. 9. 1、doc/libcurl - devel - 7. 29. 0、systemtap/runtime、cmake/Modules、gettext/intl 等目录。

例如，/usr/share/systemtap/runtime 目录下有 addr - map. c、print _ flush. c、stp _ string. c、alloc. c、stp _ task _ work. c、arith. c、procfs. c、stp _ utrace. c、procfs - probes. c、sym. c、copy. c、regs. c、task_finder_vma. c、time. c、io. c、timer. c、stack - arm. c、map. c、stack. c、map - gen. c、stack - ia64. c、unwind. c、stack - mips. c、map - stat. c、stack - s390. c、vma. c、mempool. c、stat. c、vsprintf. c、stat - common. c、pmap - gen. c、print. c 等 . c 的源文件。

Linux 是开放的操作系统，其源代码是免费的。通过学习这些源代码，用户可以学到许多东西。例如，了解系统内核的 timer、stack、alloc 和其他一些系统函数，会使用户对内核如何与硬件和用户环境交互有更好的理解。当然，要读懂它，不仅要有 C 语言基础，还要查阅大量的文献资料。

timer. c 例程提供 Linux 系统定时器系统调用，为用户提供需要的定时服务。具体程序如下：

```
/* - * - linux - c - * -
```

```
 * Kernel Timer Functions
 * Copyright (C) 2012 Red Hat Inc.
 * This file is part of systemtap, and is free software.  You can
 * redistribute it and/or modify it under the terms of the GNU General
 * Public License (GPL); either version 2, or (at your option) any
 * later version.
 */
#ifndef _LINUX_TIMER_C_
#define _LINUX_TIMER_C_
#include "timer.h"
static void _stp_hrtimer_init(void)
{
#if defined(STAPCONF_HRTIMER_GET_RES)
   struct timespec res;
   hrtimer_get_res (CLOCK_MONOTONIC, &res);
   stap_hrtimer_resolution = timespec_to_ns(&res);
#else
   stap_hrtimer_resolution = hrtimer_resolution;
#endif
}
static inline ktime_t _stp_hrtimer_get_interval(struct stap_hrtimer_probe *stp)
{
     unsigned long nsecs;
     uint64_t i = stp->intrv;
     if (stp->rnd != 0) {
#if 1
          // XXX: why not use stp_random_pm instead of this?
               int64_t r;
               get_random_bytes(&r, sizeof(r));
          // ensure that r is positive
               r &= ((uint64_t)1 << (8 * sizeof(r) - 1)) - 1;
               r = _stp_mod64(NULL, r, (2 * stp->rnd + 1));
               r -= stp->rnd;
               i += r;
#else
          i += _stp_random_pm(stp->rnd);
#endif
     }
     if (unlikely(i < stap_hrtimer_resolution))
          i = stap_hrtimer_resolution;
     nsecs = do_div(i, NSEC_PER_SEC);
```

```
    return ktime_set(i, nsecs);
}
static inline void _stp_hrtimer_update(struct stap_hrtimer_probe *stp)
{
    ktime_t time;
    time = ktime_add(hrtimer_get_expires(&stp->hrtimer),
            _stp_hrtimer_get_interval(stp));
    hrtimer_set_expires(&stp->hrtimer, time);
}
static int
_stp_hrtimer_start(struct stap_hrtimer_probe *stp)
{
    (void)hrtimer_start(&stp->hrtimer, _stp_hrtimer_get_interval(stp),
                HRTIMER_MODE_REL);
    return 0;
}
static int
_stp_hrtimer_create(struct stap_hrtimer_probe *stp,
          hrtimer_return_t (*function)(struct hrtimer *))
{
    hrtimer_init(&stp->hrtimer, CLOCK_MONOTONIC, HRTIMER_MODE_REL);
    stp->hrtimer.function = function;
    return 0;
}
// For kernel-mode, there is no difference between cancel/delete.
static void
_stp_hrtimer_cancel(struct stap_hrtimer_probe *stp)
{
    hrtimer_cancel(&stp->hrtimer);
}
static void
_stp_hrtimer_delete(struct stap_hrtimer_probe *stp)
{
    _stp_hrtimer_cancel(stp);
}
#endif /* _LINUX_TIMER_C_ */
```

11.2　系统内核的裁剪

尽管硬盘驱动器中 Linux 系统的/boot 目录下带有系统内核，但用户仍然可以重新创建、裁剪系统内核，以拥有适合自己的驱动程序和对系统硬件的支持。另外，嵌入式系统并不需要所有的

Linux 内核，用户可以根据嵌入式系统的需要对内核进行适当的裁剪，以便更好地利用 Linux 操作系统。

11.2.1 内核支持（编译）模式

Linux 系统对于计算机硬件、网络和文件系统等部件的驱动程序支持既可以放在系统内核中，也可以作为一个可加载的模块（Modules）使用。

当驱动程序放在系统内核中时，Linux 假定该硬件是存在于系统中的。而作为可加载模块使用时，只有在知道该硬件存在于系统时才会作为系统内核的一部分，当 Linux 检测到硬件时，该模块才被加入到系统内核中。

如果把驱动程序编译到内核中，在内核启动时就可以自动支持相应部分的功能，这样做的优点是方便，速度快，机器一旦启动，用户就可以使用这部分功能了。缺点是会使内核变得庞大，无论是否需要这部分功能，它都会存在，这可能会成为系统攻击者利用的漏洞。一般把经常使用的部分直接编译到内核中，如网卡等。

如果编译成模块，就会生成对应的 .o 模块文件。系统启动时，该模块文件并不在内存中，而是在使用的时候由用户执行 insmod 命令来动态加载，这样做的优点是不会使内核过分庞大，缺点是需要用户自己来调用这些模块。

11.2.2 裁剪系统内核应遵循的步骤

Linux 系统内核的裁剪涉及模块间的依赖关系、内核的配置和编译等多个步骤，任何一个步骤的失误都有可能导致裁剪、编译失败。其基本步骤如下：

1）检查编译器的版本。

2）删除过时的目标文件。

3）重新配置系统内核。

4）重新编译系统内核。

5）备份正在使用的系统内核。

6）启动新的系统内核。

1. 检查编译器的版本

用低版本的编译器去编译高版本的内核有可能不能编译或内核不能使用。要查看编译器版本，可以执行命令：

```
#gcc -v
```

此时进入系统内核源代码目录。CentOS 7 Linux 系统内核的源代码放在 /usr/src/ kernels 目录下。用 ls -l 命令查看可能显示如下：

```
#ls -l /usr/src/ kernels
总用量 8
drwxr-xr-x. 22 root root 4096 8月  30 16:06 3.10.0-957.27.2.el7.x86_64
drwxr-xr-x. 22 root root 4096 9月  10 12:49 3.10.0-957.el7.x86_64
```

执行版本查询命令：

```
# uname -r
3.10.0-957.27.2.el7.x86_64
```

这就是当前系统安装的 Linux 内核版本。

2. 删除过时的目标文件

进入/usr/src/kernels/3. 10. 0 – 957. 27. 2. el7. x86_64 目录，运行 make mrproper 命令，可以清除过时、旧的目标文件。这是因为经过多次编译后系统会留下部分目标文件，如果没有清除干净可能造成本次编译出错。如果没有编译过，或者是系统升级的新解压缩目录，则这一步骤可以省略。

11.3　重新配置系统内核

无论是内核裁剪，还是内核升级，都要重新配置系统内核，共有 3 种命令可用来运行配置系统内核，见表 11-1。注意：这 3 种命令都不在系统的默认搜索路径中，所以执行它们时要么添加路径，要么切换到所在的目录。

表 11-1　运行配置系统内核的命令

设置屏幕的类型	命　令
文本	make config
窗口菜单（NCurses）	make menuconfig
X 图形	make xconfig

第一种：make config 是命令行方式，使用与修改都较为不便，一般不推荐使用。

第二种：make menuconfig 是窗口菜单方式，采用窗口菜单进行人机交互，并可随时获得帮助。它占用的内存较少，适合在字符终端下使用。menuconfig 主屏幕如图 11-2 所示。

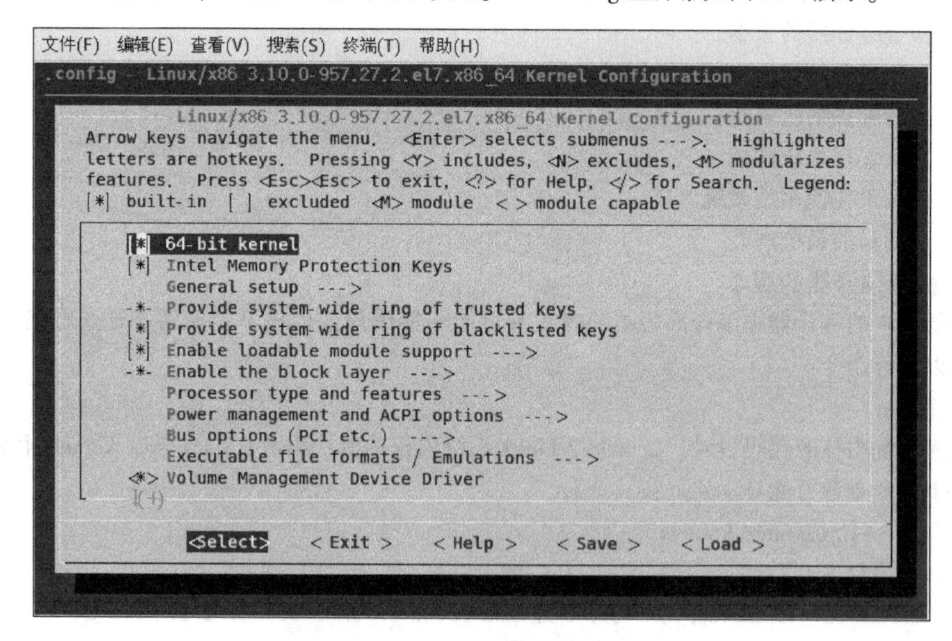

图 11-2　menuconfig 主屏幕

第三种：make xconfig 是图形用户界面，采用图形窗口按钮进行人机交互，整个设置界面简洁明了，使用非常方便，并且帮助文件也容易获取，适合在 X-Window 下使用。xconfig 主屏幕如图 11-3 所示。

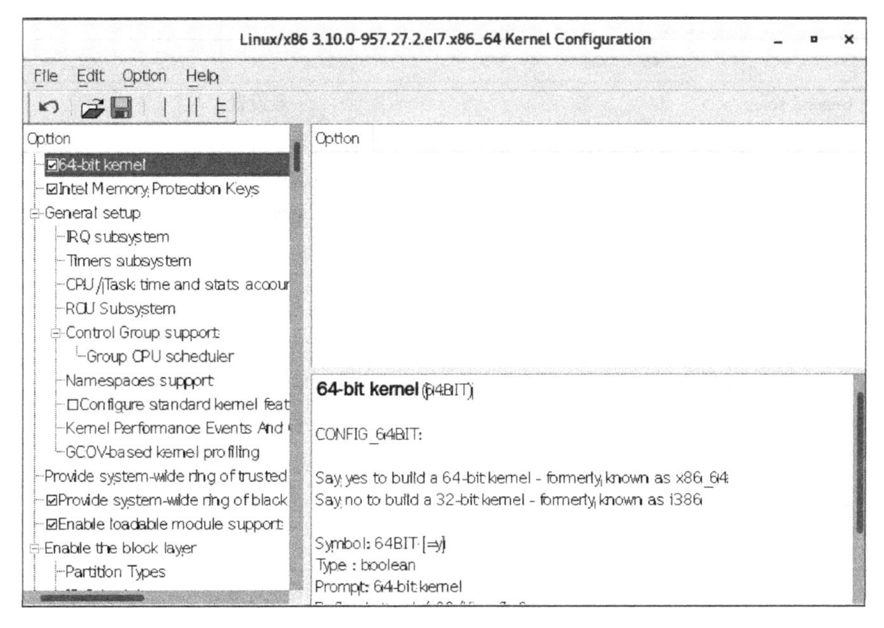

图 11-3　xconfig 主屏幕

如果在安装 CentOS 7 时全选了“开发”模组，则系统已经准备好运行内核配置的环境，可以在进入内核目录后直接运行这 3 种中的某一种。但如果只选择非“开发”模块组安装，则运行这些命令时系统会报错。解决的方法是，用户自己添加软件包，构建其开发环境。

例如，要使用 make menuconfig，则需要先安装 gcc 编译器和库文件，还需要安装 ncurses 库文件等；可以执行：

```
#yum -y install gcc
#yum -y install ncurses-devel
```

如果要使用 make xconfig，则要安装 qconf 等库文件，即至少先安装 Qt3，然后安装其他的软件包。

一般在/usr/src/kernels/3.10.0-957.27.2.el7.x86_64 目录下运行配置命令。在窗口菜单（NCurses）下，用户可以移动光标键到选项，再按空格键或使用鼠标（选中显示 * 号）来进行设置，并可以任意修改。在 X-Window 图形下，用户可以通过单击按钮来进行配置，并可以任意修改。在文本类型下则不能，因为它在整个设置过程中一直向用户提问。

1. 配置内容

配置系统内核的目的是建立一个大小适合、满足需求的系统内核。因此，用户必须根据自己所设计系统的需要对 Linux 系统支持的硬件和软件进行适当裁剪，即从配置内容中选择相应的硬件类型和合适的设备驱动程序。不同的内核版本显示的配置内容有所不同，这里以 Linux 内核 3.10.0 版本为例说明。

配置内容共有 22 个大类别，见表 11-2。

表 11-2　内核配置内容

编　号	类　别	含　义
1	64 - bit kernel	构建内核的类型。默认为选中
2	Intel Memory Protection Keys	Intel 内存保护密钥。默认为选中

（续）

编　号	类　别	含　义
3	General setup - >	一般设置
4	Provide system - wide ring of trusted keys	提供可以添加可信密钥的系统密钥环。默认为选中
5	Provide system - wide ring of blacklisted keys	提供可以添加列入黑名单的密钥环的系统密钥环。默认为选中
6	Enable loadable module support	允许可装载模块支持。默认为选中
7	Enable the block layer - >	启用块层。默认为选中
8	Processor type and features - >	处理器类型和功能
9	Power management and ACPI options - >	电源管理与 ACPI 选项
10	Bus options（PCI etc.） - >	总线选项
11	Executable file formats / Emulations - >	可执行文件格式/仿真
12	Volume Management Device Driver	卷管理设备驱动程序。默认为选中
13	Networking support - >	网络支持
14	Device Drivers - >	设备驱动程序
15	Firmware Drivers - >	固件驱动程序
16	File systems - >	文件系统
17	Kernel hacking - >	内核分析
18	Security options - >	安全选项
19	Cryptographic API - >	加密 API
20	Virtualization - >	虚拟化
21	Library routines - >	库例程
22	Enables more stringent kabi checks in the macros	在宏中启用更严格的 kabi 检查。默认为选中

注：- >表示还有下级设置项目。

2. 配置方法

以运行 menuconfig 设置程序为例说明配置方法。在 menuconfig 主屏幕上有许多设置选项，但在内核裁剪中，许多选项可以采用默认的设置。下面按配置内容类别说明主要选项的配置方法，截取的配置图供大家参考。

1）构建内核的类型选项（64 - bit kernel）。选中构建 64 位内核（默认值，在 menuconfig 下为 *，在 xconfig 下为✓，在 config 下为 yes）；未选中为 32 位内核，如图 11-4 所示。

2）Intel 内存保护密钥（Intel Memory Protection Keys）。默认为选中状态，如图 11-4 所示。

3）一般设置（General setup）。这是安装 CentOS 7 时对系统最基本的硬件设置。这部分内容非常多，一般在安装中 Linux 会根据用户计算机系统的硬件自动检测并设置，使用默认设置就可以，如图 11-5 所示。

4）提供可以添加可信密钥的系统密钥环（Provide system - wide ring of trusted keys）。必须为选中状态，如图 11-4 所示。

```
.config - Linux/x86 3.10.0 Kernel Configuration
                    Linux/x86 3.10.0 Kernel Configuration
  Arrow keys navigate the menu.  <Enter> selects submenus --->.
  Highlighted letters are hotkeys.  Pressing <Y> includes, <N> excludes,
  <M> modularizes features.  Press <Esc><Esc> to exit, <?> for Help, </>
  for Search.  Legend: [*] built-in  [ ] excluded  <M> module  < >

      [*] 64-bit kernel
      [*] Intel Memory Protection Keys
          General setup  --->
      -*- Provide system-wide ring of trusted keys
      [*] Provide system-wide ring of blacklisted keys
      [*] Enable loadable module support  --->
      -*- Enable the block layer  --->
          Processor type and features  --->
          Power management and ACPI options  --->
          Bus options (PCI etc.)  --->
       v(+)

      <Select>    < Exit >    < Help >    < Save >    < Load >
```

图 11-4　构建内核的类型选项

```
.config - Linux/x86 3.10.0 Kernel Configuration
→General setup
                              General setup
  Arrow keys navigate the menu.  <Enter> selects submenus --->.
  Highlighted letters are hotkeys.  Pressing <Y> includes, <N> excludes,
  <M> modularizes features.  Press <Esc><Esc> to exit, <?> for Help, </>
  for Search.  Legend: [*] built-in  [ ] excluded  <M> module  < >

      ()  Cross-compiler tool prefix
      ()  Local version - append to kernel release
      [ ] Automatically append version information to the version strin
          Kernel compression mode (Gzip)  --->
      ((none)) Default hostname
      [*] Support for paging of anonymous memory (swap)
      [*] System V IPC
      [*] POSIX Message Queues
      [*] open by fhandle syscalls
      [*] Auditing support
       v(+)

      <Select>    < Exit >    < Help >    < Save >    < Load >
```

图 11-5　一般设置

5）提供可以添加列入黑名单的密钥环的系统密钥环（Provide system - wide ring of blacklisted keys）。默认为选中状态，如图 11-4 所示。

6）允许可装载模块支持（Enable loadable module support）。默认为选中状态，按 Enter 键进入下级设置项目，如图 11-6 所示。

```
.config - Linux/x86 3.10.0 Kernel Configuration
→Enable loadable module support
                       Enable loadable module support
  Arrow keys navigate the menu.  <Enter> selects submenus --->.
  Highlighted letters are hotkeys.  Pressing <Y> includes, <N> excludes,
  <M> modularizes features.  Press <Esc><Esc> to exit, <?> for Help, </>
  for Search.  Legend: [*] built-in  [ ] excluded  <M> module  < >

      --- Enable loadable module support
      [*]   Forced module loading
      [*]   Module unloading
      [ ]     Forced module unloading
      [*]   Module versioning support
      [*]   Source checksum for all modules
      [*]   Module signature verification
      [ ]     Require modules to be validly signed
      [*]     Automatically sign all modules
      [*]   Allow modules signed with certs stored in UEFI
       v(+)

      <Select>    < Exit >    < Help >    < Save >    < Load >
```

图 11-6　允许可装载模块支持

7）启用块层（Enable the block layer）。默认为选中状态，按 Enter 键进入下级设置项目，如图 11-7 所示。

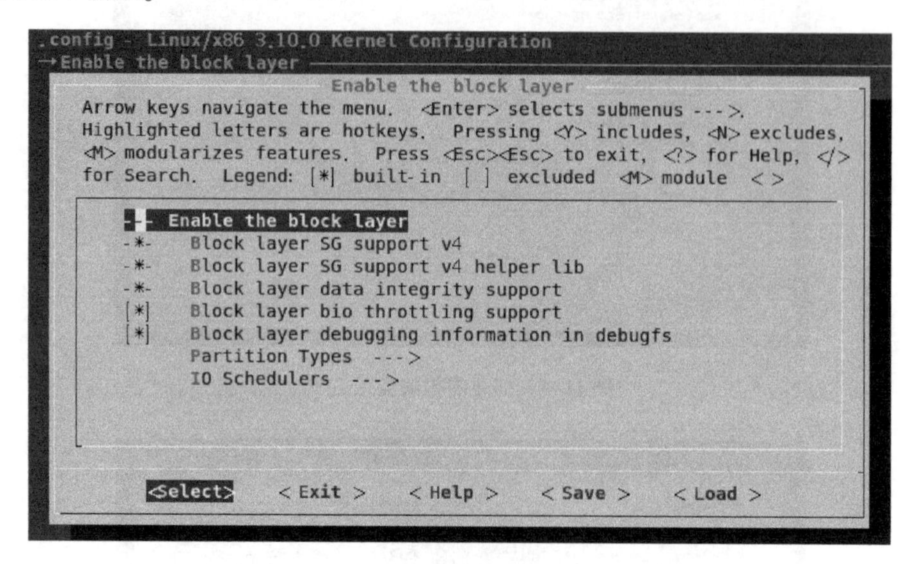

图 11-7　启用块层

8）处理器类型与功能（Processor type and features）。这部分选项非常多，可以根据应用需要进行设置，部分选项如图 11-8 所示。

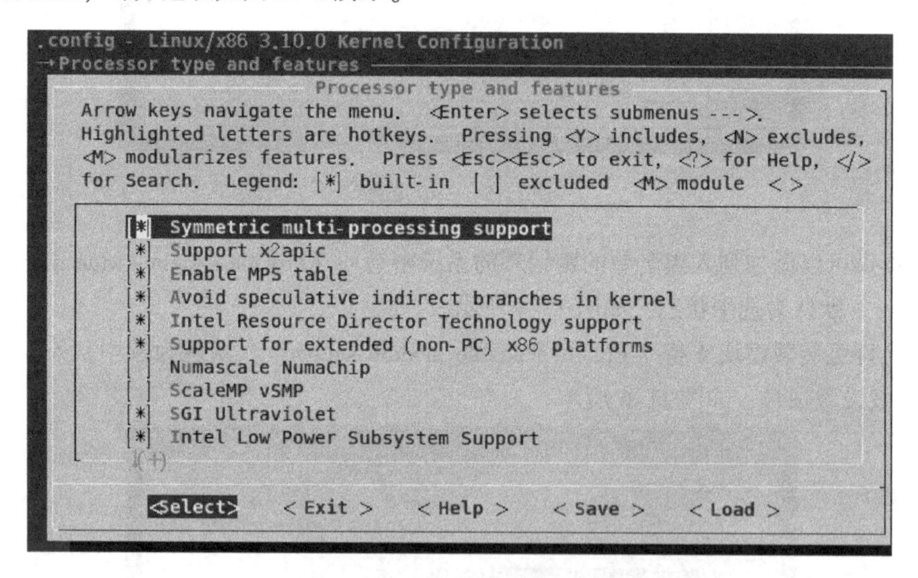

图 11-8　处理器类型与功能的部分选项

9）电源管理与 ACPI 选项（Power management and ACPI options）。按 Enter 键进入下级设置项目，如图 11-9 所示。

10）总线选项［Bus options（PCI etc.）］。选择 PCI 设备的支持，按 Enter 键进入下级设置项目，如图 11-10 所示，<M>为模块加载方式。

11）可执行文件格式/仿真（Executable file formats/Emulations）。按 Enter 键进入下级设置项目，如图 11-11 所示，<M>为模块加载方式。

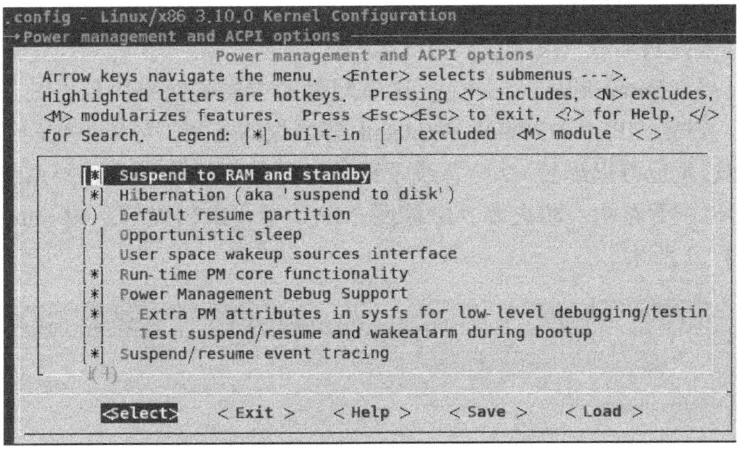

```
.config - Linux/x86 3.10.0 Kernel Configuration
→Power management and ACPI options
                    Power management and ACPI options
  Arrow keys navigate the menu.  <Enter> selects submenus --->.
  Highlighted letters are hotkeys.  Pressing <Y> includes, <N> excludes,
  <M> modularizes features.  Press <Esc><Esc> to exit, <?> for Help, </>
  for Search.  Legend: [*] built-in  [ ] excluded  <M> module  < >

        [*] Suspend to RAM and standby
        [*] Hibernation (aka 'suspend to disk')
        ()  Default resume partition
        [ ] Opportunistic sleep
        [ ] User space wakeup sources interface
        [*] Run-time PM core functionality
        [*] Power Management Debug Support
        [*]   Extra PM attributes in sysfs for low-level debugging/testin
        [ ]   Test suspend/resume and wakealarm during bootup
        [*] Suspend/resume event tracing
         v(+)

         <Select>   < Exit >   < Help >   < Save >   < Load >
```

图 11-9　电源管理与 ACPI 选项

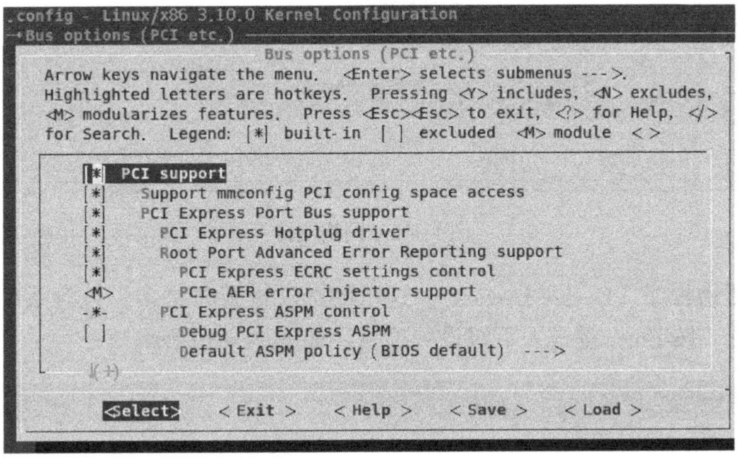

```
.config - Linux/x86 3.10.0 Kernel Configuration
→Bus options (PCI etc.)
                         Bus options (PCI etc.)
  Arrow keys navigate the menu.  <Enter> selects submenus --->.
  Highlighted letters are hotkeys.  Pressing <Y> includes, <N> excludes,
  <M> modularizes features.  Press <Esc><Esc> to exit, <?> for Help, </>
  for Search.  Legend: [*] built-in  [ ] excluded  <M> module  < >

        [*] PCI support
        [*]   Support mmconfig PCI config space access
        [*]   PCI Express Port Bus support
        [*]     PCI Express Hotplug driver
        [*]     Root Port Advanced Error Reporting support
        [*]       PCI Express ECRC settings control
        <M>       PCIe AER error injector support
        -*-     PCI Express ASPM control
        [ ]       Debug PCI Express ASPM
                  Default ASPM policy (BIOS default)  --->
         v(+)

         <Select>   < Exit >   < Help >   < Save >   < Load >
```

图 11-10　总线选项

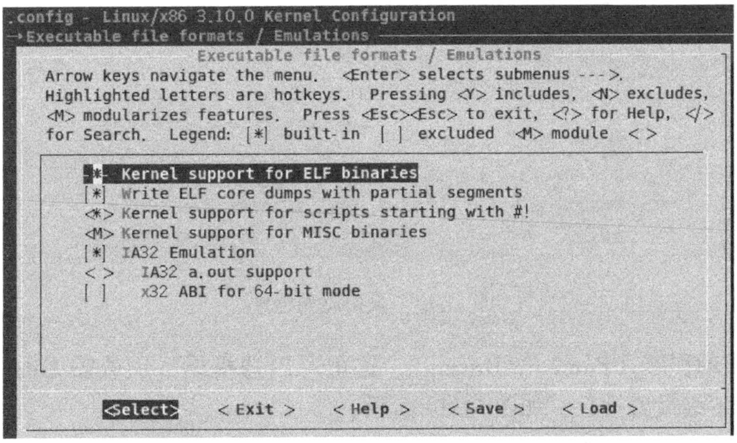

```
.config - Linux/x86 3.10.0 Kernel Configuration
→Executable file formats / Emulations
                  Executable file formats / Emulations
  Arrow keys navigate the menu.  <Enter> selects submenus --->.
  Highlighted letters are hotkeys.  Pressing <Y> includes, <N> excludes,
  <M> modularizes features.  Press <Esc><Esc> to exit, <?> for Help, </>
  for Search.  Legend: [*] built-in  [ ] excluded  <M> module  < >

        -*- Kernel support for ELF binaries
        [*] Write ELF core dumps with partial segments
        <*> Kernel support for scripts starting with #!
        <M> Kernel support for MISC binaries
        [*] IA32 Emulation
        < >   IA32 a.out support
        [ ]   x32 ABI for 64-bit mode

         <Select>   < Exit >   < Help >   < Save >   < Load >
```

图 11-11　可执行文件格式/仿真

12）卷管理设备驱动程序（Volume Management Device Driver）。可通过空格键选择内核加载（*）方式或模块加载（<M>）方式。

13）网络支持（Networking support）。这里配置的主要是网络协议，其选项很多。如果要定义 TCP/IP、ATM、IPX、DECnet、Appletalk 等协议的支持，可以把它们编译进内核中或以模块加载。在这里也可以配置 CAN 总线子系统、红外子系统、蓝牙子系统、NFC 子系统等的支持，还可以配置路由、防火墙、IP 隐藏、IP 广播、IP 转发等。按 Enter 键进入下级设置项目，如图 11-12 所示。

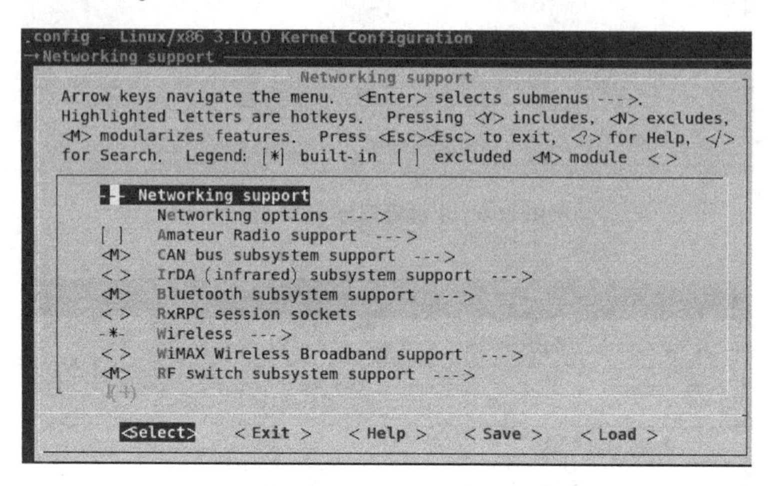

图 11-12　网络支持

14）设备驱动程序（Device Drivers）。这里的选项设置非常多，包含系统中各种各样的设备驱动的设置。按 Enter 键进入下级设置项目，如图 11-13 所示。

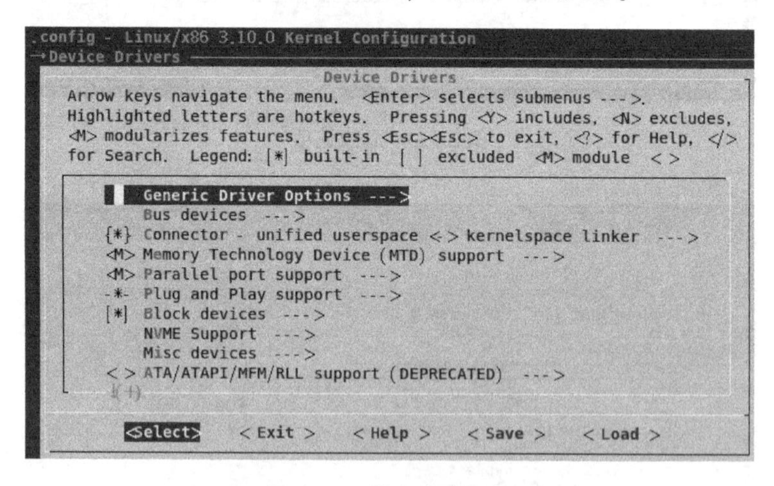

图 11-13　设备驱动程序

15）固件驱动程序（Firmware Drivers）。这里可以选择设置加载需要的固件驱动程序，按 Enter 键进入下级设置项目，如图 11-14 所示。

16）文件系统（File systems）。这个选项包括许多种类的文件系统支持，如 ext3 journalling 文件系统支持、ext4 文件系统支持、jfs 文件系统支持、xfs 文件系统支持、GFS2 文件系统支持、btrfs 文件系统支持等。

```
.config - Linux/x86 3.10.0 Kernel Configuration
→Firmware Drivers
                        Firmware Drivers
  Arrow keys navigate the menu.  <Enter> selects submenus --->.
  Highlighted letters are hotkeys.  Pressing <Y> includes, <N> excludes,
  <M> modularizes features.  Press <Esc><Esc> to exit, <?> for Help, </>
  for Search.  Legend: [*] built-in  [ ] excluded  <M> module  < >

      <M> BIOS Enhanced Disk Drive calls determine boot disk
      [ ]   Sets default behavior for EDD detection to off
      <M> BIOS update support for DELL systems via sysfs
      <M> Dell Systems Management Base Driver
      [*] Export DMI identification via sysfs to userspace
      <*> DMI table support in sysfs
      [*] iSCSI Boot Firmware Table Attributes
      <M>   iSCSI Boot Firmware Table Attributes module
      <*> QEMU fw_cfg device support in sysfs
      [ ]   QEMU fw_cfg device parameter parsing
      ↓(+)

     <Select>    < Exit >    < Help >    < Save >    < Load >
```

图 11-14 固件驱动程序

17）内核分析（Kernel hacking）。这里有很多与内核调试、底层驱动等相关的选项，按 Enter 键进入下级设置项目，如图 11-15 所示。

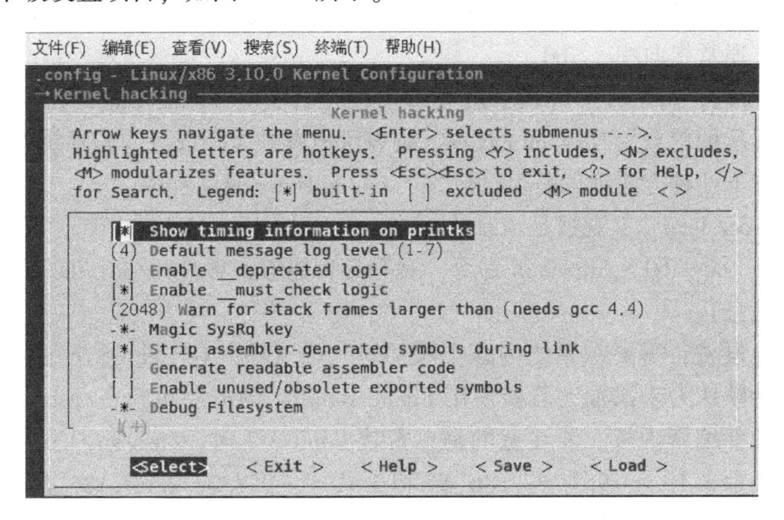

图 11-15 内核分析

18）安全选项（Security options）。这里有系统安全与网络安全等选项的设置，按 Enter 键进入下级设置项目。

19）加密 API（Cryptographic API）。该选项必须选中，按 Enter 键进入下级设置项目，包括各种加密算法等。

20）虚拟化（Virtualization）。支持各类虚拟机的选项设置，按 Enter 键进入下级设置项目。

21）库例程（Library routines）。包括一些校验函数、解码器等的设置，按 Enter 键进入下级设置项目。

22）在宏中启用更严格的 kabi 检查（Enables more stringent kabi checks in the macros）。默认为选中。

3. 配置示例

这里配置一个基于 X86 平台的带有帧缓存的 Linux 内核。

帧缓存（Frame Buffer）是在 Linux 2.2.x 内核之后出现的一种图形设备驱动接口，它允许上层应用程序在图形模式下通过地址映射直接对显示缓冲区进行读写操作（直接写屏）。这种操作是抽象的、统一的，用户不必关心物理显存的位置、换页机制等具体细节；这些都是由 Frame Buffer 设备驱动来完成的。

显存所映射的那块内存称为帧缓存，帧缓存可以在系统存储器（内存）的任意位置，视频控制器通过访问帧缓存来刷新屏幕，所以帧缓存也叫刷新缓存（Refresh Buffer），这里的帧（Frame）是指整个屏幕范围。帧缓存有个地址，是在内存里。用户不停地向 Frame Buffer 中写入数据，显示控制器就自动地从 Frame Buffer 中取数据并显示出来。全部的图形共享内存中的同一个帧缓存。

Frame Buffer 里面存储的东西是一帧一帧的。显卡会不停地刷新 Frame Buffer，这里的每一帧如果不捕获的话，则会被丢弃，也就是说是实时的。每一帧不管是保存在内存里还是显存里，都是显性的信息，每一帧假设是 800x600 的分辨率，则保存的是 800×600 个像素点和颜色值。

帧缓存设备对应的设备文件为/dev/fbx（x 为 0～31），如果系统有多个显卡，Linux 还可支持多个帧缓存设备，最多可达32 个，为/dev/fb0～/dev/fb31。而/dev/fbx 则为当前默认的帧缓冲设备，通常指向/dev/fb0。

通常，通过运行 fbset 命令可以了解系统内核是否支持 Frame Bufer。当运行 fbset 命令后，如果系统显示的信息为 No such device，则表示没有帧缓存设备。若系统中没有安装fbset 程序，可以用以下两种方法确认是否已包含了 Frame Bufer 驱动程序。

1）查看/proc/devices，观察是否有 fb 设备。

2）运行 cat /dev/fb0 >/dev/null 命令，观察是否能够正常打开/dev/fb0 设备（正常打开时不返回任何信息）。

使用帧缓存设备，需要在系统内核中添加对它的支持。在 CentOS 7 的内核（3.10.0）中，帧缓存支持默认为未添加。若要使用 Frame Buffer，则需要重新在/usr/src/kernels 目录下配置内核选项并编译内核。要注意的是，安装 CentOS 7 时，/usr/src/kernels 目录下的两个内核源代码目录 3.10.0-957.el7.x86_64 和 3.10.0-957.27.2.el7.x86_64 是不全的，不能直接编译。需要从站点下载同版本的内核源码。执行以下命令下载：

```
#yumdownloader --source kernel
```

然后用 rpm 命令导出/root/rpmbuild 目录，再用 tar 命令解压到同名的目录。

解压后的 linux-3.10.0-957.27.2.el7 目录下的 config 文件是一个链接已断的文件，所以不能直接编译，需要先执行 make menuconfig 或 make xconfig 命令。这里以前者为例说明。

内核中与 Frame Buffer 有关的选项有：

```
Device Drivers   --->
    Graphics support   --->
        [*] Enable framebuffer console under vmwgfx by default
    <M> Intel GMA5/600 KMS Framebuffer
    {*} Support for frame buffer devices   --->
        -*- Enable Video Mode Handling Helpers
        [*] Enable Tile Blitting Support
```

< * >Userspace VESA VGA graphics support
[*]　VESA VGA graphics support
[*]　EFI - based Framebuffer Support
Console display driver support　--->
- * -　VGA text console
[*]　Enable Scrollback Buffer in System RAM
(64)　Scrollback Buffer Size (in KB)
{ * } Framebuffer Console support
- * -　Map the console to the primary display device
[*]　Framebuffer Console Rotation

按 Enter 键进入下级选项菜单，用空格键选中内核的相关选项。注意：如果是嵌入式系统的内核裁剪，那么需要考虑交叉编译器、处理器类型以及其他设备等。本例只说明如何选择内核选项，如何编译内核。这里对与 Frame Buffer 有关的各个选项进行配置后保存并退出，系统会在退出时提醒用户是否生成 .config 文件，单击“是”按钮即可，然后编译内核。

4. 重新编译系统内核

当配置完成并保存及退出后就要重新编译系统内核。如果多次编译过，系统一般会在配置结束时提示要进行 make dep 操作。

运行带有 clean 和 dep 选项的 make 文件，可清除过时的目标文件，使其具有独立性（如果要正确编译代码，必须要满足该要求）。命令为：

```
make dep
make clean
```

如果是第一次编译，则不需要运行以上两个命令，可以直接运行 make -j 4 命令，这里的 4 是处理器核心数，启用多线程编译，以加快速度，用户可根据自己的系统情况输入。该命令将在/root/rpmbuild/SOURCES/linux - 3.10.0 - 957.27.2.el7/arch/x86/boot 目录下生成一个全新的内核。该内核文件名称为 bzImage，使用中注意大小写。

早期的系统考虑到使用软盘，所以一般生成 zImage（小于 1.2MB）。如果给内核添加了许多驱动程序或各种各样的支持，就需要生成 bzImage 内核。make bzImage 命令可以制作出一个很大的内核映像文件，该文件可以带所有的选项进行启动。一般当编译的内核较大时，系统会自动将内核命名为 bzImage。

如果看到如图 11-16 所示的提示信息，就表示内核创建初步完成。

```
  OBJCOPY arch/x86/boot/setup.bin
  BUILD   arch/x86/boot/bzImage
Setup is 17152 bytes (padded to 17408 bytes).
System is 6477 kB
CRC e24e8840
Kernel: arch/x86/boot/bzImage is ready  (#1)
```

图 11-16　生成 bzImage

这时在/root/rpmbuild/SOURCES/linux - 3.10.0 - 957.27.2.el7/arch/x86/boot 目录下生成一个 bzImage 文件。如果没有这个文件，说明编译中有错误。导致编译错误的原因可

能有：

1）内核配置有问题，应重新配置后再编译。

2）内核源代码有问题，应尽量选用稳定的内核版本（版本号为偶数）。

3）文件连接的问题。

4）系统硬件的兼容性问题。

内核编译完成后，由于有些模块并没有编译进内核，而是加载进内核的（选择“m”），所以需要编译、安装模块。命令为：

```
#make  -j 4 modules
#make  -j 4 modules_install
```

编译内核的过程会花费比较多的时间。具体的时间取决于用户所选择内核的大小、处理器的速度等因素。一般在嵌入式系统中，内核比较精悍，编译速度会比较快。另外，如果没有运行其他的负载密集型的应用程序（如 X 图形程序），编译速度会更快。

5. 备份正在使用的系统内核

以上各个步骤完成之后，就可以准备启用新的系统内核来工作了。如果没有采用 GRUB 等引导程序进行配置启动，则一定要备份正在使用的系统内核。

在启用新的系统内核前，做好正在使用的系统内核备份是非常重要的。一旦新系统内核崩溃，用应急启动盘进入 Linux 系统，恢复旧系统内核。

1）备份过程如下。

```
#cd /boot
#mv vmlinuz-3.10.0-957.el7.x86_64 vmlinuz-3.10.0-957.el7.x86_64.old
#对现有的内核更名
```

在 CentOS 7 下安装新内核非常简单，只要直接执行 make install 命令即可。

```
#make  -j 4 install
```

如果用 GRUB 配置文件启动，则要修改该文件。这里以/boot/grub2/grub.cfg 文件为例进行介绍。

```
menuentry 'CentOS Linux (3.10.0) 7 (Core) Frame-Buffer' --class centos --class gnu-linux --class gnu --class os --unrestricted $menuentry_id_option 'gnulinux-3.10.0-957.el7.x86_64-advanced-cd90d17f-342d-4a2a-836d-f211d2b1dbe5' {
        load_video
        set gfxpayload=keep
        insmod gzio
        insmod part_msdos
        insmod xfs
        set root='hd0,msdos1'
        if [ x$feature_platform_search_hint = xy ]; then
          search --no-floppy --fs-uuid --set=root --hint-bios=hd0,msdos1 --hint-efi=hd0,msdos1 --hint-baremetal=ahci0,msdos1 --hint='hd0,msdos1' ed5cef25-c069-4553-9079-074a7d3aca95
        else
          search --no-floppy --fs-uuid --set=root ed5cef25-c069-4553-9079
```

```
-074a7d3aca95
        fi
            linux16 /vmlinuz -3.10.0 root =/dev/mapper/centos -root ro crashkernel = auto
rd.lvm.lv = centos/root rhgb quiet LANG = zh_CN.UTF -8
        initrd16 /initramfs -3.10.0.img
    }
```

在安装新内核时，系统会自动修改 grub.cfg 文件，用户打开该文件，只需要在 menuentry 后的字符串里添加 Frame - Buffer 即可。这个文件中的 linux16 /vmlinuz -3.10.0 语句指出系统的启动内核，initrd16 /initramfs -3.10.0.img 语句指出启动时的 ram 映射文件系统。

6. 启动新的系统内核

修改后保存文件，重启系统后就可以用 Linux 新的内核启动了。新内核启动界面如图 11-17 所示。

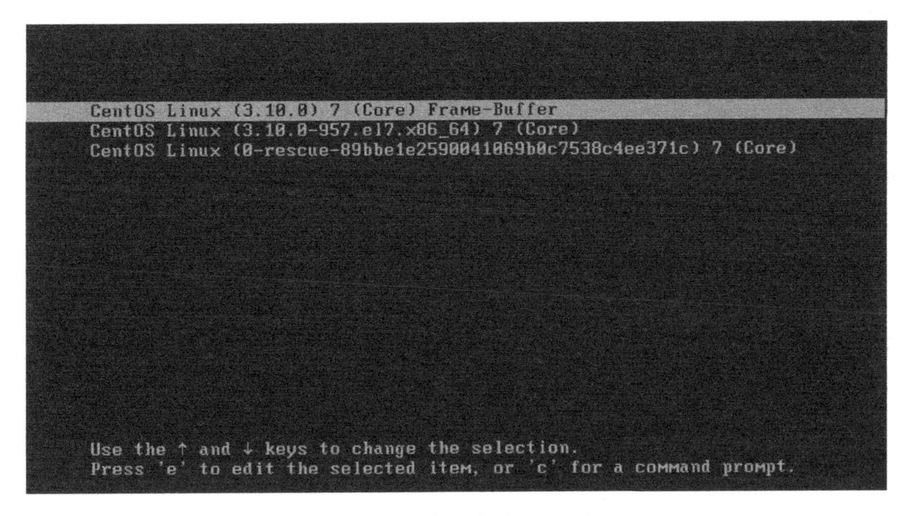

图 11-17　新内核启动界面

如果是嵌入式系统开发，则可以把裁剪过的内核烧写到开发板中进行测试。

习　题　11

1. 什么情况下需要裁剪系统内核？
2. 驱动程序在系统内核中与在可加载模块中有何区别？
3. 裁剪系统内核应遵循的步骤有哪些？简要说明原因。
4. 如果用户安装时没有选择开发模组，如何使用 make menuconfig？
5. 如果用户安装时没有选择开发模组，如何使用 make xconfig？
6. 简要说明在 CentOS 7 下内核编译的步骤。

附　　录

实验 1　Linux 的安装

1. 实验目的

1）了解硬盘分区的概念和方法。

2）掌握硬盘的分区规划。

3）掌握 Linux 操作系统的安装和配置过程。

2. 实验设备

一台 PC，CentOS 7 系统光盘或 ISO 文件。

3. 实验方法

（1）实验原理

根据所学的内容，在虚拟机上安装 CentOS 7 系统。

（2）规划分区结构

自行规划安装 Linux 操作系统所需的分区结构（注：完全安装要大于 5GB 的空间）。

（3）实验步骤

1）熟悉虚拟机的使用。

2）用分区软件对虚拟机内的硬盘进行分区、格式化。

3）安装 CentOS Linux 操作系统。

4）安装过程的相关信息设置。

5）安装后的配置操作（硬件和软件等）。

6）启动安装完成的 Linux 系统，输入用户名和密码，登录系统。

注 1：超级用户的用户名为 root。

注 2：虚拟机释放鼠标的热键是 Ctrl + Alt + Shift（可以根据自己的设置定）。

4. 实验报告内容

以书面形式记录每一步的过程，包括所输入的若干信息、遇到的问题和解决方法。

5. 思考题

1）在安装 Linux 操作系统后，若想把界面改为其他语言应如何操作，写出关键步骤。

2）如何选择不同的会话进入系统？

实验 2　Linux 的启动与关闭

1. 实验目的

1）掌握 Linux 操作系统正确的启动与关闭方法。

2）理解系统运行级的概念，掌握查看和设置的方法。

3）理解系统运行级服务的概念，掌握查看、开启和关闭的方法。

4）理解 GRUB 的原理，掌握 Linux 的多系统引导方法。

5）了解 Linux 系统启动的原理，理解内核运行的原理。

2. 实验设备

一台 PC，VM 虚拟机和已经安装的 CentOS 7 系统。

3. 实验方法

（1）实验原理

根据所学的内容，在虚拟机上学习如何启动和关闭 Linux 系统；查看、修改系统运行级；查看、设置系统运行级的服务。打开相关的配置文件，了解系统的启动过程。

（2）建立多配置启动

参考示例文件自行建立 GRUB 文件，实现 Linux 与 Windows 操作系统的多配置启动。

（3）实验步骤

1）在虚拟机上启动 Linux 系统。

2）执行命令以改变系统运行级。

3）修改配置文件以改变系统运行级。

4）执行命令来查看系统运行级的服务。

5）修改配置文件来改变系统运行级的服务。

6）打开系统的 GRUB 文件，了解各项参数的含义；仿照参考示例建立自己的多配置启动文件。

7）切换 GRUB 以实现系统的正常引导。

8）执行常用的几个关机命令以关闭系统，并比较它们之间的差异。

4. 实验报告内容

以书面形式记录下每一步骤的过程，包括所修改的若干信息、遇到的问题和解决方法等；提交编写的 GRUB 程序。

5. 思考题

1）自己查阅资料，说明如何在 U 盘上建立 Linux 系统盘。写出关键步骤。

2）说明“热启动”命令（Ctrl + Alt + Delete）对 Linux 系统的影响是什么。

实验 3　Linux 系统登录及用户管理

1. 实验目的

1）掌握系统远程登录的几个常用命令。

2）理解与用户账户及组账户有关的几个重要文件。

3）掌握在命令行和图形方式下查看、添加、删除用户账户的用法。

4）掌握改变用户身份的方法。

2. 复习常用命令

telnet：远程登录命令。

rsh：执行远程计算机上的命令。

telinit：远程控制 init 命令。

useradd：添加用户。

newusers：成批添加用户。

userdel：删除用户。

usermod：修改用户属性。

groupadd：添加用户组。

groupdel：删除用户组。

groupmod：修改用户组属性。

su：改变用户的身份。

3. 实验内容

1）在虚拟机上以超级用户登录。

2）用 telnet 命令远程登录实验室中其他的主机。

3）用 telinit 命令实现远程控制 init 命令。

4）查阅 newusers 命令及参数，练习在命令行方式下成批添加用户的方法。

5）在命令行方式下练习添加、删除用户，修改用户属性。

6）在命令行方式下练习添加、删除用户组，修改用户组属性。

7）在图形方式下练习添加、删除用户，修改用户属性。

8）在图形方式下练习添加、删除用户组，修改用户组属性。

9）用 su 命令在超级用户与普通用户之间改变身份。

10）尝试在远程登录（非超级用户）情况下添加、删除用户，修改用户属性。

11）在虚拟机上以普通用户登录，再尝试 2）~8）项的实验内容。

12）用 cat 命令打开/etc/passwd 文件，查看用户账户创建前后的变化情况。

4. 实验报告

以书面形式记录每一个实验内容，包括输入若干信息、遇到的问题和解决方法。

5. 思考题

1）查阅资料，理解 passwd 和 shadow 文件的内容，说明成批添加用户命令的原理。

2）通过实验总结用户账户管理的权限问题。

3）建立一个用户账户后，/home 目录有何变化？还有哪个文件有变化？

实验 4　文件系统管理

1. 实验目的

1）理解文件与文件系统的概念。

2）理解文件权限与特殊权限的意义。

3）掌握文件系统的创建。

4）掌握文件系统的安装与卸载。

2. 复习常用命令

df：查看已安装文件系统的使用情况。

ls -l：列文件目录，查看文件的详细信息。

fdisk：创建磁盘分区。

mkfs：建立文件系统。

mount：安装文件系统。

umount：拆卸文件系统。

3. 实验内容

在虚拟机上添加一个硬磁盘。

1）用 fdisk 命令创建分区。

2）用 mkfs 命令建立 MS-DOS、ext3 或 xfs 文件系统。
3）用 mount 命令安装新建的文件系统。
4）用 df 命令查看已安装文件系统的情况。
5）练习安装 U 盘上的文件系统。
6）用 ls －l 命令查看文件详细信息。
7）修改文件的特殊权限。
8）用 umount 命令拆卸文件系统。

4. 实验报告

以书面形式记录每一个实验内容，包括输入若干信息、遇到的问题和解决方法。

5. 思考题

1）如何检查新插入的 USB 设备是否被系统识别？
2）使用 fdisk 和 mkfs 命令需要注意什么？
3）使用 umount 命令需要注意什么问题？

实验 5　文件、目录操作命令

1. 实验目的

1）掌握文件与目录操作的常用命令。
2）熟悉文件的分屏显示、输入/输出重定向等命令。
3）掌握文件的查找、压缩和解压命令。
4）掌握管道命令的用法。
5）掌握设置命令别名的方法。

2. 复习常用命令

pwd：显示当前工作目录。
cd：改变当前目录。
mkdir：创建目录。
cat：显示文件内容。
cp：复制文件。
rm：删除文件。
mv：移动文件。
chown：改变文件属主。
chmod：改变文件权限。
eaho：显示“字符串”。
more：分屏显示输入的内容。
less：分屏显示输入的内容。
greap：从输入的字符中查找指定的字符串。
man：显示指定命令的手册。
find：搜寻文件与目录。
compress：压缩文件命令。
uncompress：解压缩文件命令。
gzip：压缩文件命令。

gunzip：解压缩文件命令。

alias：设置别名。

3. 实验内容

1）cat /etc/passwd > $HOME/passwd 命令的作用是什么？验证之。

2）命令 echo abcde > temp 形成的文件是什么？其内容是什么？

命令 echo fghij > temp 形成的文件是什么？其内容又是什么？

3）命令 echo abcde > > temp 形成的文件是什么？其内容是什么？

命令 echo fghij > > temp 形成的文件是什么？其内容是什么？

4）分屏显示文件 passwd 的内容。

5）分屏列出/sbin 下的目录。

6）查看 passwd 中包含字符串“00”的用户；查看/bin 中包含字符串“ls”的文件名。

7）把/bin 和/sbin 下的文件名保存到文件 filename 中。

8）在系统根目录下用 find 命令查找 passwd 文件。

9）用 test 文件练习压缩和解压缩。

10）利用管道技术统计当前目录下有多少个文件。

11）利用设置别名命令把 Linux 下的命令设置成 MS-DOS 下的命令。

4. 实验报告

以书面形式记录每一个实验内容，包括输入若干信息、遇到的问题和解决方法。

5. 思考题

1）总结不同情况下的用户权限问题。

2）重定向命令 > 和 > > 在使用上有何不同？

3）管道技术可以给我们带来什么方便之处？

4）说明你对设置别名命令的认识。

实验 6　软件包管理

1. 实验目的

1）了解 Linux 系统软件包的意义。

2）掌握常用软件包资源的下载方法。

3）掌握命令行方式下和图形方式下软件包的管理方法。

4）了解 linuxconf 软件对软件包的管理。

2. 复习常用命令

rpm：软件包管理命令。

yum：软件包管理命令。

3. 实验内容

1）从网络上下载 Linux 系统的应用软件包（RPM 和 SRPM）。

2）在命令行方式下用 rpm 命令安装 RPM 包。

3）在命令行方式下用 rpm 命令安装 SRPM 包并编译生成可执行文件。

4）在图形方式下安装 RPM 和 SRPM 包。

5）运行 yum 命令来实现下载、校验和安装软件包等。

6）用命令行方式或图形方式卸载软件包。

4. 实验报告

以书面形式记录每一个实验内容，包括输入若干信息、遇到的问题和解决方法。

5. 思考题

1）用 rpm 命令升级软件包需要注意什么问题？

2）用 yum 命令有何方便之处？

3）如何查看所安装软件包在系统中的位置？

实验 7　进程管理命令

1. 实验目的

1）了解如何监视系统的运行状态。

2）掌握查看、删除进程的正确方法。

3）掌握命令在后台运行的用法。

4）掌握进程手工、调度启动的方法。

2. 复习常用命令

who：查看当前在线用户。

top：监视系统状态。

ps：查看进程。

kill：向进程发信号。

bg：把进程切换至后台运行。

&：把进程切换至后台运行。

fg：把后台进程切换至前台运行。

jobs：显示处于后台的进程。

at：在指定的时刻执行指定的命令或命令序列。

batch：在系统负载较低、资源较空闲时执行命令或命令序列。

3. 实验内容

1）用 top 命令查看当前系统的状态，并识别各进程的有关栏目。

2）用 ps 命令查看系统当前的进程，并把系统当前的进程保存到文件 process 中。

3）用 ps 命令查看系统当前有没有 init 进程。

4）输入“cat <回车>”，按 Ctrl + Z 组合键，出现什么情况？输入 fg 命令出现什么情况？按 Ctrl + C 组合键，出现什么情况？

5）输入“find / -name ls * >temp &”，该命令的功能是什么？查看该进程。

输入 killall find 命令后，再查看该进程。

6）输入“find / -name ls * >temp &”，输入 jobs 命令出现什么情况？输入 fg 命令出现什么情况？

7）指定上午 XX（小时）：XX（分钟）执行某命令。

8）查阅资料，了解 batch 命令与 at 命令的关系。

4. 实验报告

以书面形式记录每一个实验内容，包括遇到的问题和解决方法。

5. 思考题

1）输入“cat <回车>”，按 Ctrl + Z 组合键，出现什么情况？

2）用 kill 命令无法杀死某进程，实验之，并说明为什么。

3）用 fg 命令把进程切换至前台运行，出现什么情况？为什么？

实验 8（A）　编辑器 vi 的应用

1. 实验目的

1）掌握编辑器 vi 的基本用法。

2）练习编写简单的 shell 程序。

2. vi 的常用命令

操作命令简介：

Ctrl + D：窗口向下移动半屏。

Ctrl + U：窗口向上移动半屏。

Ctrl + F：翻至前一屏。

Ctrl + B：翻至后一屏。

k（或↑）：光标上移一行。

j（或↓）：光标下移一行。

l（或→）：光标右移一行。

h（或←）：光标左移一行。

Enter：光标移到下一行的开始。

-（减号）：光标移到前一行的开始。

W：光标移到下一词的前端。

B：光标移到前一词的前端。

^或 0（零）：光标移到当前行的前端。

$：光标移到当前行的后端。

A：在光标后立即插入文本。

O：当前行后紧接着开辟一新行。

O（大写字母 O）：当前行前紧接着开辟一新行。

X：删除光标下的字符。

ndw：删除光标所在词及其后面的 $n-1$ 个词（包括词后的空格）。

D：从光标处删除到行末。

d^：从光标处删除到行开始。

ndd：删除光标所在行及其后的 $n-1$ 行。

U：取消前一次变更。

/字符串：查找字符串。

：w：存盘。

：q：不存盘退出。

：q!：强行退出。

：wq：存盘退出。

：help：显示帮助信息。

：set number：显示行号。

3. 实验内容

1）复制/etc/passwd 文件到自己的目录下。

2）用 vi 操作命令练习编辑复制后的 passwd 文件。

3）用 vi 操作命令练习编辑以下 shell 文件：

① 大九九乘法表；

② 小九九乘法表；

③ 交互式成批添加用户。

4. 实验报告

以书面形式记录下每一个实验内容、编写的源程序，说明程序调试中遇到的问题和解决方法。

5. 思考题

1）编辑器 vi 有几种工作模式？

2）说明实现成批添加用户的原理？

实验 8（B） shell 编程

1. 实验目的

1）掌握 shell 编程的技巧和方法。

2）进一步练习编写 shell 程序。

2. shell 命令、变量和控制结构

这些部分请参阅教材和课件。

3. 实验内容

1）编写一个 shell 脚本程序，打印出班级总成绩排名在前 3 名（按总成绩递增）学生的姓名、学号和成绩。打印输出的格式（姓名、学号、第 1、2、3 门课程成绩及总成绩）如下：

```
zhang san   23 40 70 60 170
wang wu 31 60 60 80 200
li si 2 100 50 90 240
```

学生成绩文件自己创建。

2）编写一个 menu 的 shell 脚本程序，执行后的界面为：

Number	Name	For Linux Menu
1	exit	leave menu or return
2	menu	goto another local menu
3	vi	deit a file
4	mail	read a mail
5	send	send mail to someone
6	cal	see your calendar
7	who	see who is on the system
8	ls	list the files in this directory
9	cat	display a file on the screen

Please enter a number or a name for the action you wish：

要求有清屏功能，能正确地执行各项命令并显示。

4. 实验报告

说明程序设计的数据结构，画出流程图，编写源程序，在虚拟机上调试通过。

5. 思考题

查阅资料，总结 shell 编程的特点、技巧。

实验 9　网络管理命令

1. 实验目的

1）了解网络配置文件。

2）掌握网络基本配置的正确方法。

3）掌握常用的网络操作命令的用法。

4）掌握 telnet、rlogin 等服务的配置。

2. 复习常用命令

ping：测试本机与网络中其他计算机的联通性。

ifconfig：查看或配置本地主机的网络。

netstat：获取网络连接和状态信息。

3. 实验内容

1）用 vi 编辑器打开/etc/hosts. allow 与/etc/hosts. deny 文件，修改配置以允许或禁止同网段的其他主机访问。

2）用 vi 编辑器打开其他网络配置文件并了解其作用。

3）执行 ping 命令，测试与其他主机的联通性。

4）执行 ifconfig 命令，修改自己主机的 IP、网络掩码和网关地址。

5）执行 netstat 命令，查看网络的连接和状态信息。

6）参考本书内容学习配置 telnet 服务。

7）参考本书内容学习配置 rlogin 等服务。

4. 实验报告

以书面形式记录每一个实验内容，包括遇到的问题和解决方法。

5. 思考题

1. 如何禁止某个（子）网段主机的访问？

2. 如何通过 telnet 等命令登录远程主机？

实验 10　常用服务器构建与配置

1. 实验目的

1）掌握 FTP 服务器的构建和配置方法。

2）掌握 Web 服务器的构建和配置方法。

3）掌握 Samba 服务器的构建和配置方法。

4）掌握 SDN 服务器的构建和配置方法。

2. 实验内容

1）参考本书内容学习 FTP 服务器的原理，配置 FTP 服务器。

2）用 vi 编辑器打开配置文件并了解其作用。

3）执行 FTP 相关命令（上传、下载等），测试其功能。

4）参考本书内容学习 Web 服务器的原理，配置 Web 服务器。

5）用 vi 编辑器打开配置文件并了解其作用。

6）用浏览器测试 Web 服务器。

7）其他服务器实验可参照以上内容。

3. 实验报告

以书面形式记录每一个实验内容，包括遇到的问题和解决方法。

4. 思考题

1）如何设置 Web 服务器？

2）如何通过 FTP 向远程主机传送大文件？

实验 11　内核裁剪

1. 实验目的

1）了解 Linux 系统内核的基本工作原理。

2）掌握系统内核的裁剪方法。

2. 复习所用的命令

根据本书内容和课件的内容复习需要用到的各种命令。

3. 实验内容

1）在虚拟机上裁剪系统内核。

2）编译新内核。

3）使用新内核启动系统。

4. 实验报告

说明内核裁剪的根据、编译的步骤和要求、启动新内核的方法。

5. 思考题

查阅资料，说明如何进行系统内核的升级。

参考文献

[1] 张小进. Linux 系统应用基础教程 [M]. 2 版. 北京：机械工业出版社，2015.

[2] ABRAHAM SILBERSCHATZ，PETER BAER GALVIN，GREG GAGNE. 操作系统概念 [M]. 郑扣根，译. 6 版. 北京：高等教育出版社，2004.

[3] SYED MANSOOR SARWAR，ROBERT KORETSKY，SYED AQEEL SARWAR. Linux 教程 [M]. 李善平，施韦，林欣，译. 北京：清华大学出版社，2005.

[4] 黄河，简江. Linux 基础教程 [M]. 北京：北京航空航天大学出版社，1999.

[5] 汤荷美，董渊，李莉，等. Linux 基础教程（1）[M]. 北京：清华大学出版社，2001.

[6] 王华. Linux 编程与网络应用 [M]. 北京：冶金工业出版社，2000.

[7] 施威铭研究室. Linux 指令参考手册 [M]. 北京：中国青年出版社，2000.

[8] 杨明华，谭励，于重重. Linux 系统与网络服务管理技术大全 [M]. 2 版. 北京：电子工业出版社，2010.